Underground Siting of Nuclear Power Plants

Unterirdische Bauweise von Kernkraftwerken

Berichte vom internationalen Symposium
Hannover, Bundesanstalt für
Geowissenschaften und Rohstoffe
16.-20. 3. 1981

Herausgeber F. Bender

Präsident der Bundesanstalt für Geowissenschaften und Rohstoffe
und des Niedersächsischen Landesamtes für Bodenforschung, Hannover

Mit 218 Abbildungen und 30 Tabellen im Text

E. Schweizerbart'sche Verlagsbuchhandlung
(Nägele u. Obermiller) Stuttgart 1982

Für den Inhalt der einzelnen Beiträge zeichnen die Autoren verantwortlich. Die wissenschaftliche Redaktion lag bei der Bundesanstalt für Geowissenschaften und Rohstoffe, Hannover, an der sich die Herren Prof. Dr. M. Langer, Dr. A. Pahl, Dr. D. Pfeiffer, Ing. (grad.) K. H. Sprado und Dr. H. J. Schneider beteiligten.

© E. Schweizerbart'sche Verlagsbuchhandlung
(Nägele u. Obermiller)
Stuttgart 1982

ISBN 3 510 65108 1

Printed in Germany
Umschlagentwurf von Wolfgang Karrasch

Inhaltsverzeichnis

Oberirdische alternative Containmentkonzepte

**Methoden zur Gesamtbewertung der unterirdischen Bauweise und alternativer
oberirdischer Containmentkonzepte**

Anschriften der Autoren

K. P. Bachus, Regierungsdirektor, Bundesministerium des Innern, Graurheindorfer Straße 198, 5300 Bonn — Bundesrepublik Deutschland

Prof. Dr. Friedrich Bender, Präsident der Bundesanstalt für Geowissenschaften und Rohstoffe, Niedersächsisches Landesamt für Bodenforschung, Postfach 51 01 53, 3000 Hannover 51 — Bundesrepublik Deutschland

W. Bernnat, Institut für Kernenergie und Energiesysteme, TU Stuttgart, Pfaffenwaldring 31, 7000 Stuttgart 80 — Bundesrepublik Deutschland

Dipl.-Ing. P. Bindseil, Zerna, Schnellenbach und Partner, Gemeinschaft Beratender Ingenieure GmbH, Viktoriastr. 47, 4630 Bochum 1 — Bundesrepublik Deutschland

Dipl.-Ing. H. Bräuer, Lahmeyer International GmbH, Lyoner Str. 22, 6000 Frankfurt/M. 71 — Bundesrepublik Deutschland .

Dr. W. Braun, Kraftwerks-Union, Hammerbacherstr. 12 + 14, 8520 Erlangen — Bundesrepublik Deutschland

Dr. J. von Bruchhausen, Lahmeyer International GmbH, Lyoner Str. 22, 6000 Frankfurt/M. 71 — Bundesrepublik Deutschland

F. C. Finlayson, Aerospace Corporation, P.O. Box 92957, Los Angeles, Ca. 90009, U.S.A.

Dr. W. Heierli, Culmannstr. 56, CH-8006 Zürich — Schweiz

S. Hiei, Nuclear Power Plant Engineering Department, Hitachi Works of Hitachi, Ltd., Hitachi-shi, Ibaraki 317 — Japan

J. Hoffmann, Battelle Institut e.V., Postfach 90 01 60, 6000 Frankfurt/M. 90 — Bundesrepublik Deutschland

Y. Ichikawa, Nuclear Power Department, Electric Power Development, Company Ltd., 8-2, Marunouchi 1-chome, Chiyoda-ku, Tokyo 100 — Japan

C.E. Keller, 3124 Lykes Drive, N.E., Albuquerque, New Mexiko 87110 — U.S.A.

Dipl.-Ing. H. Klang, Dyckerhoff & Widmann, Erdinger Landstr. 1, 8000 München 81 — Bundesrepublik Deutschland

Dr. H. Komada, Civil Engineering Laboratory, Central Research Institute Office Electric Power Industry, 1646 Abiko, Abiko City, Chiba — Japan

Dr. S. Levine, NUS-Corporation, 4 Research Place, Rockwell, ND 20 850 — U.S.A.

Dipl.-Ing. G. Loers, Philipp Holzmann AG, Münsterstr. 291, 4000 Düsseldorf 30 — Bundesrepublik Deutschland

Y. Muramatsu, Plant Engineering Group Toshiba Corporation, 13-12, Mita 3-chome, Minato-ku, Tokyo 108 — Japan

Dipl.-Ing. P.W. Obenauer, Ing.-Büro Bung, Postfach 10 14 20, 6900 Heidelberg 1 — Bundesrepublik Deutschland

Dr. R.C. Oberth, Ontario Hydro, 700 University Avenue, Toronto, Ontario M5G 1XG — Canada

Dipl.-Ing. Wolfgang Otto, Gesellschaft für Reaktorsicherheit mbH., Glockengasse 2, 5000 Köln 1 — Bundesrepublik Deutschland

Dr. A. Pahl, Bundesanstalt für Geowissenschaften und Rohstoffe, Stilleweg 2, 3000 Hannover 51 — Bundesrepublik Deutschland

Dr. S. Pinto, Elektrowatt, Erbslet 9, CH-5234 Villigen — Schweiz

Dr.-Ing. P. Rödder, Bonnenberg & Drescher Ingenieurgesellschaft mbH, Industriestr., 5173 Aldenhoven — Bundesrepublik Deutschland

Dipl.-Ing. W. Romberg, Alsfelder Str. 11, 6100 Darmstadt — Bundesrepublik Deutschland

Dr. H.J. Schneider, Bundesanstalt für Geowissenschaften und Rohstoffe, Stilleweg 2, 3000 Hannover 51 — Bundesrepublik Deutschland

Dr. W. Schneider, Battelle Institut e.V., Postfach 90 01 60, 6000 Frankfurt/M. 90 — Bundesrepublik Deutschland

Dr. F. Schwille, Bundesanstalt für Gewässerkunde, Postfach 309, 5400 Koblenz — Bundesrepublik Deutschland

Dipl.-Ing. K. Stäbler, Energie-Versorgung Schwaben AG, Kriegsbergstr. 32, 7000 Stuttgart 1 — Bundesrepublik Deutschland

Prof. K. Takahashi, Institute of Atomic Energy Kyoto University, Uji, Kyoto 611 — Japan

Prof. Dr.-Ing. W. Wittke, Lehrstuhl für Grundbau, Boden- u. Felsmechanik und Verkehrswasserbau, Mies-van-der Rohe-Str. 1, 5100 Aachen — Bundesrepublik Deutschland

S. Yamada, Nuclear Power Department, Kajima Corporation, Shinjuku Mitsui Bldg. 26th, No. 1-1, 2-chome, Nishi-shinjuku, Shinjuku-ku, Tokyo 160 — Japan

K. Yokoyama, Plant Layout Planning Section, Plant Engineering Department, Mitsubishi Atomic Power Industries INC., 2-1, Taito 1-chome, Taito-ku, Tokyo 110 — Japan

Vorwort

von

Friedrich Bender

Die sichere Nutzung des fast unerschöpflichen Energiepotentials der Kernbrennstoffe zu friedlichen Zwecken gehört zu den großen Herausforderungen an die Naturwissenschaftler und Techniker in der zweiten Hälfte unseres Jahrhunderts. In vielen Ländern der Welt sind inzwischen zahlreiche Kernkraftwerke für die Elektrizitätsversorgung errichtet worden. Sie alle tragen dazu bei, den Verbrauch der fossilen Energieträger, vor allem des knappen und immer teurer werdenden Erdöls und Erdgases, einzuschränken.

Die Standortsuche für Kernkraftwerke hat sich, vor allem in dichtbesiedelten Industrieländern wie der Bundesrepublik Deutschland, aus vielen Gründen als schwierig erwiesen. Daher wird seit langem die Frage diskutiert, ob solche Anlagen nicht auch unterirdisch gebaut werden können und welche Vorteile und Nachteile, verglichen mit der bisher praktizierten oberirdischen Bauweise, dabei zu erwarten sind. Es ist dies eine Frage von erheblicher wirtschaftlicher Bedeutung. Wie groß das Interesse daran weltweit ist, zeigen die folgenden Beiträge zum Symposium „Unterirdische Bauweise von Kernkraftwerken", das vom Bundesminister des Innern in der Bundesanstalt für Geowissenschaften und Rohstoffe ausgerichtet wurde und vom 16. bis 20. März 1981 stattfand.

Das „Für und Wider" der unterirdischen Bauweise von Kernkraftwerken auszuloten ist nicht zuletzt auch eine Aufgabe der Geowissenschaftler. Es ist das „Medium Erde", mit dem sich Geologen befassen und dieses Medium muß genügend erforscht und bekannt sein, ehe man tief in den Untergrund eingreifen und die Erdkruste selbst als Schutzwirkung für das Bauwerk ausnutzen will.

Damit lag es nahe, die Bundesanstalt für Geowissenschaften und Rohstoffe als Tagungsort zu wählen, befaßt sie sich doch mit der anwendungsorientierten Erforschung und Erkundung des geologisch bedingten Potentials der Erde.

Die Arbeiten der BGR lassen sich in vier fachliche Schwerpunktsbereiche gliedern:
— Energierohstoffe
— Metall- und Nichtmetallrohstoffe
— Wasser und Boden
— Geotechnische Sicherheit.

Im Bereich „Geotechnische Sicherheit" liegt die Hauptaufgabe in der Lösung von Fragen, die die Sicherheit, Wirtschaftlichkeit und technische Innovation des Bauens im geologischen Medium betreffen. Dazu werden ingenieurgeologische, geotechnische und geophysikalische Untersuchungen durchgeführt, deren Ergebnisse nach wissenschaftlichen und sicherheitstechnischen Aspekten ausgewertet werden. Hierzu gehören die Verhütung von Schäden, die durch technische Eingriffe in den geologischen Untergrund entstehen können sowie die Beurteilung der Sicherheit von Bauwerksgründungen, Tunneln und Kavernen. Seit einigen Jahren steht die Mitarbeit an der Beurteilung der Sicherheit von Endlagern für radioaktive Abfälle im Vordergrund.

Untersuchungen der Bundesanstalt für Geowissenschaften und Rohstoffe für die unterirdische Bauweise von Kernkraftwerken gehören ebenfalls zum Schwerpunkt „Geotechnische Sicherheit". Sie sollen dazu beitragen, die Möglichkeiten einer unterirdischen Anordnung großer Kraftwerkskomponenten in tiefen Baugruben, vor allem in Felskavernen, richtig zu beurteilen. Die Frage, ob die unterirdische Bauweise die Sicherheit des Kernkraftwerkes erhöht, verlangt die eingehende Kenntnis des geologischen Mediums und seiner Schutzwirkung.

Auch in vielen anderen Ländern werden die Probleme der unterirdischen Bauweise von Kernkraftwerken untersucht und diskutiert, wie aus der Anwesenheit und dem Interesse zahlreicher ausländischer Gäste und Referenten an diesem Symposium hervorgeht.

Das unterirdische Bauen hat in den vergangenen Jahrzehnten immer mehr zugenommen. Man denke nur an die großen Verkehrstunnelbauten wie den Gotthardtunnel oder an die großen Ingenieurleistungen bei der Anlage von Felskavernen für Wasserkraftwerke. Diese weltweit gewonnene geotechnische Erfahrung und die hochentwickelte Technik auf diesem Gebiet können für die Beurteilung der Vor- und Nachteile der unterirdischen Bauweise von Kernkraftwerken genutzt werden.

Die im folgenden veröffentlichte große Anzahl von Fachvorträgen über spezifische Probleme unterirdischer Kernkraftwerke werden dazu beitragen, den Informationsfluß zwischen Fachleuten zu verbessern und die Probleme, technische wie wirtschaftliche, besser zu erkennen. Darin ist der Hauptzweck des Symposiums „Unterirdische Bauweise von Kernkraftwerken" zu sehen.

Einleitungsworte zum Symposium
„Unterirdische Bauweise von Kernkraftwerken"

von

W. Sahl †

Meine sehr geehrten Damen und Herren!

Ich möchte Sie, die Sie so zahlreich an diesem Symposium teilnehmen, auch im Namen des Herrn Bundesministers des Inneren, Gerhart Baum, der dieser Veranstaltung einen erfolgreichen Verlauf wünscht, begrüßen. Grüßen möchte ich auch von Herrn Staatssekretär Dr. Hartkopf, der sich, wie zahlreiche Teilnehmer unter Ihnen wissen, mit besonderem Engagement für die Untersuchung der unterirdischen Bauweise eingesetzt hat und sehr gerne heute hier gewesen wäre, aber leider verhindert ist. Besonders begrüßen möchte ich auch unsere ausländischen Teilnehmer, die teilweise einen sehr weiten Weg hierher nach Hannover hatten.

Mein Dank gilt sodann dem Hausherrn, dem Präsidenten der Bundesanstalt für Geowissenschaften und Rohstoffe, Herrn Professor Bender, der dem Wunsch des Bundesministeriums des Innern, einen umfassenden wissenschaftlichen Meinungsaustausch zu den Problemen der unterirdischen Bauweise von Kernkraftwerken zu ermöglichen, freundlicherweise nachkam.

Meine Damen und Herren, nach meinen Einleitungsworten nun zum Thema unseres Symposiums, dessen sicherheits- und rechtspolitischen Hintergrund ich auszuleuchten versuchen möchte.

Eigentlich müßten wir es unterordnen unter die auf Sicherheitskonferenzen der vergangenen Jahre immer wieder gestellte Frage „Wie sicher ist sicher genug?" oder auch unter die anläßlich der Stockholmer Konferenz von seiten der Kernkraftwerkshersteller – hier allerdings als Ausdruck des ablehnenden Trotzes – gestellte Frage, ich zitiere sinngemäß: „Wie weit muß eigentlich bei der Vorsorge auch gegen unwahrscheinliche Ereignisse gegangen werden?" Maßgebliche Orientierung für die Antwort auf diese Fragen muß uns natürlich das Gesetz und die dieses konkretisierende, laufende Rechtsprechung sein.

Das Gesetz verlangt, daß für Kernkraftwerke – und über deren Bauweise wollen wir uns ja im Rahmen des Symposiums unterhalten – die „nach dem Stand von Wissenschaft und Technik erforderliche Vorsorge gegen Schäden durch Errichtung und den Betrieb solcher Anlagen getroffen sein muß".

Durch höchstrichterliche Rechtsprechung, nämlich ein Urteil des Bundesverfassungsgerichtes, wurde inzwischen nicht nur die Verfassungsmäßigkeit des Atomgesetzes bestätigt, sondern im einzelnen auch festgestellt, was die oben zitierte Norm den für die Sicherheit Verantwortlichen abverlangt.

Das Bundesverfassungsgericht sagt klar und deutlich, daß die in der zitierten Norm niedergelegten Grundsätze der Gefahrenabwehr und Risikovorsorge einen Maßstab aufrichten, der Genehmigungen nur dann zuläßt, wenn es nach dem Stand von Wissenschaft und Technik praktisch ausgeschlossen erscheint, daß Schäden an Leben, Gesundheit und Sachgütern eintreten werden. Das Bundesverfassungsgericht fährt in logischer Weiterverfolgung dieses Gedankenganges fort, daß Ungewißheiten jenseits dieser Schwelle praktischer Vernunft ihre Ursachen in den Grenzen des menschlichen Erkenntnisvermögens haben und die aus dieser Zone entspringenden restlichen Risiken unentrinnbar und insofern als sozialadäquate Lasten von allen Bürgern zu tragen sind. Das Bundesverfassungsgericht stellt hierzu noch erläuternd fest, vom Gesetzgeber im Hinblick auf seine Schutzpflicht eine Regelung zu fordern, die mit absoluter Sicherheit Grundrechtsverletzungen — hier das Recht eines jeden auf Leben und körperlicher Unversehrtheit — ausschließt, die aus der Zulassung technischer Anlagen und ihrem Betrieb möglicherweise entstehen könnten, hieße, die Grenzen menschlichen Erkenntnisvermögens verkennen und würde weithin jede staatliche Zulassung der Nutzung von Technik verbannen. Für die Gestaltung der Sozialordnung in unserem Gemeinwesen müsse es insoweit bei Abschätzung anhand praktischer Vernunft sein Bewenden haben.

Aus diesen Feststellungen lassen sich eindeutige Vorgaben für die Wissenschaftler, Sicherheitsexperten und Konstrukteure ableiten: S i e sind es zunächst, die den Standort der Schwelle praktischer Vernunft nach Maßgabe des Standes von Wissenschaft und Technik lokalisieren müssen. Der Anspruch an die Qualität wissenschaftlich-technischer Perzeption von Ereignisabläufen, soweit solche zu praktisch nicht auszuschließenden konkreten Gefahren und Risiken führen könnten, ist damit klar definiert: Die nach dem Atomgesetz erforderliche Schadensvorsorge verlangt, daß allen praktisch denkbaren Ereignisabläufen, die zu Schäden an Leben, Gesundheit und Sachgütern führen könnten, der Pfad verlegt wird.

Die verschiedenen in den letzten Jahren, ausgehend vor allem von den entsprechenden Ansätzen in der amerikanischen Raumfahrttechnik, abgeleiteten sogenannten Risiko-Analysemethoden beruhen im wesentlichen darauf, eine stetig verfeinerte Methode der Perzeption praktisch möglicher Ereignisabläufe in allen Varianten und Verästelungen — nach geltender Terminologie vielen von Ihnen als Fehlerbaumanalyse geläufig — zu entwickeln. Dies geschieht übrigens mit dem zusätzlichen Anspruch, die jeweiligen „Richtungen" der Ereignisabläufe und damit auch den Eintritt bestimmter Störungen am Ende solcher Ereignisketten in ihrer zunächst relativen Eintrittswahrscheinlichkeit zu bestimmen. Die Rassmussen-Methode oder die neuere, von Prof. Birkhofer in der Bundesrepublik daraus entwickelte Risiko-Analyse für Druckwasserreaktoren bestimmter Bauart legen beredtes Zeugnis von diesen Arbeiten ab.

Der bisher dargelegte Gedankengang führt schließlich zu der Feststellung, daß die nach dem Gesetz erforderliche Schadensvorsorge vorrangig auf solchen konstruktiven und betrieblichen Maßnahmen zu beruhen hat, welche nach Maßgabe ingenieurmäßiger Perzeption für möglich gehaltene Ereignisabläufe, die zu Schäden führen könnten, verhindern. Wir haben es also mit einem Sicherheitskonzept der Störfall-Verhinderung zu tun.

Allein, dieser zunächst so zwingend einfach klingende Schluß ist es leider nicht, und zwar aus folgenden Gründen:

Erstens stellt sich aus dem Verfassungsgerichtsurteil die beim näheren Überdenken schwierige Frage nach der Grenze zwischen dem „Diesseits" und dem „Jenseits" der Schwelle praktischer Vernunft. Ausgehend von einer einmal vorgegebenen Definitionsgrenze wird sich mit einiger zusätzlicher Phantasie rein denklogisch immer wieder ein neuer Ereignispfad „erfinden" lassen, der doch zu mehr oder weniger schweren Schäden führen könnte und in jedem Falle die vorher definierte Schwelle überbrückt. Es stellt sich hier also die Frage nach einem eindeutigen Kriterium für die Ortung der sogenannten Schwelle praktischer Vernunft. Dieses Kriterium wird mit Sicherheit die Eigenschaft einer Risikogröße haben. Ich stelle mir deshalb vor, daß wir im Laufe weiterer Entwicklungen unserer Erkenntnisse und Erfahrungen auf diesem Gebiete zu einem Standpunkt gelangen werden, von dem aus wir gegen alle s o l c h e Ereignisabläufe keine Vorsorge mehr treffen, die im Rahmen rein denklogischer Betrachtungen zwar identifiziert werden können, deren Eintrittswahrscheinlichkeit jedoch in Verbindung mit dem dann theoretisch freigesetzten Gefahrenpotential unterhalb einer bestimmten Risikoschwelle liegt. Diese Forderung ergibt sich aus der Tatsache, daß es nicht allein um die Wahrscheinlichkeit sondern das Risiko geht, nämlich das Produkt aus Wahrscheinlichkeit und möglicher Schadensfolge. Allerdings ist diese Methode der Bestimmung eines eindeutigen Wahrscheinlichkeits- bzw. besser Risikokriteriums noch nicht Stand von Wissenschaft und Technik, so daß es gegenwärtig weder praktische Anwendung finden kann noch deshalb auch finden müßte.

Zweitens stellt sich wegen der oben beschriebenen Grauzone zwischen dem „Diesseits" und „Jenseits" der Schwelle praktischer Vernunft im Zusammenhang mit dem Verfassungsgerichtsurteil für den Bürger nach wie vor die extrem politische Frage danach, wie groß denn nun das vom Bundesverfassungsgericht nur qualitativ umschriebene unentrinnbare Restrisiko sein darf, das von ihnen, den Bürgern, als sozialadäquate Last zu tragen als angemessen angesehen werden muß. Zu dieser Frage gibt es zwar viele analytisch — und wie ich meine auch politisch — vernünftige Diskussionsansätze, die darauf abstellen, das Risiko der Kernenergienutzung durch den Vergleich mit anderen zivilisatorischen Risiken unserer hochentwickelten Industriegesellschaft zu relativieren und die sozialen wie wirtschaftlichen Risiken, die ein Verzicht auf Kernenergie für die Daseinsvorsorge unseres Gemeinwesens zur Folge hätte, herauszustellen. Doch hier stößt man auf das psychologische Phänomen, daß, wie ich kürzlich in einer bestechenden Formulierung las, die subjektive Einschätzung der Wahrscheinlichkeit eines Ereignisses mit der Suggestivität etwa seiner katastrophalen Folgen steigt. Dieser psychologisch-subjektive Verzerrungsmechanismus ist wegen der politischen Vorgeschichte der Kernenergie und der Rolle, die das Atom im militärischen Abschreckungsbereich spielt, aber auch wegen der bei der friedlichen Nutzung der Kernenergie tatsächlich vergleichsweise hohen zu beherrschenden Gefahrenpotentiale besonders wirksam. Hierzu kommt die akzeptanzpolitische Belastung der friedlichen Nutzung der Kernenergie durch die Tatsache, daß die Diskussion bzw. Kontroverse über sie im Sinne eines geistig-politischen Ersatzkriegsschauplatzes zur Bühne einer Auseinandersetzung um weitgestreute zeitgenössische Themen geworden ist, die in der heutigen Generation virulent sind. Das hat mit der Sinnfrage im Zeichen des Verfalls tradierter Wertvorstellung zu tun, die schließlich auch vor den angeblich überkommenen Maßstäben bisheriger Sozial- und vor allem Wirtschaftspolitik sowie einer entsprechend aggressiven Kritik an den diese Maßstäbe vertretenden Institutionen nicht Halt macht.

Ausgehend von den beiden Sachverhalten:
— nämlich einmal der wissenschaftlichen Grauzone, in der sich die Schwelle der praktischen Vernunft als Maßgabe der Schadensvorsorge noch befindet,
— zum anderen, die besondere akzeptanzpolitische Belastung, unter der sich die friedliche Nutzung der Kernenergie zur Zeit noch befindet,
stellt sich sowohl in manchen Kreisen verantwortlicher Politiker als auch bei denjenigen, die als Experten in Behörden und Wissenschaft die Sicherheitsvorgaben zu definieren haben, die verständliche Frage danach, wie weit bei der Sicherheitsaus-

legung von Kernkraftwerken nicht auch Maßnahmen gefordert werden sollten, welche
ü b e r die Störanfallverhinderungsstrategie h i n a u s darauf abzielen, die Folgen auch
von solchen Unfällen für die Umgebung einzudämmen und zu beherrschen, deren
Eintritt angesichts der in einem solchen Falle freiwerdenden erheblichen Gefahrenpotentiale jenseits praktisch sinnfälliger Vorhersehbarkeit rein denklogisch stipuliert
werden könnte. Was für die rein rational denkenden Ingenieure hier ein Jenseits der
praktischen Vernunft sein könnte, könnte für die Politik eine Maßnahme zur Bildung
von Vertrauen und – darauf aufbauend – zur Verbesserung der Akzeptanz eines
Systems sein, dessen Realisierung für die allgemeine Daseinsvorsorge für beide, nämlich Politiker und Ingenieure gleichermaßen für notwendig erachtet wird. Durch einen
solchen Schritt würde die bisher vorrangig auf Verhinderung perzipierbarer Störfälle
beruhende Sicherheitsstrategie ergänzt um eine solche, welche auch noch die Ein-
dämmung bzw. Beherrschung der Folgen von d e n k l o g i s c h einerseits nicht auszuschließenden Unfälle abstellt, obwohl solche Unfälle nach dem Stand von Wissenschaft
und Technik a n d e r e r s e i t s p r a k t i s c h ausgeschlossen erscheinen.

Sie wissen alle, daß das Nachdenken über solche Strategien nicht neu ist. Ich erin-
nere in diesem Zusammenhang auch an die nie ganz eingeschlafene, vor allem nach
dem TMI-Störfall neubelegte Diskussion um die Einführung von Vorsorgemaßnahmen
gegen sogenannte Class-9-Accidents. Ich denke hier zum Beispiel an das Bersten des
Reaktordruckbehälters, das Schmelzen des Cores und ähnliche Ereignisse mehr. Zu
den gegenwärtig diskutierten Lösungen für die Beherrschbarkeit der Folgen solcher
Ereignisse gehören die Überlegungen zur Einführung eines Core-catchers bei Leichtwasserreaktoren und aber nach Auffassung mancher Experten auch die unterirdische
Bauweise von Reaktoren, die ja Gegenstand unseres heute beginnenden Symposiums
ist.

Bevor ich jetzt zu Ende komme, sollte ich darauf hinweisen, daß der Drang nach
möglichst hoher passiver Sicherheit der Kernkraftwerke sowohl, was Ereignisse aus
dem Innern der Anlage, als auch die Einwirkungen verschiedenster Art von außen
anbetrifft, bei dem weiteren Ausbau der Kernenergienutzung in einem so dichtbesiedelten und wirtschaftlich-industriell so gleichmäßig entwickeltem Lande, wie die
Bundesrepublik Deutschland, aus technischen und politischen Gründen besonders
groß ist.

Und so geht der Ursprung des heute beginnenden Symposiums – und dies möchte
ich nicht unerwähnt lassen – auf einen ausdrücklichen Auftrag des Bundeskabinetts
an den Bundesminister des Innern zurück, den ich hier vertrete, das möglicherweise
gewinnbare zusätzliche Sicherheitspotential der unterirdischen Bauweise sorgfältig zu
untersuchen. Das Symposium wird dabei hilfreich sein, in den Abschlußbericht über
das Ergebnis der Untersuchungen ein möglichst breites Meinungsbild auch unter
Befragung der internationalen Auffassung zu dieser Frage einfließen zu lassen.

In diesem Sinne wünsche ich uns allen einen erfolgreichen und anregenden Verlauf
der Veranstaltung.

Ich danke Ihnen für Ihre Aufmerksamkeit.

The Canadian Study of Underground Nuclear Power Plants

by

R. C. Oberth

With 3 figures and 1 table in the text

Abstract

This paper discusses some of the broader findings of a two year study (1978/79) by Ontario Hydro (a large Canadian power utility) to assess the technical and economic feasibility of constructing an underground CANDU nuclear power plant. The study used a multi-unit CANDU nuclear plant (4 x 805 MWe) as the reference for developing underground designs of both the mined-rock and berm-containment concepts. (CANDU is a unique Canadian pressure tube reactor design using natural uranium fuel and heavy water as both coolant and moderator.) A reference siting area was selected near Toronto, a large urban load centre, and a test drilling program was initiated in order to gain information on the characteristics and properties of local rock formations. The test results led to preliminary design decisions on permissible cavern span (35 m) and spacing (20 m) and on measures required for cavern support and stabilization. The underground plant layout consists of four large in-line reactor caverns inter-connected by a series of access and pressure relief tunnels. The entire underground network is situated 450 m below grade in competent granitic gneiss. Plant access and communication with the near-surface turbine-generator hall is via fourteen vertical shafts housing a variety of services (power and instrument cables, water and steam pipes, and elevators). The Ontario Hydro investigation devoted considerable effort to developing detailed construction methods and equipment handling techniques to confirm that the proposed underground design concept was practically feasible. The construction feasibility studies were also used in developing construction schedules (16 months longer than the reference surface facility) and capital cost estimates (31 to 36 % higher than the reference).

Introduction

Ontario Hydro, Canada's largest power utility with a total installed capacity of 24,000 MWe of which roughly 22 % is nuclear generation, has recently completed a two-year investigation of the feasibility, both technical and economic, of constructing an underground CANDU nuclear power plant (Oberth and coworkers, 1979). CANDU is a unique Canadian pressure tube reactor design using natural uranium fuel and heavy water as both the coolant and moderator.

The Ontario Hydro investigation was performed by in-house engineering staff with the aid of geotechnical consultants. It concentrated on deep rock siting in which reactor units are constructed in caverns excavated in Precambrian rock. Near surface burial in an open pit excavation was also investigated in somewhat lesser details.

Previous investigations of underground siting in Europe (Lindbo, 1978; Kröger et al., 1976) and in the USA (Allensworth et al., 1977; California Energy Commission,

1978) revealed possible benefits such as improved containment, increased station protection and security, and significant reductions in seismic ground motion experienced in underground rock caverns. The Canadian study examined these potential benefits in relation to special features of the CANDU reactor design and Ontario's unique geological situation.

Objectives and methodology

The major objective of the Canadian study was to establish the engineering and economic feasibility of constructing a CANDU nuclear power plant underground. Confirmation of this feasibility was achieved in two parts. Firstly, Ontario geology was reviewed to determine if the rock types available in the province are suitable for hosting the underground rock caverns, shafts and tunnels required by a commercial CANDU power plant. Secondly, construction techniques and heavy equipment handling methods were evaluated to confirm that the underground plant design could be built with present day technology.

In addition to establishing concept feasibility in terms of geological and constructability considerations, a further study objective was to develop conceptual designs for the principal portions of the plant. These conceptual designs covered major structures and equipment layouts, station layout, as well as rock cavern and shaft design. A set of preliminary layout drawings were developed to support the conceptual plant design.

The study also evaluated, at least qualitatively, the safety and environmental advantages achieved by the underground designs as they evolved. The safety and environmental factors were in most cases difficult to quantify so that in many areas somewhat qualitative assessments had to suffice.

A further study objective was to identify any disadvantages related to underground nuclear plant siting. These disadvantages were expected to be primarily of an operational nature, although the overall safety implications of this concept were critically reviewed from the viewpoint of both public and employee safety.

The implications of the proposed underground plant designs in terms of preliminary construction schedules and capital cost estimates were identified. The construction schedules and cost estimates, though preliminary in nature, provide a means of comparing the advantages (and disadvantages) of underground siting with its economic penalties.

The study also determined those areas of the underground station design on which any future design effort should be focussed. The conceptual plant designs resulting from the study should form the basis for any future detailed engineering design work on an underground CANDU nuclear power plant.

The Canadian underground nuclear power plant study was organized into two phases which contained the following activities:

Phase 1

(a) Consideration of overall plant layout and major equipment location.
(b) Definition of basic design requirements.
(c) Review of construction methods which would be required to realize the tentative underground layout of major structures and equipment.

(d) Identification of underground design features which could cause safety concerns and provide a tentative program to deal with these.

(e) Preparation of tentative construction schedules and cost estimates to show that the concept is within a broad range of economic feasibility.

(f) Examination of the overall design and assessment to identify areas requiring detailed study in Phase 2.

Phase 2

(a) Development of conceptual designs and layouts for major components of an underground CANDU nuclear power plant.

(b) Development of designs for certain auxiliary and service equipment (i.e., condenser cooling water design, electrical systems, instrumentation and control, ventilation, etc.)

(c) Performance of geological investigations (i.e., test-hole program) to establish and quantify characteristics of Ontario rock formations and determine how to match these to rock cavern, access shaft, and safety system designs.

(d) Analysis of potential accident scenarios in order to assess the ability of the underground design to meet certain safety requirements.

(e) Performance of more detailed analysis of construction techniques and schedules.

(f) Preparation of a detailed cost estimate based on the completed conceptual design and on the inclusion of auxiliary and service system designs.

Phase 2 work was basically completed in late 1979 and culminated in the preparation, review and subsequent release of the Ontario Hydro Underground CANDU power plant report (Oberth and coworkers, 1979).

Geotechnical investigation program

A number of areas in Ontario were examined for local geological conditions and other general siting considerations. While no specific site was selected for the underground nuclear station design study, the economic benefits of siting close to a large urban load centre provided an incentive to focus on areas near Toronto. These economic benefits include reduced transmission costs and the potential use of waste heat for district heating purposes. In view of this broad siting guideline, a 300-metre deep test hole was drilled at a site located 65 km to the east of Toronto (see Fig. 1). The test program yielded the basic geotechnical data which was used in the conceptual layout and design of the deep underground nuclear station. Using wireline drilling, a total of 274.2 m of rock core were retrieved and carefully logged. Details of the field program are given in Volume II of the Ontario Hydro underground siting study report (Oberth and coworkers, 1979).

Rock cavern design

The rock mechanics investigations outlined in the foregoing section provided the reference geotechnical conditions for the conceptual design and evaluation of rock caverns for the deep burial concept. For a 4 x 850 MWe underground plant, it was estimated that four large caverns with principal dimensions of 100 m length x 35 m width x 60 m height would be required to house the reactor components and auxiliary

Fig. 1.   Location of Test Borehole and Reference Siting Area.

equipment. Rock caverns with spans on the order of 26–27 m had previously been
excavated in the Precambrian rocks of Canada and Sweden. Pending the results of
detailed site-specific investigations, it was anticipated that Precambrian rocks similar
to the granitic gneiss in the near-Toronto basement would be able to host the proposed
reactor caverns, and will be self-supporting to a very large extent, requiring only
limited mechanical support.

   For an underground nuclear power plant, the overall stability of the rock mass
adjacent to the reactor caverns will have to be assessed in terms of both operating
conditions and design accident conditions. Safety-related issues along with considerations of rock mass stability under seismic and thermal loading conditions are discussed
in a separate paper presented at this symposium (Oberth, 1981).

Conceptual plant design

   The conceptual design of the underground CANDU power plant was developed
under the following general principles:

   (a) The layout should be compatible with the underground geologic environment
and should, wherever possible, take advantage of the natural supporting structures
afforded by the rock.

   (b) The layout should start with the basic design for a surface 4 x 850 MWe CANDU
plant and incorporate modifications and changes as required by the underground
environment.

   (c) Layout and design decisions should attempt to minimize costs in order to
maintain a reasonable economic position relative to current surface-sited stations.

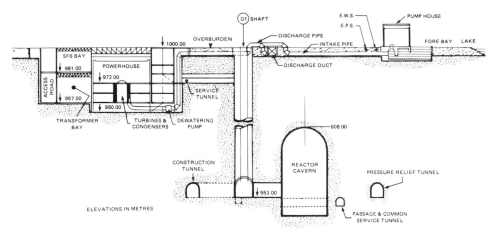

Fig. 2. Underground plant layout (general cross section).

A general cross section of the proposed underground CANDU plant is shown in Fig. 2. The reference underground rock cavern depth (∼ 400 m) was determined by the desire to construct the caverns in a competent Precambrian formation which, for the near-Toronto siting area, begins first at a depth of about 220 m. A plan and section of the deep underground portions of the plant is provided in Fig. 3. A description of some of the major plant components and design features is contained in a separate paper (Oberth, 1981).

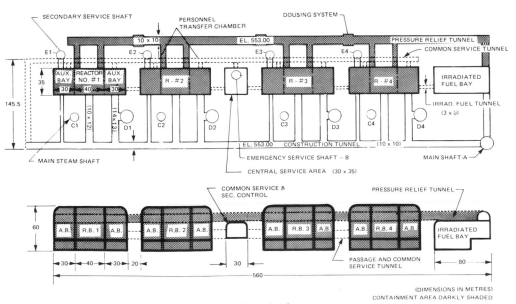

Fig. 3. Layout of rock caverns (plan and section).

Safety considerations

The four principal mechanisms by which radionuclides could escape from a deep underground containment system and reach the surrounding biosphere are described below. Each of these mechanisms must be counteracted through either design features or siting considerations.

Venting through/around shafts and tunnels. This escape mechanism is counteracted by placing high emphasis on the design of highly reliable and redundant seals and isolation barriers at all points where shafts and tunnels intersect the rock cavern containment area. Steel liners should also extend radially away from these containment penetrations in order to increase the effectiveness of the seals.

Venting through fissures. This escape mechanism is effectively negated by siting the rock caverns in deep, tight, rock formations with minimum fractures. Open fractures can be sealed by means of pressure grouting.

Migration through rock and soil. Calculations (Oberth and coworkers, 1979) have clearly demonstrated that molecular diffusion, the only viable transport mechanism, is much too slow to be of any concern. Siting of reactor caverns in deep rock formations with low permeabilities and low diffusion coefficients ensures that radionuclides will not be released to the biosphere by any of the migration mechanisms.

Dispersion through groundwater. It is generally assumed that the granitic-gneiss in which the rock caverns would be located are very tight and well-sealed (as confirmed by the test hole results). Moreover, the cavern excavations will act as sinks so that any existing groundwater will be driven towards them by the large hydrostatic pressures which exist at this depth. Thus judicious rock cavern siting appears to be the best defence against this release mechanism.

In spite of these assurances, it is important to design an underground containment system which will hold post-accident pressures and temperatures to levels which can be tolerated by the rock cavern seals, the rock face itself, and the nuclear equipment. The performance of the containment system design proposed for the underground CANDU power plant is described in a separate paper presented at this symposium (Oberth, 1981).

Operational considerations

A number of questions related to the operation and maintenance of an underground CANDU power plant were identified during the course of the investigation. For example, it is anticipated that an underground plant could incur an overall increase in operation and maintenance (O & M) costs relative to a comparable surface plant. The increase in O & M costs would, in general, be caused by the longer time periods required for routine repair or replacement of equipment located in the confined and remote deep underground reactor caverns. The transit time for the movement of personnel and equipment between underground and surface areas is the main contributing factor. Perhaps more importantly, the anticipated longer time periods required for plant maintenance or equipment replacement could result in longer plant outages and hence a lower capacity factor for the underground plant relative to its surface counterpart. This could translate into a significant economic penalty which must be added to the already higher capital costs.

Due to the confined space and limited access of an underground plant, replacement of major equipment becomes a serious problem. In view of recent problems encountered at several nuclear plants, considerable attention has been devoted to steam-generator replacement schemes in the underground design. The current reference design would require an extended plant shutdown while a steam generator was moved out and replaced through the pressure relief tunnel.

The underground station also poses unique problems in personnel movement because the station is constructed at a variety of levels. Moving personnel and materials from one level to another is less efficient and more time consuming than moving them horizontally. For this reason, it is desirable that areas between which traffic is heaviest be on the same level and as close together as possible.

Under emergency conditions the demands placed on transportation systems would be most acute. At least two separated personnel elevators are therefore dedicated to each unit, thus ensuring at least one route of evacuation per unit. A further measure to facilitate emergency evacuation would involve installation of bulkheads and airlocks which could isolate and sectionalize the underground reactor units to prevent the spread of fires or toxic gas releases. The unitized ventilation system would thus be capable of supplying breathing air to this afflicted and isolated part of the station while evacuation proceeds in an orderly manner.

Schedule and economic implications

Construction schedule

The construction of an underground nuclear power plant is different from that of a surface plant in two main regards:

(a) Extensive shaft and tunnel boring and excavation as well as rock cavern excavation precede concrete pouring. The latter activity will, however, be somewhat reduced since the reactor cavern rock face replaces the conventional reactor building outer structure.

(b) Equipment installation and movement of construction personnel and equipment is hampered by a limited number of vertical access shafts and horizontal access tunnels.

Previous investigations of underground power plant siting have predicted one-to two-year increases in the overall construction schedule (Allensworth and coworkers, 1977; California Energy Commission, 1978). These longer construction durations translate into higher interest charges which generally comprise a significant portion of the cost penalty associated with underground siting. It is, therefore, essential that construction methods and schedules be developed and optimized in order to minimize this interest charge penalty.

A preliminary construction schedule for the conceptual underground CANDU plant was developed from predicted unit excavation rates, proposed equipment handling methods, and conventional erection schedules where applicable. The schedule indicates a total duration of nine years and four months from the project approval date to the in-service date of the first reactor unit. This is sixteen months longer than the construction time for a comparable surface station.

Capital cost estimate

Previous estimates of the incremental cost of constructing nuclear power plants in deep rock caverns have ranged from as low as 10 % to as high as 40 % above comparable surface plant costs (Oberth and Lindbo, 1981). Most of these estimates, however, were based on feasibility studies of limited scope and design detail. On of the exceptions to this trend is the California Energy Commission Study (1978) which devoted considerable effort to developing realistic cost estimates based on detailed construction schedules, underground construction labour rates, and detailed costs of materials and equipment. That study produced a capital cost penalty of 25 % for constructing an 1100 MWe Pressurized Water Reactor in rock caverns mined out of a hillside with a cover of 90 m.

Table 1. Capital cost comparison for underground and surface plants

	Surface Plant	Underground Plant	Cost Differential	Cost Penalty as a % of Total Surface Plant Cost
	(4 x 850 MWe)	(4 x 850 MWe)		
First Unit In-Service Date	Nov. 1985	March 1987		
	(M$ Escalated)	(M$ Escalated)	(M$ Escalated)	
Total Direct Costs	1,992	2,192–2,284	200–292	5–7 %
Additional Burdens, Indirect Costs, Material Handling	337	517–541	180–204	4–5
Engineering, Admin., Overhead	378	564–567	186–189	5
Interest	1,049	1,570–1,627	521–578	13–15
Contingencies	187	339–351	152–164	4
TOTAL	3,943	5,182–5,370	1,239–1,427	31–36 %

Table 1 highlights the cost comparison between the underground CANDU plant described in this paper, and a comparable surface plant (preliminary cost estimates based on the original schedule of the Darlington GS 'A' plant now under construction approximately 65 km east of Toronto). The estimates correspond to the respective in-service dates and relative construction durations for the two plants but exclude heavy water and commissioning costs.

This preliminary cost comparison reveals that the underground CANDU plant described in this paper would cost roughly 31–36 % more than a comparable surface plant. The largest portion of this penalty lies in the increased interest burden which adds 13–15 % to the total cost penalty (or nearly 40 % of the total cost increase).

If the cost of heavy water, a significant cost component in the CANDU design, is added to the capital cost comparison the relative cost penalty of deep underground siting is somewhat reduced. Assuming projected heavy water costs in the 1985 to 1987 period of $ 300/kg, the additional capital investment is roughly one billion dollars for a 4 x 850 MWe station. Differences in heavy water inventory between the surface and underground design are assumed to be insignificant. The baseline surface plant cost becomes approximately 5 billion dollars and the relative cost penalty of the underground CANDU plant decreases to 25—29 %. These figures are in good agreement with the cost analysis cited previously.

Main study conclusions

Ontario Hydro's two-year investigation of the feasibility of underground siting of a CANDU nuclear plant has produced a conceptual plant design, and has reached a number of broad conclusions. Some of these conclusions are perhaps still rather qualitative and would require further detailed study before more quantitative assessments could be derived. Potential problems or disadvantages of underground siting are also identified. The main study conclusions are listed below:

(a) Rock formations exist in Southern Ontario which are capable of hosting essentially unsupported rock caverns of a span required by an 850 MWe CANDU reactor unit. Based on the data provided by a test borehole program, these Precambrian hard rock formations appear very competent, tight and well-sealed. Analysis and testing indicate that these rocks are capable of sustaining the mechanical and thermal stresses imposed by large underground openings and by hypothetical high energy releases into the reactor caverns. The rock also appears capable of providing a tight and massive barrier to effectively contain the most severe postulated reactor accident (a major pipe failure in the primary reactor cooling system) and isolate radionuclides from the biosphere above.

(b) The environmental and safety benefits or drawbacks of the underground plant concept could not be precisely quantified at this stage of the conceptual design. Nevertheless, preliminary calculations based on several conservative assumptions have shown that the underground rock caverns provide sufficient volume to hold peak post-LOCA pressures and temperatures within acceptable limits. Geological data suggest that the integrity of the rock mass containment barrier would be capable of providing complete isolation of the reactor area hence should satisfy licensing requirements.

(c) The capital cost of an underground CANDU nuclear power plant sited near Toronto would be roughly 31—36 % higher than that of a comparable surface facility (25—29 % if heavy water costs are included in the comparison). In addition to the capital cost penalty, the underground plant would probably incur an overall increase in operation and maintenance costs relative to a surface plant. A major component of the capital cost penalty is in the higher interest charge due to the projected longer construction period (16-month difference). Construction schedules for a first-of-a-kind facility clearly contain a high degree of uncertainty and any unforeseen delays would have a significant impact on total plant cost. These cost penalties could be partially offset by a reduction in transmission costs which may be realized by near-urban underground siting.

(d) An underground CANDU nuclear power plant could incur an overall increase in operation and maintenance (O & M) costs relative to a comparable surface plant. The increase in O & M costs would, in general, be caused by the longer time periods required by routine repair or replacement of equipment located in the generally more confined space of deep underground reactor caverns. The transit times for the movement of personnel and equipment between underground and surface areas is the main contributing factor. These anticipated longer time durations for plant maintenance or equipment replacement could result in longer plant outages and hence a lower capacity factor for an underground plant relative to a surface plant. This could translate into a significant economic penalty which wuld have to be considered along the higher costs of underground construction.

(e) The deep underground siting concept would involve a number of new safety issues such as rock cavern stability, radionuclide migration in geologic media and groundwater contamination. Regulatory agencies (the Atomic Energy Control Board in Canada) would have to address these new concerns and develop new regulations. The entire regulatory process could become extended for this new siting concept and could possibly result in costly delays in plant commissioning and licensing at considerable cost to the operating utility. The potential for such regulatory delays associated with a new siting concept is difficult to assess at this stage but the regulatory difficulties experienced by a proposed off-shore nuclear plant (Public Service of New Jersey's Atlantic Generating Plant) in the United States could provide some indication.

The conceptual design and technical evaluation of an underground CANDU nuclear power plant has recognized several advantages of this unique siting mode: increased strength of containment structurs, enhanced protection against external hazards, and reduced seismic motion in deep rock caverns. These benefits, however, must be balanced agains higher capital costs and potentially more difficult construction and operating procedures. These diverse factors must be evaluated in the context of the specific socio-political environment in which power utility expansion planning occurs. Only then can any meaningful decisions regarding underground nuclear plant siting be drawn.

The province of Ontario has recently experienced a significant slowdown in the growth of electricity demand. Ontario Hydro now projects load growth on the average of 3 % per annum (down from the traditional 7 % per annum) throughout the rest of this century. As a result Ontario Hydro has curtailed its program of nuclear generation expansion, and at this time has no plans for the construction of a prototype underground CANDU nuclear power plant.

Acknowledgements

The author wishes to acknowledge the efforts of his colleagues on the Underground Nuclear Power Plant Working Party at Ontario Hydro, and specifically those of Dr. C. F. Lee who coordinated the important geotechnical aspects of the conceptual design study.

References

Allensworth, J. A., Finger, J. T., Milloy, J. A., Murfin, W. B., Rodeman, R. & Vandevender, S. G. (1977): Underground Siting of Nuclear Power Plants: Potential Benefits and Penalties. – Sandia Laboratories Rep., **SAND76-0412, NUREC-0255**.

California Energy Commission (1978): Underground Siting of Nuclear Power Reactors: an Option for California. — Rep., **NAO-ZOA: 01**.

Kröger, W., Altes, J. & Schwarzer, K. (1976): Underground Siting of Nuclear Power Plants with Emphasis on the "Cut-and-Cover" Technique. — Nuclear Engineering and Design, **38**: 207—227.

Lindbo, T. (1978): The Swedish Underground Containment Studies: State of the Art. — Nuclear Engineering and Design, **50**: 431—442.

Oberth, R. et al. (1979): Underground CANDU Power Station — Conceptual Design and Evaluation. — Ontario Hydro Rep., **79374**.

— (1981): Concept of Underground Siting of a CANDU Reactor in Deep Rock Caverns. Presented at Symposium — Underground Siting of Nuclear Power Plants, Hannover, West Germany, March 16—20, 1981.

Oberth, R.C. & Lindbo, T. (1981): Underground Nuclear Power Plants — State of the Art. — Underground Space, **5**: 6.

The Feasibility and Effectiveness of Underground Nuclear Power Plants – A Review of the California Energy Commission's Study

by

Fred. C. Finlayson

With 4 figures and 1 table in the text

Abstract

Results of a California Energy Commission study of underground nuclear power plants showed that no substantial technological barriers existed for construction of such facilities. However, construction costs of the earliest facilities might be as much as 50 % to 60 % greater than those of similar surface-sited units. The underground designs substantially reduced potential public health impacts of severe core-melt accidents when compared to similar accidents in surface-sited facilities. The question of whether underground siting should be considered a necessity in California was observed to be part of the larger question of acceptability of risk, a problem that is more of a social and political issue than a technical one. Based upon the study results, the Commission recommended that underground siting should not be legislatively mandated within the State.

1. Introduction

In 1976, the California State Legislature enacted a law that required the California Energy Commission (CEC) to conduct "... a study of the necessity for, and effectiveness and economic feasibility of, ..." underground construction of nuclear reactors. The legislators wanted to determine whether underground siting really represented the ultimate safety system for nuclear power reactors. In principle, they asked whether burial could provide a simple, passive mechanism for absolute protection of the public from the risks of core-melt accidents. A number of prominent spokesmen for nuclear power (such as Edward Teller) had suggested that underground siting could provide such protection; others had argued that putting nuclear plants underground might increase risks more than it could reduce them. The study requirements reflected an implicit concern on the part of California legislators with respect to the licensing procedures currently used by the U.S. Nuclear Regulatory Commission (NRC). While NRC licensing requirements are largely limited to consideration of non-core-melt incidents, the state legislature was mirroring the concern of the public over the more serious, though much less likely, core-melt accidents.

The law called for investigation of two basic types of underground construction for the nuclear facilities: (1) "buried" structures designed for cut-and-cover construction techniques; and (2) "mined-cavern" structures emplaced in a tunnel cavern complex excavated in a hard-rock mountainside site. In the buried facility concept, as sketched in Fig. 1, the structures would be emplaced within a large open-pit excavation about 150 feet (45 m) deep and about 400 feet (120 m) in diameter at the bottom of the

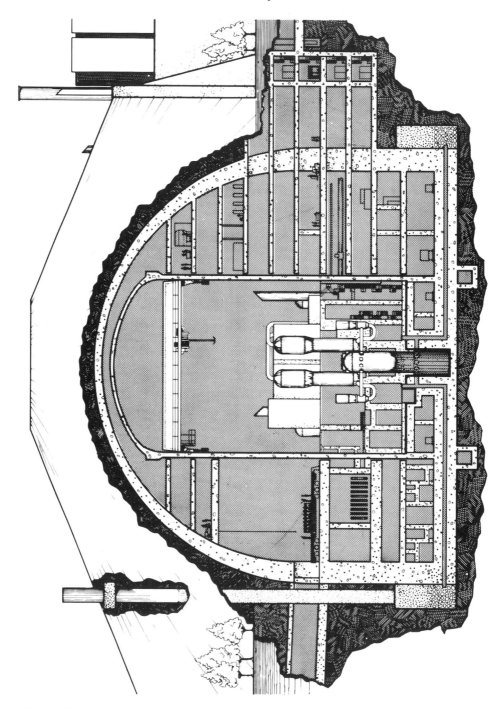

Fig. 1. Buried underground nuclear power plant.

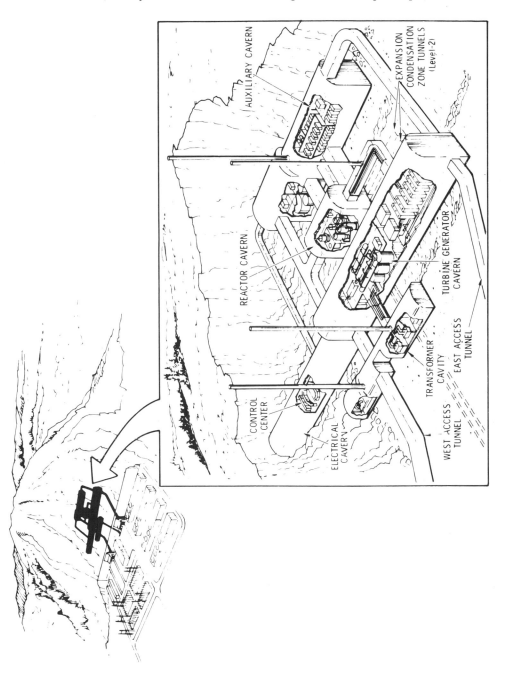

Fig. 2.   Mined-cavern underground nuclear power plant.

pit. After the facility was constructed, the structures would be buried beneath earth material that had previously been removed from the pit during its excavation. The minimum thickness of soil cover above the structure would be at least 50 feet (15 m).

In the baseline mined-cavern designs as shown in the sketch of Fig. 2, the facility would be located in the mountainous terrain typically found in California. The reactor cavern would be constructed within a hillside at a distance of about 800 feet (240 m) beyond the portal entry. At this location, the reactor cavern would be covered by about 300 feet (100 m) of weathered and solid granitic rock. This depth and quality of rock cover was selected in order to provide adequate support for the excavation of the free-standing (but heavily rock-bolted) arched roof of the reactor cavern. (More detailed descriptions of the buried and mined-cavern facility complexes are presented in Section 3 below.)

In order to ensure the quality of the facility design, cost, and radiological data obtained, three major contractors were selected for the CEC study who were considered to be experts in their fields. S&L Engineers, a branch of the architect-engineer (A—E) firm of Sargent and Lundy, prepared designs for the buried plants. Mined-cavern plant designs were prepared by the team of A—E's, Underground Design Consultants and Gibbs & Hill. Radiological effectiveness was studied by a team of specialists in accident analysis and radiophysics from ARACOR (Advanced Research and Applications Corporation) and Intermountain Technology, Inc. The California Division of Mines and Geology conducted a limited map survey of potential site availability within the State. Some specialized socioeconomic analyses were performed by systems analysts of the NASA Jet Propulsion Laboratory. Overall systems management and technical supervision of the program was provided by The Aerospace Corporation under the direction of Fred C. Finlayson. The CEC program manager for the study was H. Daniel Nix. The study was conducted over a period of about one year, during 1977 and 1978. The aggregate funding of the program totaled approximately 1.5 million dollars. Overall results of the study have been reported in References 1 and 2.

2. Design guidelines (Reference 1, Section 4.1)

Though severe core-melt accidents were an overall consideration of the study, the improbability of such accidents caused the CEC investigators to conclude that it would be imprudent to require an alteration of the current NRC licensing standards for the exceptional conditions that influenced the criteria for underground plant design and construction. Thus severe core-melt accidents were n o t used as Design Basis Accidents (DBA) for the underground plants. For licensing purposes, underground structures were designed against the same non-core-melt DBA's that are used for conventional surface facility designs.

Preliminary investigations were made of the pressure-temperature-time histories within the containment structures following a core-melt accident. The results convinced CEC investigators that the pressure-tight designs of conventional surface plant containment structures could not withstand the environments associated with such severe accidents without catastrophic failures. Thus measures for mitigating the severity of the accident environments within the containment were sought. Design requirements for simple, passive, highly-reliable pressure-relief systems were outlined for the A—E's in terms of design objectives.

These "Accident Mitigation Systems" (AMS) were specified to be designed against failure using high standards of engineering excellence. Consequently, NRC Category 1 seismic designs were not required for the AMS. It was judged that these systems should not be classified within this NRC category of "safety-related" systems since the AMS was not an integral part of the nuclear steam supply system or its engineered safety systems; and also because it appeared to be highly improbable that there would ever be a requirement to use the AMS during the lifetime of the facility. The AMS was considered to be only a supplementary system for aid in the control of fission-products that might be released in a core-melt accident.

For design purposes, an envelope of extreme core-melt accident conditions was specified for establishing the size and capacity requirements of the AMS. The large break, loss-of-coolant accident (LOCA) in which the Emergency Core Cooling System (ECCS) was nonfunctional was used to define the short-term response conditions of the AMS design requirements envelope. A loss-of-all-electric power to the plant accident was used to define the peak, long-term energy handling requirements for the AMS. This accident produced the most demanding pressure-temperature-time histories for containment structures as well as the AMS. A large break LOCA with a partially functioning ECCS was used to define the maximum steam handling requirements of the AMS.

A low-cost objective was established for the overall design of the underground facility. However, the objective of low costs was not permitted to constrain the internal dimensions of the facility to the place where negative impacts were induced on normal operational requirements for the facility, plant operational safety, maintenance, or licensing requirements. The low-cost goal was established as a "no frills" constraint on design extravagances.

Public health consequence study requirements were established in order to ensure comparability between calculations of impacts for both surface and underground facilities. In order to achieve this goal, the reactor accident scenarios that were analyzed were made identical for both surface and underground concepts. Thus fission product releases within the containments of the two types of facilities were identical; and the resultant effectiveness of the underground facilities in reducing fission products released to the atmosphere and hence to the public was examined. Atmospheric releases to the public from surface facilities were modelled after the NRC's "Reactor Safety Study" (Reference 3) severe reactor accident category, PWR-2. No attempt was made to conduct a full-fledged risk analysis of reactor accidents in underground nuclear power plants. Only the consequences of more severe accident sequences were analyzed in the CEC study. Direct determination of the probability of such accident scenarios was outside of the scope of the study.

3. Technological feasibility

Based upon the design guidelines prescribed for the plant systems, conceptual designs were developed by the two teams of A—E's for both the buried and mined-cavern facilities. Fig. 1 shows a cutaway sketch of the resultant buried plant design. A similar sketch of the principal features of a mined-cavern facility is shown in Fig. 2.

3.1. Buried facility (Reference 4)

As indicated in Fig. 1, the dominant features of the buried facility are the essentially full-sized, free-standing, conventional reactor containment structure that is totally enclosed within a massive, domed, secondary containment structure. The primary containment structure holds a 3800 MWt, Westinghouse, RESAR 414 nuclear steam supply system (NSSS). The enormous secondary containment structure, with an interior diameter of about 306 feet (93 m) at the base and a 230 feet (70 m) interior height, has exterior walls that are about 16 feet (5 m) thick at the base and which gradually taper to a thickness of about 6 feet (2 m) at the top. The foundation mat is about 16 feet (5 m) thick on the average.

All the auxiliary systems for the plant are incorporated within the secondary containment structure, including the plant operation control center, the refueling storage pit, etc. Large tunnels accommodate the personnel, piping and electrical circuit passageways between the secondary containment structure and the turbine-generator building that is located completely outside the earth cover over the containment structures. Massive concrete closures that would normally be open, and were designed to be hand-operated in case of emergencies, are located on the principal tunnel interfaces with the secondary containment exterior wall.

The AMS was designed to exhaust high pressure gases from the primary containment through 24--1 foot diameter (0.3 m) pipes to an underground pressure-relief/heat-sink/filter-bed zone. An alternative AMS design concept is shown in Fig. 1 which differs from the baseline designs that were developed for the buried facilities. The concept sketched is an engineered filtered-venting system for relieving any excessive pressure buildup that might occur within the primary containment structure. Instead of a system designed for direct, though filtered, venting, the baseline system for the California study was designed to trap fission products in an unvented, rock-filled expansion/condensation volume located outside of the secondary containment structure. This region of the excavation would be filled with graded and selected stone during construction and subsequently covered by backfilled earth. In the event of an accident, pressure and temperature sensitive membranes were designed to rupture under specified accident conditions. These "rupture disks" were located at the interface between the primary containment and pipes leading to the condensation/filter zone outside of the secondary containment structure. Upon rupture of the isolating membranes, the pipes become passageways for fission product laden steam and vapors to be released to the condensation/filter zone.

The design loads for the secondary containment structure were determined to be the seismic and static loads resulting from the weight and/or earthquake-induced relative motion of the soil overburden covering the structure. Assuming reliable performance of the AMS, no substantial interior pressure loads were projected for the secondary containment structure. Even if a core-melt accident should occur, pressures within the primary containment would not exceed conventional surface plant design values with a functioning AMS. If seals on penetrations should fail between the primary and secondary containment structures so that some nominal leakage from the primary structure might occur, the large secondary containment structure provides ample volume to keep internal pressures low enough so that the potential for external leakage is minimal.

Despite the size of the secondary containment structure, all structural design features appeared to be within the current state-of-the-art for facility construction. No insurmountable problems were apparent to the designers with respect to construction or licensing issues.

3.2 Mined-cavern facility (Reference 5)

A typical mountain-side layout for a mined-cavern facility is shown in Fig. 2. Unlike the buried concept, the turbine-generator, along with the NSSS and its related auxiliary systems are located underground in the mined-cavern facility. Though it was not essential to locate the turbine-generator underground, the designers found that it was cost-effective. The heavy-walled main steam line pipes from the reactor to the turbine were much shorter with this concept than was possible with the alternative design in which the turbine-generator was constructed outside of the mountainside. The reduced cost of the shorter main steam line pipes offset the cost of the turbine-generator cavern excavation.

In this design concept, four large caverns are constructed underground. The largest span width is associated with the reactor cavern, which was designed with a finished span of about 95 feet (29 m) for a PWR or about 150 feet (46 m) for a BWR. A total horizontal plan area of about 250,000 square feet (about 23,000 m^2) was required in the baseline design for all underground caverns and tunnels. A site of about 25 to 50 acres (0.1 to 0.2 km^2) would have to be acquired for plant construction in order to allow enough area for intercavern spacing for structural support and the needed distances between the cavern complex and the ground surface.

The concrete and steel-lined reactor cavern was designed to have about the same volume as a surface-sited containment structure. In the underground reactor cavern, however, the plan area is rectangular in cross-section. The rectangular floor area simplifies laydown space requirements for reactor maintenance when compared to laydown space in a conventional surface-sited facility.

In the mined-cavern facility design, the pressure-relief AMS is connected to two unlined tunnels that provide the expansion volume, condensation heat sink, and filter beds for the radioactive vapors released in the postulated core-melt accidents. The AMS tunnels would be partially filled with crushed rock from the excavation. Pressure and temperature sensitive rupture disks similar to those used in the buried design concept form the passive interface between the reactor cavern and the AMS tunnels.

The designers of the mined-cavern facility concluded that there were no major, insurmountable problems associated with construction or licensing of the underground plant. However, caverns with spans in excess of 100 feet (30 m) are near the limits of the current state-of-the-art in hard-rock excavation technology; only a small number of excavations have been made with larger spans. BWR facility designs could stress the state-of-the-art for mined-cavern construction. Nevertheless, the mined-cavern concept does seem to be feasible, even though its size would be comparable with some of the world's largest underground power facilities.

4. Economic feasibility (References 4 and 5)

In order to insure direct comparability of cost estimates made for both the buried and mined-cavern facilities, both of the A–E's were asked to prepare cost estimates for surface plants of their own designs. Each of the A–E's was directed to use standard

Table 1.   Costs of underground nuclear power plants.

concept	construction costs*	grand total**
S & L engineers		
● Surface	830 M$	2480 M$
● Buried	950	2820
● Surface-AMS	840	2520
UDC/G & H		
● Surface	920	2740
● Mined-cavern	1170	3430

 * Direct and indirect costs (constant 1977 dollars)
** Escalation (9 % compounded); AFDC (10 % simple)

cost estimating practices with equivalent cost estimation and accounting groundrules for both surface and underground facilities. Time dependent cost impacts were based uniformly on an assumed 9 % annual compounded escalation rate for construction related costs and an estimated 10 % simple annual interest rate for the accrued cost of money borrowed during the construction period.

The results of the 'A–E cost estimates are summarized in Table 1. Costs are presented in terms of the 1977 dollars that were current to the studies. Total costs of underground nuclear facilities were estimated to be from 14 % to 25 % greater than those of surface-sited nuclear units for buried and mined-cavern plants respectively. Incremental construction costs for the underground plants were dominated by the costs of excavation and underground structures. For example, the massive secondary containment structure for the buried plant represented about 50 % of the incremental construction cost for the concept. Similarly, about 40 % of the incremental construction cost for the mined-cavern concept was due to the cost of the tunnels and cavern excavation and lining construction. On the other hand, the AMS costs represented only 2 % to 5 % of the total incremental construction costs for the two underground facility concepts.

Grand total costs were nearly a factor of three larger than constant-dollar estimates of construction costs as a result of cost escalation and financing charges. Escalation costs dominated the grand total costs due, in part, to a 1 $\frac{1}{2}$ to 2 year lengthening of construction schedules for the underground facilities. The resultant overall period from beginning of design studies to commercial operation of the underground plant was projected to be 11–12 years. The increased construction period was influenced by three major factors: (1) the time required for the underground excavation; (2) the additional time required for constructing the underground structures; and (3) labor productivity losses due to the constraints of underground construction.

The baseline cost estimates shown in Table 1 were prepared on the basis of the assumption that similar levels of developmental maturity had been attained in the construction practices for both the surface and underground plants. However, it is

CONTAINMENT FAILURE MODES

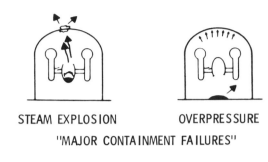

STEAM EXPLOSION   OVERPRESSURE

"MAJOR CONTAINMENT FAILURES"

Fig. 3. Characteristics of severe
nuclear accidents.   PENETRATION LEAKS   MELT THROUGH

probable that the earliest underground plants would cost substantially (perhaps as much as 30%) more than the "mature" estimates shown for the baseline costs of the concepts. Thus considering the combined implications of both increased underground construction costs and prototypical development issues, the earliest underground facilities might cost as much as 50% to 60% more than surface-sited facilities with similar power outputs.

5. Radiological effectiveness

The principal containment structural failure modes contributing to public risk from core-melt accidents are shown in schematic form in Fig. 3. The dominant failure modes are: (1) steam explosions; (2) overpressurization from condensible and noncondensible gases and vapors; (3) leakage of fission products about containment penetrations for pipes, conduits, and personnel and equipment accessways; and (4) base-mat melt-through occurring when the molten reactor core penetrates the foundation of the containment structure. The first two failure modes, steam explosions and over-pressurization, could result in large "puff"-like releases of all varieties of fission products directly to the atmosphere. Penetration leakage could occur if high temper-atures and/or pressures caused seals around structural openings to fail. If this occurred, fission products could pass through the labyrinthine passageways about the weakened seals, escaping relatively slowly to the atmosphere. Under these conditions, fission products would be greatly reduced in variety and magnitude when compared to releases associated with the previously described failure modes. If failure occurred through the melt-through mode, fission products would be released and filtered through the soil around the containment structure before reaching the atmosphere.

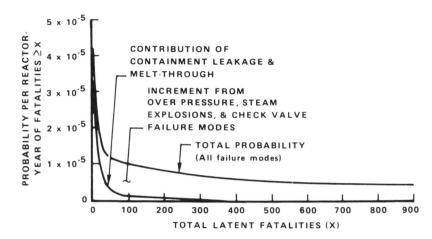

Fig. 4.   Contributions of containment failure modes to risk of core-melt accidents.

The relative contributions of each of the principal containment failure modes to latent fatality risks are shown in Fig. 4, as they were calculated for the NRC's "Reactor Safety Study" (Reference 3). The major failure modes of containment overpressurization and steam explosions dominate the high fatality portion of the risk curves. The penetration leakage and melt-through failure modes contribute primarily to the relatively low fatality end of the risk spectrum. Though the probability of the latter two failure modes is higher than it is for the major containment failure modes, only relatively small quantities of fission products would be released in the penetration leakage and melt-through modes. Consequently, these latter two containment failure modes would not make a significant contribution to high fatality events (Reference 6).

The AMS of the CEC underground facilities were designed to reduce the probability of containment failure through overpressurization. With an effective AMS and the large secondary containment volumes of the California underground facility designs, the probability of direct penetration leakage failures to the atmosphere would be essentially eliminated. The probability of the steam explosion failure mode has been reassessed recently and found to be even more unlikely than it was projected to be during the RSS study. The probability of the occurrence of a steam explosion, as well as the estimates of the magnitude and the momentum of expelled pieces of the reactor pressure vessel have all been reduced as a result of these investigations. Thus, the probability of the steam explosion failure mode has been reduced to almost insignificant levels and its public risk potential has been sharply downgraded. In any event, underground facilities would generally be better able to cope with this type of accident than surface-sited structures. The mined-cavern facilities would be essentially impervious to steam explosion failure modes; however, a particularly severe steam explosion might conceivably damage a buried facility.

Nevertheless, one of the principal effects of underground construction with respect to containment failure is that potential core-melt accident failure modes would be transformed from the high casualty related, major containment failure events into relatively low casualty melt-through incidents. Assuming the overall probability of core-melt accidents occurring in a plant would not be substantially altered by underground siting (which the California study showed to be reasonable), the public health risks from such accidents in underground plants would then be dominantly associated with fission product releases which would be similar in kind to melt-through failures. Underground siting, however, would interpose substantially more earth material between the point at which fission products are released outside of the structure and the atmosphere than would exist in a melt-through containment failure in a surface-sited plant. Thus, it is apparent that public health hazards could be reduced through underground siting (Reference 6).

These intuitive results were strongly supported by the results of the calculations of the consequences of serious accidents in surface and underground plants that were conducted in the California Study (Reference 7). Public health impacts of hypothesized core-melt accidents were found to be virtually eliminated by underground construction. Both early and delayed fatalities were reduced to near-zero levels for the severe accidents analyzed in the study. Similarly, non-fatal health effects were shown to be reduced by factors of hundreds to tens of thousands, if serious core-melt accidents were to occur in the underground structures. The only fission products that were projected to be released to the atmosphere in significant quantities were the noble gases, Xenon and Krypton, together with a small fractional part of the organic component of the iodines. Of these three elemental fission products, only the organic iodines (representing about one percent of the total radioactive iodine inventory) have a significant potential for health impacts. The gases that might ultimately reach the surface would be substantially delayed when compared to the "puff"-like releases associated with accidents in surface plants. Moreover, the gaseous fission products that might be released would be distributed over very long time periods, with substantial resultant decay of the short-lived components of the releases.

Since the filtering action of the earth resulted in such profound calculated reductions in the fission products released in a core-melt accident, medical treatment costs associated with such accidents in underground facilities were found to be virtually negligible (Reference 7). Other economic impacts on the public were also shown to be virtually eliminated in the unlikely event of a core-melt accident in an underground nuclear power plant. For even the most severe accident conditions (where large areas could be impacted if they occurred in a surface facility) the results of the study indicated that no evacuation or relocation was required, if the plant was sited in accordance with either of the two underground configurations investigated.

It should be reemphasized that the calculated radiological effectiveness of underground siting for reducing public health impacts depended upon native soil and rock being an effective natural filter/trap for fission products. Thus in the event of a severe accident in an underground facility, fission products would be trapped deep beneath the ground surface instead of being released to the atmosphere. This means that fission products could be leached from the soil into groundwater systems, if the water table at the site were sufficiently high. The potential transport of fission products in groundwater systems was investigated in the California study in order to examine this potential pathway into the human environment. The transport of radioactive fission products in typical California groundwater systems was found to be an extremely slow process. For a wide range of realistic conditions associated with groundwater supplies, transport times for radionuclides to travel a distance of one mile from a release point at the reactor site ranged from periods of 7 years to 4 million years (Reference 7). Though transport times would be very site dependent, in all cases they appeared to be long enough to make groundwater contamination only a locally severe problem. With travel times measured in years, it should be possible to exercise post-accident control measures to limit fission-product transport, if such actions should ever be required at any site.

The calculated radiological effectiveness of underground siting in reducing fission products released to the atmosphere also depended on the postulated reliability of the AMS design. Since the system was designed to be passive and highly redundant, the reliability estimates seem reasonable. However, even if the system performance were degraded by partial or total failure of one or more of the redundant relief passageways which carry the fission products to the condensation/filter zones outside of the underground structures, public health impacts would still be greatly reduced compared to those from a comparable accident in a surface facility that was not equipped with an AMS.

It was evident to California investigators that the AMS concept of an engineered, controlled-filtered fission product venting system could be applied to surface-sited facilities as well as underground plants. If this were done, the same consequence reductions would be projected for a severe accident occurring in a surface plant that were calculated for the underground facilities. An estimate of the cost of an engineered, controlled-filtered fission product venting system was made in the California study (Reference 4). As noted in Table 1, this AMS modification for a surface-sited plant was projected to increase baseline facility costs by only about 2%. Other alternative containment concepts were also considered in a qualitative fashion in the California study, such as dual-containment structures, advanced core-catching and pressure-suppression systems, etc. Several of these concepts also appeared to be capable of reducing the probability and magnitude of major atmospheric releases from severe nuclear accidents.

The costs of these other alternative containment structure modifications to reduce potential public health consequences were not determined directly in the California study. However, several of the alternatives that were considered appeared to be conceptually less expensive than underground construction. It should be noted however, that the California study indicated that underground siting had qualitative safety advantages over any of the other safety enhancing concepts considered (Reference 6).

6. Observations on some basic underground facility issues

Seismic design problems were also investigated in the California study. The study found that earthquake-induced ground motions were generally reduced for an underground structure when compared with a surface-sited plant at the same location with respect to the earthquake epicenter. However, it was determined that the cost savings attributable to reduced seismic motions were more than offset by the inherent costs of underground construction.

If good design practices were followed, there is no inherent reason for underground nuclear power plants to be more susceptible to natural or man-made hazards than surface-sited nuclear plants. In fact, the immense earth cover over the underground structures would make them less susceptible to accidents due to impacts from objects with high velocities and large momentum, hurricanes, tornadoes, etc. Moreover, the reduced potential for high public consequences (discussed above) resulting from releases of radioactivity would probably make underground plants less attractive targets for saboteurs and terrorists. Hence, incentives for sabotage and terrorism could be reduced by siting nuclear power plants underground. Therefore, in general, underground nuclear plants appear to have the potential for an overall reduction in the hazards of natural or man-made events.

From a licensing point of view, the few, but necessary, design innovations required for an underground nuclear power plant would almost certainly lengthen the regulatory process for licensing the earliest plants of this type. The more probable issues might be associated with demonstration of the integrity of underground structures and the stability of mined-caverns; and the satisfaction of criteria for reactor containment building leak-tightness requirements under ordinary design basis accident conditions. No insurmountable technological problems have been identified in connections with licensing requirements. However, some specific research and development efforts to address the above problems would probably be needed prior to licensing of the first underground plants; and some modifications to licensing criteria for specific application to underground plants of the types considered in this study would undoubtedly be required.

7. Assessment

No containment concept (including underground siting) can assure total elimination of all probable containment failure modes. However, underground facility siting appears to accommodate most of the significant containment failure mode better than its surface-sited competitors. Hence, underground facilities appear to have qualitative safety advantages over the other alternative enhanced containment concepts. Underground construction would be expensive however; and some of the alternative surface-sited concepts could have much lower incremental costs. A thorough-going cost-benefit assessment of alternative surface-sited enhanced containment methods has not been made; but should be before final conclusions with respect to the best choices are made.

The issue of the need for underground siting is ultimately related to the question of how much risk society is willing to tolerate in order to receive the benefits of nuclear power production. This problem is more of a social and political one than it is technical. Underground plants could apparently reduce public risks from serious nuclear power plant accidents considerably. Such construction might also have substantial psychological benefits in reducing public fears of catastrophic accidents. However, underground facilities could be expensive and their potential for reducing public concerns is uncertain.

As a consequence, the CEC concluded that underground siting should not be legislatively mandated within California. As reasons, the CEC cited uncertainties with respect to construction times, costs, and licensing requirements. They also noted the existence of technically feasible, enhanced containment alternatives that were apparently at least moderately effective and potentially less expensive to implement. To add to this, California has available within its borders some technically acceptable siting locations for surface facilities that are quite remote from any major population centers. As a consequence, though the CEC recommended that some additional research should be conducted by industry and the federal government on issues related to underground siting, no further activity on the concept is currently being considered by the State. Moreover, California utilities have not acknowledged a need for reduction in public risks connected with nuclear facilities. On the U.S. federal government level, though engineered filtered-vented containment systems have been mentioned prominently in recent NRC licensing reviews, no underground siting studies have been conducted nor is there any evidence of future intent to conduct them. Thus, at this time, there is essentially no significant activity underway in the U.S. that is related to underground nuclear power plant design or construction.

8. References

1. Aerospace Corporation: Evaluation of the Feasibility, Economic Impact, and Effectiveness of Underground Nuclear Power Plants. – Aerospace Rep., **ATR-78 (7652-14)-1**, May 1978.
2. Underground Siting of Nuclear Power Reactors: An Option for California. – California Energy Commission Draft Report, June 1978.
3. U. S. Nuclear Regulatory Commission: Reactor Safety Study. – WASH-1400 (NUREG-75/014), October 1975.
4. S & L Engineers: Conceptual Design and Estimated Cost of Buried Berm-Contained Nuclear Power Plants. – January 1978.
5. Underground Design Consultants: Conceptual Design and Estimated Cost of Nuclear Power Plants in Mined Caverns. – January 1978.
6. Finlayson, F. C.: Evaluation of CEC Underground Siting Study Results. – Transcript of California Energy Commission (CEC) Committee Hearings, Docket No. **76-NL-2**, July 31, 1978.
7. Armistead, R. A. et al.: Analysis of Public Consequences From Postulated Severe Accident Sequences in Underground Nuclear Power Plants. – Advanced Research and Applications Corporation, December 1977.

Discussion

Question from A. Kenigsberg – Israel Atomic Energy Commission:

My question is about the design s p a n for the reactor cavern in the mined cavern concept. Mr. Finlayson, representing the California study was talking about a span of 29 meters for the PWR layout and a span of 46 meters for the BWR layout (for the reactor cavern).

On the other hand, the Japanese layouts are dealing with spans of 31 meters and 28 meters for the reactor caverns of a PWR and a BWR respectively.

Can we get some more elaboration on the reasons for such a big difference in the BWR layout?

Will it be right to conclude that though the American study shows an essential preference to the PWR layout – the Japanese study has an equal preference for these two layouts?

Response of Mr. Finlayson:

The investigators of the California study had no special preferences for either PWRs or BWRs. At the beginning of the study, meetings were held with the major reactor manufacturers in the U.S. to determine whether any special design constraints existed with respect to the containment structural requirements for their nuclear steam supply systems (NSSS). Of all the manufacturers, only GE asked for significant design constraints on reactor containment structures. Other manufacturers only requested that we avoid interference with the actual dimensional envelope of the NSSS hardware. At the time of the meetings with GE, we had planned to design our underground BWR concepts around a standardized BWR-6 reactor within a modified Mark II or Mark III containment structure. GE asked that only the Mark III containment structure with its associated suppression pool system be considered for utilization in the study. GE claimed that for future facilities the Mark I and Mark II concepts had been made obsolete by the availability of the Mark III containment system. Moreover, at the time of their discussions with California State and Aerospace Corporation personnel, GE had just completed a lengthy experimental program and licensing exercise to establish the licensability of the Mark I and Mark III containment concepts. GE requested that the Mark III containment structure be used in the underground siting study without any dimensional compromises in order to minimize possible licensability problems for the concept. This constraint accounts for the 46 meter reactor cavern span requirement for the BWR system. This span width will encompass the Mark III structural envelope without major design modifications. Such containment dimensional constraints were not required for PWRs. Design limits for PWR span widths were associated with the dimensional envelope of the NSSS itself, and assembly and laydown requirements for construction and maintenance activities. However, the volumes of the PWR containment structures were kept essentially identical for both surface and underground facilities in order to ensure that engineered safety feature performance characteristics would not be adversely affected in the underground facilities.

In the author's opinion, the GE containment structure design constraint was unduly restrictive. I believe that an effective BWR suppression pool could have been designed that would have made more efficient use of underground space. However, on the basis of GE's requests, the architect-engineers of the California study were not given the liberty to exercise their creativity with regard to optimization of the BWR cavern designs. If GE had liberalized their direction in this regard, smaller BWR reactor cavern span widths could almost certainly have been designed that would probably have compared more favorably with the PWR designs.

Activities in Japan on Underground Siting of Nuclear Power Plants

by

Yoshitada Ichikawa

With 7 figures and 2 tables in the text

Abstract

Japan has the necessity of a more effective utilization of the land, and the underground siting of nuclear power plants seems atractive.

A committee was set in 1977 for the study by MITI Basic studies of the cavern integrity under an earthquake and of the rock characteristics on fission product retention have been made.

The feasibility of the underground plant concept has been shown by a conceptual design work using LWRs a commercial size.

1. Introduction

Japan is an island country located at the eastern edge of the Eurasian Continent, having an area of 372 thousand square kilometers and a population of 115 million. About 70 percent of the land is covered with mountainous areas, and the flat part of it is densely populated and intensively utilized for various purposes. The population density of Japan is shown in Table 1 in comparison with some other countries.

Although a nuclear power plant is desirable to be located in a low population area, inland mountainous areas in this country are in general not suitable for nuclear power plants mainly because of the difficulty concerning transportation and the low level radioactive efluent.

Acquisition of a new site will become difficult in Japan due to the shortage of untouched flat land and the stress on the environmental conservation on seacoasts. To cope with these situations, it becomes necessary to expand the siting possibility by some means; the underground siting of nuclear power plants is thought to be very attractive from the long-term view point.

There are more than seventy underground hydro power stations in the world, whose cavern spans exceed twenty meters. A quarter of these plants are in Japan. The experience of these many cavern constructions and equipment installations is expected to contribute to the underground nuclear power plant study.

In October 1977, Underground Nuclear Power Plant Investigation Committee was set in the Ministry of International Trade and Industry (MITI), for the purpose of studying the feasibility of an underground siting of light water reactors.

The leading role in the investigation conducted by the committee has been played by Electric Power Development Company (EPDC), and this report gives a summary of the activities of the committee and especially of the conceptual design work on the underground nuclear power plants.

Table 1. Population Density in the world.

COUNTRIES [a]		NU-CLEAR CAPAC-ITY [b] x 10 MWe	POPULA-TION [c] (1) x 10⁶	LAND AREA (2) x 10⁴km²	LAND-USE (%) [d] Arable Land	Permanent Meadows	Forested Land	Other Areas	Habitable Areas, [e] (3)	Population Density (persons/km²) Average (1)/(2)	Weighted (1)/(2)×(3)
ASIA	JAPAN	1,495	115	37.2	15	3	(69)	13	31	310	1,000
	CHINA	-	933	956.1	11	19	(8)	(62)	30	97	320
	INDIA	64	638	326.8	50	4	(19)	(27)	54	195	360
	INDONESIA	-	145	190.4	7	0	(80)	13	20	72	360
	Others	200	630	1,247.5							
	Sub Total	1,759	2,461	2,758.0	16	16	(21)	(47)	32	89	280
EUROPE	FRANCE	1,153	53	54.7	36	25	24	(15)	85	97	110
	W. GERMANY	901	61	24.8	33	23	29	(15)	85	247	290
	U.K.	885	56	24.4	30	49	8	(13)	87	229	260
	SWEDEN	391	8	45.0	7	1	(50)	(42)	8	18	220
	Others	1,184	302	344.8							
	Sub Total	4,514	480	493.7	30	19	(28)	(23)	49	97	200
ANGRO AMERICA	U.S.A.	5,427	218	936.3	19	28	(32)	(21)	41	23	60
	CANADA	579	24	997.6	4	2	(45)	(49)	6	2	30
	Others	-	0	217.6							
	Sub Total	6,006	242	2,151.5	11	15	(38)	(36)	26	11	40
LATIN AMERICA	BRAZIL	-	115	851.2	4	13	(61)	(22)	17	14	80
	Others	34	234	1,205.4							
	Sub Total	34	349	2,056.6	6	24	(48)	(22)	30	17	50
U.S.S.R.		1,314	262	2,240.2	10	17	(41)	(32)	27	12	40
AFRICA		-	442	3,033.8	7	28	(21)	(44)	35	15	40
OCEANIA		-	22	851.0	5	(54)	(10)	(31)	5	3	60
ANTARCTICA		-	0	1,361.3					0	0	-
WORLD TOTAL		13,627	4,258	14,946.1	about 10	20	(30)	(40)	30	31	100

Notes:
a) Each of the countries named has a population more than 100 millions and/or a land area more than one million km², or has more than 6 units of nuclear power plants.
b) Operating capacity of nuclear power plants is as of June 1980.
c) Population is cited from Demographic Year Book, U.N., 1979.
d) Land-use is cited from Statistical Year Book, U.N., 1975.
e) Parentheses in the column of the land-use indicate that those parts of the land are supposed to be not habitable.

items	~ 1976	1977	1978	1979	1980	1981 ~
		△ Start of MITI Committee				
1. Cavern Integrity						
○ Seismography	Underground Observation					
			Cavern Wall Behavior Observation			
○ Analytical Approach	Review of Existing Underground Hydro-Plants	Static	Heat Problems	Dynamic	Rock Mechanics	Improvement
2. F.P. Retention in Rocks						
○ Theory & Codes	Basic Equation		Permiable Model	Advanced Diffusion Model	Heat Problems	Improvement
○ Field Tests		Development of Test Method	Tests by helium			
○ Lab. Tests	Ad- & Ab-sorption phenomena*			Tests by I^{131} in Various Rocks		
3. Feasibility Study	Preliminary Studies	Containment Concept	Survey	Survey	Conceptual Design Work	
4 Evaluation & Licensing						Discussion on Technical Regulation

* cf. Ref. (2)

Fig. 1. Recent activities in Japan.

2. Activities of the MITI Committee

The activities of the committee are chronologically shown in Fig. 1.

In parallel with discussions on the framework for the feasibility study of underground nuclear power plants in this country, basic studies on the cavern integrity under an earthquake and the rock characteristics on fission product retention in case of a hypothetical accident of the plant have been made.

Underground earthquake motions have been observed at six hydro-power stations. In particular, Numappara and Shiroyama observation points located in the eastern part of Japan have been producing valuable data [Ref. 1]. The dynamic behavior of the actual cavern wall during earthquakes has become considerably clear by these observations.

Some tests on the rock retention were carried out in field as well as in laboratories [Ref. 2]. In the field test, helium was used to measure the gaseous diffusion in actual rocks [Ref. 3], while in one of the laboratory tests the radioactive iodine was used and an evaluation method for rock retention was developed on a diffusion model [Ref. 4].

In 1980, a conceptual design work was performed to study the feasibility of underground nuclear power plants in this country.

The committee set up the basic conditions for the work as follows,

(1) The reactor containment concept is classified into four types as explained in Fig. 2 from the view point of the pressure registance and leakage prevention, and conservative ones are adopted for a licensability consideration.

Type	containment concepts	Remarks	Function	
			Pressure resistance	Leakage prevention
I	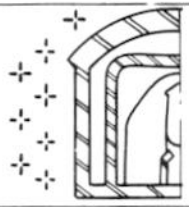	same as a surface plant	S C	S C
II	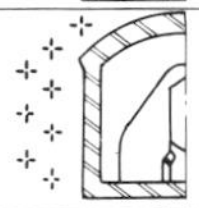	secondary containment eliminated	S C	S C
III	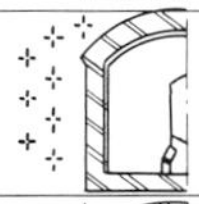	cavern wall lined with steel plate	R	S L
IV	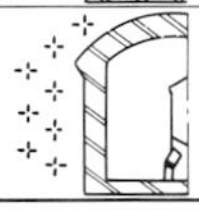	cavern wall without steel liner	R	R

SC : Steel containment   SL : Steel liner
RC : Reinforced concrete   R : Rock

Fig. 2. Containment concepts of Underground nuclear power plant.

(2) In the same sence, it is intended to employ the same plant components such as engineered safety features as those of surface plants without any substantial modifications.

(3) The installed capacity selected is of a commercial scale, say 1100 MWe, because the cavern span does not seem to depend on the reactor output sensitively.

(4) The whole plant is assumed to be placed in a mined cavern in a deep rock on a coastal hillside as shown on the right below of Fig. 3, which may be easily found along seacoasts of this country.

The summary of the work given in the following section shows that such a underground nuclear power plant is feasible from technical and economical points of view.

Details of the work will be presented by other papers in this conference and elsewhere.

3. Conceptual design work

In the fiscal year 1980, a conceptual design work was done on two standardized 1100 MWe light water reactors; BWR with the type-II containment and PWR with the type-III containment (Fig. 2). In addition, some preliminary work was also done with more advanced containment concept type-IV.

The work was performed by all the members of the committee, and its management was exercised by EPDC under the contract with MITI.

Major points of the study are as follows.

Site and cavern conditions: The site for the study is assumed in the Mesozoic age and consisting of sedimental rocks with a little good quality compared to average rocks experienced in underground hydro power stations. The rock covering has the depth over 150 m, and its sound area extends over 500 meters square. The distance from the stack to the site boundary is over 500 m.

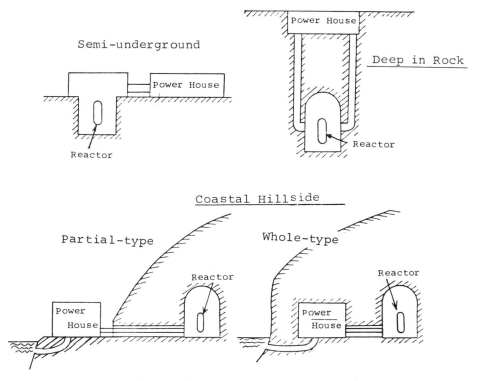

Fig. 3. Concepts of Underground Siting.

Dimensions of caverns are limited to a reasonable extension from the experience in underground hydro power stations. The shape of cavern is decided to be mushroom-shaped from the consideration of the construction volume, method, schedule and the cavern integrity. All caverns are arranged rectangularly to the (geological) strike and with enough distances from each other to keep the cavern integrity.

Study items: The main items covered by this design work are shown in Fig. 4 as a flow chart, which include (a) plant layout, (b) system design, (c) construction method and schedule, (d) cavern stability analysis, (e) cost estimate, and (f) landscape assessment.

Some of the items will be reported in detail [Ref. 5, 6, 7 and 8].

Results: As shown in Fig. 5 and Fig. 6, power generation facilities can be reasonably placed in the separate caverns. This arrangement does not cause any inconvenience to the plant construction and operation and the plant safety.

Detail studies for the plant function including the fuel treatment and the cable work were made.

Each of BWR and PWR plants consists of eight main caverns. The total volume of excavation including the transport, piping and cabling tray tunnels was estimated to be about two million cubic meters. This volume may be reduced more than 10 % by a further optimization.

The largest cavern is 31 meters in width and 233 meters in length from wall to wall.

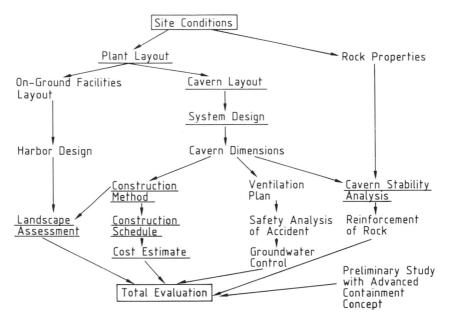

Fig. 4.   Flow chart for Feasibility study.

The reactor cavern for BWR, which is the highest, is 77 meters high.

Integrity of caverns: The stability analysis for grouped caverns under an earthquake was carried out. The result shows that the zone affected by the extreme design earthquake is limited to the surface region of the cavern. Actually such a region is able to be reinforced by rock anchor technics during the cavern excavation.

Groundwater Analysis: The ground water flow analysis was done on a seepage flow model. It is shown that no contamination of the underground water during the plant operation is caused by a suitable arrangement of drainage tunnels and water-proof measures.

Construction schedule: The study shows that, similarly as in the surface plant construction, the reactor cavern work makes a critical path in the construction schedule.

The construction sequence is also the same as that of the surface plant except for the installation of the reactor vessel in BWR, and the erection of the containment liner for the arch portion of the cavern in PWR.

It is estimated that the construction period will not be prolonged so much compared with the conventional surface plant case.

Construction cost: Taking all possible factors into consideration, the total construction cost for the underground nuclear power plant was estimated in comparison with the conventional surface plant case. The result shows that the underground siting has a relatively minor penalty and will be very practicable (see Table 2).

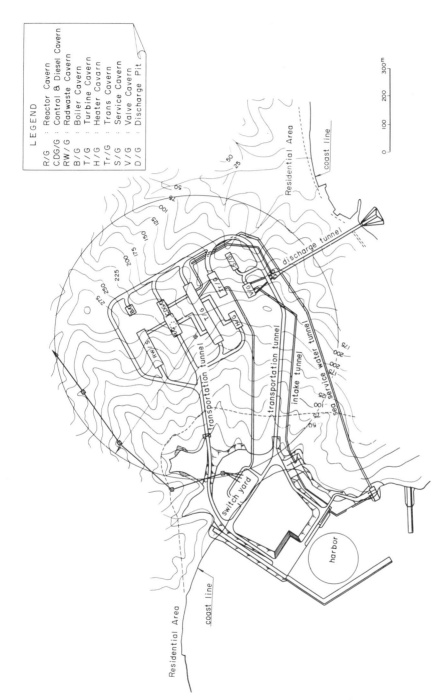

LEGEND

R/G : Reactor Cavern
CDG/G : Control & Diesel Cavern
RW/G : Radwaste Cavern
B/G : Boiler Cavern
T/G : Turbine Cavern
H/G : Heater Cavern
Tr/G : Trans Cavern
S/G : Service Cavern
V/G : Valve Cavern
D/G : Discharge Pit

Fig. 5. Plot Plan BWR.

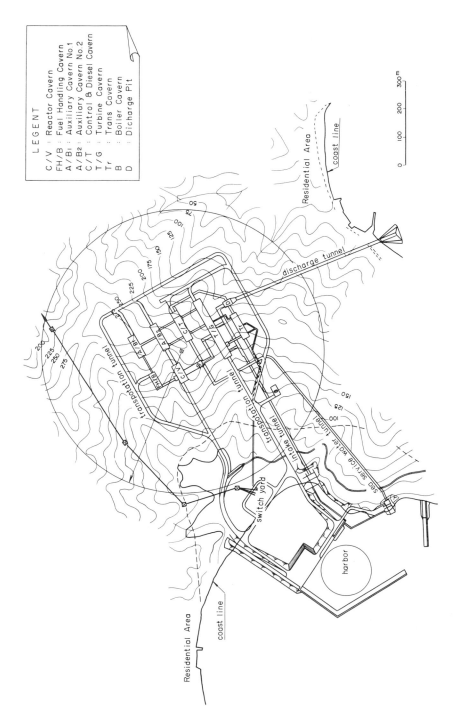

Fig. 6. Plot Plan PWR.

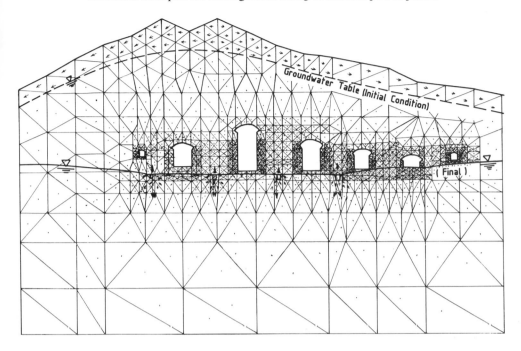

Fig. 7.   Groundwater Analysis.

Table 2.   Cost comparison in percentage.

Items	Surface	Underground	cost penalty
Land	1	1	− 30 %
Site preparation work, Structures, Harbour	14	24	+ 80 %
Nuclear mechanical & electrical equipments	69	76	+ 13 %
Administration cost	6	6	0 %
Direct total construction cost	90	107	+ 19 %
Interests during construction	10	13	+ 30 %
Total	100	120	+ 20 %

4. Conclusion

Japan has the necessity of a more effective utilization of the land.

The feasibility study on an underground nuclear power plant under assumed certain conditions shows that the underground siting in this country is feasible from the viewpoints of construction practice and schedule and the cost penalty.

It is hoped that this sort of work will be further promoted and contributed to the development of the nuclear power plant siting.

References

[1] Komada, H., Hayashi, M., Ichikawa, Y. & Ariga, Y.: Characteristics of Earthquake Motions around Underground Powerhouse Caverns. — In this conference.
[2] Takahashi, K.: Containment of Gaseous Radioactivity in Underground Cavern. — In this conference.
[3] Tanaka, K., Ichikawa, Y., Shimizu, H. & Makino, I.: Field Experiment and Assessment Concerning Containment of Gaseous Fission Products at Underground Nuclear Power Plant. — ROCK STORE 80 (June 1980).
[4] Komada, H. & Hayashi, M.: Numerical method for the containment of fission products at a hypothetical accident in an underground nuclear power plant. — Nuclear Engineering and Design, Vol. 55 No. 1, 1979.
[5] Yamada, S., Nakao, K., Murai, K. & Ueda, K.: A Civil Engineering Study on Underground Nuclear Power Plants. — In this conference.
[6] Yokoyama, K.: Layout Study of PWR Underground Nuclear Power Plants. — In this conference.
[7] Ichiki, T. & Muramatsu, Y.: Layout Study of BWR Nuclear Power Plant for underground siting. — In this conference.
[8] Hiei, S.: Advanced Containment Concept on Underground Nuclear Power Plant. — In this conference.

Das Studienprojekt zur Unterirdischen Bauweise von Kernkraftwerken in der Bundesrepublik Deutschland – ein Überblick

von

K. P. Bachus

Mit 6 Abbildungen und 6 Tabellen im Text

Kurzfassung

Die Untersuchungen der unterirdischen Bauweise von KKW durch den Bundesminister des Innern wurden veranlaßt, um die Möglichkeiten des Schutzes gegen extreme, die derzeitigen Anforderungen im atomrechtlichen Genehmigungsverfahren weit übersteigende Belastungen auszuloten. Konkrete Lastannahmen umfassen die heute geltenden Auslegungsanforderungen oberirdischer Kernkraftwerke gegenüber äußeren Einwirkungen durch Erdbeben, Flugzeugabsturz und Explosionsdruckwellen. Darüber hinaus wurden zusätzlich Einwirkungen konventioneller serienmäßiger Waffen als Lastannahmen vorgegeben.

Hinsichtlich der internen Stör- und Unfälle wurden dominierende Störfälle des Rasmussen-Reports bis hin zum Kernschmelzunfall mit Wasserstoff-Explosion und nachfolgendem Versagen des Sicherheitsbehälters berücksichtigt. Außerdem wurden folgende Aspekte untersucht: Standortmöglichkeiten, betriebliche Probleme, Stilllegung, Kosten-Nutzen-Betrachtung. Es wurden fünf bautechnische Varianten untersucht: Baugrube im Lockergestein mit Überschüttung, Baugrube im Fels mit Überschüttung, Kaverne im Fels mit Stollen- oder Schachtzugang, Überschüttung einer nicht versenkten Anlage mit Lockergestein.

1. Begründung des Studienprojektes

Der Bundesminister des Innern als oberste nationale Aufsichtsbehörde für atomrechtliche Genehmigungsverfahren begann 1974 mit der Untersuchung der Zweckmäßigkeit, Kernkraftwerke unterirdisch zu errichten. Im Vordergrund der Untersuchungen stand die Fragestellung nach dem sicherheitstechnischen Potential unterirdischer Bauweisen im Vergleich zu den in der Bundesrepublik Deutschland üblichen oberirdischen Kernkraftwerken.

Die große Besiedlungs- und Industrialisierungsdichte in der Bundesrepublik Deutschland führte vom Anfang der Errichtung und des Betriebes von Kernkraftwerken an zu einem Primat der sicherheitstechnischen Anforderungen vor wirtschaftlichen Erwägungen. Dies führte zu einem doppelten Einschluß des Reaktorsystems, bestehend aus einem inneren Sicherheitseinschluß aus Stahl, welcher selbst bei einem Kühlmittelverlust-Störfall die entstehenden Drücke aushält und bis etwa 5 bar Überdruck dicht bleibt; ein äußeres Reaktorgebäude aus Stahlbeton schließlich schützt das Reaktorsystem vor äußeren Einwirkungen und ermöglicht es, evtl. Leckagen aus dem inneren Sicherheitseinschluß abzusaugen und dann über Filteranlagen kontrolliert an die Umgebung abzugeben. Standortrestriktionen und die Planung von Notfallschutzmaßnahmen ergänzen die vom Atomgesetz vorgeschriebene Vorsorge gegen Schäden.

Die Anforderungen an die technische Realisierung der erforderlichen Vorsorge durch sicherheitstechnisch relevante Systeme sind ständig unter Beachtung des Standes von Wissenschaft und Technik gestiegen. Die Festlegung der erforderlichen Vorsorge ist auf sogenannte Auslegungsstörfälle (d.h. z.B., durch das Notkühlsystem zu beherrschende Kühlmittelverluststörfälle) und zu berücksichtigende äußere Einwirkungen wie Flugzeugabsturz, Erdbeben und Druckwellen aus chemischen Explosionen begrenzt. Darüber hinausgehende Ereignisse, die zum Core-Schmelzen führen können, werden wegen ihrer geringen Eintrittswahrscheinlichkeit nicht berücksichtigt.

W. Sahl (3) hat dargestellt, daß es Gründe gibt, die Frage nach der Möglichkeit technischer Lösungen zu stellen, die geeignet sind, die Folgen von Core-Schmelzunfällen auf ein nichtkatastrophales Ausmaß zu mildern und Schutz vor extremen äußeren Einwirkungen bieten. Damit könnten gleichzeitig Möglichkeiten der Nutzung für ballungsraumnähere Standorte als sie z.Z. Praxis sind und für eine Änderung des Akzeptanzverhaltens der Öffentlichkeit verbunden sein.

Der Bundesminister des Innern hat ergänzend zu dem umfangreichen Sicherheitsforschungsprogramm der Bundesregierung die Untersuchung der unterirdischen Bauweise durchgeführt, um die Möglichkeiten des Schutzes gegen extreme, die derzeitigen Anforderungen im atomrechtlichen Genehmigungsverfahren weit übersteigende Belastungen auszuloten. Er gab dabei den Untersuchungen zur unterirdischen Bauweise gegenüber solchen für alternative oberirdische Containment-Varianten zeitliche Priorität, weil das Rückhaltevermögen von beschädigten Betoncontainments und die Schockbelastung der Einbauten der kerntechnischen Anlage bei extremen äußeren Einwirkungen auf Betoncontainments ungünstiger als bei unterirdischer Bauweise eingeschätzt wurden. Zweifellos ist aber auch bei verbesserten alternativen oberirdischen Containments ein zusätzliches sicherheitstechnisches Potential zu erwarten.

2. Konzept und Randbedingungen

Für die Durchführung der Untersuchungen wurde ein Kernkraftwerk der Kraftwerk-Union mit Druckwasserreaktor der 1300 MW-Klasse sowie Standorteigenschaften vorgegeben, wie sie für größere Bereiche in der Bundesrepublik Deutschland typisch sind.

Die betrachteten Anlagenkonzepte sehen aus Kostengründen eine unterirdische Anordnung lediglich der sicherheitstechnisch relevanten Teile des Kraftwerks vor. Dabei wurden Systemänderungen gegenüber der oberirdischen Referenzanlage weitgehend vermieden. Dies ist die Voraussetzung für einen Vergleich zwischen den sicherheitstechnischen Eigenschaften ober- und unterirdischer Anlagen. Diese Randbedingung führt jedoch zu sehr großen Baugruben und Hohlräumen von ca. 65 m, die bisher nicht Stand der Technik sind. Eine Anpassung des Anlagenkonzepts an den derzeitigen erprobten Stand der Bautechnik würde dieses Problem beseitigen.

Für die Bemessung der Bauwerke gegen äußere und innere Lasten mußten konkrete Lastannahmen getroffen werden. Diese umfassen die heute geltenden Auslegungsanforderungen oberirdischer Kernkraftwerke gegenüber äußeren Einwirkungen durch Erdbeben, Flugzeugabsturz und Explosionsdruckwellen. Darüber hinaus wurden zusätzlich Einwirkungen konventioneller serienmäßiger Waffen als Lastannahmen vorgegeben, um das zusätzliche Sicherheitspotential der unterirdischen Bauweise abschätzen zu können. Waffeneinwirkungen stellen so extreme Belastungen von Bauwerken dar, daß Schutzmaßnahmen dagegen praktisch einen weitestgehenden Schutz

gegen sonstige äußere Einwirkungen natürlichen oder zivilisatorischen Ursprungs ein-
schließen.

Hinsichtlich der internen Störfälle wurden zunächst dominierende Störfälle des Rasmussen-Reports bis hin zum Kernschmelzunfall mit Wasserstoff-Explosion und nachfolgendem Versagen des Sicherheitsbehälters und die sich daraus ableitenden Belastungen berücksichtigt. Die Ergebnisse der Deutschen Risiko-Studie lagen erst gegen Ende
des Studienprojektes vor und wurden nach Vorliegen mitberücksichtigt. Die zusätzlichen äußeren Barrieren Boden und Fels hatten die Funktion eines vollwertigen
zweiten Sicherheitseinschlusses zu übernehmen.

3. Untersuchungsschwerpunkte

Außer zu den sicherheitstechnischen Aspekten sollten auch zu anderen wesentlichen
Aspekten Aussagen gemacht werden. Daraus ergaben sich für die Studien insgesamt

Tabelle 1.   Schema des Studienprojektes.

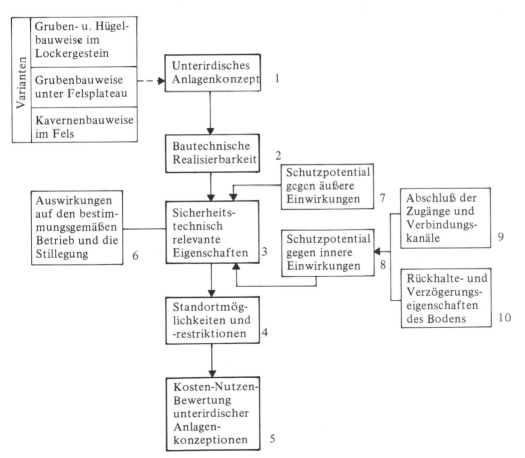

folgende schwerpunktmäßigen Aufgabenpakete:
- Standortmöglichkeiten
- Sicherheitstechnische Eigenschaften bei
  derzeit zu berücksichtigenden Auslegungsstörfällen,
  extremen äußeren Einwirkungen und
  internen Unfällen, insbesondere Ausbreitung radioaktiver Stoffe bei Versagen des
  unterirdischen Einschlusses über den Boden- bzw. Luftpfad
- Betriebliche Probleme
- Stillegung
- Kostenschätzung
- Kosten-Nutzen-Betrachtung.

Die Tabellen 1, 2 und 3 geben eine Übersicht über technische Randbedingungen und das vorgesehene Vorgehen bei der Zusammenführung von Teilergebnissen zu einer Gesamtbewertung.

4. Untersuchte Bauweisen

Der aus zahlreichen Gründen aufwendige Schritt der Entwicklung und Markteinführung unterirdischer Kernkraftwerke würde nicht nur den Nachweis eines hinreichend großen sicherheitstechnischen Potentials, sondern auch geeigneter Standort-

Tabelle 2. Sicherheitstechnische Zielsetzung.

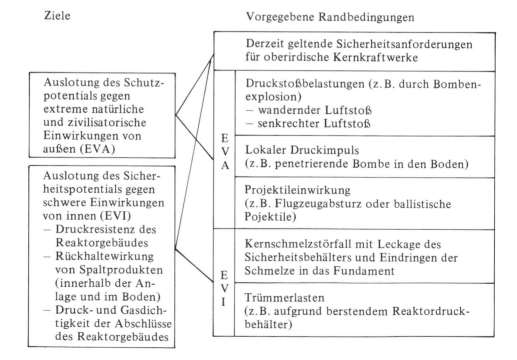

Tabelle 3. Potentielle Vor- und Nachteile unterirdischer Anlagenkonzeptionen.

Potentielle Vorteile	Potentielle Nachteile
— zusätzlicher Schutz der sicherheitstechnischen Anlagen gegen extreme äußere Einwirkungen bis hin zu Waffeneinwirkungen — Reduzierung der radiologischen Auswirkungen schwerer innerer Unfälle auf die Bevölkerung — Erleichterung bei der Durchführung von Notfallmaßnahmen in der Umgebung nach Unfällen in der Anlage — erleichterte Realisierung der Stillegungsvariante „Gesicherter Einschluß" am Standort — Erhöhung der Akzeptanz der Kernenergie durch die Bevölkerung	— Mehrkosten und Verlängerung der Bauzeit — erhöhtes Anfangsrisiko aufgrund fehlender Erfahrungen (Prototypeigenschaften) — Standortrestriktionen aus den Eigenschaften des Baugrundes und der Grundwassersituation — zusätzliche konzeptionsbedingte Störfälle (z.B. Überflutungsgefahr bei der Grubenbauweise, Druckdifferenzen in Rohrleitungssystemen bei unterschiedlichen Anordnungshöhen) — Erschwerung der Durchführung von Betriebsvorgängen (Wartung, Reparatur, Transporte) — zusätzliche Prüfungen und Nachweise im atomrechtlichen Genehmigungsverfahren

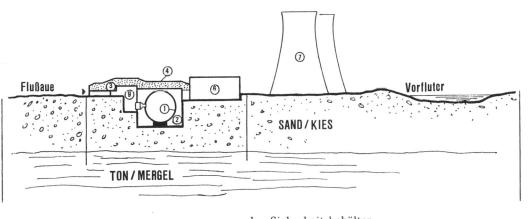

1 = Sicherheitsbehälter
2 = Reaktorgebäude im Boden
  mit
3 = Überschüttung
  und
4 = Schildplatte
6 = Maschinenhaus
7 = Kühltürme
9 = Zugangsbauwerke (Schacht) mit Schleuse

Abb. 1. Grubenbauweise im Lockergestein. Standortsituation.

möglichkeiten in allen Regionen der Bundesrepublik Deutschland erfordern. Um den unterschiedlichen Standorteigenschaften gerecht zu werden, wurden fünf bautechnische Varianten untersucht:

— Baugrube im Lockergestein mit Überschüttung (Grubenbauweise)
— Baugrube im Fels mit Überschüttung (Hangbauweise)
— Kaverne im Fels mit Stollen- oder Schachtzugang (Kavernenbauweise)
— Überschüttung einer nicht versenkten Anlage mit Lockergestein (Hügelbauweise).

Die Abb. 1–6 geben einen Überblick über die zugrunde gelegten Anordnungskonzepte.

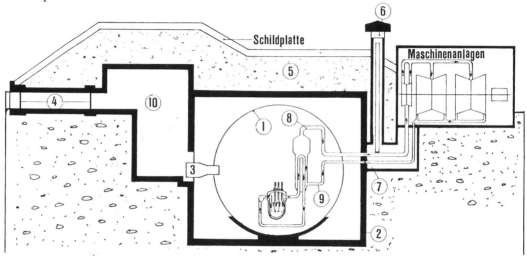

1 = Sicherheitsbehälter um Primärkreislauf
2 = Reaktorgebäude in Baugrube im Boden
3 = Materialschleuse im Sicherheitsbehälter
4 = Schleusen des Zugangsbauwerkes
5 = Überschüttung
6 = Abblaseschacht des Sekundärkreises
7 = Durchführungswand
8 = Frischdampfleitung
9 = Speisewasserleitung
10 = Zugangsbauwerk (Schacht mit Hebezeug)

Abb. 2.   Konzept Grubenbauweise im Lockergestein.

5. Organisation des Studienprojektes

Eine detaillierte Übersicht über die Studien des Studienprojektes und ihre Untersuchungsschwerpunkte wird in den Tabellen 4 und 5 gegeben.

Die Untersuchungen wurden überwiegend von Ingenieurbüros und Forschungseinrichtungen durchgeführt, da ein qualifizierter Anlagenhersteller für eine projektmäßige Bearbeitung nicht gewonnen werden konnte. Die Kraftwerk-Union/Erlangen beteiligt sich durch Untersuchungen zur Phänomenologie des Kernschmelzens im unterirdischen Kernkraftwerk. Elektrizitäts-Versorgungsunternehmen beteiligen sich nicht direkt an den Untersuchungen, wirken jedoch wie auch die Hersteller beratend in einem Projektionsbeirat und darüber hinaus in einem Arbeitskreis für eine Kosten-Nutzen-Untersuchung mit.

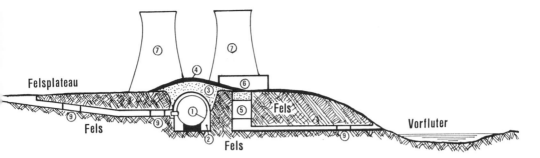

1 = Sicherheitsbehälter
2 = Reaktorgebäude in Felsgrube mit
3 = Überschüttung und
4 = Zerschellerschicht

5 = Reaktorhilfs- und Schaltanlagengebäude
6 = Maschinenhaus
7 = Kühltürme
9 = Zugangsbauwerke (Stollen) mit Schleuse

Abb. 3. Grubenbauweise unter Felsplateau. Standortsituation.

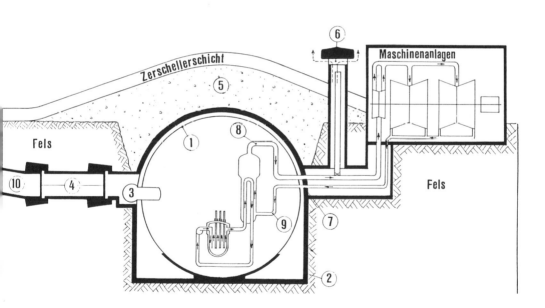

1 = Sicherheitsbehälter um Primärkreislauf
2 = Reaktorgebäude in Felsgrube
3 = Materialschleuse im Sicherheitsbehälter
4 = Schleusen des Zugangsbauwerkes
5 = Überschüttung

6 = Abblaseschacht des Sekundärkreises
7 = Durchführungswand
8 = Frischdampfleitung
9 = Speisewasserleitung
10 = Zugangsbauwerk (Stollen und Fels)

Abb. 4. Konzept Grubenbauweise unter Felsplateau.

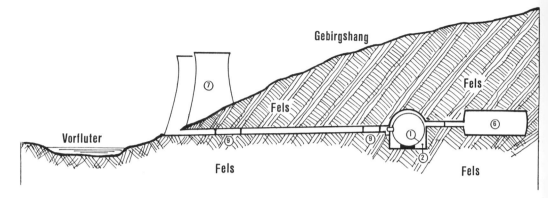

1 = Sicherheitsbehälter   7 = Kühltürme
2 = Reaktorkaverne   9 = Zugangsbauwerke (Stollen) mit Schleuse
6 = Maschinenkaverne

Abb. 5.   Kavernenbauweise im Fels. Standortsituation.

 1 = Sicherheitsbehälter um Primärkreislauf
 2 = Reaktoranlagenkaverne
 3 = Materialschleuse des Sicherheitsbehälters
 4 = Schleusentore des Zugangsbauwerkes
 5 = Umgebender Fels
 6 = Abblaseschacht des Sekundärkreises
 7 = Durchführungswand
 8 = Frischdampfleitung
 9 = Speisewasserleitung
10 = Zugangsbauwerk
      (Stollen im Fels)

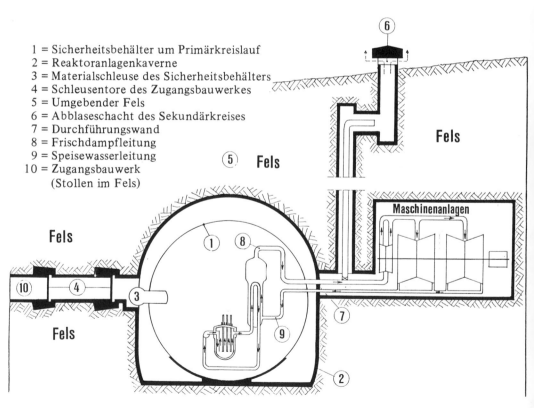

Abb. 6.   Konzept Kavernenbauweise im Fels.

Besondere Bedeutung haben im Rahmen des Studienprojektes zwei Studien gewonnen:

a) Die Untersuchung eines interdisziplinären Teams der Kernforschungsanlage Jülich zur „Grubenbauweise im Lockergestein mit Überschüttung" (SR 44, 1976 abgeschlossen), unter Hinzuziehung von externen Fachleuten. Hier wurden erstmals alle wesentlichen Probleme bearbeitet, insbesondere sinnvolle Lastannahmen definiert. Insofern war diese Studie hinsichtlich der Bearbeitung der sicherheitstechnischen Fragestellungen wichtiger Vorläufer für spätere Untersuchungen. In der Erörterung der Ergebnisse kamen von seiten der Industrie und der Reaktor-Sicherheitskommission kritische Kommentare hinsichtlich

— der Realisierbarkeit tiefer Baugruben,
— der Erdbebenbelastbarkeit versenkter Bauwerke,
— der Möglichkeit des dichten Abschlusses des äußeren Containments im Anforderungsfall,
— zu neuen möglichen bauweisen-spezifischen Störfallmöglichkeiten,

aber auch zu den

— Kostenschätzungen und
— zu der Problematik des Nachweises verschiedener sicherheitstechnischer Eigenschaften im atomrechtlichen Genehmigungsverfahren, und schließlich zu
— genehmigungspolitischen Problemen wie etwa der Rückwirkung eines Prototyp-Projekts auf bestehende und im Bau befindliche Kernkraftwerke.

Um die gegebenen fachlichen Hinweise zu berücksichtigen sowie die Studien in bisher nicht berücksichtigten aber wesentlichen, auch nicht-technischen Aspekten zu ergänzen, wird

b) eine Kosten-Nutzen-Untersuchung (SR 109) durchgeführt, zu der Battelle-Institut/ Frankfurt, Lahmeyer International/Frankfurt, und technischer Überwachungs-Verein Rheinland/Köln, beitragen und die mit der fachlichen Beratung von Vertretern von RWE/Essen, Badenwerk/Karlsruhe, KWU/Erlangen und BBR/Mannheim durchgeführt wird. Das Arbeitsprogramm sieht für die Variante „Grubenbauweise im Lockergestein" eine zusammenfassende Bewertung aller relevanten Aspekte vor. Neben einer Überprüfung der Ergebnisse der bereits abgeschlossenen Studien im Hinblick auf den Fortschritt von Wissenschaft und Technik seit Abschluß dieser Studien werden nichttechnische Fragestellungen, z.B. den Nutzen unterirdischer Bauweisen von Kernkraftwerken als verhüteten Schaden aus Unfällen zu definieren und zu quantifizieren, berücksichtigt. Diese Vorgehensweise erscheint als notwendige Basis für eine Beurteilung, ob der Aufwand, der mit unterirdischer Bauweise verbunden ist, in einem vertretbaren Verhältnis zum Nutzen steht. Insofern hat diese Untersuchung exemplarischen Charakter auch im Hinblick auf eine Beurteilung sonstiger denkbarer technischer Maßnahmen zur weiteren Minimierung von Restrisiken aus Unfällen. Die Schwerpunkte dieser Untersuchung sind aus Tabelle 6 ersichtlich.

Der Abschluß dieser Studie ist für Mitte 1981 vorgesehen.

6. Ergebnisse

Da ein Teil der Studien, wie auch die Kosten-Nutzen-Untersuchung, noch nicht abgeschlossen sind, ist eine abschließende Bewertung nicht möglich.

Es lassen sich jedoch folgende Tendenzen erkennen:

a) Zusätzlicher Schutz der sicherheitstechnisch relevanten Teile der Anlage gegen

Tabelle 4. Abgeschlossene Studien.

Zuordng. Schema	Problemkreis	Studie	Auftragnehmer	Gegenstand der Untersuchung
1	Unterirdisches Anlagenkonzept			
1.1	Grubenbauweise in Lockergestein	SR 44	KFA, Jülich	a) teilweise im Boden abgesenktes Reaktor- und Hilfsanlagengebäude; künstlicher Hügel über die überstehenden Bauwerke b) voll im Boden abgesenktes Reaktorgebäude (Gründungstiefe ca. 60 m) und Überschüttung c) Referenzkraftwerk Druckwasserreaktor 1300 MWe d) Referenzstandorte – Biblis – Leverkusen – Datteln
1.2	Hügelbauweise	SR 105	Ingenieurbureau Heierli, Zürich	– Errichtung der Gebäude etwa auf dem Niveau des Grundwasserspiegels und Überschüttung der sicherheitstechnisch relevanten Gebäude, so daß ein künstlicher Hügel entsteht – Gebäude als Betonschalen
1.3	Kavernenbauweise im Fels	SR 27	Projektgemeinschaft NIS/Lahmeyer, Ffm.	– Erfassung der anlagentechnischen Möglichkeiten, Voraussetzungen und Randbedingungen für die Anwendung der Kavernenbauweise im Fels – Ausarbeitung von Empfehlungen für evtl. notwendige detailliertere Untersuchungen
		SR 29	Ingenieurbüro Bung, Heidelberg	– Beurteilung der felsbautechnischen Voraussetzungen und Randbedingungen für die Errichtung von Kernkraftwerken heutiger Leistungsgröße in Großkavernen – Ausarbeitung von Empfehlungen für evtl. notwendige detailliertere Untersuchungen
		SR 72/1	Ingenieurbüro Bung, Heidelberg	– Ausarbeitung eines Gesamtanordnungskonzeptes für ein Kernkraftwerk in Felskavernen Druckwasserreaktor 1300 MWe

Tabelle 4.   (Fortsetzung)

Zuordng. Schema	Problemkreis	Studie	Auftragnehmer	Gegenstand der Untersuchung
2	Bautechnische Realisierbarkeit			
2.1	Grubenbauweise im Lockergestein	SR 136	Ingenieurbüro Bung, Heidelberg	– felsbauliche Alternativen zur Kavernenbauweise – – Grube im Hang – – Grube unter einem Felsplateau
		SR 64	Forschungsgemeinsch. Philipp Holzmann, Deilmann-Haniel, Düsseldorf	– Beurteilung der Realisierbarkeit tiefer Baugruben – anwendbare Bauverfahren
		SR 74	Ingenieurbüro Zerna/ Schnellenbach, Bochum	– Bemessung der Gebäude gegen Gebrauchslasten (Grundwasser, Erddruck, Erdauflasten) und Störfalllasten entsprechend derzeitiger Genehmigungspraxis
2.2	Kavernenbauweise im Fels	SR 72/2	Ingenieurbüro Bung, Heidelberg	– felsbauliche Machbarkeit einer Reaktorkaverne mit 65 m Durchmesser (unveränderte Aufnahme des Sicherheitsbehälters eines 1300 MWe-Druckwasserreaktors)
		SR 65	Lehrstuhl und Institut für Statik der TU Braunschweig	– Ausarbeitung von Vorschlägen für die Bemessung und Standsicherheitsnachweise der verschiedenen Felsbauten (Kavernen, Schächte, Stollen und deren Kreuzungen)
3	Sicherheitstechnisch relevante Eigenschaften	SR 44	KFA, Jülich	Grubenbauweise im Lockergestein: – Analyse des Schutzpotentials gegen – – extreme äußere Einwirkungen – – schwere innere Störfälle (Rückhaltewirkung des Bodens für Spaltprodukte) – Auswirkungen auf den bestimmungsgemäßen Betrieb und die Stillegung

Tabelle 4. (Fortsetzung)

Zuordng. Schema	Problemkreis	Studie	Auftragnehmer	Gegenstand der Untersuchung
		SR 46	Battelle-Institut e.V., Frankfurt/M.	– vergleichende Betrachtung des Schutzpotentials gegen extreme äußere Einwirkungen und innere Belastungen für die Kavernen- und Grubenbauweise
		SR 48	Ingenieurbureau Heierli, Zürich	– Darstellung des erreichbaren Schutzgrades gegen gewaltsame Einwirkungen von außen in Abhängigkeit von dem bautechnischen Aufwand (Kavernenbauweise, überschüttete Bauweise)
		SR 167	KWU, Erlangen	– Auswirkungen von hypothetischen Unfällen mit Kernschmelzen bei der unterirdischen Bauweise – – Ermittlung des Druck- und Temperaturaufbaus im unterirdischen Containment
4	Standortmöglichkeiten und -restriktionen	SR 61	Bundesanstalt für Geowissenschaften und Rohstoffe (BGR), Hannover	– Aufstellung von ingenieurgeologischen-felsmechanischen Kriterien für die Beurteilung von Standorten auf Eignung für Kernkraftwerke – – in Felskavernenbauweise – – in Felsgrubenbauweise – Anwendung der Kriterien auf Gebiete der Bundesrepublik
		SR 123	Prof. Breth, Romberg und Partner, Darmstadt	– Bewertung von Standorten hinsichtlich Eignung des Baugrundes für die Errichtung unterirdischer Kernkraftwerke in Grubenbauweise im Lockergestein
5	Kosten-Nutzen-Bewertung unterirdischer Anlagenkonzeptionen	SR 44	KFA, Jülich	– Analyse der Mehrkosten für die Grubenbauweise im Lockergestein

extreme äußere Einwirkungen bis hin zu Einwirkungen konventioneller serienmäßiger Waffen ist bei entsprechender Tieflage und Überschüttung möglich. Für den Belastungsfall „Erdbeben" wurde durch die Reaktor-Sicherheitskommission für die Grubenbauweise im Lockergestein auf die Notwendigkeit der Berücksichtigung von Scherkräften bei tiefenabhängiger Anregung des Bauwerks hingewiesen.

b) Eine Reduzierung der radioaktiven Auswirkungen von Unfällen auf die Umgebung ist möglich. Der Reduktionsgrad wird entscheidend durch die Zuverlässigkeit der druck- und gasdicht auszulegenden Abschlüsse und Durchdringungen bestimmt. Bei der Grubenbauweise im Lockergestein kann der umgebende Boden und die Überschüttung bei geeigneter Schichtung zur Druckentlastung benutzt werden. Die Probleme der Grundwasserverseuchung werden für beherrschbar gehalten.

Bei der Grubenbauweise im Fels werden Kondensationsstollen zusätzlich zur Kondensation in der Überschüttung vorgeschlagen.

Diese Druckentlastungsmaßnahmen könnten Unsicherheiten der Auslegung der Bauwerke gegen den maximal zu erwartenden Unfalldruck kompensieren. Diese Unsicherheit kann z.B. durch unzulängliche Modellvorstellungen zum Core-Schmelzvorgang entstehen. Eine Erstellung qualifizierter Modelle, wie sie z.Z. bei der KWU erfolgen, ist deshalb sehr wichtig.

c) Selbst bei nicht totalem, sondern zeitlich begrenztem Einschluß der Unfallatmosphäre in das Innere der unterirdischen Anlage können zeitliche Verzögerungen von Freisetzungen eine Reduktion der Unfallfolgen um mehrere Größenordnungen bewirken und die Durchführung von Notfallmaßnahmen erleichtern.

d) Die Zielwertigkeit unterirdischer Kernkraftwerke für Sabotage- und Terroraktionen wird wegen der geminderten Schadensfolgen durch die unterirdische Bauweise für reduziert im Vergleich zu oberirdischen Kernkraftwerken angesehen.

e) Die Errichtung der unterirdischen Bauwerke ist mit der Problematik der großen Abmessungen verbunden. Die für Baugruben im Lockergestein vorgeschlagene Schlitzwand- bzw. Frostwand-Bauweise ist für die hier erforderlichen Tiefen und Durchmesser (ca. 65 m) noch nicht erprobt, wird jedoch von der Bauindustrie für realisierbar gehalten. Für die Baugrundeigenschaften einiger Regionen in der Bundesrepublik Deutschland sind jedoch ergänzende Durchführbarkeitsuntersuchungen notwendig.

Auch die Spannweite der Kavernen von ca. 65 m geht über das bisher Realisierte hinaus. Dennoch wird bei geeigneten Felsqualitäten das Auffahren standfester Kavernen für möglich gehalten. Drei reale Standorte in Quarzit, Schiefer und Sandstein wurden untersucht. Vor einer Bestätigung der Eignung müssen im Einzelfall jedoch sorgfältige Standortuntersuchungen und das Auffahren einer Probekaverne stehen.

Weniger standortabhängig als die Errichtung von Großkavernen sind die Bauweisen „Felsgrube mit Überschüttung" und „Hügelbauweise". Die Felsqualitäten für die Errichtung von Felsgruben in Plateau- bzw. Hanglage werden in der Bundesrepublik Deutschland für überwiegend ausreichend eingeschätzt.

f) Mehrkosten durch Erhöhung der Anlagekosten (Lieferpreis) und der Bauzeit sind abgeschätzt worden. Für die Grubenbauweise im Lockergestein ergab sich nach Abschätzung der KFA Jülich ca. 11–14 %. Für die Kavernenbauweise wurde von Bung/ Heidelberg 14–17 % abgeschätzt.

Zusätzlich ergeben sich wegen der längeren Bauzeit Erhöhungen, die unter Annahme realer Bauzeitverlängerungen zu ca. 5 % abgeschätzt wurden. Hersteller und Betreiber haben darauf hingewiesen, daß diese Schätzungen mit großen Unsicherheiten behaftet sind. Dies ist insbesondere hinsichtlich der Kosten einer Prototypanlage

Tabelle 5. Laufende Studien.

Zuordg. Schema	Problemkreis	Studie	Auftragnehmer	Gegenstand der Untersuchung
1	Unterirdisches Anlagenkonzept	SR 206	Ingenieurbüro Bung, Heidelberg	– Variante der Grubenbauweise, bei der das Reaktorgebäude u.a. sicherheitstechnisch relevante Gebäude in Felsgruben unter einem Plateau errichtet und nachträglich überschüttet werden. – Ausarbeitung des baulichen Konzeptes mit Festlegung der Baumaßnahmen und der Abmessungen der wesentlichen Bauteile für einen vorgegebenen Standort.
5	Kosten-Nutzen-Bewertung unterirdischer Anlagenkonzeptionen (Grubenbauweise im Lockergestein)	SR 109	Lahmeyer, Ffm., TÜV-Rhld., Köln, Battelle-Inst., Ffm.	– Aufbereitung der Ergebnisse aus den vorliegenden Studien für eine Gesamtsicherheitsbeurteilung – Abschätzung der Schadensfolgen bei der Freisetzung radioaktiver Stoffe – Bedeutung der unterirdischen Bauweise für die Standortplanung – Notwendiger Umfang der Planung von Notfall- und Katastrophen-Schutzmaßnahmen – Atomrechtliche Verfahrensfragen – Monetäre Bewertung der volkswirtschaftlichen Vor- und Nachteile einer unterirdischen Bauweise.
9	Abschluß der Zugänge und Verbindungswege	SR 200	Noell, Würzburg	– Analyse der technischen Möglichkeiten für den druckfesten und gasdichten Abschluß der Material- und Personalzugänge zum unterirdischen Reaktorgebäude
		SR 207	Battelle-Institut, Frankfurt/M.	– Beurteilung der Anwendbarkeit amerikanischer Erfahrungen beim Abschluß unterirdischer Kernexplosionen auf unterirdische Kernkraftwerke
8	Schutzpotential gegen schwere innere Störfälle	SR 227	Ingenieurbureau Heierli, Zürich	– Vorstudie zur Beurteilung von Rißbildungen im Bodenmaterial unter Störfalleinwirkungen

Tabelle 5. (Fortsetzung)

Zuordg. Schema	Problemkreis	Studie	Auftragnehmer	Gegenstand der Untersuchung
		SR 228	KWU, Erlangen	– Vervollständigung des Kenntnisstandes über die Auswirkungen von hypothetischen Störfallabläufen mit Kernschmelzen für die unterirdische Bauweise. Insbesondere – – Einfluß einer Separation des Sumpfwassers auf die thermodynamischen Zustände – – Schwächung des Reaktorgebäudes während der Fundamentdurchdringung – – luftgetragenes Aktivitätsinventar als Funktion der Zeit – – Abströmung der Störfallatmosphäre über den Boden

Tabelle 6.   Schwerpunkte der Kosten-Nutzen-Untersuchung.

1. Zusammenstellung und Bewertung der Ergebnisse aus den vorliegenden Studien zur Beurteilung der unterirdischen Bauweise (Sicherheitstechnik).
2. Wie 1. (Allgemeine Technik und Kosten).
3. Schadensfolgen durch die Freisetzung radioaktiver Stoffe für ausgewählte hypothetische Stör- und Unfallsituationen.
4. Auswirkungen der unterirdischen Bauweise auf Betrieb und Stillegung eines Kernkraftwerks.
5. Einfluß der unterirdischen Bauweise auf den notwendigen Umfang der Planung von Notfall- und Katastrophenschutzmaßnahmen in der Umgebung von Kernkraftwerken.
6. Einfluß der unterirdischen Bauweise auf die Standortplanung.
7. Monetäre Bewertung der durch die unterirdische Bauweise entstehenden volkswirtschaftlich bedeutsamen Effekte.
8. Beurteilung der Genehmigungsfähigkeit der unterirdischen Bauweise unter Zugrundelegung der geltenden Sicherheitskriterien.
9. Zur unterirdischen Bauweise alternative oberirdische Maßnahmen.

wegen möglicher Verzögerungen einsehbar. Dies ist jedoch kein typisches Problem der unterirdischen Bauweise, sondern bei anderen Prototyp-Projekten (HTR, Schneller Brüter) auch der Fall.

g) Zusätzliche konzeptbedingte Störfälle durch Überflutung oder Druckdifferenzen in Rohrleitungssystemen bei unterschiedlichen Anordnungshöhen der verschiedenen Bauwerke müssen durch geeignete technische Auslegungsmaßnahmen ausgeschlossen werden.

h) Unterirdische Bauweise wirkt sich auf einige Betriebsvorgänge, z.B. Transporte, Wartung und Reparatur, nachteilig aus. Darauf haben die Betreiber von Kernkraftwerken frühzeitig hingewiesen. Die im Rahmen des Studienprojektes erarbeiteten Anordnungskonzepte wurden aber von Anfang an mit den Betreibern diskutiert, so daß auch die betrieblichen Aspekte soweit wie möglich berücksichtigt wurden. Die zum Teil noch nicht abgeschlossenen Studien machen hinsichtlich der zweckmäßigen Änderungen am unterirdischen Konzept konkrete Vorschläge, z.B. hinsichtlich der Optimierung der Lage der Eingänge und der Minimierung der Zahl der Schleusen. Obwohl noch zahlreiche Detaillösungen bei einer Erstellung baureifer Unterlagen erforderlich sein würden, werden jedoch keine unüberwindlichen Betriebserschwernisse oder nennenswerte Mehrkosten für den Betrieb durch die unterirdische Bauweise erwartet.

7. Weiteres Vorgehen

Das Studienprojekt soll nach Abschluß der Kosten-Nutzen-Untersuchung abgeschlossen werden. Es hatte nicht die Aufgabe, bis in Details optimierte baureife Unterlagen zu erstellen, sondern an vernünftigen Modellkonzepten das sicherheitstechnische Potential der unterirdischen Bauweise auszuloten. Hierfür wurden bewußt hohe Anforderungen gestellt, deren Berücksichtigung im atomrechtlichen Genehmigungsverfahren nicht erforderlich ist.

Der Abschlußbericht des Studienprojektes wird Ergebnisse dieses Symposiums beachten, um die internationalen Argumente pro und contra unterirdische Bauweise zu berücksichtigen. Er wird eine Zusammenstellung der für eine Entscheidung wichtigen Fakten, Daten und Argumente enthalten.

Als Alternativen zum weiteren Vorgehen kommen folgende Möglichkeiten in Betracht:

— Beendigung der Untersuchungen im Rahmen des Studienprojektes und Dokumentation der Ergebnisse;

— Projektplanung für eine Prototypanlage. Dabei könnten neben einer Anlage in kommerzieller Größe auch kleinere Anlageneinheiten und andere Kernkraftwerkstypen oder auch Anlagen des Brennstoffkreislaufs in Betracht gezogen werden.

8. Schriftenverzeichnis

Altes, J. u.a.: Zur unterirdischen Errichtung von Kernkraftwerken. — Atomwirtschaft Nr. 3, März 1978.

Bachus, K.P. & Schnurer, H.: BMI-Studienprojekt „Unterirdische Bauweise von Kern-Kraftwerken". — Atomwirtschaft Nr. 3, März 1978.

Sahl, W.: Einleitungsworte zum Symposium „Unterirdische Bauweise von Kernkraftwerken". — Bundesanstalt für Geowissenschaften und Rohstoffe, Hannover, vom 16.—20. März 1981.

Schnurer, H.: Unterirdische Bauweise von Kernkraftwerken. — Messen + Prüfen, Dezember 1979.

Bisher in der Bundesrepublik diskutierte Baukonzepte für unterirdische Kernkraftwerke – ihre Vor- und Nachteile

von

Horst Bräuer, Friedrich Heigl und Kurt Schetelig

Mit 8 Abbildungen im Text

Kurzfassung

Bisher wurden eine Groß-Kaverne im Fels mit 80 m Durchmesser und eine Langhaus-Kaverne mit 40 m Spannweite sowie die Grubenbauweise in Lockergestein mit Gründungstiefen des Reaktors von -30 m und -60 m untersucht. Die Felskavernen wurden bisher nicht weiter verfolgt, da die Groß-Kaverne ungewöhnlich günstige Felsverhältnisse und die Langhaus-Kaverne ein gesondertes Genehmigungs-Verfahren erfordern. Die Grubenbauweise ließe sich am ehesten verwirklichen.

Auch bei diesem Konzept sind verschiedene Punkte nicht mit ausreichender Sicherheit geklärt. Sie betreffen die Herstellung und Dichtheit tiefreichender Baugruben-Umschließungen und die Druckentlastung in feinkörnigen Böden unterhalb der Gründungssohle.

Neben der Weiterführung der Grundsatzuntersuchungen wird für ein Prototyp-Kraftwerk ein Standort empfohlen, dessen Baugrund sich mit konventionellen Mitteln beherrschen läßt.

Abstract

Alternative solutions previously discussed are a wide cavern in rock with a diameter of 80 m, a long-house-cavern of 40 m width and an open pit in soil with foundations of the reactor of -30 m and -60 m. The rock caverns were not followed up furtheron, because for the big cavern extremely favourable rock conditions would be required. For the long-house-cavern a special approval for the reactor disign would be necessary. The open pit solution could be realized easier.

But also the feasibility of the open pit design concept is not yet clarified considering the reliability being required for a nuclear plant. These points of view mainly concern the execution and watertightness of deep-reaching construction pit sheeting and the draw-down of the phreatic water table below foundation.

A further development of reliable technology for deep open pits is recommended, nevertheless for the prototype-version a location with foundation conditions being suitable for conventional civil engineering measures is proposed.

1. Bisher untersuchte Lösungen

In der Bundesrepublik Deutschland wurde erstmals Anfang der 70er Jahre die Möglichkeit untersucht, ein Kernkraftwerk teilweise oder ganz unterirdisch anzuordnen. Dabei wurde zwischen einer Unterbringung in einer offenen und später wieder zu schließenden Baugrube und einer Felskaverne unterschieden.

Bei den Baugruben wiederum unterschied man zwischen einer Halbabsenkung in einer 30 m tiefen Grube (Abb. 1) und einer Vollabsenkung in einer 60 m tiefen Grube. Bei den Baugruben steht heute die Vollabsenkung im Vordergrund des Interesses, wobei im allgemeinen davon ausgegangen wird, daß nur der Reaktor mit den sicherheitstechnisch wichtigen Gebäuden abgesenkt wird, während das Maschinenhaus an der Geländeoberfläche verbleibt.

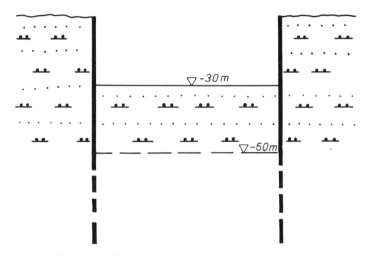

Abb. 1. Halb- und Vollabsenkung.

Auch bei den Felskavernen wurden zwei Varianten diskutiert, eine ist eine kreisförmige Kaverne von ca. 80 m Durchmesser, in der das gesamte bisherige Übertagekraftwerk ohne nennenswerte Änderungen untergebracht werden kann. Diese Variante wurde vom Ingenieurbüro im Bauwesen Bung, Heidelberg, untersucht (Obenauer 1981). Sie hat den Nachteil, daß ein solches Bauwerk nur bei außergewöhnlich günstigen Felsverhältnissen denkbar erscheint. Entsprechende Standorte kommen höchstens in den Randgebieten der Bundesrepublik vor.

Als Alternative wurde das Konzept einer Langhauskaverne entwickelt. Dabei wird ein 1300 MW-Druckwasserreaktor so in Längsrichtung angeordnet, daß die Spannweite der Kaverne auf 40 m verringert werden könnte (Abb. 2).

Auch eine solche von Lahmeyer vor etwa fünf Jahren vorgeschlagene Kaverne (Heigl & Schetelig) erfordert noch sehr günstige Felsverhältnisse, ist aber doch an einer größeren Zahl von Standorten durchführbar, auch in der Nähe von Ballungsräumen. Der entscheidende Nachteil dieser Lösung liegt aber darin, daß bei deren Verwirklichung eine erhebliche Umplanung des Anlagenkonzeptes und ein neues Genehmigungsverfahren erforderlich wären.

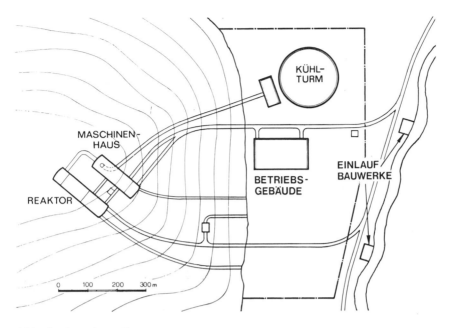

Abb. 2. Langhaus-Kaverne.

Die Standortmöglichkeiten und die felsmechanischen Aspekte wurden von Pahl 1981 und Wittke 1981 behandelt.

2. Durchführbarkeit der „Tiefen Baugrube im Lockergestein"

Diese Lösung wurde von allen bisher untersuchten Varianten am weitesten vorangetrieben. Ihre Verwirklichung setzt eine Beherrschung des Spannungs- und Verformungsverhaltens des Baugrundes sowie der Grundwasserhaltung und die sichere Vermeidung des hydraulischen Grundbruchs voraus. Dazu ist bei bisher betrachteten Modellstandorten eine tiefreichende Baugruben-Umschließung erforderlich, die zugleich eine Stütz- und Dichtungsfunktion haben muß. Beide Aufgaben können in einem Element vereinigt sein (Abb. 3), oder die Dichtwand kann getrennt in einem gewissen Abstand niedergebracht werden (Abb. 4). Eine durchgehende 60 m tiefe Baugrube dürfte dabei nur bei Böden sehr hoher Festigkeit möglich sein. In der Regel wird sowohl bei ausgesteiften als auch bei geankerten Baugruben eine Staffelung der Baugrubenwandung notwendig werden (Abb. 3, 4).

Ein weiterer Schlüsselpunkt ist die Grundwasserhaltung, die den Druckwasserspiegel unterhalb der Baugrubensohle auf das zulässige Maß absenkt. Loers (1981) stellt eine neue Schlitzwandtechnik vor, die zusammen mit der von der Firma Soletanche in Frankreich entwickelten Technologie für einen Weg zur Herstellung sehr tiefreichender Dichtwände weist.

Breth & Romberg (1981) behandeln die Schwierigkeiten, die bei zahlreichen Bodenarten die Entwässerung bzw. die erforderliche Druckentlastung des Grundwassers bereitet. Für feinkörnige Böden liegt bisher kein ausführungsreifer Vorschlag vor. Es

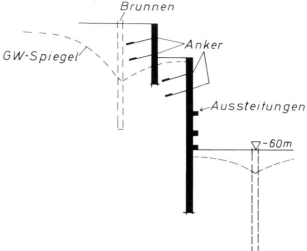

Abb. 3.   Dichte Baugrubenverkleidung.

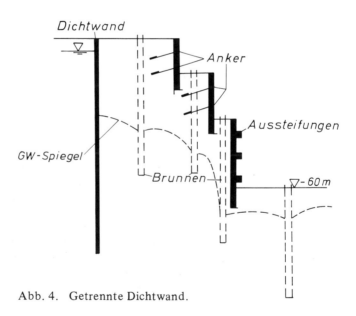

Abb. 4.   Getrennte Dichtwand.

sollen hier Möglichkeiten angedeutet werden, die in gewissen Fällen eine Lösung versprechen können:

Sofern die Durchlässigkeit des Untergrundes noch ausreichend hoch ist, so daß sich eine Druckentlastung mit einer größeren Brunnenzahl erreichen ließe, wäre dennoch eine Wasserhaltung mit zahlreichen Brunnen in der Gründungssohle des Reaktors äußerst hinderlich. Das ließe sich beherrschen, indem die Brunnen in einem gesonderten Brunnengeschoß unterhalb der eigentlichen Reaktorgründung untergebracht

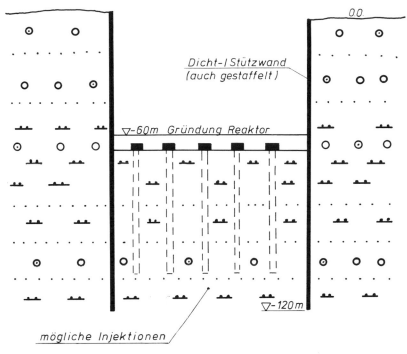

Abb. 5. Tiefreichende Dichtwand mit Brunnengeschoß.

werden (Abb. 5). Dabei ist eine gewisse Überdimensionierung des Systems notwendig, da während des Aushubs der Baugrube und zur Herstellung des Brunnengeschosses laufend eine Anzahl von Brunnen abgeschaltet und auf den späteren bzw. Endzustand umgerüstet werden muß.

Eine zweite Idee folgt Überlegungen, die von der Firma Soletanche, Paris, geäußert wurden und in begrenztem Umfang schon verwirklicht wurden. Bei wenig durchlässigen Schluff-Feinsand-Folgen müßte es möglich sein, durch gezieltes hydraulic fracturing mit Injektionen eine horizontale Dichtung unterhalb der Baugrubensohle herzustellen. An eine Injektion des gesamten Porenraums einer Schicht ist bei den an den Modell-Standorten anstehenden feinkörnigen Böden nicht zu denken. Es kann sich nur um Zementstein- oder Ton-Zement-Bentonit-Tapeten handeln, die beim Aufreißen der Schichtfugen in diese eingepreßt werden. Eine offene Frage ist, ob ein solches Bauverfahren als genügend sicher beurteilt wird (Abb. 6).

Als Abstützung und zur Sicherung des Untergrundes gegen Auftrieb können statt tiefer Schlitzwände auch Gefrierwände oder eine Horizontalvereisung vorgesehen werden. Allerdings sind die Installations- und Energiekosten sehr hoch. Bei einer Horizontalvereisung kommen erhebliche baubetriebliche Schwierigkeiten hinzu (z.B. seitliche Schächte).

3. Standortwahl

Die bisherigen Modellstandorte für ein Untertage-Kernkraftwerk waren in der Regel nach den Standorten von schon vorhandenen oder geplanten Übertage-Kernkraft-

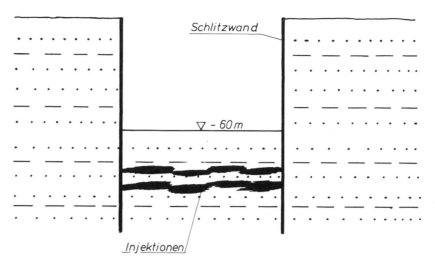

Abb. 6. Horizontal-Injektionen.

werken ausgewählt worden. Es hatte keine Vorprüfung stattgefunden, ob an diesen
Stellen die Bedingungen für eine unterirdische Anlage besonders geeignet sind oder
nicht. Die bisherigen Untersuchungen machen nun aber deutlich, daß die unzureichende
Berücksichtigung geologischer und bautechnischer Fragen bei der Vorauswahl der
Standorte zu erheblichen Schwierigkeiten führt.

In vielen Fällen mag dies durch entsprechende Sondermaßnahmen beherrschbar
sein, wenn eine verlängerte Bauzeit und zusätzliche Kosten in Kauf genommen werden.
In anderen Fällen ist selbst dann nach dem heutigen Stand die Durchführbarkeit
fraglich (Breth & Romberg 1981).

Es wird daher vorgeschlagen, zwar geeignete bautechnische Lösungen für eine generelle Beherrschung der Grubenbauweise im Lockergestein zügig voranzutreiben. Da die
Technologie tiefer Baugruben von allgemeinem Interesse ist, wird empfohlen, die noch
offenen Fragen der Herstellbarkeit und Sicherheit tiefer Schlitzwände im Rahmen
eines Forschungsvorhabens von Grund auf zu untersuchen.

Gleichzeitig wird aber auch empfohlen, zumindest für den Prototyp nach einem
Standort Ausschau zu halten, der in bautechnischer Sicht keine Probleme bereithält,
die umfangreiche Neuentwicklungen erfordern. Beispiele für einen geeigneten Baugrund sind in Abb. 7, 8 gegeben. Dafür wurden Untergrund-Modelle ausgewählt, die in
mäßiger Tiefe ausreichend wasserdichte Schichten aufweisen. Für diese Untergrund-
modelle sollten Dichtwandtiefen ausreichen, die bereits häufig erfolgreich ausgeführt
wurden. Unterhalb der Baugrubensohle sollte Boden oder Fels anstehen, der entweder
genügend wasserdicht ist oder ohne besondere Schwierigkeiten entwässert werden
kann. Geeigneter Fels, der mit normalen Methoden des Felsbaus gesichert werden
kann, erscheint als besonders geeigneter Untergrund.

Standorte mit entsprechenden Lockergesteinsprofilen sollten sich sowohl in Süd-
als auch in Norddeutschland finden lassen. Standorte mit geeignetem Fels in entsprechenden Tiefen finden sich in weiten Teilen der Bundesrepublik, allerdings nicht in
der norddeutschen Tiefebene.

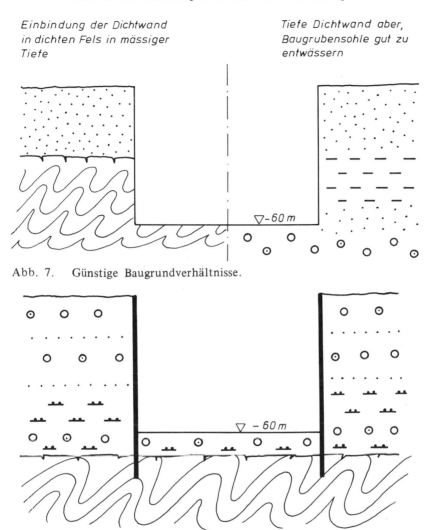

Einbindung der Dichtwand
in dichten Fels in mässiger
Tiefe

Tiefe Dichtwand aber,
Baugrubensohle gut zu
entwässern

Abb. 7.   Günstige Baugrundverhältnisse.

Abb. 8.   Einbindung der Dichtwand in wasserdichten Fels.

4. Schlußbemerkung

Unter den bisher untersuchten Varianten ist die Grubenbauweise am ehesten und vermutlich auch am kostengünstigsten zu verwirklichen. Selbst bei dieser Variante bestehen aber noch eine Reihe von Fragen zur Bautechnik. Bei der Standortwahl empfiehlt sich eine wesentlich stärkere Berücksichtigung geologischer Gesichtspunkte als dies bei Übertage-Anlagen bisher üblich war.

Die weitere Entwicklung der Variante Felskaverne lohnt wohl nur dann, wenn sich aus der größeren Felsüberdeckung und einer günstigeren und wirkungsvolleren Gestaltung der Verschlüsse eindeutige und sicherheitsrelevante Vorteile ergeben sollten. Bisher ist eine Aussage' darüber zumindest quantitativ noch nicht möglich.

Schriftenverzeichnis

Breth, H. & Romberg, W. (1981): Grundbautechnische Probleme bei unterirdischen Kernkraftwerken im Lockergestein. – Symp. UKKW Hannover.

Heigl, F. & Schetelig, K. (1977): Die Standortwahl für Kernkraftwerke aus der Sicht der Geologie, der Hydrologie und des Objektschutzes. – Geol. Rdsch., **66**, Stuttgart.

Loers, G. (1981): Bautechnische Untersuchungen von tiefen Baugruben zur Errichtung von unterirdischen Kernkraftwerken. – Symp. UKKW Hannover.

Obenauer, P.W. (1981): Grubenbauweise unter einem Plateaurand mit gemischtem Zugang. – Symp. UKKW Hannover.

Pahl, A. (1981): Standortmöglichkeiten für unterirdische Kernkraftwerke im Fels aus ingenieurgeologisch-felsmechanischer Sicht. – Symp. UKKW Hannover.

Wittke, W. (1981): Felsmechanische Aspekte in bezug auf Planung und Bau von großen Hohlräumen im Fels. – Symp. UKKW Hannover.

Conceptual Studies for the Underground Siting of Nuclear Power Plants

by

S. Pinto

With 5 figures and 2 tables in the text

Abstract

A rather comprehensive investigation of the underground siting concept haš been carried out at the Swiss Federal Institute for Reactor Research (EIR).

Main aim of this research program has been to identify suitable alternatives and to evaluate the feasibility, the safety potential and the costs of the underground siting of nuclear power plants. For this purpose two underground siting variants have been taken into account and investigated: the rock cavity plant and the pit siting.

This paper describes shortly the main results of the EIR research program.

1. Introduction

The drastic changes recently occured in the safety evaluation of nuclear power plants, in the licensing process and in the public acceptance of nuclear power have made the underground siting again attractive, in some respects, also in Switzerland.

Various engineering consultant companies in fact, taking advantage of the experience acquired with the construction and exploitation of underground hydroelectric plants and of the Lucens experimental station have performed studies to evaluate the feasibility of the siting, to identify possible advantages and disadvantages of the various concepts and to point out areas needing further investigations.

The Swiss Federal Institute for Reactor Reserch (EIR) has been also very active in this field with a long research programm that has allowed to investigate in some detail the main aspects of the underground siting (Ref. 1).

The main aim of the investigations has been directed at identifying suitable alternatives and at evaluating the feasibility, the safety potential and the costs of the siting. For this purpose two underground siting concepts have been taken into account and investigated: the rock cavity plant and the pit siting (Fig. 1—4).

The first alternative consists in building the plant in caverns excavated in a rock mass, the latter in building the plant in an open cut excavation and then in covering the structures with backfill material. Total and partial underground locations have been taken into account, basing on light water reactors.

Detailed layouts have been developed for every examined alternative. Efforts have been concentrated on those aspects important to the main objectives of the investigations, i.e. to define designs which could be analyzed to assess the safety potential — especially under accident conditions — the feasibility and the costs of the concept.

Furthermore, since one of the main goals of the investigations was to examine also the possibility of reducing the consequences for the public and the environment of

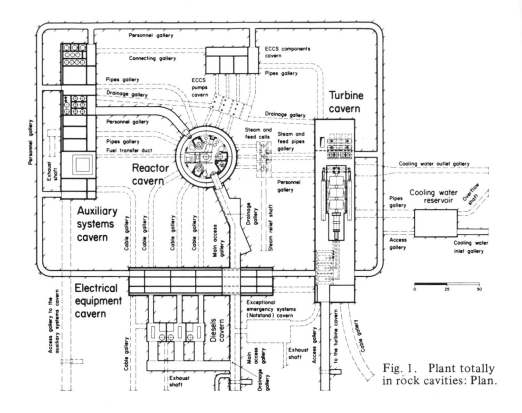

Fig. 1. Plant totally in rock cavities: Plan.

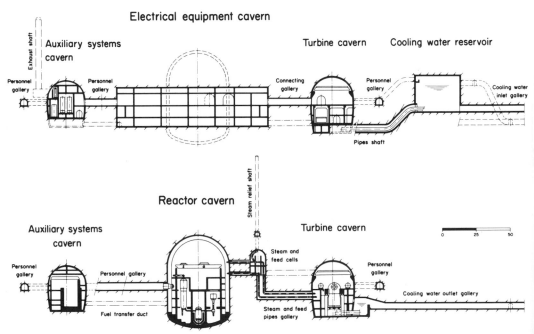

Fig. 2.   Plant totally in rock cavities: sections.

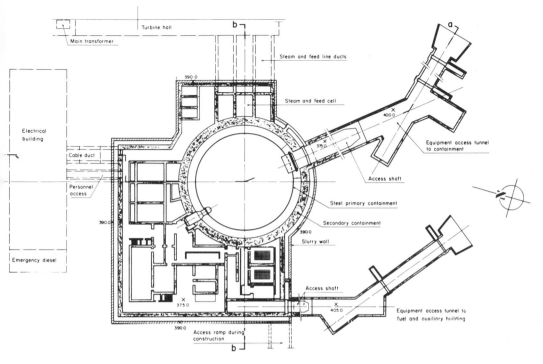

Fig. 3.   Plant partially underground in a pit: horizontal cross section.

Section a - a

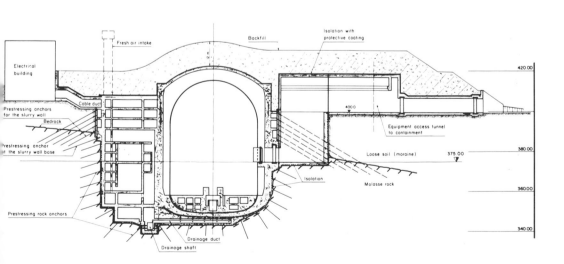

Fig. 4.   Plant partially underground in a pit: section a—a.

6   Unterirdische Kernkraftwerke

extreme hypothetical accidents, a containment system based on the pressure relief concept has been proposed (Fig. 5). With this containment system, in the case of accidents as Class 9, while the underground portion of the plant is undergoing pressurization, the containment is vented via an iodine filter system to a stack so that the pressure will not rise above the penetrations design pressure. All possible leakages past penetrations seals, airlocks etc. will be collected through a second low pressure barrier by means of an exhaust system that will keep these interspaces below atmospheric pressure. This system will then pass the leakages through an iodine filter to the stack.

An evaluation of the performances of this containment system to quantify the possible risk reduction achievable with the underground siting has been made. In order to have a broader basis for the evaluation, various surface and underground containment concepts have been investigated and compared with each other using a methodology based on that of the Reactor Safety Study (WASH-1400) (Ref. 2).

Specific construction techniques and procedures have been proposed both in the case of the rock cavity alternative and in that of the pit siting, relying on the large experience acquired in Switzerland in underground construction.

The span of the reactor cavern is identified as the critical dimension influencing the feasibility of a rock cavity plant. Infact, the required span (about 46 m) is larger than that of any engineered rock cavity.

The investigations carried out lead to consider technically feasible to build cavities with spans such as those required to accomodate a reactor building ensuring at the same time the stability of the cavities if suitable shapes (as, for instance, the cylindrical shape) are used and strengthening measures are taken. It is however considered impossible, at present, to provide in advance any definite evidence indicating that a rock cavity can be built to any safety specification. No similar constraints have been identified for the pit siting.

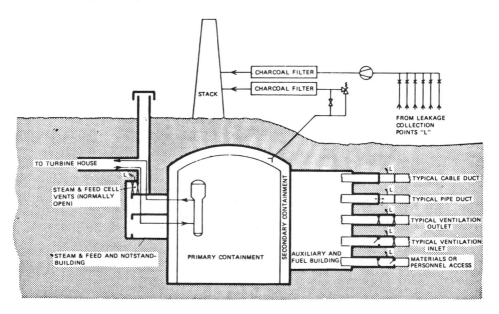

Fig. 5.   Underground vented containment system.

2. Safety Aspects

To avoid introducing too many uncertainties in the safety evaluation of the underground siting the reference design has been followed as closely as possible, in both siting alternatives, limiting to a minimum possible departures from the reference plant. However, because of the inherent characteristics of this type of siting, the proposed underground layouts are quite different from that of the surface reference plant. These differences, in the case of the rock cavity alternative, are mainly due to an "expansion" of the plant layout and to the fact that the rock surrounds completely every part of the plant itself. In the case of the pit siting, the nuclear island is somehow more compact than in the reference plant and is completely surrounded by earth and rock.

The influence of these differences on the overall plant safety is not very relevant for events up to the DBA. For instance, since systems, components and layout of the reactor building are the same as in the reference plant and since also the same containment system with a double containment has been maintained for the underground layout, safety during normal operation should not be significantly affected by the underground siting. Moreover, also the probabilty of design basis events occurring should be considered the same as for a surface plant.

Accident scenarios, for events occurring inside the reactor containment, up to Class 8, are the same as above ground. Variations of accident scenarios could instead be expected, especially for a rock cavity plant, for accidents occurring outside the reactor containment. These variations are mainly due to pressure build-ups and/or temperature rises in some plant areas as a consequence of steam pipes ruptures, fires, etc. It is however considered feasible to cope with these differences by redesign of some components or systems. If the accident scenarios outside the reactor containment are the same as in the reference plant, no significant differences are expected.

The influence of the underground siting on the plant safety is more remarkable in case of extreme hypothetical accidents, as Class 9, and in case of external occurences. The probability of a Class 9 accident occurring, because of internal events, is not affected by the underground siting. However, in the underground plant, following an accident of this type, with the proposed vented containment system,
— the pressure inside the reactor building will be kept below the penetrations design pressure, thus avoiding penetrations and/or containment failures
— ground level releases will be avoided
— the releases will be controlled, filtered and then exhausted through a high stack.

Moreover, leakages through the medium, if any, will be filtered so that only noble gases and organic iodides will slowly reach the surface.

It should however be pointed out, that the underground siting shows a significant potential for mitigating the consequences of Class 9 accidents even in the most general case of a plant located underground without any special arrangement to cope with events of this type. In fact, the medium in which the plant is located can be considered as an additional barrier against radioactive releases mainly basing on the following considerations:
— the resistance of an underground containment to extreme loading conditions (temperature, pressure, missiles, etc.) is, because of the rock or soil overburden, by far greater than any that can be reasonably achieved in a surface plant.
— in the case of a containment failure, the release will be into the medium and not directly to the atmosphere. The leakage will therefore be controlled and reduced

by the permeability and porosity of the medium, by groundwater pressure, by plateout effects, by absorption, ion-exchange reactions, etc.
— once that the driving pressure caused by the accident has been suppressed, the leakage flow will be reversed towards the reactor building.

However, since the preferential path for a radioactive release from the containment is not into the surrounding medium but towards other plant areas, the potential additional containment level of the underground siting is largely dependent on a reliable sealing of penetrations and accesses. Nevertheless, also in case of penetrations failure it should be noted that:
— the start of the release to the atmosphere will be delayed for a few hours while tunnels, ducts, etc. are undergoing pressurization that later could cause failure of outer seals
— a reduction of the radioactive release can be expected because of the longer path to the atmosphere, of filtering effects through the penetrations, of plateout effects, of natural decay, etc.
— a reduction of the consequences for the public can also be expected because of the longer time available for the implementation of emergency measures as population alarming, evacuation, etc.

In the case of e x t e r n a l   o c c u r r e n c e s, the underground siting provides, because of the rock or backfill, a better protection against such events, both natural and man related. Infact, immunity to surface phenomena such as meteorological events, aircraft crashes, explosions, etc. can be easily achieved underground while the effects of other external events, such as earthquakes for instance, can be mitigated. Therefore many events that above ground are listed among the possible accident initiating events can be neglected in the underground location. Important is also the inherent capability of underground plants to withstand the effects of conventional warfare.

The possibility that an underground plant may be exposed, because of the siting, to n e w accident initiating events has been also investigated. Two conceptual possibilities, one for each considered siting alternative, consequences of the inherent characteristics of the underground siting, have been identified: r o c k   f a l l s and c a v e - i n s.

R o c k   f a l l s, in the case of a rock cavity plant, may constitute a hypothetical initiating event for major accidents to which surface plants are not exposed. Rock falls, infact, depending on their extent and location, may damage safety related equipment and components. It is therefore possible that the consequences of such a hypothetical event in some cases would be similar to the consequences of a complete system failure. A rock fall, as well as a cave-in in the case of the pit siting alternative, could also lead to catastrophic consequences since it could simultaneously cause a loss of containment integrity, a loss if coolant accident and damages to the emergency core cooling system. It is however worth mentioning that if these three events are not all caused contemporaneously, the accident consequences will not be very severe. Furthermore, it should be emphasized that, for what concerns rock falls, the general consensus is that in competent rock the danger of rock fall may exist during caverns and galleries excavation but, once that reinforcing work has been completed, this danger is practically not existent.

C a v e - i n s, in principe, could be considered as hypothetical new accident initiating events for an underground plant built with the cut and cover technique. However, being possible to design all the structures to withstand any postulated load,

Table 1.   Expected consequences from accidents in various containment systems.

Containment type	Early fatalities per year	Latent cancer fatalities per year/year
RSS containment (Surry 1)	8.3×10^{-5}	6.7×10^{-4}
above ground reference plant	2.9×10^{-6}	2.8×10^{-5}
above ground containment vented to the atmosphere	9.8×10^{-8}	1.0×10^{-5}
underground containment vented to the atmosphere	2.6×10^{-10}	1.0×10^{-6}
underground containment vented to porous rock or gravel	3.3×10^{-8}	6.0×10^{-6}
underground full pressure containment	4.4×10^{-7}	1.4×10^{-5}

cave-ins as new accident initiating events in the underground plant can be reasonably excluded. It is therefore possible to conclude that these hypothetical new accident initiating events should not add significantly to the overall risk.

3. The underground containment system

The containment system based on the pressure relief concept suggested in our studies has been proposed for mitigating the consequences of extreme hypothetical accidents which could impair the integrity of a conventional surface reactor containment. Efforts have been made to quantify the potential risk reduction that this containment system offers comparing it with different underground and surface containment alternatives (Table 1). From this evaluation, it appears that the main advantages of an underground containment system are
— the prevention of immediate steam explosion failures
— a delay of overpressure failures

while the advantage of the ventilation system is given by a partial prevention of overpressure failures. The estimated risk of early fatalities and latent cancer fatalities for some of the considered containment alternatives are reproduced in Table 1.

This evaluation shows, first of all, that the increased safety systems redundancy of the reference design makes a remarkable improvement compared with the plant studied in the RSS. Moreover, the primary containment venting in a surface plant appears to lead to a substantial risk reduction even though the size of the risk being reduced is already small.

As far as the underground containments are concerned it can be stated that
— the underground vented containment system has the potential of further reducing risk

- the same containment system also appears to be better than that with venting to porous rock or to a gravel overburden and than the underground full pressure containment.
- the full pressure underground containment appears to have performances inferior to those of a vented above ground containment.

4. The decommissioning of underground facilities

The investigation made allows to conclude that the main decommissioning options taken into consideration for surface facilities, lock-up with surveillance, restricted site release and unrestricted site release are, in principle, still valid and applicable in the underground location. The majority of the decommissioning operations as equipment removal, surfaces decontamination, structures demolition, etc. can in fact be carried out underground in the same way as on the surface. The longer access routes are not considered to increase the difficulties of the operations. However, with the underground siting it is considered possible to modify the aims and the philosophy of decommissioning operations limiting them to the stage of lock up with surveillance or, if the case, of restricted site release, without implementing the third alternative. There are infact no aesthetical reasons requiring a complete demolition of the plant and, moreover, an underground site is not considered so valuable to be reclaimed for the construction of a new unit at all costs. The reduction of costs thus attainable is considered capable to compensate, to a certain extent, the additional costs of undergrounding a nuclear power plant.

Other advantages of not implementing the third decommissioning stage are a strong reduction of the amount of wastes produced by the decommissioning operations, of possible accidents during the work and of the radiation exposure of the personnel. The desirability of this decommissioning alternative, unrestricted site release, is therefore strongly questionable in the case of the underground siting.

Anyhow, whichever decommissioning option or final stage of the decommissioning operations selected for an underground nuclear power plant, it should be stressed that less efforts and resources are needed to obtain in the underground location the same results as on the surface.

5. Site survey

A first, preliminary site survey has been made basing on general siting criteria in order to identify suitable areas in Switzerland where a nuclear power plant could be located underground either in artificial rock cavities or in open cut excavations. Due to the preliminary character of this survey, main emphasis has been given to identify geological and hydrological aspects of these areas.

The siting criteria established for this investigation are mainly related to plant cooling requirements, groundwater protection and population density. The most stringent criterion has proved to be the plant cooling requirement: the suitable sites are therefore restricted to a 8 km wide belt along the four major rivers of Switzerland, the Aare, the Rhine, the Rhone and the Reuss. The number of available sites within these belts is further limited by densely populated areas and groundwater reservoirs. For the rock cavity alternative also a site in the Alps has been taken into consideration: plant cooling water is taken from an artificial storage basin.

This preliminary investigation has shown that areas with favourable conditions for the construction of underground nuclear power plants exist in Switzerland. It should also be noted that, because of the chosen criteria, these suitable areas include the sites of existing and planned surface nuclear power plants.

6. Economic evaluation

The economic impact of the underground siting is recognized to be, together with its technical feasibility and safety implications, one of the most important issues which must be taken into account for the evaluation of this siting alternative.

Table 2. Cost comparison among surface and underground nuclear power plants (1977 Swiss Francs).

	Above ground plant	Rock cavity plants Totally undergr.	Partly undergr.	Pit siting Partly undergr.
Construction Time (years)	5	7.5	7.5	7.5
1. Direct Construction Costs	$.10^6$ sFr.	$.10^6$ sFr.	$.10^6$ sFr.	$.10^6$ sFr.
1.1. Power Plant [1] — Civil Engineering Work	165	269 (+63%)	249 (+51%)	248 (+50%)
— Nuclear, Mechanical and Electrical Equipment	1000	1050 (+5%)	1040 (+4%)	1040 (+4%)
1.2. Other constructions (Pumphouses, Water Intakes, Administr. Bldg., etc., without Cooling System)	75	83 (+10%)	75 (−)	75 (−)
1.3. Administr. Costs (Taxes, Personnel Costs etc.)	100	110 (+10%)	110 (+10%)	110 (+10%)
Direct Total Construction Costs	1340	1512 (+12.8%)	1474 (+10%)	1473 (+9.9%)
2. Interests During Construction (8% interest rate)	350	438 (+26%)	426 (+21.7%)	417 (+19.1%)
3. First Core	150	150 (−)	150 (−)	150 (−)
Total Investment Costs (without Escalation)	1840	2100 (+14.1%)	2050 (+11.4%)	2040 (+10.9%)

[1] Nuclear Island, Turbine, Electrical Systems, Auxiliaries

The costs evaluation of large projects is always a difficult task even if detailed plant designs and construction schedules are available: a considerable degree of uncertainty is therefore always present in the estimates.

Cost estimates become even more difficult in the case of the underground siting because of all the uncertainties deriving from the underground construction, the limited experience available from underground nuclear plants and because these estimates are based on preliminary designs. However, even though these estimates are quite approximated, enough data are available to determine the order of magnitude of cost differences among surface and underground designs.

The result of a cost estimate of the investigated underground siting alternatives are given and compared with the costs of a surface plant in Table 2. This evaluation is based on 1977 Swiss Francs and assumes an interest rate of 8%. Costs escalation during construction has not been considered because of the impossibility of determining a consistent escalation factor due to various factors like monetary instability, economic recession, etc.

As expected, the totally underground rock cavity plant is the most expensive among the investigated alternatives even though the cost difference with the other siting variations is limited.

The main difference among above ground and underground plants costs is given by civil engineering work costs which increase by 63% in the case of a plant totally located in rock cavities, by 51% if the plant is only partially in rock cavities and by 50% in the case of the pit siting (the large increase in this last case is mainly due to pit securing measures).

Total plant costs increase in the underground location by 14.1% for a plant totally located in rock caverns, by 11.4% for a plant partially in rock and by 10.9% for the pit siting.

An important contribution to costs differences among these plants is given by the capital costs due to the longer construction time of the underground facilities (Table 2). Differences in capital costs are due instead to different cash flow requirements during plant construction.

Economic optimization of the underground designs was beyound the scope of the investigations. Special care has nevertheless been given to determine plant layouts, construction procedures and schedules in such a way as to have an economical construction.

7. Concluding remarks

The main conclusions that can be drawn from the investigations made are the following:
— from the technical point of view, the construction of an underground nuclear power plant is within the present state of the art of underground construction. Infact conventional construction techniques — without need for new technological developments — can be used and no technological restrictions have been found for the construction of the considered siting alternatives
— potential safety advantages are given by the possibility of mitigating the consequences of extreme hypothetical accidents and of better protecting the plant from external events. In any case the same safety level of an above ground plant is easily maintained in the underground location

— the cost penalty associated with the underground siting lies between 11 % and about 15 %.

For what concerns the considered siting alternatives, the pit siting concept not requiring geological site conditions as strict as those for large caverns shows a higher siting flexibility than the rock cavity plant alternative. Infact large caverns as those necessary to house a 1000 MWe nuclear power plant require, to be built economically, either good or very good quality rock.

For what concerns licensing, the pit siting, being more similar to a surface plant and built in a more conventional way, is considered advantageous. An area of possible concern for the rock alternative is the caverns stability.

From the safety point of view, neither of the considered concept has substantial advantages on the other.

References

The underground siting of nuclear power plants. Concept alternatives, technical feasibility, safety potential and economic aspects. — Report prepared for the Swiss Federal Office of Energy December 1979.

Reactor Safety Study. An assessment of accident risks in US commercial nuclear power plants. — WASH-1400, October 1975.

Radwaste Cavern (RW/C)	23 x 50 x 83 m	active
Fuel Handling Cavern (FH/C)	22 x 40 x 64 m	active
Turbine Cavern (TG/C)	29 x 46 x 233 m	non-active
Transformer Cavern (T/C)	24 x 20 x 100 m	non-active
Aux. Boiler Cavern (B/C)	20 x 21 x 40 m	non-active

Caverns are functionally connected by personal access, piping and electrical tunnels. The main access tunnel is arranged outside of group of the caverns and this is also utilized for equipment carrying in to the cavern during erection period, and for carrying new fuel and spent fuel.

In addition, the main access tunnel has a function of main evacuation tunnel from the each cavern.

The cavern layout shows in Fig. 1, Fig. 2 and Fig. 3.

2. Equipment Layout

Equipment layout of inside cavern for the underground plant should be designed same as surface plant equipment layout design philosophy with regard to considerations for safety and also maintenance and operation. The most different points of equipment layout design for the underground plant compared with the surface plant are as follow.
– Limitation of the cavern width depending on geological condition.
– To be arranged for the adequate number of cavern.

Reactor Cavern

The reactor cavern has a free volume of about 75,000 m^3, and peak pressure shall reach to about 4 kg/cm^2 at Loss of Coolant accident (LOCA). A standard 4-loop reactor coolant system is arranged in the central portion of the cavern.

Reactor coolant loop configuration is same as the surface plant. An overhead crane of 200 ton capacity is equipped. This crane is also used for installation of heavy component such as reactor vessel and steam generators. At this time, crane capacity is 450 ton. (The crane girder is designed for 450 ton hoisting load, but not for simaltoneous seismic design load during erection period.)

One side of the reactor cavern has a penetration room for all piping and lectrical cable penetrations.

Auxiliary Cavern

Mainly, Engineered Safeguard Feature (ESF) is arranged in the auxiliary cavern. As ESF is consisted of redundant systems, so equipments are arranged with separation philosophy. The reactor cavern and the auxiliary cavern are connected by a tunnel which has a division wall separating it into two divisions.

Control Cavern

The Control Cavern is located in nearly central area of group of the caverns and contains a control room, access control area, 6.6 kV and 440 V safeguard switch gear room etc.

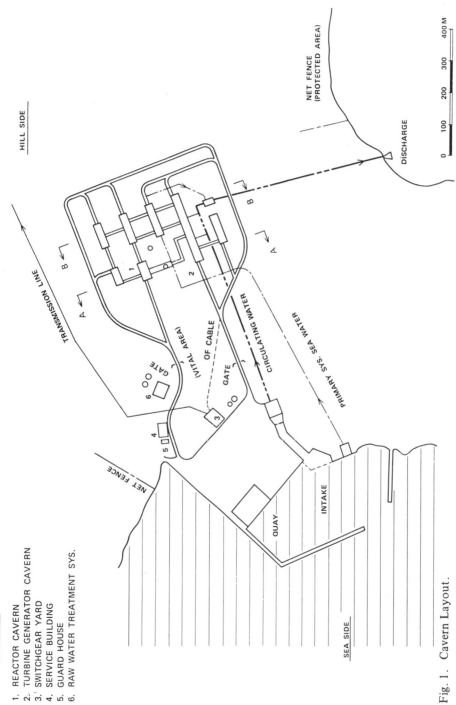

LEGEND

1. REACTOR CAVERN
2. TURBINE GENERATOR CAVERN
3. SWITCHGEAR YARD
4. SERVICE BUILDING
5. GUARD HOUSE
6. RAW WATER TREATMENT SYS.

Fig. 1. Cavern Layout.

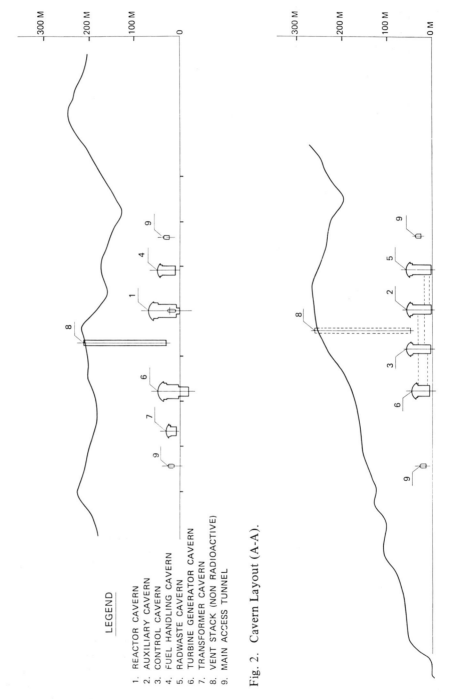

LEGEND

1. REACTOR CAVERN
2. AUXILIARY CAVERN
3. CONTROL CAVERN
4. FUEL HANDLING CAVERN
5. RADWASTE CAVERN
6. TURBINE GENERATOR CAVERN
7. TRANSFORMER CAVERN
8. VENT STACK (NON RADIOACTIVE)
9. MAIN ACCESS TUNNEL

Fig. 2. Cavern Layout (A-A).

Fig. 3. Cavern Layout (B-B).

Radwaste Cavern

Equipments of radwaste treatment system for liquid, gesous and solid waste and boron recycle system are arranged.

Fuel Handling Cavern

Layout philosophy of fuel handling equipment is same as surface plant.

For this study, new fuel storage capacity is about 2/3 core and spent fuel storage capacity is about 15/3 core. A 125 ton cask handling overhead crane is equipped, but this crane is not designed to run above the spent fuel pool.

Turbine Generator Cavern

A Tandem Compound six (6) Flow-44 inches (TC6F-44) steam turbine, a 1300 MVA generator and auxiliary equipment are arranged in the cavern. Sea water flow direction in a main condenser is parallel to turbine axis. The turbine generator cavern and the reactor cavern are connected by main steam tunnel.

Transformer Cavern

24/515 kV main transformer, house transformer, starting transformer and turbine island switch gear are arranged in this cavern.

3. Systems

Fuel Handling System

In the case of surface plant, the fuel assemblies are transferred from the reactor building to the fuel handling building by a conveyor system through a transfer tube. However, in the case of underground plant, fuel transfer system design is changed to basket transfer method, i.e. nine fuel assemblies at once are transfered by a basket carrier through the canal.

HVAC System

Design philosophy of Heating Ventilation Air Conditioning (HVAC) system is same as the surface plant. The plan utilize the upper and lower construction tunnels as the air intake ways.

The exhaust system is separated to radioactive and non-radioactive exhaust. Therefore, two vertical exhaust shafts (vent stacks) are required. Non-radioactive exhaust shaft is also used to reduce the pressure in the main steam tunnel at the time of main steam pipe rupture accident.

4. Conclusion

We believe it is feasible to construct the underground nuclear power plant from result of this feasibility study. But, we think that more investigation will be necessary about fire protection design including smoke exhausting system and concern of evacuation, reviewing the plant overall operability, detailed study of the fuel transfer system and the engineering effort for reducing the cavern volume of the auxiliary, radwaste and control caverns.

Layout Study
of Underground Nuclear Power Plant (BWR)

by

Tadaharu Ichiki and Yutaka Muramatsu

With 4 figures in the text

Abstracts

This paper is the brief summary of layout design for a 1100 MWe class BWR underground nuclear power plant feasibility study performed recently in Japan.

We confirmed that it is feasible to design the equipment arrangement and construct the underground nuclear power station utilizing almostly same system and equipment of conventional above-ground power stations.

1. Design Assumption

At the starting of our study, we based on the following assumption that
(1) A 1000 MWe class standardized power plant with the improved MARK II type free standing steel containment is adopted in the cavern.

   The containment detached secondary containment that we call TYPE II.
(2) Most of all systems and equipments are same as utilized in conventional power plant.

   But some minor change in equipment is allowed if it is licensable at this stage.

2. Cavern Arrangement

We considered that following conditions about planning.
(1) The separation distance of each cavern is assumed to be 80 m as minimum necessary.
(2) Cavern width is 30 m as the maximum according to engineering judgement for rockey cavern soundness.
(3) Each cavern bottom level is decided so that emergency core cooling facilities are placed above the sea water level.
(4) Non-radioactive and radioactive tunnels that we call clean and dirty access tunnels are prepared for respective caverns so that we can easily access during construction and during operation.

   Clean and dirty personnel access tunnels are utilized from administration cavern to each cavern.
(5) Radio-active caverns (this means potentially contaminated) and non-radio active caverns are separated.
(6) As the result under the above conditions, we provide 8 caverns for all facilities of the station.

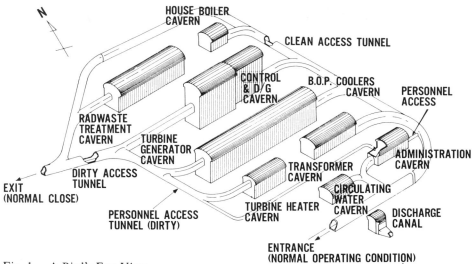

Fig. 1.   A Bird's Eye View.

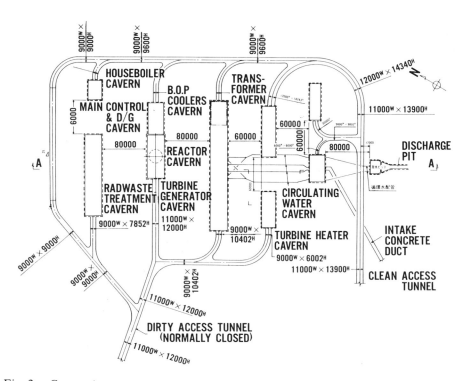

Fig. 2.   Cavern Arrangement.

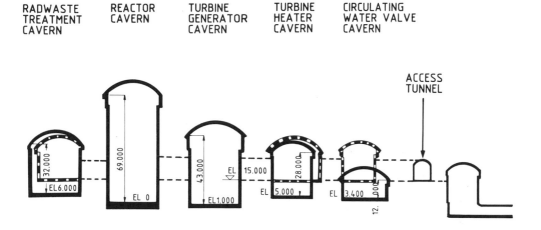

RADWASTE TREATMENT CAVERN   REACTOR CAVERN   TURBINE GENERATOR CAVERN   TURBINE HEATER CAVERN   CIRCULATING WATER VALVE CAVERN

ACCESS TUNNEL

Fig. 3. Cavern Section.

A-A SECTION

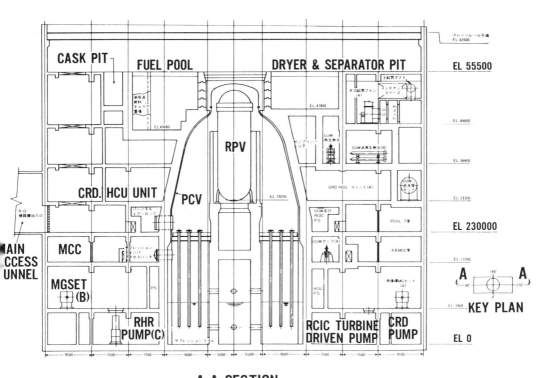

A-A SECTION

Fig. 4. Reactor Cavern Section.

Each cavern level is considered the following condition.

(1)   Reactor cavern is that emergency core cooling system facilities are placed above the sea water level (EL 0.0 m).

(2)   Turbine generator cavern is considered that turbine condenser is located EL-1.0 m for the purpose of keeping siphonage.

(3-1) Main access tunnels are connected to each cavern so that we can easily carry in the equipment.

(3-2) A slope of access tunnel is restricted to maximum 4% at the portion of a straight line. Considering drainage during construction and heavy equipment carrying in, for example, RPV, transformer.

3. Equipment Arrangement

Basic design condition that we considered are the followings.

(1) BWR 5 Nuclear system is designed by 3 division separation criteria.

(2) We considered two direction refuge. Person can easily escape when cavern is such condition that fire hazzared, trouble or accident occured.

This design condition is applied to another cavern arrangement too.

(3) Main equipments arranged in Reactor cavern are ECCS pumps, heater and refueling facilities.

Reactor cavern

The improved Mark-II type containment is located in central portion of the reactor cavern.

Nuclear steam supply system and Emergency core cooling systems are arranged surrounding the containment in similar manner with a overground plant.

Then, fuel pool and refueling facilities are arranged upper floor of the cavern.

Turbine generator cavern

Turbine generator and turbine condenser and their auxiliary equipment are arranged in the cavern.

The turbine is a Tandem Compound six flow — 43 inches (TC 6F-43) machine.

Turbinc heater cavern

Reactor feed water pumps and feed water heaters are arranged.

BOP coolers cavern

This cavern is adjacent to turbine generator cavern. Cooling system for reactor equipment, turbine equipment, HVAC equipment are arranged.

Main control and diesel generator cavern

This cavern is arranged near the reactor cavern and accommodate main control room, 6.9 kV and 480 V safeguard switchgear and Emergency Diesel Generator.

Radwaste treatment cavern

Radwaste treatment system is arranged.

Circulating water valve cavern

Reversing valves for circulating water and filters are arranged. We prepared this cavern in order to keep the maintenability of the valves and not to increase the width of the cavern and not to make a large hole in the bottom of the cavern.

Transformers cavern

The 19/500 kV main transformer, house transformers starting transformer are arranged.

Administrating cavern

Staff office, hot laboratory, shower etc. are arranged.

House boiler cavern

The 30 ton/hr boilers and light oil tanks are arranged.

4. System Design

HVAC system

Air intake house is considered to be located on the surface of mountain. The upper and lower working tunnels are utilized as air transfer duct from the intake house to each cavern.

The exhaust system is separated to radioactive and non-radioactive exhaust. The radioactive exhaust air is discharged to a vent stack after through filters.

The non-radioactive exhaust air is discharged to clean access tunnel. The vent stack is also designed to reduce the pressure in the main steam tunnel in case of main steam pipe rupture accident.

5. Summary

We, concluded it is feasible to design and construct the underground nuclear power station utilizing almostly same system and equipment of conventional above-ground power stations even for higher power output such as 1100 MWe.

But it is important to improve the design of systems and equipment so that they are more suitable for erecting and locating in under ground station. We consider that containment feasibility study just like a Type III should be studied.

Concept of Underground Siting of a CANDU Reactor in Deep Rock Caverns

by

R.C. Oberth

With 5 figures in the text

Abstract

This paper reviews the geotechnical investigations and the resulting rock cavern design features in connection with the Ontario Hydro design study on the feasibility of constructing a 4 x 850 MWe CANDU nuclear power plant in deep underground rock caverns. (Ontario Hydro is a large Canadian power utility with 13,000 MWe of nuclear generating capacity either in operation or under construction). The paper concentrates on rock cavern design and on the layout of major caverns, inter-connecting tunnels, and vertical access shafts. The reference design for the underground CANDU plant locates the reactor units in four separate 35 m span reactor caverns in Precambrian rock at a depth of 450 m. This depth would be required in order to construct the station in high quality hard rock in the Toronto area. Plant access and communication with near-surface portions of the plant is provided by fourteen vertical shafts. The underground CANDU design features a containment system which capitalizes on the structural integrity and impervious nature of the surrounding rock mass. A large containment volume is provided by permitting any release of hot steam from a reactor accident to expand through a pressure relief tunnel into adjacent reactor caverns, all isolated from the environment by the surrounding rock, air locks and seals. Preliminary calculations have revealed that this large containment volume is responsible for holding the worst case post-accident pressures and temperatures at acceptable levels (140 kPa(a) and 65 °C). These maximum temperature predictions confirmed a decision not to put an insulating liner on the rock cavern face. This decision was also based on calculations which revealed exceedingly slow rates of radionuclide migration into the rock, and on tests which demonstrated that the grantitic gneiss at 450 m depth was virtually impervious.

1. Introduction

An earlier paper presented at this symposium covered the broader aspects of the Ontario Hydro investigation of an underground CANDU nuclear power plant (Oberth 1981). These included siting considerations, general plant layout, operational and safety considerations, and construction schedule and cost implications. This paper concentrates on the geotechnical investigations and on the rock cavern layout and design which emanated from these field studies. It also looks more closely at various features of the plant conceptual design and presents a preliminary evaluation of the effectiveness of the underground containment system.

2. Geotechnical Investigation Program

In order to generate some basic geotechnical data for the conceptual design of underground rock caverns, a 302.6 m deep test hole was drilled in June, 1978 at the construction site of the Darlington nuclear plant, 65 km east of Toronto. Using wireline drilling, a total of 274.2 m of rock core were retrieved and carefully logged. Details of this drilling program are included in Volume II of the main study report (Oberth et al. 1979). The generalized stratigraphy in this hole is shown below:

Depth (m)	Description	Age
0– 25	Overburden (dense till with fine sand layers)	Recent
25– 28	Shaly limestone (not sampled)	
28– 89	Limestone with shaly interbeds	Trenton
89–164	Shaly limestone	
164–184	Grey limestone with minor shale	
184–211	Very fine grained limestone	
211–219	Siltstone, sandstone limestone	Black River
219–303	Granite gneiss	
303	Bottom of hole	Precambrian

The quality of the rock core retrieved was generally good to excellent, with rock quality designations (RQD) in the range of 72–96 % to a depth of 54 m, and 90–100 % below this depth. A few minor local zones of poorer rock were encountered both in the Palaeozoic and the Precambrian rocks. Bedding planes in the Palaeozoic limestones were flat-lying and undulating. Some inclined to vertical, tight and well sealed joints were encountered in the Precambrian rocks. Foliation in the granitic gneiss generally dips at an angle of approximately 20°. An intact piece of core was recovered across the Precambrian-Palaeozoic contact.

The following field tests were carried out in the boring:
(a) Single packer tests for in-place permeability;
(b) Hydrofracturing tests for in-situ stresses;
(c) Borehole TV camera survey.

The Packer tests indicated no appreciable absorption of water below a depth of 30 m from the surface, despite water pressures of 2750–3000 kPa applied for durations of 10–20 min. This indicated a very tight rock mass with a permeability of less than 10^{-9} m/sec.

The results of hydrofracturing stress measurements, which are reported in detail in Haimson & Lee (1980), indicated a state of high horizontal stresses along the depth of boring. The major principal stress below the Precambrian contact approached 20 MPa, and there was a decoupling of the stress regimes in the Palaeozic and Precambrian units. Four of the nine hydraulically induced fractures were detected in the borehole TV camera scanning, along with inherent fractures such as joints, veins and bedding planes. The TV camera survey clearly indicated a very tight and well sealed Precambrian basement rock.

In addition to the field tests, a comprehensive laboratory testing program was carried out on the rock core retrieved from the test hole. This included the determination of geochemical, geophysical, strength, deformation and thermal properties. The tests were carried out at the Civil Research Department of Ontario Hydro, the Rock Mechanics Laboratory of the University of Western Ontario, and the Mineral Science Laboratory of CANMET. The results of this testing program are reported in detail in Volume II of the main study report (Oberth et al. 1979).

3. Rock Cavern Design

Rock Support Requirements

The rock mechanics investigations outlined in the foregoing section provided the reference geotechnical conditions for the conceptual design and evaluation of rock caverns for the deep burial concept. For a 4 x 850 MWe underground CANDU plant, four large caverns with principal dimensions of 100 m length x 35 m span x 60 m height would be required to house the reactor components and auxiliary equipment. Rock caverns with spans on the order of 26—27 m had previously been excavated in the Precambrian rocks of Canada and Sweden. Pending the results of detailed site-specific investigations, it was anticipated that Precambrian rocks similar to the granitic gneiss in the near-Toronto basement would be able to host the proposed reactor caverns, and would be self-supporting to a very large extent, requiring only limited mechanical support. With an RQD of 90% to 100% and an average joint spacing greater than 1 m, it is assumed that a pattern of rock bolts (plus chain-link wire mesh) as shown in Fig. 1 would generally provide the mechanical support required. Where shear zones are encountered during excavation, shotcrete and tendons may also be required. The support systems recommended here are consistent with those commonly used in large underground excavations in rock (eg. Cording et al. 1971; Benson et al. 1971; Hamel & Nixon 1978).

Seismic Stability of Rock Caverns

Field observations have demonstrated that underground openings are generally more stable than surface structures during an earthquake. Dowding & Rozen (1978) recently compiled the response of 71 tunnels to strong ground motions in California, Alaska and Japan. The results indicated that at peak accelerations which caused heavy damage to surface structures, there was only minor damage to the tunnels. Similar observations have long been made in underground mines, with miners working at depth often unaware of seismic activities occurring at the surface. The catastrophic earthquake (M7.8) which demolished the City of Tangshan, China, on July 28, 1976, and which reportedly claimed the lives of several hundred thousand residents occurred near a major coal field in northern China, the Kailuan coal mine. Over ten thousand coal miners working underground at the time of the main shock escaped and returned safely to the surface, only to learn that most had lost their families and homes. Prevention of flooding of the underground station following a major earthquake would require special design features. These would include the installation of emergency power supply and pumping systems seismically qualified to withstand the Design Basis Earthquake (DBE).

The increased stability of structures with depth during earthquakes has generally been attributed to a reduced amplification of seismic motions with depth, which varies from earthquake to earthquake, and is frequency-dependent. Analyses of seismic wave propagation in geologic media indicate that on sites overlain with soil or weather-

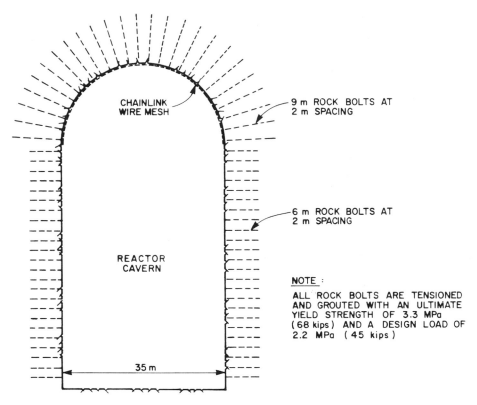

Fig. 1. Typical rock cavern support system.

ed rock, the reduction in acceleration with depth could be as much as a factor of 10, when the upper layers go into resonance. Hard rock sites are not susceptible to free resonance, such that any reduction in acceleration with depth is primarily a result of seismic wave interaction with the free surface. A finite difference analysis using pulse waves indicated that an attenuation factor of between 1.5 and 2.0 on peak accelerations could be achieved at depths of 300 to 400 m below the surface, for frequency and velocity contents of interest to eastern Canada, and for both vertically and obliquely propagating waves (Oberth & al. 1979). This is consistent with the results of analyses carried out by Glass (1973), Yamahara et al. (1977), and Allensworth et al. (1977).

   Underground-sited nuclear plants can realize a second seismic benefit relative to surface facilities. This stems from the inherent stiffness and resonance reduction characteristics of caverns in hard rock. Such caverns could be driven into resonance only at very high frequencies, which are rare in occurrence. They could, however, be susceptible to near-field seismic events which tend to create high frequencies and high accelerations because of the reduced opportunity for damping. This interaction of higher frequency waves with caverns in jointed rock mass is being investigated (Asmis 1980) as part of the Canadian program on the disposal of nuclear fuel waste in crystalline hard rock formations.

Thermo-mechanical Stability of Rock Caverns

A hypothetical event which was examined in some detail in the present study was the possible occurrence of thermal spalling in rock caverns under loss-of-coolant accident conditions. In the unlikely event of a release of pressurized steam into the reactor caverns, the temperature at the face of the rock could rise to as high as approximately 100 °C until various condensation heat sinks reduce the cavern temperature. A state of thermal shock could result, with thermal expansion of the rock allowed in the radial direction and inhibited in the tangential direction. The sidewalls of the caverns may thus go into a state of radial (or horizontal) tension, and the roof into a state of tangential compression. These thermal stresses are additional to the stresses already existing in the rock mass following excavation, particularly in terms of the tangential compression in the roof.

To evaluate the stability of the rock mass under such thermal loading conditions, the stress distribution around the cavern would have to be determined, including the contributions of in-situ, excavation and thermal stresses. A series of finite element analyses was thus carried out, simulating cavern excavation in a high horizontal stress field, with the subsequent development of thermal transients and thermal stresses under accident conditions. The results are shown in Figs. 2 and 3.

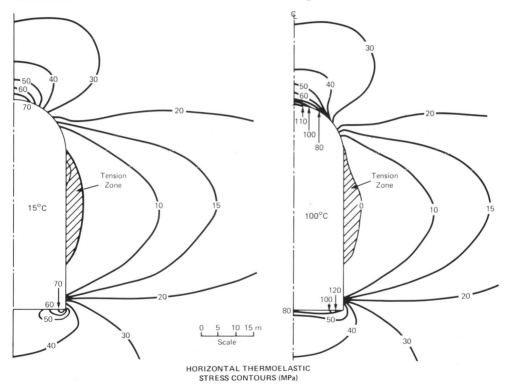

HORIZONTAL THERMOELASTIC
STRESS CONTOURS (MPa)

Fig. 2. Horizontal stress contours around reactor cavern at normal temperature (15 °C) with insitu stresses: σ_v = 10 mPa, σ_h = 22 mPa.

Fig. 3. Horizontal stress contours around reactor cavern subjected to 100 °C for 24 hours.

The stresses in Fig. 3 represent a combination of the insitu stresses and excavation stresses shown in Fig. 2 and the thermal stresses in the rock after exposure of the rock face to 100 °C for a period of 24 hours. The prediction of thermal stresses in rock requires a knowledge of the thermal and thermo-mechanical properties of the rock and the analysis is non-linear since each of these properties tends to vary with temperature. A state of high compression is predicted for the roof and floor, largely due to the effect of tangential constraint. The walls will go into a state of tension due to thermal expansion. The maximum horizontal compressions of 110–120 MPa in the roof and floor approach the compressive strength of the host rock (150–200 MPa) and failure is possible. This possibility is enhanced by the small region of radial tensile stress developed just above the crown. Together with the relatively high horizontal compressive stress concentrated there, the rock in this small region may be subjected to possible buckling failure when the cavern is exposed to 100 °C for 24 hours.

The possibility of cutting a vertical slot in the roof of the cavern to allow for thermal expansion and hence minimize the danger of compressive failure in the crown has been examined. The effect of such a slot (5 m deep and 0.3 m wide) is a drastic reduction in thermoelastic stress in the roof arch, and the region of high stress concentration is pushed deeper into the rock mass behind the crown. Radial tensile stresses close to the slot become compressive while the tensile zone is pushed farther away from the crown to regions of lower lateral compressive stresses, thus reducing the possibility of buckling failure in the small tensile zone above the crown. A more detailed discussion of rock stresses and cavern stability for the CANDU underground design is presented in Haimson & Lee (1980).

Rock Cavern Liner

As indicated in the foregoing sub-sections, it is anticipated that the integrity of the rock caverns can be preserved under both operating conditions and design accident conditions (such as a design basis earthquake, or thermal shock due to a loss of coolant). The rock mass adjacent to the caverns is expected to be self-supporting to a very large degree, requiring only rock bolts and some localized application of shotcrete and tendons where shear zones and potentially unstable wedges are identified. A structural liner would, therefore, likely not be required to support the roof and the sidewalls. Minor rockfalls could be arrested by chain-link wire mesh bolted to the rock face, or by shotcrete reinforced with welded steel fabric if required.

This leaves the following factors to be dealt with in assessing the requirement for a cavern liner: control of groundwater seepage and water vapour infiltration into the cavern, and the retention of radionuclides under postulated accident conditions. Water vapour emanating from the rock face, which would have the effect of downgrading heavy water, should be isolated from the reactor vault area. By virtue of the tightness of Precambrian rocks at depth, it is unlikely that there will be any large inflow of groundwater into the proposed caverns. It is expected that seepage will be localized and confined to slow dripping from joints and fractures in the rock. Any heavily fractured zones of rock exposed during excavation should, however, be pressure-grouted. A system of gravity-fed drain holes and galleries, connected to sumps below the cavern floor level, should also be provided.

Seepage is expected to converge on the cavern openings. For a rock mass permeability of below 10^{-9} m/sec, molecular diffusion becomes the dominant mechanism of radionuclide migration through the geologic medium. As discussed later, such a diffusion process is not expected to significantly affect the rock mass beyond a depth of several metres from the face of the rock. A full cavern liner is thus not required for purposes of seepage control or prevention of radionuclide migration through the geosphere.

The only remaining concern is with regard to radionuclide egress at major penetrations in the containment envelopment, such as at airlocks and transfer chambers. In order to prevent radionuclides from entering shafts and service tunnels via apertures between the penetrations and the adjacent rock face, the shells of these penetrations should be designed to be integral with a partial steel liner extending radially away from each penetration along the containment wall. The shell liner should be of sufficient width to produce a long and tenuous leakage pathway from the cavern to any tunnels or shafts external to containment. The potential for radionuclide escape around airlocks and cavern seals is thereby reduced to acceptably small levels.

A completely sealed rock cavern liner, for the reasons cited above, is not included is the conceptual design of the underground CANDU power plant. The only rock cavern lining proposed is a local or partial steel lining around all airlocks and cavern penetrations with a reinforced shotcrete lining on the cavern roof surface.

4. Conceptual plant Design

The conceptual design of the underground CANDU power plant was developed under the following general principles:

(a) The layout should be compatible with the underground geologic environment and should, wherever possible, take advantage of the natural supporting structures afforded by the rock.

(b) The layout should start with the basic design for a surface 4 x 850 MWe CANDU plant and incorporate modifications and changes as required by the underground environment.

(c) Layout and design decisions should attempt to minimize costs in order to maintain a reasonable economic position relative to current surface-sited plants.

A general cross section of the proposed underground CANDU plant is shown in Fig. 4. The reference underground rock cavern depth ($\sim$ 400 m) was determined by the desire to construct the caverns in a competent Precambrian formation which, for the near-Toronto siting area, begins first at a depth of about 220 m. A plan and section of the deep underground portions of the plant is provided in Fig. 5. A brief description of some of the major plant components is given below.

R e a c t o r   c a v e r n s. The reactors and auxiliary equipment are housed in four in-line rock caverns which have a minimum span of 35 m. The reactor auxiliary bays are located at each end of the main reactor and primary heat transport area and are 30 m in length, giving a total cavern length of 100 m. This arrangement minimizes rock cavern span which is a critical parameter in achieving self-supporting caverns. The rock caverns are separated by a distance of 20 m which is considered to be the minimum requirement for stability of the separate caverns.

C o n t a i n m e n t   b o u n d a r y. A pressure relief tunnel inter-connects the four reactor caverns and together with the latter forms the containment boundary (Fig. 5). The pressure relief tunnel would enable the high energy steam released in a hypothetical loss-of-coolant accident to expand into the other three reactor caverns. The large containment volume is available to hold down the peak pressures and temperatures to

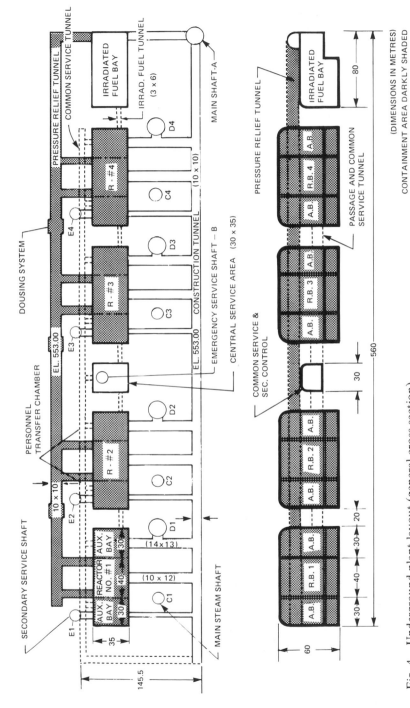

Fig. 4. Underground plant layout (general cross section).

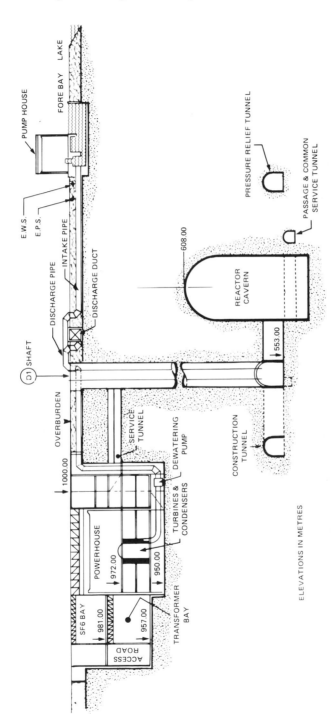

Fig. 5. Layout of rock caverns (plan and section).

which the nuclear equipment and rock cavern walls would be subjected. The dousing system, used to condense the released steam, is located in the pressure relief tunnel between reactor units. This tunnel is also used for the transfer and installation of the steam generators and this function determines the 10 m x 12 m cross-section.

Inter-connecting tunnels and auxiliary caverns. Tunnels used for personnel and equipment transfer as well as for construction purposes are located on the side of the caverns opposite to the pressure relief tunnel. These tunnels connect the reactor caverns to the various vertical-access shafts and auxiliary caverns. They are outside the pressure containment boundary and therefore enter the reactor caverns through airlocks and transfer chambers. A common service cavern, located at the centre of the station between reactor caverns No. 2 and No. 3, contains systems and equipment, such as emergency water supply pumps, which are common to all four reactor units. A single irradiated fuel bay cavern, situated at one end of the station, contains the discharged nuclear fuel in water-filled bays which provide both shielding and cooling for the fuel bundles.

Vertical access shafts. A total of fourteen lined vertical shafts of varying diameters are provided to connect the deep underground portion of the plant with the near-surface facilities and with the external environment. These shafts contain main steam lines, steam-generator feedwater and service water lines, power cables, instrumentation and control cables, ventilation ducts, as well as elevators and hoists for personnel and equipment. Compatible systems are housed within the same shaft consistent with requirements for safety system separation and unit independence. Provision is made for multiple personnel escape routes for emergency situations. The shaft arrangement is as follows:

4 Main Service Shafts (D1–D4)	–	15 m diameter
4 Secondary Service Shafts (E1–E4)	–	7 m diameter
4 Main Steamline Shafts (C1–C4)	–	7 m diameter
1 Main Construction Shaft (A)	–	15 m diameter
1 Common Service Shaft (B)	–	9 m diameter

Turbine-generators. The powerhouse, containing the turbine-generator sets, condensers, and associated equipment, is located in a cut-and-cover excavation near the surface which is laterally offset from, but aligned with, the four reactor caverns below. A roof truss will support a thin layer of earth but no protective cover is provided because this structure contains no nuclear equipment and is isolated from the reactor containment area.

Station cooling water. The water intake and discharge pipes are laid below ground in covered trenches, except at the discharge duct where all pipes go briefly above ground to create a syphon effect. Vacuum breaker valves at this location can break the closed cooling water system syphon and thereby minimize the danger of station flooding by effectively isolating the station from the lake.

5. Rock Cavern Containment System

The containment system of the nuclear power plant is basically an envelope surrounding the reactor and associated heat transport systems. Its purpose is to contain any radioactivity which might be released from the primary heat transport under postulated accident conditions. The containment must be designed to accommodate the range of pressures and temperatures which could arise in these circumstances.

The containment envelope for the underground station is defined by the walls of the four rock caverns and the pressure relief tunnel (Fig. 4). The containment boundary includes few, if any, reinforced concrete structures. The combined volume of all four reactor caverns is used to provide maximum pressure and temperature suppression under the worst accident conditions.

An approximate analysis was undertaken to estimate the maximum pressure and temperatures in the rock cavern containment envelope following the worst credible loss-of-coolant accident (LOCA). The analysis was used to confirm that the post-accident pressures would be within the limits specified for the major equipment and could be tolerated by airlocks and seals which isolate the rock caverns from the surrounding environment. In the event that more detailed analysis yields pressures and temperatures which are unacceptably high or that greater safety margins are required, it would be relatively simple and inexpensive to provide special extra excavation volumes for the sole purpose of pressure suppression. This method of accident mitigation (provision of special energy absorption excavations) has been proposed in the California Energy Commission Study (1978), and by the Swedish State Power Board (Oberth & Lindbo 1981).

The peak cavern pressures and temperatures for the worst case LOCA with failure of the steam dousing system are summarized below:

Case 1   (Containment volume confined to one reactor cavern)
          Peak Pressure ~ 240 kPa(a)
          Peak Temperature $\sim 105\,^{\circ}$C

Case 2   (Containment volume comprised of four reactor caverns)
          Peak Pressure ~ 140 kPa(a)
          Peak Temperature $\sim\ \ 65\,^{\circ}$C

These estimates are based on a rather simplified model which nevertheless has demonstrated agreement with more complex dynamic simulations to within about 20 kPa. Case 1 corresponds to the situation which arises during plant start-up when only one reactor unit is in operation and the other three units, in varying stages of construction or commissioning, are isolated from it. Case 2 is the normal situation.

With normal operation of the reactor cavern coolers, the post-LOCA pressures and temperatures would return to normal values within about one hour. With the assumption that the coolers fail to operate, the prediction of long-term cavern conditions becomes a complex situation wherein post-accident heat loads (decay heat, fuelling machine heat exchangers, operating units) are balanced against various condensation heat sinks and heat conduction into the walls of the underground cavern. In the absence of a rigorous analysis, however, it was assumed that the worst possible heat load on the rock cavern walls would be $100\,^{\circ}$C (approximate Case 1 peak temperature) for a period of 24 hours. These conditions were used earlier in the paper in assessing the thermo mechanical stability of the rock cavern roof and walls. Preliminary analysis indicates that a vertical slot cut in the roof of the cavern would reduce the high tangential thermoelastic compressive stress generated there and would thus ensure rock cavern integrity under loss-of-coolant conditions. Mechanical seals and isolation systems are also capable of easily surviving this type of temperature exposure.

The predicted rock cavern pressure of 240 kPa(a) for Case 1 is within the range of design pressures to which both nuclear and non-nuclear equipment can easily be built. Moreover, the airlocks and seals which isolate the rock cavern containment from the adjoining tunnels, shafts and the surrounding environment, can easily be designed to withstand pressures well in excess of 240 kPa(a).

Radionuclide Migration in Geologic Media

Under the assumption that any groundwater present would flow towards the rock cavern opening (under hydrostatic pressure), the only mechanism by which the radionuclides could move away from the reactor cavern would be molecular diffusion. A preliminary one-dimensional diffusion analysis assuming a diffusion coefficient of 10^{-5} cm^2/sec, no radioactive decay, and constant concentration or flux at the rock cavern face, was undertaken. Under even these conservative assumptions, the result showed that the radionuclides would only penetrate to a distance of several meters from the rock face over prolonged periods of time (up to 100 years). The actual depth of penetration will probably be substantially smaller that this when the geochemical retardation effects such as adsorption, ion exchange, and precipitation are taken into account. This conclusion thus essentially removes the requirement of placing a steel liner in the cavern to prevent the escape of radionuclides following a hypothetical accident.

Thus it appears that the likelihood of radionuclides ever reaching the biosphere by either fluid flow or diffusion through the groundwater system from an underground nuclear power station following a hypothetical accident is quite small. Factors such as converging groundwater flow, slow diffusion rates and geochemical retardation would all act together to preclude any significant movement of radionuclides.

6. Summary of main design features

The main features of the proposed conceptual design of an underground CANDU power plant constructed in deep granite-based rock caverns are summarized below:

(a) Rock formations exist in Southern Ontario which are capable of hosting essentially unsupported rock caverns of a span required by an 850 MWe CANDU reactor unit. Based on the data provided by a test borehole program, these Precambrian hard rock formations appear very competent, tight and well-sealed. Analysis and testing indicate that these rocks are capable of sustaining the mechanical and thermal stresses imposed by large underground openings and by hypothetical high energy releases into the reactor caverns. The rock also appears capable of providing a tight and massive barrier to effectively contain the most severe postulated reactor accident (a major pipe failure in the primary reactor cooling system) and isolate radionuclides from the biosphere above.

(b) Preliminary numerical analysis suggests that by constructing reactor caverns at a sufficiently large depth (say 300–400 m below surface), a very substantial portion of the seismic wave reflection and superposition effect could be avoided. This could result in a reduction in the design basis seismic ground motion. Attenuation factors in the range of 1.5–2.0 have been suggested for the peak acceleration covering most frequencies and wave velocities of interest. This result could have significant implications on the design of structures and equipment supports for nuclear power plants sited in regions of higher seismic activity.

(c) The provision of a suitable lining for all underground rock caverns and tunnels forming the containment volume represents an important cost factor because of the large areas involved. The use of a leak-tight steel liner would inhibit radionuclide escape, but the cost penalty would be significant. A much less costly shotcrete liner is proposed. This liner, augmented by rock bolts and wire mesh where necessary, would serve several purposes, but would rely on the containing quality of the surrounding rock mass to guarantee effective isolation of the reactor units. A suitable ventilation system, augmented by appropriate drainage and cavern isolation systems, would ensure that the heavy water systems do not become downgraded by light water ingress into the unlined caverns.

(d) Communication between the deep underground portion of the plant (reactors and auxiliaries) and the near-surface portions (turbine-generators, control room) presents a major technical challenge. The vertical shafts housing the various systems, hoists, and elevators must be maintained, serviced, and also must be capable of effective sealing in the event of an accident. The present reference scheme requires a total of fourteen shafts of roughly 450 m length containing both single and multiple systems with suitable isolating barriers and expansion loops where necessary. Personnel movement during periods of maintenance or during emergency plant evacuation (caused by fires or toxic gas releases) could be a major drawback of this deep underground concept.

(e) The environmental and safety benefits or drawbacks of the underground plant concept could not be precisely quantified at this stage of the conceptual design. Nevertheless, preliminary calculations based on several conservative assumptions have shown that the underground rock caverns provide sufficient volume to hold peak post-LOCA pressures and temperatures within acceptable limits (worst case: 140 kPa(a) and 105 °C). Geological data suggest that the integrity of the rock mass containment barrier would be capable of providing complete isolation of the reactor area and hence should satisfy licensing requirements.

7. Acknowledgements

The author wishes to acknowledge the contribution of his colleagues on the Underground Nuclear Power Plant Working Party at Ontario Hydro and particularly that of Dr. C.F. Lee who coordinated all of the geotechnical aspects of this design study.

8. References

Allensworth, J.A., Finger, J.T., Milloy, J.A., Murfin, W.B., Rodeman, R. & Vandevender, S.G. (1977): Underground Siting of Nuclear Power Plants: Potential Benefits and Penalties. − Sandia Laboratories Rep., SAND 76-0412, NUREG-0255.

Asmis, H.W. (1980): Dynamic Response of Underground Openings in Discontinuous Rock. − Ontario Hydro Rep., **80044**.

Benson, R.P., Conlon, R.J., Merritt, A.H., Joli-Coeur, P. & Deere, D.U. (1971): Rock Mechanics at Churchill Falls. − Proc. Symp. Underground Rock Chambers: 407−486; Phoenix, Arizona.

California Energy Commission (1978): Underground Siting of Nuclear Power Reactors: An Option for California. − Report, NAO-ZOA:01.

Cording, E.J., Hendron Jr., A.J. & Deere, D.U. (1971): Rock Engineering for Underground Caverns. − Proc. Symp. Underground Rock Chambers: 567−600; Phoenix, Arizona.

Dowding, C.H. & Rozen, A. (1978): Damage to rock tunnels from earthquake shaking. − ASCE J. Geotech. Eng. Div., **104**: 229−247.

Glass, C.E. (1973): Seismic Considerations in Siting Large Underground Openings in rock. — Ph. D. Thesis, University of California; Berkeley.

Haimson, B.C. & Lee, C.F. (1980): In-situ Stress and Rock Thermal Properties in Underground Nuclear Plant Design. — Proc. Rockstore '80'.

Hamel, L. & Nixon, D. (1978): Excavation of World's Largest Underground Power-house. — ASCE J. Construction Div., **104**: 333—351.

Oberth, R.C. et. al. (1979): Underground CANDU Power Station — Conceptual Design and Evaluation. — Ontario Hydro Rep., **79374**.

— (1981): The Canadian Study of Underground Nuclear Power Plants. — Symp. Underground Siting of Nuclear Power Plants, Hannover, West Germany, March 16—20, 1981.

Oberth, R.C. & Lindbo, T. (1981): Underground Nuclear Power Plants — State of the Art. — Unterground Space, **5**, 6.

Yamahara, H., Hisatomi, Y. & Morie, T. (1977): A Study on the Earthquake Safety of Rock Caverns. — Proc. Rockstore '77', **2**: 377—382.

Grubenbauweise unter einem Plateaurand mit gemischtem Zugang

von

Paul Wolfgang Obenauer

Mit 7 Abbildungen im Text

Kurzfassung

Es wird ein Konzept für unterirdische Kernkraftwerke im Fels vorgestellt, bei dem die unterirdischen Anlagen im wesentlichen über dem Niveau des benachbarten Vorfluters liegen. Große unterirdische Gebäude, wie das Reaktorgebäude, werden in tiefen Baugruben errichtet, kleinere werden bergmännisch aufgefahren. Maschinenhaus, Kühltürme und andere Gebäude ohne radioaktives Inventar liegen auf dem Plateau. Die betrieblichen Anforderungen, insbesondere an die Zugänglichkeit, können in angemessenem Umfang erfüllt werden. Das hohe Potential des umgebenden Felses und der Überschüttung wird genutzt zum Schutz gegen äußere Einwirkungen sowie zur Druckaufnahme und zur Speicherung der Nachwärme, um die Abgabe der Störfallatmosphäre bei hypothetischen Unfällen zu verzögern. Durch die Verschiedenartigkeit und den gestaffelten Einsatz der Gegenmaßnahmen ist eine der Art des Unfalles angepaßte Reaktion möglich.

Abstract

A conceptual design for underground nuclear power plants in rock is presented, the underground buildings of which are principally located above the level of the nearby receiving streams. The large underground buildings such as the reactor buildung are constructed in deep open pits, smaller ones are approached by means of mined tunnels. The power house, the cooling towers and other buildings without radio-active materials are situated on the plateau. Operational requirements, particularly as regards accessibility, can be satisfactorily met. The high potential of the surrounding rock and of the backfill covering serves to protect against external forces as well as to absorb pressure and to store residual decay heat in order to delay the release of the contaminated atmosphere in the event of severe hypothetical internal accidents. The variety of counter-measures and their different levels of application make possible a reaction appropriate to the nature of the accident.

1. Einleitung und allgemeine Voraussetzungen

Das Konzept eines Kernkraftwerkes in tiefen Baugruben im Fels nahe dem Rand eines Plateaus mit Lockergesteinsüberschüttung und mit Zugängen von oben sowie horizontal vom Vorfluter (Abb. 1), kurz: Grubenbauweise unter einem Plateaurand, wird untersucht im Rahmen des Studienprojektes „Unterirdische Bauweise von Kernkraftwerken" des Bundesministers des Innern (BMI) der Bundesrepublik Deutschland.

Als Referenzkraftwerk dient das Kernkraftwerk Grafenrheinfeld mit einem 1300 MWe-Druckwasserreaktor der Kraftwerk Union AG. Der Gebäudeinhalt des Reaktor-

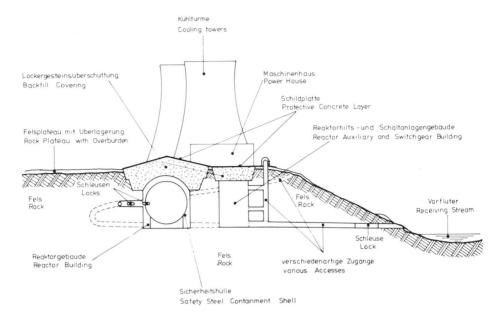

Abb. 1.   Grubenbauweise unter einem Plateaurand.

gebäudes sollte unverändert in einer Baugrube im Fels untergebracht werden. Dabei sollte das Schutzpotential des umgebenden Felses und der Überschüttung über dem Gebäude sowohl zum Schutz gegen äußere Einwirkungen genutzt werden als auch bei hypothetischen inneren Unfällen zur Druckaufnahme und Speicherung der Nachwärme dienen, um die Störfallatmosphäre so lange und so vollständig wie möglich einzuschließen.

2. Standortvoraussetzungen und spezielle Geländesituation

Die Plateaurandbauweise soll dort Standorte für die unterirdische Bauweise von Kernkraftwerken erschließen, wo neben einem geeigneten Vorfluter ebenes oder flach geneigtes Gelände mit maximal 15 m Lockergesteinsüberlagerung über Felsuntergrund anzutreffen ist. Das Baugelände sollte etwa 50—110 m über dem Vorfluter liegen; es kann zum Teil durch das anfallende Ausbruchmaterial modelliert, zum Teil durch ein breiteres Vorland ersetzt werden. Die Anforderungen an die Eigenschaften des Gebirges sind weniger streng als bei einer Bauweise mit großen Felskavernen. Durch geeignete Drainagemaßnahmen im Bereich der Untertageanlage ist die Absenkung des Bergwassers bei dieser Bauweise in weiten Grenzen steuerbar.

Dem im folgenden vorgestellten Anlagenkonzept liegt ein wirkliches Gelände an einem Fluß zugrunde. Das obere Baugelände ist sowohl zum Fluß hin als auch flußaufwärts mit etwa 6 % geneigt; es liegt 40 bis 80 m über dem Fluß. Das Vorland ist sehr schmal. Es liegen für diesen Standort weder geologische noch geotechnische Untersuchungen vor. Für die Ausarbeitung wurden folgende Werte zum Gebirgsaufbau (siehe auch Abb. 4) vorgegeben:

- 3 m Lockergestein,
- Sandstein mit starker horizontaler Schichtung und deutlicher Klüftung, in den oberen 20 m teilweise Schieferton.

Die geschätzte geotechnische Bewertung für den Standort liegt überwiegend im Rahmen des in der Bundesrepublik Deutschland in der Regel Erreichbaren. Der Bergwasserzufluß wurde als unterdurchschnittlich eingeschätzt.

3. Beschreibung des Anordnungskonzeptes

Die Bauten werden teils oberirdisch auf verschiedenen Gründungsebenen errichtet, teils (Abb. 2) in tiefen Baugruben im Fels erstellt und nachträglich überschüttet und teils bergmännisch aufgefahren. Unterirdisch sind jene Bauten angeordnet, die radio-

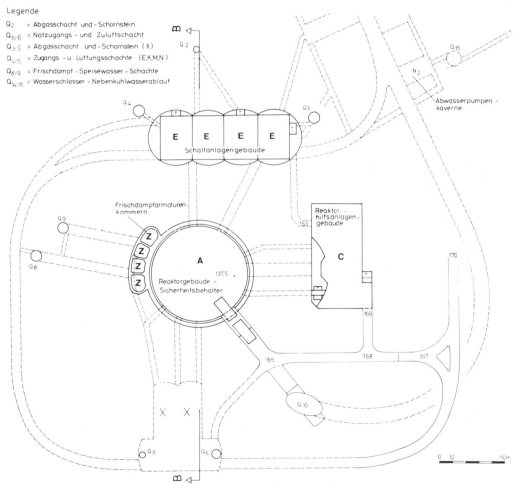

Abb. 2. Grundriß unterirdische Anlagen bei 170 m ü. NN.

aktives Inventar oder Anlagen zum sicheren Abfahren des Reaktors sowie zum Beherrschen von Störfällen enthalten.

Die großen unterirdischen Bauten (Reaktorgebäude, Reaktorhilfsanlagengebäude
und Schaltanlagengebäude) sind in je einer Baugrube im Dreieck angeordnet und liegen
– bauweisenspezifisch – alle mit ihrer oberen Begrenzung etwa 10 bis 15 m unter dem
oberen Baugelände. Sie sind nachträglich mit Lockergestein überschüttet und durch
eine Schildplatte gegen äußere Einwirkungen geschützt.

Von den kleineren unterirdischen Bauten waren die Nebenkühlwasserpumpenkaver-
nen und die zugehörigen Wasserschlösser an dem Wasserspiegel des Vorfluters zu
orientieren, d. h. ihre Höhenlage relativ zum Reaktorgebäude ist standortabhängig. Das
Notstromdieselgebäude (unter E) und die Notspeisekaverne sowie die unterirdischen
Verkehrswege orientieren sich primär an den großen unterirdischen Gebäuden,
passen sich aber bei der Verbindung mit den Pumpenkavernen und dem Vorland der
Örtlichkeit an.

3.1. Anordnung des Reaktorgebäudes und seiner Verbindungen nach außen sowie der Kondensationsräume

Das Reaktorgebäude (Abb. 3) wird in einer etwa 70 m tiefen Baugrube errichtet,
deren unterer Teil kreiszylindrisch ist. Das Reaktorgebäude soll innen bis in etwa
40 m Höhe zylindrisch ausgebildet und oben korbbogenartig abgeschlossen werden.
Lichte Weite und lichte Höhe sowie die gesamten Anlagen im Gebäude und die Lage
aller Durchdringungen nach außen entsprechen denen des oberirdischen Referenzkraftwerkes. Abweichend sind jedoch aufgrund anderer Belastungen die Dicke der Sohle
und der Schale und die Ausbildung der Schale rund um die diversen Durchdringungen.

Von einem Arbeitsraum zwischen Gebäude und Fels aus kann das Gebäude abgedichtet und gegebenenfalls vorgespannt werden. Der Arbeitsraum wird wieder verfüllt,
so daß sich das Gebäude bei Innendruck gegen den Fels abstützen kann. Auch die etwa
25 m dicke Überschüttung über dem Reaktorgebäude widersteht mit ihrem Gewicht
dem Innendruck.

Die vom Reaktorgebäude ausgehenden Leitungen und Wege können in diesem
Arbeitsraum zu Gruppen mit gleichem Ziel gebündelt werden. In den Stollen werden
die einzelnen Leitungen und Wege erforderlichenfalls durch Betonwände und Decken
voneinander getrennt und somit insbesondere redundante Leitungen vor Common-
Mode-Ausfällen geschützt. Nahe der Baugrube ist in jedem Stollen eine Betonplombe
mit Schleusen und/oder mit doppelten Druckabschlußwänden und entsprechenden
Absperrorganen angebracht und in die am Fels anliegende Dichtung integriert.

Etwa 10 m unter der Oberfläche der Überschüttung wird eine Dichtung ausgebildet,
die in der Überschüttung schwimmt; seitlich ist sie mit der Dichtung am Fels verbunden; Überschüttung und Schildplatte schützen sie gegen äußere Einwirkungen und
gegen Abheben unter Innendruck. Soweit die Dichtung in der Überschüttung liegt,
wird sie nicht von anderen Bauteilen durchdrungen. Dies wird als wesentliche Voraussetzung dafür angesehen, daß die Dichtung unter den verschiedensten Umständen
dicht bleiben kann.

Der mit Lockergestein gefüllte Raum innerhalb dieser Dichtung kann bei Störfällen
zur Speicherung großer Wärmemengen dienen und dabei große Mengen Dampf kondensieren.

Neben diesem oberen Kondensationsraum können bei dieser Bauweise evtl. zusätzliche Kondensationsräume tiefer im Fels geschaffen werden oder dort vorhandene

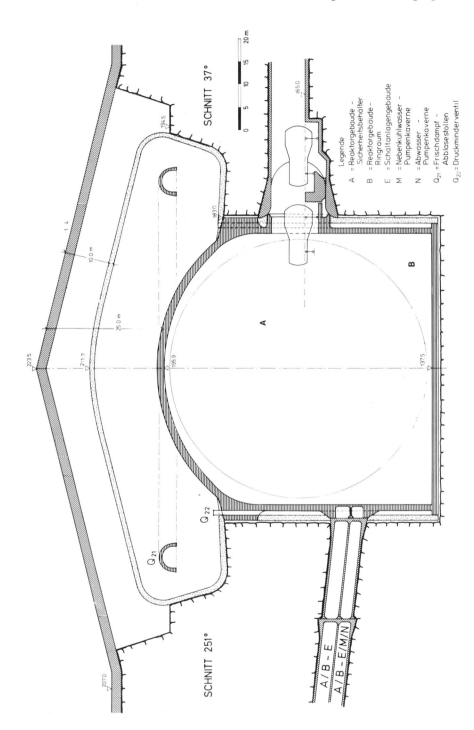

Abb. 3.   Schnitt Reaktorgebäude mit Materialschleusen.

Räume genutzt werden; es ergeben sich an den zusätzlichen Oberflächen zusätzliche Wärmekapazitäten im umgebenden Fels, ebenso jedoch zusätzliche Möglichkeiten zur Leckage. Durch Füllung dieser Räume mit Ausbruchmaterial kann Wärmekapazität bereitgestellt werden, die im Gegensatz zu derjenigen im umgebenden Fels ohne wesentliche Verzögerung nutzbar ist. Auch die Speicherkapazität für nicht kondensierbare Gase ist vergleichsweise hoch, da ein mindestens ebenso hoher Druck wie im Reaktorgebäude ertragen werden kann.

Als Beispiel eines solchen Raumes wird ein großer Stollen vorgeschlagen, der nur bei der Montage benötigt wird und dann mit Ausbruchmaterial gefüllt werden kann. Beide Enden des Stollens sind bis zu einem Störfall durch Berstscheiben vom Reaktorgebäude abgetrennt. Zur Vermeidung des Überdruckversagens des Sicherheitsbehälters wird vorgeschlagen, bei etwa 7 bar Differenzdruck Störfallatmosphäre aus dem Sicherheitsbehälter direkt in diesen Stollen zu leiten und erst nach Druckaufbau in demselben vom anderen Ende des Stollens in den Ringraum des Reaktorgebäudes abzulassen. Wenn durch frühzeitiges Versagen des Sicherheitsbehälters oder große Lecks der Druckausgleich zwischen Sicherheitsbehälter und Ringraum direkt erfolgt, kann der Stollen zugeschaltet werden, ehe das Reaktorgebäude überbeansprucht und damit extrem undicht wird. Soll Störfallatmosphäre aus dem Reaktorgebäude über Störfallfilter abgelassen werden, so kann der Stollen zwischengeschaltet werden.

3.2. Anordnung der anderen unterirdischen Bauten

Die anderen großen unterirdischen Bauten (Abb. 4) haben bei dem gewählten Konzept etwa 40 m Abstand vom Reaktorgebäude. Der wegen der erwähnten Orientierung am oberen Baugelände auftretende Höhenunterschied zwischen Reaktorgebäude und Reaktorhilfsanlagengebäude wird im wesentlichen im Reaktorhilfsanlagengebäude und in einem Schacht unter dem Reaktorhilfsanlagengebäude durch zusätzliche oder verlängerte Treppen, Aufzüge und Montageöffnungen überwunden. Der Zugang von außen zum Reaktorhilfsanlagengebäude erfolgt auf den gleichen Gebäudeebenen und an den gleichen Stellen im Grundriß wie oberirdisch.

Der Zugang zum Schaltanlagengebäude erfolgt vorwiegend auf der Ebene der Warte. Auch der Übergang von dort zum Reaktorhilfsanlagengebäude erfolgt in dieser Ebene. Zwei seitlich des Schaltanlagengebäudes gelegene Schächte ($Q_{4/5}$) mit Treppen und Aufzügen ermöglichen nach oben eine schnelle Verbindung mit den oberirdischen Anlagen, insbesondere mit Sozial-, Verwaltungs-, Werkstatt- und Lagergebäuden sowie den Übergang zum Maschinenhaus und nach unten den Zugang zu weiteren unterirdischen Anlagen.

Die Niederspannungstransformatoren (H_3) sind wegen Gefahr von Explosion oder Brand und zur Verbesserung der Zugänglichkeit nicht an der Front des Schaltanlagengebäudes untergebracht, sondern unter dem Schaltanlagengebäude in einem getrennt zu belüftenden Kanal mit Fahrstraße. Dort liegen auch in zwei Zweiergruppen die Notstromdieselanlagen, die lüftungstechnisch ebenfalls getrennt sind, direkt unter den entsprechenden Redundanzen des Schaltanlagengebäudes. Der Zugang zu den Notstromdieselanlagen, wie auch zu den in Kavernen untergebrachten Notspeiseanlagen, erfolgt auf den gleichen Gebäudeebenen wie oberirdisch.

Die Anordnung der Anlagen in all diesen Gebäuden ist nur minimal unterschieden von denen beim Referenzkraftwerk, z. B. durch größere Wanddicken. Änderungen der nach außen führenden Leitungen, soweit erforderlich, können überwiegend in zusätzlichen Räumen außerhalb der zu übernehmenden Anlagen erfolgen.

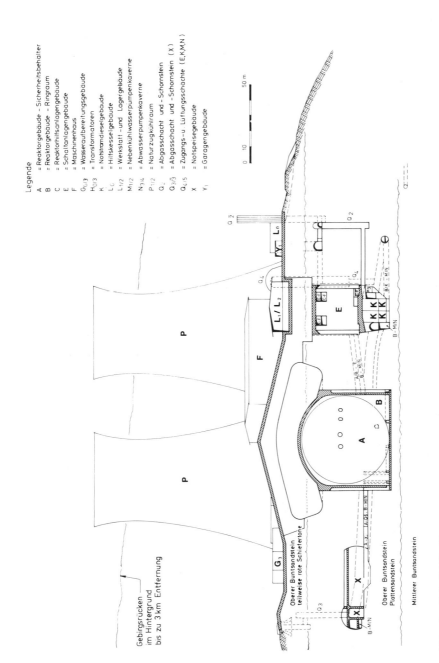

Legende

A = Reaktorgebäude - Sicherheitsbehälter
B = Reaktorgebäude - Ringraum
C = Reaktorhilfsanlagengebäude
E = Schaltanlagengebäude
F = Maschinenhaus
$G_{0/3}$ = Wasseraufbereitungsgebäude
$H_{0/3}$ = Transformatoren
K = Notstromdieselgebäude
L_0 = Hilfskesselgebäude
$L_{1/2}$ = Werkstatt - und Lagergebäude
$M_{1/2}$ = Nebenkühlwasserpumpenkaverne
$N_{3/4}$ = Abwasserpumpenkaverne
$P_{1/2}$ = Naturzugkühlraum
Q_2 = Abgasschacht und - Schornstein
$Q_{3/3}$ = Abgasschacht und - Schornstein (X)
$Q_{4/5}$ = Zugangs - u. Lüftungsschächte (E,K,M,N)
X = Notspeisegebäude
Y_1 = Garagengebäude

Abb. 4. Schnitt B–B.

3.3. Anordnung der unterirdischen Verkehrswege und der Lüftung

Ein Fahrstollen mit zwei Fahrspuren geht vom unteren Vorland und der dortigen Anbindung an das öffentliche Verkehrsnetz aus, passiert eine Schleuse, die gegen Einwirkungen von außen schützt, umrundet mit etwa 5 % Steigung die ganze unterirdische Anlage (Abb. 2), wobei direkt oder mit kurzen Stichstollen alle unterirdischen Bauten bedient werden können, passiert wiederum eine Schleuse, die gegen äußere Einwirkungen schützt, und erreicht dann das obere Gelände mit den oberirdischen Anlagen.

Der untere Stollenteil mit einem Abzweig bis in die Nähe des Reaktorgebäudes ist auf Schwertransporte ausgelegt. Vom Ende dieses Abzweiges können Schwerlasten von einem Kran im Schacht Q_{10} (Abb. 2) auf das Niveau der beiden Materialschleusen zum Sicherheitsbehälter angehoben werden, die hintereinander in äußere Dichtung (Plombe) und Sicherheitsbehälter integriert sind (Abb. 3). Die Zufahrt für leichteren Verkehr erfolgt direkt auf der Höhe dieser Materialschleusen. Die Stichstollen (Abb. 2) zu den Materialschleusen von Sicherheitsbehälter und Reaktorhilfsanlagengebäude, also zum nuklearen Kontrollbereich, gehen nicht direkt vom Hauptfahrstollen aus, sondern von einem Stollen, der beidseitig an jenen angeschlossen ist, aber lüftungstechnisch abgetrennt werden kann. Der Personenverkehr wird weitgehend vom Fahrzeugverkehr getrennt abgewickelt, wobei Wege in und neben den unterirdischen Gebäuden oder in kleineren Stollen oder in Schächten genützt werden. Durch den direkten Zugang von den beiden erwähnten Schächten zur gewünschten Ebene im Schaltanlagengebäude und durch die relativ kurzen horizontalen Wege zu Notstromdieseln und Pumpenkavernen wird der Zugang zu den meisten unterirdischen Anlagen so gut wie oberirdisch gewährleistet. Eine Ausnahme bleibt der Personenzugang zum Reaktorgebäude. Verzögernd wirkt vor allem der Schleusvorgang, der jedoch zugleich der Eingangskontrolle für die Gebäude dient. Schacht Q_6 verbindet das Notspeisegebäude, zugleich auch die Notwarte und die Notschleuse des Sicherheitsbehälters, mit einem entfernteren Teil des oberen Geländes.

Diese drei und Q_7 als vierter Schacht (Abb. 5) dienen zugleich als Zuluftschächte. Drei andere Schächte nehmen die Abluft der nuklearen Lüftungsanlagen und die Abgase der Dieselanlagen auf. Die Fortluft der übrigen Gebäude wird regulär über die beiden Enden des Hauptverkehrsstollens abgegeben.

3.4. Anordnung der wichtigsten oberirdischen Bauten

Auf dem oberen Baugelände (Abb. 5) müssen drei Terrassen angelegt werden. Auf der unteren stehen die beiden Kühltürme, diesen benachbart auf der nächst höheren das Maschinenhaus. Daran schließt die obere Terrasse mit aufliegender Schildplatte an, unter der sich die meisten unterirdischen Anlagen befinden und auf der die kleineren oberirdischen Gebäude vorwiegend nach betrieblichen Gesichtspunkten untergebracht werden können. Anlagentechnisch wichtig ist insbesondere die enge Anbindung des oberirdischen Maschinenhauses an das unterirdische Reaktorgebäude. Der Höhenunterschied beträgt ebenso wie der horizontale Abstand 55 m.

4. Anmerkungen zu Betrieb und Sicherheit

Da eine detaillierte Ausarbeitung und eine Beurteilung des Konzeptes unter verschiedenen Aspekten noch nicht vorliegt, sollen hier anstelle einer Beurteilung nur

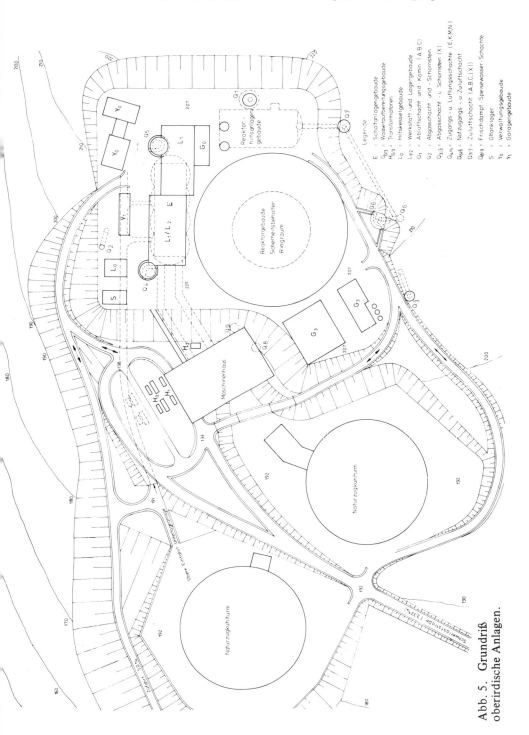

Legende

E = Schaltanlagengebäude
G_{03} = Wasseraufbereitungsgebäude
H_{03} = Transformatoren
L_0 = Hilfskesselgebäude
$L_{1/2}$ = Werkstatt- und Lagergebäude
G_1 = Abluftschacht und Kamin (A B C)
G_2 = Abgasschacht und - Schornsten
$G_{3/3}$ = Abgasschacht -u Schornsten (X)
$G_{4/5}$ = Zugangs-u Lüftungsschächte (E,K,M,N)
$G_{6/8}$ = Notzugangs - u Zuluftschacht
$G_{7/7}$ = Zuluftschacht (A.B.C.(X))
S = Frischdampf Speisewasser-Schächte
S = Öltanklager
Y_0 = Verwaltungsgebäude
Y_1 = Garagengebäude

Abb. 5. Grundriß oberirdische Anlagen.

einige Anmerkungen gemacht werden, die nach den gegenwärtigen Erkenntnissen, nach den Grundsätzen bei der Erarbeitung des Konzeptes und nach den Erfahrungen bei anderen Konzepten gerechtfertigt erscheinen.

4.1. Betrieb, Zugänglichkeit und Brandschutz

Der Betrieb eines unterirdischen Kernkraftwerkes gemäß vorliegendem Konzept dürfte aufgrund der hohen Schutzanforderungen geringfügig erschwert sein, insbesondere durch längere Wege und längere Rohrleitungen sowie durch zusätzliche Schleuszeiten. Die Schleusen sind unmittelbar durch den geforderten Schutz gegen äußere Einwirkungen oder gegen innere Störfälle bedingt.

Das unterirdische Verkehrsnetz ist so aufgebaut, daß jeder Punkt der Anlage von mindestens zwei Seiten zu erreichen ist, was sowohl den betrieblichen Belangen bei Montage und Wartung als auch den Erfordernissen beim Brand- und Unfallschutz und der Bereitstellung von Fluchtwegen für den Notfall dient.

Durch die Verschiedenartigkeit der Zugänge können geringe Verkehrsbedürfnisse meist sehr schnell und direkt befriedigt werden, bei großem Verkehrsanfall, z.B. während Montage und Wartung, ist aber eine besonders gute Vorausplanung erforderlich.

Durch die Einrichtung von Brandschutzabschnitten und durch Entrauchungsmaßnahmen sowie insbesondere durch die Abschottung verschiedener Bereiche mit gefährlichem Inhalt wird der Ausbreitung der Folgen nichtnuklearer Unfälle vorgebeugt.

4.2. Schutz gegen äußere Einwirkungen und bauweisenspezifische Störfälle

Schutz gegen äußere Einwirkungen, die punktförmig an der Erdoberfläche angreifen, bis hin zu größten serienmäßigen konventionellen Waffen, ist durch Schildplatte und Überschüttung sowie durch eine Verbunkerung aller Eingangsbereiche zu erreichen. Bei den großflächig oder großräumig angreifenden äußeren Einwirkungen ist generell eine Milderung der Wirkungen abzusehen. Dies entbindet nicht von einer Neubemessung, z.B. der Leitungsaufhängungen, für das veränderte Frequenzspektrum.

Das Einlaufen von Druckwellen in Wasser durch die Nebenkühlwasserstollen vom Fluß her wird durch Wasserschlösser (Abb. 6) unterbunden. Das Einlaufen von Druckwellen durch die Lüftungskanäle wird durch Druckstoßventile beherrscht. Bei dem Ansaugen gefährlicher Gasgemische durch die Lüftung sind die längeren Wege zu möglicherweise gefährdeten Bereichen positiv zu bewerten.

Eine Überschwemmung der Untertageanlage durch das Wasser des Vorfluters ist ausgeschlossen, weil die Gebäude über dem Wasserspiegel und hinter hohen Schwellen (Abb. 6) liegen. Eine Überflutung der Gebäude infolge Bergwasser ist durch ein Schließen von Wasserwegen im Fels in Gebäudenähe mittels Injektionen, durch dichte Gebäudewände und durch ausreichende Kapazität der Sumpfpumpen zu verhindern. Unzulässig hoher Wasserdruck auf die Wände kann durch Drainage vermieden werden.

Die Gefahr einer Überflutung durch anlageninternes Wasser infolge größeren Wasserinventars in den längeren Leitungen und infolge höherer Drücke in einigen dieser Leitungen erscheint bei entsprechender Dimensionierung der Leitungen und geeignet angeordneten Absperrorganen minimal; gegebenenfalls ist die Kapazität der Sumpfpumpen zu erhöhen.

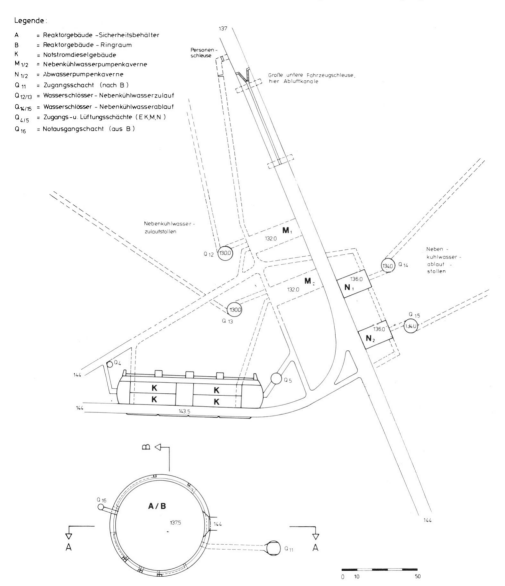

Legende:

A   = Reaktorgebäude -Sicherheitsbehälter
B   = Reaktorgebäude - Ringraum
K   = Notstromdieselgebäude
M 1/2 = Nebenkühlwasserpumpenkaverne
N 1/2 = Abwasserpumpenkaverne
Q 11   = Zugangsschacht (nach B)
Q 12/13 = Wasserschlösser - Nebenkühlwasserzulauf
Q 14/15 = Wasserschlösser - Nebenkühlwasserablauf
Q 4/5 = Zugangs-u. Lüftungsschächte (E K,M,N)
Q 16   = Notausgangschacht (aus B)

Abb. 6. Grundriß bei 144 m ü. NN.

4.3. Wirkungsweise bei inneren Störfällen

Bei den beherrschten Kühlmittelverlust-Störfällen (Freisetzungskategorie 8) wird kein wesentlicher Unterschied zum oberirdischen Referenzkraftwerk erwartet.

Leckt bei schweren Unfällen der Sicherheitsbehälter (Freisetzungskategorien 2, 3, 4 und 7) erheblich, so kann sich im Reaktorgebäude außerhalb des Sicherheitsbehälters ein wesentlich höherer Druck aufbauen, als dies in den gleichen Räumen beim

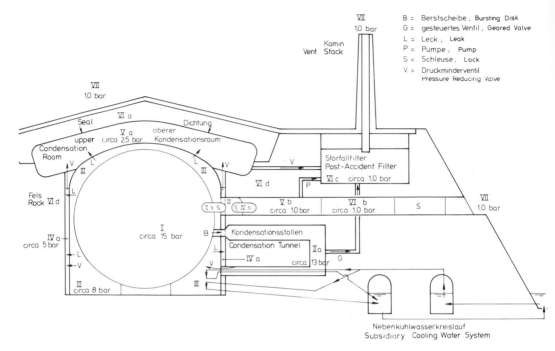

Abb. 7. Schematische Darstellung des Weges der Störfallatmosphäre (I bis VII) im Falle schwerer innerer Unfälle mit (vorläufigen) zulässigen Drücken.

Referenzkraftwerk möglich wäre, da das Reaktorgebäude und die zusätzlichen Abschlüsse auf Druck (Abb. 7) ausgelegt werden. Der absolute Innendruck im Sicherheitsbehälter kann so um den zu einem Überdruckversagen führenden Differenzdruck höher ansteigen als der jeweilige Druck im Ringraum. Aus dem Sicherheitsbehälter wird bei gleichem Innendruck und gleichem Leck infolge des Druckaufbaues im Ringraum weniger Störfallatmosphäre entweichen können, weil die Leckage vom Differenzdruck abhängig ist.

Ein Teil dieser Leckage aus dem Sicherheitsbehälter wird zum Druckaufbau im Ringraum benötigt, ein anderer Teil nach dem Druckaufbau als Leckage aus dem Reaktorgebäude verzögert weiter nach außen abgegeben. Wegen Verdünnung mit Luft sowie wegen Zerfalls und Sedimentation von Nukliden während des Aufenthaltes im Ringraum wird diese Leckage weniger gefährlich sein.

Ein Teil dieser Leckage kann in den Stollen wieder eingefangen und über Störfallfilter abgegeben werden. Der größte Teil dieser Leckage wird sich jedoch im abgedichteten Kondensationsraum über dem Reaktorgebäude ansammeln und — soweit kondensierbar — kondensieren. Da auch die Dichtung in der Überschüttung, an der diese abgeschwächte Störfallatmosphäre ansteht, nicht perfekt sein kann, wird wiederum ein Teil verdünnt und verzögert und abgeschwächt in den äußeren Teil der Überschüttung und schließlich in die freie Atmosphäre gelangen. Um die Leckage durch die Dichtung gering zu halten, und vor allem, um den Druck im Kondensationsraum nicht unzulässig (maximal auf 3 bar absolut) ansteigen zu lassen, kann weitgehend aus nichtkondensierbaren Gasen bestehende Atmosphäre aus dem Kondensationsraum über Störfallfilter abgegeben werden.

Um die Drücke gering zu halten, können bei dieser Bauweise evtl. weitere Kondensationsräume vorgehalten werden; ob solche Räume notwendig werden, wird erst eine genauere quantitative Untersuchung der Wirksamkeit des oberen Kondensationsraumes zeigen können.

Tritt Überdruckversagen an einer Einschlußfläche auf (Freisetzungskategorie 5 und 6) oder wird bei einer Dampfexplosion zusätzlich das Reaktorgebäude undicht, so verringert sich zwar die Zahl der wirksamen Einschlußflächen entsprechend, doch bleiben in jedem Falle mehr Einschlußflächen, d. h. bessere Bedingungen, als bei einem gleichartigen Unfall beim Referenzkraftwerk erhalten.

4.4. Bauzeiten und -kosten

Höhere Baukosten und Verlängerung der Bauzeit sind auch bei dieser Variante der unterirdischen Bauweise zu erwarten. Es wurde jedoch darauf geachtet, daß die Erschwernisse beim Bau und bei der Montage möglichst gering bleiben. Mehrkosten aus den zusätzlichen Sicherheitseinrichtungen, z. B. Schleusen, ergeben sich entsprechend den jeweiligen Sicherheitsanforderungen.

Diskussion

Fragen von Herrn v. Ehrenstein an Herrn Obenauer:

1. Welcher Felsdicke entspricht eine Überschüttung von 25 m Stärke unter zusätzlicher Berücksichtigung der Schildplatte in dem Überschüttungsmaterial? Läßt sich durch zusätzlichen Aufwand (vor allem durch stärkere Bewehrung) eine Äquivalenzdicke von ca. 40 bis 50 m Fels erreichen?

2. Würden Sie bei der räumlichen Anordnung der Kernkraftwerks-Komponenten eine Modifikation für besser halten, die die Konstruktion des Kernkraftwerks an die unterirdische Bauweise anpaßt, anstatt die heute existierenden Planungen für oberirdische Kernkraftwerke unverändert als Grundlage für ein unterirdisches Kernkraftwerk zu übernehmen?

Antworten an Herrn v. Ehrenstein:

1. Eine Umrechnung von Überschüttungsdicke in Felsdicke läßt sich nicht generell vornehmen, sondern gegebenenfalls hinsichtlich einzelner Eigenschaften oder Aspekte; solche Umrechnungen sind auch von uns nicht vorgenommen worden.

In der Annahme, daß Ihre Frage auf nicht serienmäßige konventionelle Waffen oder gar auf Kernwaffen abzielt, möchte ich vermuten, daß, wie dick auch immer eine Überschüttung und das darunterliegende Reaktorgebäude sein müßte, um Kernwaffen standzuhalten, sich keine technisch und wirtschaftlich vertretbare Lösung der Grubenbauweise mehr ergeben würde, daß sich vielmehr eine Bauweise in Felskavernen empfehlen würde, wie sie z. B. in der BMI-Studie SR 72 untersucht wurde.

2. Bei allen von uns bearbeiteten Studien war vorgegeben, die Anlagen eines Referenzkraftwerkes möglichst unverändert zu übernehmen, da wir als Ingenieurbüro aus dem Bauwesen von der Fachrichtung her und auch vom Umfang des Auftrages her nicht in der Lage gewesen wären, die Komponenten zu modifizieren. Es bestand

jedoch stets Einigkeit darüber und es ist auch in allen Studien betont worden, daß eine Optimierung im Sinne einer Anpassung von Komponenten und Bauweise für einen Prototyp wünschenswert wäre. Bei einer Optimierung könnte insbesondere genutzt werden, daß bei der Bauweise im Fels Wege und Leitungen, insbesondere auch solche, die gegen äußere Einwirkungen zu schützen sind, ohne Schwierigkeit in jeder beliebigen Höhe zu den Gebäuden geführt werden können. Vordringlich war es jedoch bisher, erste Aussagen über eine mögliche Bauweise zu erhalten, auch wenn diese noch nicht optimal sein konnten.

Fragen von Herrn Kapteinat (NIS-Frankfurt) an Herrn Obenauer:

1. Angesichts der großen Überschüttungshöhen (25 m) bei dem von Ihnen vorgestellten Konzept der Grubenbauweise stellt sich die Frage nach den Nachweismöglichkeiten zur Beherrschung der Dachlast (statisch und dynamisch). Welche Untersuchungen haben Sie bisher in dieser Richtung angestellt und welches sind die wesentlichen Ergebnisse? Welche Konsequenzen ergeben sich für das unterirdische Reaktorgebäude (wesentliche bautechnische Unterschiede im Vergleich zum oberirdischen Referenzkraftwerk)?

2. Erläutern Sie bitte, wie Sie die im genehmigungstechnischen Sinn einwandfreie Funktion der Kondensationskammer mit Isolierung nachweisen wollen (Wiederholungsprüfbarkeit?).

Antworten an Herrn Kapteinat:

1. Die Form des Reaktorgebäudes des oberirdischen Referenzwerkes ist gut geeignet zur Aufnahme von Außendruck, wobei allerdings die Standsicherheit nicht beeinträchtigende Zugspannungen auftreten, wenn der vertikale Druck gegenüber dem horizontalen stark überwiegt. Es wurde daher eine Korrektur an der Form des Reaktorgebäudes vorgenommen, die nur den Bereich der ehemaligen Halbkugelschale betrifft, und es wurde der Horizontalschub der Kugelkappe zur Einleitung in den Fels vorgesehen. Vorläufige statische Berechnungen zeigen gute Ergebnisse für den Gebrauchszustand und auch unter Innendruck. Dynamische Berechnungen wurden noch nicht vorgenommen, doch wurde bei der Konzipierung insbesondere darauf geachtet, am Übergang zwischen Fels und Überschüttung mögliche unterschiedliche Bewegungen aus Erdbeben von der Schale fernzuhalten. Gravierende Probleme werden nicht erwartet. Die weitere bautechnische Bearbeitung, einschließlich detaillierter Standsicherheitsberechnungen, steht noch aus.

2. Welche Anforderungen irgendwann einmal in einem Genehmigungsverfahren an eine solche Kondensationskammer gestellt werden könnten, die in Fällen nützlich sein soll, die derzeit nicht Gegenstand des Genehmigungsverfahrens sind, läßt sich aus der primär bautechnischen Sicht des Vortragenden kaum vorhersagen. Die weitere bautechnische Bearbeitung wird jedoch versuchen, Möglichkeiten zur Funktionsprüfung aufzuzeigen. Insbesondere ist daran gedacht, eine Funktionsprüfung durch die Einleitung von Frischdampf via Frischdampfarmaturenkammer vorzunehmen.

Question from F. Muzzi, CNEN-DISP, Rome-Italy, to Mr. Obenauer:

Could you relate the cut and cover conceptual design to the limitations arising from groundwater conditions during construction and lifetime of the plant?

Antwort an Mr. Muzzi:

Im Gegensatz zu anderen Grubenbauweisen liegen die Felsgruben dieser Bauweise nahe dem Rand eines Plateaus, wo das Grundwasser in der Regel bereits stärker abgesenkt ist. Im Zuge der Baumaßnahmen, die weit überwiegend über dem Niveau des Vorfluters stattfinden, wird das Bergwasser weiter abgesenkt werden, wobei erforderlichenfalls im Bereich des Fahrstollens ein Dichtungsschleier in das Gebirge zu injizieren ist. Durch die ungewollte Drainage entlang der äußeren unterirdischen Bauten und gegebenenfalls zusätzlich durch künstliche Drainage in diesem Bereich soll auf Dauer eine erhebliche Absenkung aufrechterhalten werden, so daß die großen unterirdischen Bauten nicht sehr tief in das Bergwasser eintauchen und auch in deren Nähe keine erhebliche Wasserströmung auftreten wird. Ein detailliertes Konzept dieser Maßnahme kann nur standortabhängig nach entsprechenden hydrologischen Voruntersuchungen und Injektionsversuchen am Standort ausgearbeitet werden.

Question from G. Petrangeli, CNEN/DISP, Italy, to Mr. Obenauer:

Which are the reference design accident loads used for the development of the conceptual design?

Reference to:
— pressures,
— thermal loads (also localized),
— missiles,
— presence of aggressive agents,
— external events.

Antwort an Mr. Petrangeli:

Über die inneren Beanspruchungen Druckverlauf (auf der inneren Oberfläche des Reaktorgebäudes und der weiter außen gelegenen Dichtfläche) und zugehöriger Temperaturverlauf (zeitlich und räumlich) liegen leider noch keine abgesicherten Erkenntnisse vor. Abschätzungen gehen von 8 bar (bis 10 bar) absolutem Maximaldruck am Gebäude und von 2,5 bar (bis 2,7 bar) absolutem Maximaldruck an der Dichtung aus (s. Abb. 7), wobei die Maxima nicht gleichzeitig auftreten dürften. Bei den zur Zeit laufenden Berechnungen sind verschiedene Kombinationen von Innendruck bis zu 9 bar absolut im Reaktorgebäude und bis zu 3 bar absolut in der Überschüttung sowie von Erwärmung bis auf etwa 115 °C (über Schalendicke gemittelt, aber für alle Punkte der Mittelfläche gleich) vorgesehen.

Bezüglich der äußeren Einwirkungen kann auf ein sehr ähnliches Konzept (BMI-Studie SR 136) zurückgegriffen werden, das bei 15 m Überschüttung über der Reaktorgebäudekuppel (gegenüber nunmehr 25 m) inclusive 2,5 m Schildplatte und bei ähnlichen Eingangsbauwerken Schutz gegen
— Flugzeugabsturz und
— Druckwelle
gemäß derzeitigen Auslegungsanforderungen und zusätzlich gegen serienmäßige konventionelle Waffen bis hin zur
— 5000 kg GP-Bombe und zur
— 1000 kg SAP-Bombe
bot; eine Neueinstufung ist bisher nicht erfolgt, da die höhere Überschüttung speziell zur Erhöhung der Vorspannung der Kuppel erfolgte.

A Civil Engineering Study on Underground Nuclear Power Plants

by

Shoichi Yamada, Kenji Nakao, Kiichi Murai and Katsumoto Ueda

With 4 figures in the text

Abstract

Presented herein is a brief description of the civil engineering study which is currently being done in Japan regarding an underground nuclear power plant. The technology of cavern construction is based on actual experiences obtained from a number of hydro power stations in Japan and it is foreseen that those techniques can be applied to underground nuclear power plants with little need of large modification.

Assumed conditions

Certain assumptions are established for developing a conceptual design; e.g. the site is assumed to be located at a steep coastal topography, and the facilities to be built underground will include all necessary major components for an 1,100 MWe BWR or PWR nuclear power plant.

For layout of the plant, cavern excavation technology must be considered, hence conditions assumed are as follows:

1. Width of individual cavern shall be approximately 30 meters.
2. Distance between caverns shall be approximately 60 meters.
3. Overburden above caverns shall be no less than 100 to 150 meters.
4. All caverns shall be layed out in the unified direction of their longitudinal axis.
5. All caverns shall be placed above sea level.

Afore-mentioned conditions are established based on results from theoretical and experimental researches of geomechanics from actual experiences obtained in a number of underground hydro power stations existing in Japan.

Summary description

In the study of underground nuclear power plants, the techniques for the measuring of the behaviors of the cavern and for the reinforcement are, in general, considered to be adequate, in view of existing methods which are being applied in large cavern constructions of hydro power stations.

The underground water could be a problem. But this can be resolved by means of existing and known techniques such as dewatering tunnels around the cavern and by consolidation cement grouting.

One of the very important items is the construction access tunnel. In the study herein, a network of the tunnel system was carefully planned in order to shorten the time periods of construction.

In Japan, the technology for constructing large underground caverns in bedrock has been developed through actual experiences of more than 20 underground hydro power stations. Most of the existing caverns are in shape of mushroom. Their dimensions are 20 to 27 meters wide, 38 to 55 meters high and 60 to 160 meters in length.

The geology of Japan belongs either to the Mesozoic, the Tertiary formations, or volcanic in nature. It is rather weathered and jointly structured with modulas of deformation of 5,000 to 30,000 Mega Pascal.

The construction of the cavern for a hydro power station, in general, starts with the excavation of the arch portion, by means of tunneling and widening. This is followed immediately with concrete placing for lining. The cavern body portion is excavated downwards by bench-cut method. At the same time the surrounding rock is stabilized by shot concrete, and with rock anchors. When the excavation of the cavern body is completed, the side walls are lined with concrete, from the bottom.

The rate of progress of excavation for the arch portion, in the case of hydro power stations, are about 0.3 to 0.5 meter per day, in the direction of the cavern axis. The rate of progress for the cavern body is about 0.15 to 0.2 meter per day in direction of height. A period of about 14 to 24 months are required for completion of all excavation.

In view of the afore-mentioned study, it is foreseen that for designing an underground nuclear power plant, the experiences obtained from construction of underground hydro power stations can be readily applied, with little need of large modification in the civil engineering scope.

Fig. 1 shows the overall arrangement which was developed for an 1,100 MWe, BWR nuclear power plant. The arrangement from the left is the Radwaste Treatment Cavern, Boiler Cavern, Reactor Cavern, Control & Diesel Generator Cavern, Turbine-Generator Cavern, Heater Cavern, Transformer Cavern, Reversing Valve Pit for Circulating Water System, and Administration Facilities Cavern.

In the Figure, two main access tunnels can be seen. They are 11 meters wide and 12 to 14 meters high respectively. One is to be used as the clean access and the other the dirty access when the plant is completed and put in operation. Also shown are construction work access tunnels which are 7 meters wide and 6.5 meters high. The circulating water system intake and discharge tunnels are located on the right side.

The total quantity of rock excavation is roughly 2 million cubic meters, 1 million cubic meters for the caverns and 1 million cubic meters for the tunnels. This is applicable for both PWR and BWR type plants.

Regarding time period of construction, the critical path is the Reactor Cavern. A period of about 2.5 years is required for completing the excavation.

Fig. 2 shows the cross section. The sea is on the right hand side. The maximum excavated width of the caverns for both the Reactor Cavern and the Turbine Generator Cavern is 33 meters. The tallest is the Reactor Cavern with a height of 82.5 meters.

The distances between caverns are mostly 60 meters, however, in case of the Reactor Cavern, 80 meters is required from the adjacent ones due to dewatering tunnels in between.

Fig. 3 shows the Rock Anchors and Rock Bolts planned for reinforcing the Reactor Cavern. This figure is for a BWR Reactor Cavern. These reinforcings adopted are based on experiences from hydro power stations, and from results of stability analysis made, tentatively, for this study.

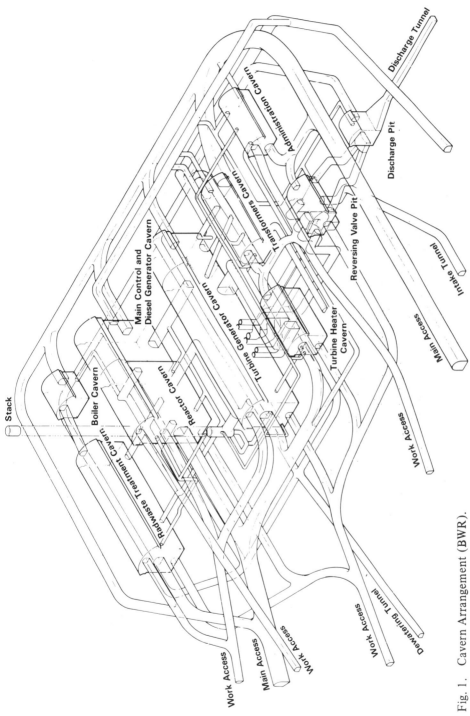

Fig. 1. Cavern Arrangement (BWR).

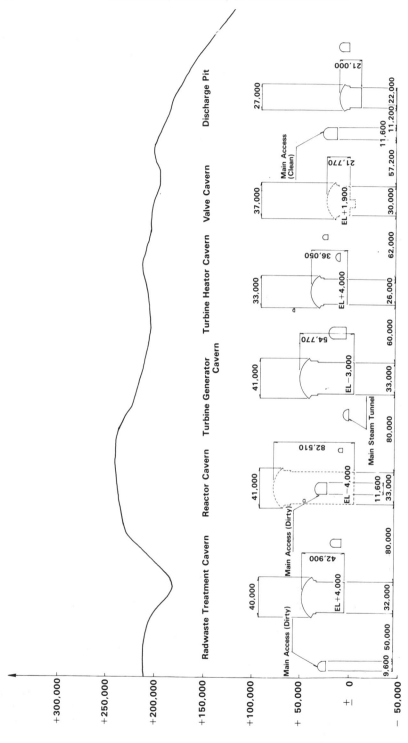

Fig. 2.   Cross Sections (BWR).

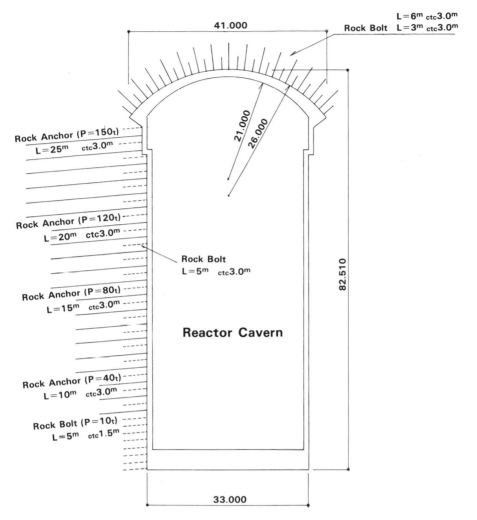

Fig. 3.   Rock Reinforcement (BWR).

Results of seismic analyses showed that the calculated relaxed zones surrounding the cavern is in well reinforcement in this plan. The pressure loads and thermal loads under accident conditions are not too significant as to affect the stability of the cavern.

For the portions above the arch, Rock Bolts in lengths of 6 meters and 3 meters are used. For side walls, Rock Bolts in length of 5 meters is considered. As to the side walls, Rock Anchors, 25 meters long of 150 ton capacity to 10 meters long of 40 ton capacity are used.

Rock around the principal caverns should be measured and monitored from the construction stage on throughout the plant life, and the instrumentation system for the caverns are of vital importance in operation and maintenance of the plant,

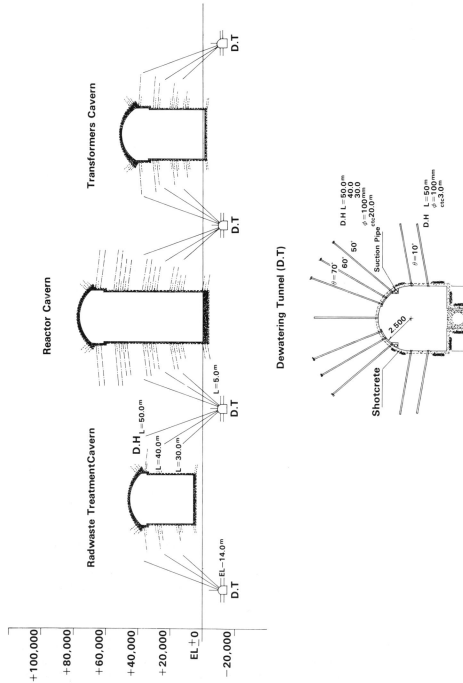

Fig. 4. Dewatering System (BWR).

especially for the in-service-inspection function. Hence, the development of a long-life instrumentation system and/or an exchangeable system is considered essential.

Fig. 4 shows the concept of dewatering tunnel around the main caverns. These tunnels are 5 meters wide which permit smooth operation of construction equipment. Drain holes extending from dewatering tunnels are 100 mm in diameter and up to 50 meters in length.

Discussions

Question from Mr. Kapteinat (NIS-Frankfurt) and Mr. Bachs to Mr. Yamada:

Looking at the Japanese design concepts of underground nuclear power plants in rock, we can state that they present a far reaching modification of known above-ground concepts. How did you judge the problems and risks regarding the successful performance of the licensing procedure?

Answer to Mr. Kapteinat and Mr. Bachs:

The conceptual design has been pursued for the purpose of developing technical standards to become basis for the licensing, minimizing the problems of differences between the aboveground plant and the underground. Therefore, the design philosophy and the plant systems for the underground are in principal quite the same as those for the aboveground although it shows somewhat modified configurations of the rooms to limit the required width of caverns.

Question from Mr. Bachs to Mr. Yamada:

Why do you design mushroom-shaped caverns?

Answer to Mr. Bachs:

Both the mushroom-shape and the egg-shape caverns have been subject of consideration, but resultantly the mushroom-shape was selected due to reasons as follows:
1. The egg-shape may have better merits from structural mechanics view point, but has more dead space at the side wall than the mushroom, hence is a less economical design.
2. To expedite the construction time schedule of the underground nuclear power plant, the installing and use of the overhead travelling cranes from the earlier stage of construction is essential. For this purpose, the mushroom-shape is more advantageous than the other.
3. The mushroom-shape is more adjustable to a limited range of free volume in LOCA analysis and also the installation of reactor cavern lining can be done more efficiently for PWR plants.
4. In Japan, more experience and knowledge regarding the mushroom-shape than the egg-shape cavern is presently available through the execution of existing underground hydrpower stations.

Question from Mr. Arnold, RBW, to Mr. Yamada:

How many m³/man-day excavation did you assume? If you need 1000 mining workers, can they be mobilized for the site? Or do you have a special training program? What time is needed for the mining work? How many points for the proceeding of the excavation do you assume?

Answer to Mr. Arnold:

In the study, a construction period of approximately 2.5 years is estimated, assuming some 18–20 facing points of the excavation and 700–800 mining workers at peak. It is not difficult to mobilize the required number of workers, although some training programs for handling latest construction equipment must be carried out. For additional information, Japan is a mountainous country, hence, all kinds of underground excavation work, e.g. hydro power station, high way tunnel, railroad tunnel and others, are constantly carried out, in which a total amount of tunnel excavation is more than 10 million cubic meters a year.

Auswirkungen der unterirdischen Bauweise auf den Betrieb eines Kernkraftwerkes

von

Jobst von Bruchhausen und Manfred May

Mit 6 Abbildungen im Text

Kurzfassung

Diese Ausführungen zum Thema Betrieb eines unterirdischen Kernkraftwerkes zeigen beispielhaft, daß für die Grubenbauweise mit keinen unüberwindlichen Betriebserschwernissen oder nennenswerten Mehrkosten für den Betrieb gerechnet werden muß. Eine Vielzahl planerischer Lösungen bezüglich eines optimalen Personal- und Materialflusses sind noch zu erarbeiten.

1. Einleitung

Die unterirdische Bauweise von Kernkraftwerken wird seit längerem auf vielen Ebenen diskutiert. Um die Basis für ihre Beurteilung zu schaffen, wurden zahlreiche Untersuchungen zu dieser Bauweise durchgeführt.

Die bisherigen deutschen Studien befassen sich überwiegend mit Fragen der technischen Realisierbarkeit und mit den sich ergebenden Mehrkosten.

Die zusammenfassende Beurteilung der unterirdischen Bauweise in einer Kosten-Nutzen-Untersuchung ist jetzt in einem Studienprojekt des Bundesministers des Innern aufbauend auf den bisherigen Erkenntnisstand in Angriff genommen worden. Dieser Untersuchung wurde das Anlagenkonzept der Kernforschungsanlage Jülich zugrundegelegt (Abb. 1).

Der Vortrag soll am Beispiel der „Grubenbauweise im Lockergestein" mit ganz abgesenktem Reaktorgebäude die Probleme des Anlagenbetriebes darstellen und bewerten, indem die Unterschiede zu einem oberirdischen Referenzkraftwerk (einer modernen 1300 MW-Druckwasserreaktoranlage der Kraftwerk Union) aufgezeigt werden.

2. Quantifizierung des zu erwartenden Mehraufwandes

Um eine Abschätzung für den Mehraufwand zum Betrieb eines Kernkraftwerkes in Grubenbauweise durchführen zu können, wird die möglichst unveränderte Übernahme des Anlagenkonzeptes der oberirdischen Bauweise vorausgesetzt.

Dadurch ist für Bedienung und Instandhaltung keine grundlegende Veränderung zu erwarten.

In den nachfolgend betrachteten Punkten wird der Aufwand für den Betrieb näher untersucht. Dies betrifft hauptsächlich den Aufwand, der sich bezüglich Personenfluß, Materialfluß und Instandhaltungsarbeiten aus Gebäudeverschiebungen und zusätzlichen Sicherheitseinrichtungen ergibt.

134

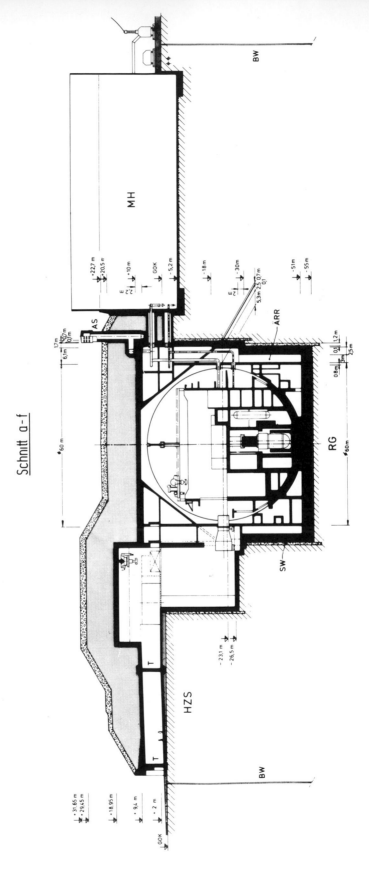

Abb. 1. UKKW in Grubenbauweise im Lockergestein.

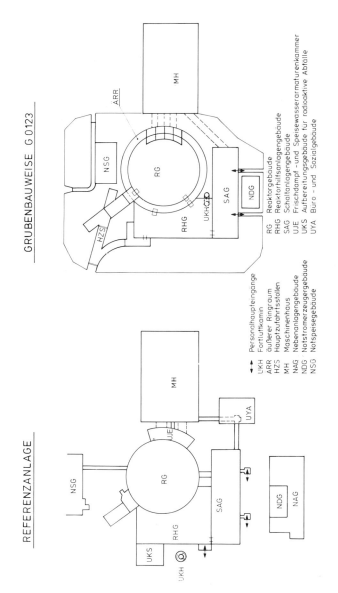

Abb. 2. Vergleich der Lagepläne. Referenzanlage — Grubenbauweise.

2.1 Zeitaufwand für Personenverkehr und Materialtransporte im überschütteten Kraftwerksbereich

Aus der Analyse der geometrischen Gegebenheiten und der Betriebsdaten der Referenzanlage lassen sich nachfolgende Ergebnisse ableiten. Deren Bewertung bezüglich eines zusätzlichen Personalbedarfs wird gesondert vorgenommen.

2.1.1 Längere Wege durch das Eingangskonzept der unterirdischen Anlage

Um in das Reaktorhilfsanlagengebäude, zu den Äußeren Ringräumen oder in das Reaktorgebäude zu gelangen, muß bei der geplanten Anordnung (Abb. 2) jeweils die volle Breite des Schaltanlagengebäudes durchquert werden. Dadurch ergibt sich ein großes zusätzliches Verkehrsaufkommen im Schaltanlagengebäude. Bei der oberirdischen Bauweise wird dies durch die Anordnung des Haupteinganges an der Schnittstelle Schaltanlagengebäude/Hilfsanlagengebäude vermieden.

2.1.2 Längere Wege durch veränderte Niveauunterschiede der Gebäude

Entsprechend den veränderten Niveauunterschieden der Gebäude (Abb. 3) ergeben sich folgende Gesichtspunkte:
Der Höhenunterschied zwischen Reaktorhilfsanlagengebäude — Ebene Kontrollbereichseingang — und Reaktorgebäude — unterster Ringraum — beträgt im Falle

Unterirdische Anordnung	53 m
Referenzanlage	18 m

Der Gesamtweg in vertikaler Richtung zu den unteren Ringräumen von ± 0 m ausgehend beträgt im Falle

Unterirdische Anordnung	55 m
Referenzanlage	30 m

Aus vorstehender Übersicht ergibt sich eine zusätzlich zu überwindende Höhendifferenz zu den unteren Ringräumen der unterirdischen Anlage von 25 m.

Um vom Kontrollbereichseingang des Hilfsanlagengebäudes der unterirdischen Anlage in die unteren Ringräume des Reaktorgebäudes zu gelangen, steht im Reaktorgebäude 1 Treppenhaus und 1 kombinierter Personen- und Lastenaufzug zur Verfügung. Dieser Aufzug hat einen max. Höhenunterschied von + 2 m bis − 51 m zu überwinden.

Unter Berücksichtigung der gesamtbetrieblichen Nutzung:
— Begehung der Ringräume pro Schicht,
— kleinere Materialtransporte bei Wartungsarbeiten,
— sehr häufige Benutzung dieses Transportmittels während der Revisionszeit,
— Abtransport von ca. 1400 Fässern radioaktiver Abfallstoffe pro Jahr von der − 16,0-m-Ebene des Hilfsanlagengebäudes
ist das Transportkonzept aus Kapazitäts- und Verfügbarkeitsgründen zu überdenken.

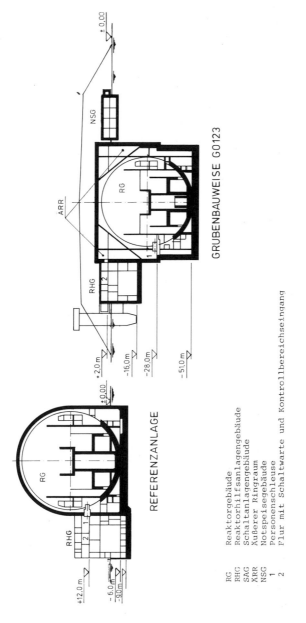

Abb. 3.   Darstellung der Niveauunterschiede. Referenzanlage – Grubenbauweise.

2.1.3 Längere Wegzeiten durch die Passage von zusätzlichen Schleusen

Die Einführung des zusätzlichen Sicherheitseinschlusses beim unterirdischen Konzept ergibt im Vergleich zur oberirdischen Bauweise weitere 5 Personenschleusen und eine Materialschleuse mit drei Schiebetoren im Hauptzufahrtsstollen (Abb. 4 und 5).

Für das Passieren einer Personenschleuse werden ca. 5 min. benötigt. Die Schleuszeiten durch die Materialschleusen (2 Schiebetore) werden jeweils ca. 20 min. betragen. Dieses ist auch die Zeit zum Passieren der Materialschleuse im Sicherheitsbehälter.

2.2 Zusätzlicher Instandhaltungsaufwand im überschütteten Kraftwerksbereich

Der betrachtete Instandhaltungsaufwand beinhaltet die Überwachung, Wartung, Inspektion und Instandsetzung von zusätzlichen Komponenten.

2.2.1 Zweiter Sicherheitseinschluß

Der Einbau eines zusätzlichen Sicherheitseinschlusses (Abb. 4) bringt es mit sich, daß eine Vielzahl zusätzlicher Absperrungen und Durchführungen eingebaut, betrieben und instandgehalten werden müssen.

Besonders für wiederkehrende Prüfungen sowohl der Durchführungen selbst als auch der Absperrungen ist mit einem nicht unerheblichen Aufwand zu rechnen.

Ohne Kenntnis von Details der Ausführung dieses Einschlusses und der Durchführungen, insbesondere auch der 5 Personenschleusen im Hilfsanlagengebäude und der 3 großen Schleusentore im Hauptzufahrtsstollen, ist eine exakte Ermittlung des Instandhaltungsmehraufwandes nicht möglich.

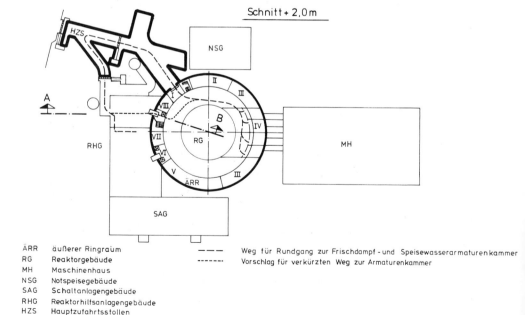

ÄRR	äußerer Ringraum
RG	Reaktorgebäude
MH	Maschinenhaus
NSG	Notspeisegebäude
SAG	Schaltanlagengebäude
RHG	Reaktorhilfsanlagengebäude
HZS	Hauptzufahrtsstollen

——— Weg für Rundgang zur Frischdampf- und Speisewasserarmaturenkammer
------- Vorschlag für verkürzten Weg zur Armaturenkammer

Abb. 4. Zweiter Sicherheitseinschluß (schematisch), Schnitt + 2,0 m.

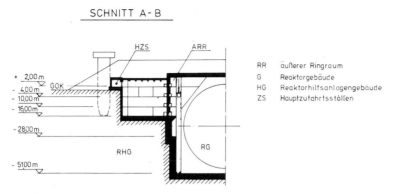

SCHNITT A-B

RR   äußerer Ringraum
G   Reaktorgebäude
HG   Reaktorhilfsanlagengebäude
ZS   Hauptzufahrtsstollen

Abb. 5.   Darstellung der Schleusen zwischen Reaktorgebäude und Reaktorhilfsanlagengebäude, Schnitt A−B.

Eine Abschätzung des Instandhaltungsmehraufwandes für den Sicherheitseinschluß
mit seinen Durchführungen und Schleusen ergibt größenordnungsmäßig 1000 Mann-
stunden/Jahr.

2.2.2 Verbindungskanäle zwischen den überschütteten
Anlagenbereichen

Durch die im Vergleich zur oberirdischen Bauweise veränderten Niveauunterschiede
zwischen den einzelnen Gebäuden ergeben sich in bezug auf die Führung der Verbindungskanäle im unterirdischen Konzept (Kabel, Rohrleitungen, Lüftungskanäle) konstruktive Änderungen.
Eine wesentliche Erhöhung des Instandhaltungsaufwandes für das unterirdische
Konzept wird bei sorgfältiger Planung nicht erwartet.

3. Auswirkungen auf den Personalbedarf

Der zweite Sicherheitseinschluß mit seinen Schleusen und Durchführungen bedingt
für die Instandhaltung zusätzliche Arbeitszeiten in der Größenordnung von 1000
Mannstunden/Jahr, die hauptsächlich während der jährlichen Revisionsphase anfallen
werden. Das heißt bei einer Revisionszeit von ca. 6 Wochen im Jahr sind ca. 5 Mann
je 5 Wochen auf der Grundlage von 40 Arbeitsstunden zusätzlich erforderlich.
Von den längeren Weg- und Transportzeiten läßt sich kein quantifizierbarer
Personalmehrbedarf ableiten, da die Verlängerung der Nebenzeiten in der Größenordnung von Minuten pro Person vernachlässigt werden muß.
Voraussetzung ist allerdings, daß die Ansprüche an die Verfügbarkeit der Aufzugsanlagen erfüllt werden.

4. Auswirkungen der Untertageanordnung auf Arbeitsplätze
und Arbeitssicherheit

Im folgenden wird untersucht, wieweit die Untertageanordnung der Arbeitsplätze
die Personalsituation beeinflußt.

Auch heute schon arbeitet eine Vielzahl von Personen im Kraftwerksbereich bei künstlichem Licht und in künstlich belüfteten Räumen. Dies gilt zum Beispiel für das Schichtpersonal von Kernkraftwerken genau so, wie für das Personal von Kavernenkraftwerken (Pumpenspeicheranlagen).

Die Arbeitsstättenverordnung läßt diesbezüglich dort Ausnahmen von der generellen Empfehlung zur menschenwürdigen Gestaltung von Arbeitsplätzen zu, wo angemessene Arbeits- und Aufenthaltsbedingungen nachgewiesen werden. Solche können bei der unterirdischen Bauweise dann als gegeben angesehen werden, wenn z.B. Sozialeinrichtungen (Kantine, Aufenthaltsräume usw.) oberirdisch angeordnet sind.

Nach dem Manteltarifvertrag und Bundesmontagetarifvertrag sind zu diesem Problem ebenfalls keine die Situation einer unterirdischen Bauweise betreffenden Erschwernisse absehbar. Eine Befragung von Kraftwerksbetreibern ergab, daß keine Zulagen aus vorgenannten Gründen an das Personal bezahlt werden.

Bezüglich der Personalbeschaffung für ein unterirdisches Kernkraftwerk werden zwar in dem einen oder anderen Fall Erschwernisse erwartet, jedoch ist nach Auskunft von KKW-Betreibern kein generelles Problem absehbar.

Eine Beurteilung hinsichtlich der Arbeitssicherheit aus anlagentechnischer Sicht ist mit den vorliegenden Konzeptunterlagen nicht möglich. Dies betrifft vor allem Details mit Auswirkung auf den Brandschutz, Explosionsschutz, Strahlenschutz und die Fluchtwege, zu deren Beurteilung ein baureifes Konzept erforderlich ist.

Generell sind jedoch die gleichen Maßnahmen wie bei der oberirdischen Bauweise zu berücksichtigen, wobei die Fluchtwege besonders zu überprüfen sind, z.B.
— Fluchtweg aus den unteren Ringräumen auf −51,0 m,
— Bedienbarkeit der Nottüren in oder neben den Schleusentoren im Hauptzufahrtsstollen unter Unfallbedingungen.

5. Anregungen für Änderungen im Anlagenkonzept

Der Vergleich der Anlagenkonzepte zeigt einige den Betrieb eines unterirdischen Kernkraftwerkes ungünstig beeinflussende Auswirkungen:
— längere Wege,
— Wartezeiten,
— Instandhaltungsmehraufwand.

Durch Änderungsvorschläge für das Anlagenkonzept wird nachfolgend versucht, einige ungünstige Betriebseinflüsse einzuschränken.

5.1 Schleusen

Die Planung der Schleusen vom Reaktorhilfsanlagengebäude zum äußeren Ringraum des Reaktorgebäudes sollte hinsichtlich deren Kapazität und Notwendigkeit im Zusammenhang mit der Betrachtung der Aufzüge nochmals eingehend überprüft werden. Auch aus sicherheitstechnischen Aspekten ist eine möglichst geringe Anzahl von Schleusen im zweiten Sicherheitseinschluß anzustreben.

5.2 Aufzüge

Im Gegensatz zu der großen Zahl der Schleusen erscheint die Zahl der eingeplanten Aufzüge betrachtenswert. Gerade im Bereich des äußeren Ringraumes halten wir eine

GRUBENBAUWEISE G0123

RG	Reaktorgebäude
RHG	Reaktorhilfsanlagengebäude
SAG	Schaltanlagengebäude
MH	Maschinenhaus
NDG	Notstromerzeugergebäude
NSG	Notspeisegebäude
HZS	Hauptzufahrtsstollen
ARR	äußerer Ringraum
UKH	Fortluftkamin
◄►	Personalhaupteingang

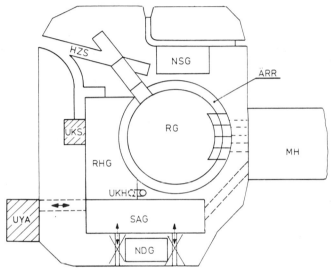

UKS	Aufbereitungsgebäude für radioaktive Abfälle
UYA	Büro- und Sozialgebäude

Abb. 6. Änderungen im Anlagenkonzept.

großzügige Planung der Aufzugsanlagen zur Überwindung von über 50 m Höhendifferenz für sinnvoll.

5.3 Frischdampf- und Speisewasserarmaturenkammer

Der Zugang zur Armaturenkammer der Frischdampf- und Speisewasserarmaturen muß für den Schichtrundgang geeignet sein.

Unter Zugrundelegung der betrieblichen Forderung nach täglicher Begehung der Armaturenkammer ergibt sich der in Abb. 4 bezeichnete Weg für einen Rundgänger vom Reaktorhilfsanlagengebäude aus. Neben der Tatsache, daß der Rundgänger die großen Schiebetorabschlüsse im Hauptzufahrtsstollen passieren muß, ist der zurückzulegende Weg unnötig lang.

Es wird sich sicher eine geeignetere Route finden lassen.

5.4 Behandlung und Abtransport radioaktiver Abfälle

Zum An- und Abtransport von jeweils ca. 1400 Leerfässern und Fässern mit radio-aktiven Abfallstoffen pro Jahr aus der −16,0-m-Ebene des Hilfsanlagengebäudes in den Hauptzufahrtsstollen bzw. zu einer dort in der Nähe aufzustellenden Verfesti-gungsanlage, müssen 2 Schleusen passiert und der kombinierte Personen- und Lasten-aufzug benutzt werden. Dieser Transportweg erscheint nicht optimal. Deshalb sollte geprüft werden, ob nicht ein spezieller Faßaufzug im Hilfsanlagengebäude zu einer noch einzuplanenden Verfestigungsanlage (siehe Abb. 6, UKS) günstiger ist.

5.5 Eingänge

Die Analyse der Hauptverkehrsflüsse zeigt, daß die beiden Eingänge an der Längs-seite des Schaltanlagengebäudes ungünstig angeordnet sind.

Zur Verbesserung der Eingangssituation und auch aus Kontroll- und Überwachungs-gründen wird nur 1 Haupteingang an der Schnittstelle des Schaltanlagengebäudes mit dem Hilfsanlagengebäude vorgeschlagen (Abb. 6). Aus der Sicht der kurzen Wege bietet sich die Möglichkeit an, das Büro- und Sozialgebäude an den Rand der Über-schüttung dem neu geschaffenen Haupteingang anzuordnen.

Advanced Containment Concept on Underground Nuclear Power Plant

by

Shinji Hiei

With 3 figures and 2 tables in the text

Abstract

The paper presents four basic containment concepts for 1100 MWe underground Light Water Reactor plants. A steel containment concept is described in adapting an improved standardized containment and Mark-II (BWR) realizes the shorter span of approximately 30 meters. A liner and no-liner concepts are also discussed conceptually in terms of the fission product containability, applicability of codes/regulations, etc. The preliminaly analyses of LOCA conditions suggest that the temperatures in the rock caverns are below acceptable levels. Finally, a steel containment concept is feasible, while the liner and no-liner concepts should be investigated further more in regard to transport behavior of fission products through the rock.

1. Introduction

Reactor containment is an important barriers in the plant to reduce radioactivity releases to the environment in the case of a loss of coolant accident, and thus to the acceptable level. Specific considerations are required in the underground siting to fit the narrow caverns without major redesign of the equipment consistent with the typical surface plant. In addition, another factor taken into consideration is to utilize effectively the surrounding rock as the containment structure. Advanced containment concepts will be, therefore, developed by the view point of structural configuration, greater use of the rock overburden with the associated safety analyses, and span/height dimensions to meet the current experience.

A committee established by the Ministry of International Trading and Industry (MITI) has investigated the possibility of the underground siting which may resolve or alleviate the siting problems. A substantial portion of the study effort was devoted to the investigations on the design, construction, safety evaluation of the total buried nuclear power plant.

The work covered in this paper is part of studies made for the above committee.

2. Summary

The size of the plant is assumed to be 1100 MWe. It is also stipulated that the total plant should be placed underground in the steep coastal topography to utilize one-through cooling. Since most of the large nuclear power plants under construction or planning are of the light water reactor, this paper is, therefore, limited to this type, particularly the boilint water reactor in detail studies. It is further assumed that the configurations and modifications for the underground application should not require a major redesign of components for the surface plant accounting for their operating experiences.

Another major assumption is that the underground siting would be based on the same safety and expodure-reducing considerations as the surface plant.

Four containment concepts were selected as a basic design for further study of the underground light water reactors. Feasibility of adapting these concepts to the underground nuclear power plants is indicated by the large underground excavations for the hydroelectric facilities and applicability of components provided for the surface plant without major redesign. The results of this study confirm this feasibility. It is also found that the single containment concept could reduce the open span of the reactor cavern.

Most primary concept is defined as Type-1 with which the surface plant containment facilities are provided in the underground with no change, including the primary containment vessel and the secondary containment. This type was, however, excluded from the further study because of impractical span requirements to the reactor cavern.

Type-II, the containment concept eliminating a positive secondary containment from the Type-I, was considered suitable, particularly to the boiling water reactor of the MARK-II containment. Since the MARK-II containment is featured by the over/under designs, it is preferable to fit narrow underground cavern. It is found that MITI's improved and standardized MARK-II containment can be adapted to meet the excavation limitation.

Further developed containment, Type-III, is a steel liner concept. The leak protection is assured by this steel lining provided over the structural reinforced concrete covering the inner wall of the reactor cavern. This concept could realize a smaller containment span, but should be investigated further with regard to the strength criteria on the rock cavern and the transport behavior of fission products through the surrounding rock.

Type-IV, the final coal concept, is a containment with no steel liners and considered as a common target for the light water reactors. This concept is being investigated, in a mid term program, to make a greater use of the surrounding rock so that the small reactor chamber can be realized, thus compensating, cost penalties attributed to the underground siting. The containment is made of structural concrete, without steel liners, covering the inner wall of the rock cavern. There remain several design considerations to develop this concept more throughly. These considerations include: layout configuration to obtain the containment pressure boundaries in the reactor cavern shielding arrangement to protect the personnel exposure during maintenance work: air ventilating and gas filtering facilities to reduce the gaseous radioactive exhaust from the reactor cavern to the atmosphere and the equipment arrangement relative to the nuclear steam supply and the reactor auxiliaries.

3. Containment configuration

3.1 Approach

Since the underground plant design concepts identified in this study were developed by modifying surface plant concepts, the four basic concepts include straight forward adaptations of a surface light water reactor, and a reconfigured boiling water reactor system in which the containment structure has been eliminated.

As a ground rule it was decided that the shape and dimensions of the nuclear steam supply system as supplied by the present manufacturers should be retained in the under plant thereby ensuring that the operation and performance of the plant would closely approximate that of a surface plant. Also, a design goal was adopted that the clear span of the underground chambers be limited to less than 30 meter. This dimension represents judgements influenced by the current underground construction practice experimented on the hydroelectric plants, and not the result of some physical or engineering limit. The limited span goal together with the as-is equipmented ground rule and the large sizes of the surface power plants indicated the major elements of the surface plant should be separated into adjacent underground chambers.

A potential advantage of underground power plant siting is greater safety through improved containment. This objective can probably be met without the need to provide the heavy shielding. Although studies of all containments adapted for the current light water types should and have been performed, this paper is limited to the boiling water reactor.

3.2 BWR containment configurations

The BWR NSSS is smaller in size and compact. Principal connections to the BWR pressure vessel include the feedwater intake, steam lines, and core water recirculation pump lines. The circulation pumps are mounted alongside the pressure vessel at the base. In plan, the reactor pressure vessel is symmetrical and, including all attachments, has a maximum diameter of about 26 meters in a plane at the level of the recirculation pumps.

Historically, the development of the BWR NSSS has included the development of a pressure suppression containment. This containment has been evolving toward greater

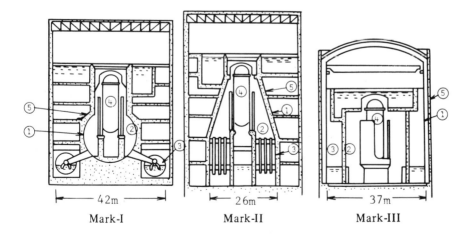

Mark-I   Mark-II   Mark-III

Fig. 1.   Evolution in BWR containment.

Symbols:
1 = Primary containment vessel.
2 = Drywell.
3 = Suppression chamber.
4 = Reactor pressure vessel.
5 = Shielding.

plant energy density with lower construction costs. General Electric, shown in Fig. 1, has developed several different types of containments most of which are based on a drywell and suppression pool housed within the primary containment. Pressure increases in the drywell are releaved to below the surface of the suppression water pool. This reduces the severity of the pressure transients in the event of a design basis accident. The three types of BWR containments in common use are the drywell torus (MARK-I), the over/under (Marc-II), and the MARK-III used with the BWR/6 NSSS.

3.3 MITI's improvement and standardization

Recently, a committee established by the Ministry of International Trade and Industry, (MITI) has been working on the improvement and standardization of the light water reactors. The maintainability and exposure reduction were taken account in the layout and configurations of the containment, and in the nuclear system design. The improved and standardized containments shown in Fig. 2 includes the modification of a drywell changing from the inverted light bulb shape to the cylinder for MARK-I, and the reconfiguration of a conical portion of the drywell for MARK-II so that the better safety separation can be obtained and the exposure during the maintenance work be reduced consequent to the accessibility improvement inside the containment.

4. Containment concepts for the underground

The foregoing configuration descriptions present the basis to create the containment concepts for the underground. Since the underground plant design concepts identified in this study were developed by modifying surface plant concepts, the four basic concepts include straightforward adaptations of a current design and minimum modifications in which the containment structure has been simplified.

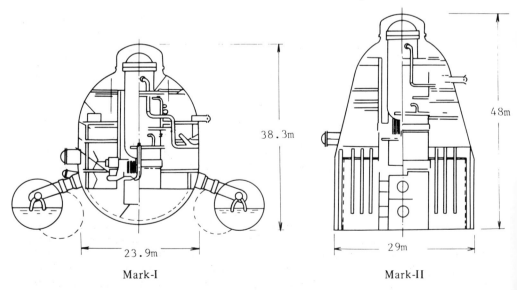

Mark-I   Mark-II

Fig. 2.   MITI's Improved Standardizes Containment for Surface Plant (1100 MWe).

4.1 Basic containment concepts for the underground

Four containment concepts are considered as a basic design. Each type seems to be applicable to both the boiling water reactor and the pressurized water reactor.

Most primary concept is defined as Type-I with which the surface plant containment facilities are provided with no change, including the primary containment vessel and the secondary containment building. However, this type seems to be too much conservative from the safety aspect and will require the widest open span to the reactor cavern.

Type-II is featured by eliminating a positive secondary containment from Type-I, but provided with the steel primary containment. MARK-II primary containment seems to be the best suitable due to the smaller width of the suppression pool integrated with the drywell, attributing to the over/under containment configuration.

A steel liner concept is referred to Type-III. The leak protection is assured by this steel lining provided over the structural reinforced concrete covering the inner wall of the reactor cavern. This concept will realize a smaller reactor containment, but should be investigated further with regard to the strength criteria on the surround rock and also to the transport behaviour of fission products through the rock media.

Type-IV, the final goal concept, is defined as a containment with no steel liners, and considered as a common target both for a boiling water reactor and the pressurized water reactor. The containment is made of structural concrete covering the inner wall of the reactor cavern. This concept implies to make a greater use of the surrounding rock so that the smaller reactor chamber can be realized, thus compensating cost penalties attributing to the underground siting.

In consideration of the realization, past investigations and technological experiences, containment concepts adopted for the further stay are Type-II for the boiling water reactor, Type-III for the pressurized water type, and Type-IV for the common reactors.

4.2 Comparison between the steel containment and liner concepts

Conceptual comparisons were made between a steel containment concept defined as Type-II and Type-III of a liner concept with regard to the boiling water reactor. The result is tabulated in Table 1. In this comparison, the Type-II is assumed to be provided with the improved and standardized Mark-II steel containment. It was found that the Type-II is feasible consistent with the same design criteria and safety considerations. The results of a conceptual design confirm this feasibility.

In regard to the Type-III concept, some problems were encountered in the formulation of this concept. The major issues raised during the study are the gaseous fission products leaked out from the steel liner and code applicability of the strength calculation on the rock. The equipment layouts should also be investigated further more in detail.

4.3 Engineering analyses

Several engineering analyses were performed to judge the applicability of the foregoing containment concepts. Most of the analyses conducted were directed toward the definition of the steel liner and reinforced concrete containment supported at the back side by the surrounding rock in case of the design basis thermal and seismic loads. The investigations made were based on the conceptual feasibility basis under the typical design loads, and not completed in detail depth.

Table 1.   Comparison between Type-II and Type-III for BWR.

No.	Containment concepts / Items	Type — II (steel containment)	Type — III (liner concept)
1.	Pressure Retainability following LOCA	By steel containment	By steel liners
2.	Cavern Configulation (cross – sectional)	Either Horse - shoe or Cylindrical, applicable	Same as Type-II
3.	Open span dimensions	28M wide, 65M long 64M high	Smaller than Type-II .Needs future detail studies.
4.	Stability of the Cavern	Span of 25～26M experienced on the hydroelectric plants	Same as Type-II
	F. P. containability in the case of LOCA	Same as the surface plant.	Adsorption and hold-up of leaked−out F.P.in the rock are expected. Needs the experimental test in future.

No.	Containmet concepts Items	Type – II (steel containment)	Type – III (liner concept)
6.	Codes, Regulations	Same as the surface plant.	Needs coodes on cavern strength and assessment of F.P. behaviour.
7.	Layout	Necessary to recon- sider the layout of the surface plant to fit the underground application. Conceptually it was found to be feasible.	Requires further inve- stigations in detail.
8.	Construction	Developed in terms of underground hydroelectric plants.	Same as Taype – II. Needs further studies as for lining constructions.
9.	Seismic Design	Expected to be less earthquake accelections than the surface plant. Same design analyses as the surface plant to be applicable.	Same as Type – II

4.3.1 Thermal stress

Following a loss of coolant accident, the temperature inside the containment could rise to between 130°C and 170°C depending on the containment type. The time history temperature transients across the structural reinforced concrete are shown in Fig. 3, for the base mat foundation.

Since the temperature transmission speed is very slow inside the surrounding rock, the heat affected zone across the cavern is within 3 and 4 meters from the cavern internal wall after 200 hours following the accidents.

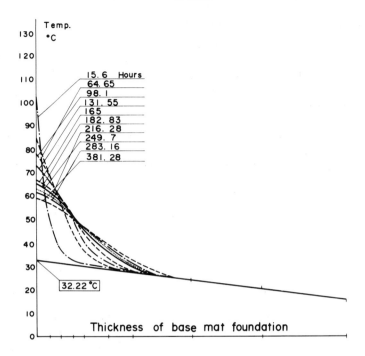

Fig. 3.   Temperature transients following LOCA.

The resultant thermal stresses of the maximum tensile and compressive were 10 kg/cm^2 and 25 kg/cm^2 respectively. Under the pressurized conditions inside the cavern, the tensile and compressive stress were smaller than 5 kg/cm^2 and 2 kg/cm^2.

In regard to the thermal stress of the structural concrete, the peak value across the concrete reached 270–300 kg/cm^2 in the surface wall 50 hours after an accident. The tensile stress appreared at the side portion of the arch and the bottom portion, and the calculated maximum values were about 30 kg/cm^2 each. However, there would no difficulty in the structural design by applying the thermal protect practices to them.

4.3.2 Seismic loading

There is a trend toward reductions in the earthquake input to the equipments located in the underground, comparing with the surface plant. This was confirmed by the seismological observations at the underground hydroelectric power plants. With applying the same major equipments based on the surface plant design to the underground plant, it could be expected to obtain the more seismic safety on the underground equipments. The detail will be reported separately by other lecturer.

The seismic analyses for the under ground plant could be performed by the multi excitation response analyses method which has been developed from the current analytical model for the surface plant. The detail investigations will be made in near future.

4.4 Applicability for the examination guidelines for safety evaluation

4.4.1 Normal operating conditions

Generally, there are no substantial difference between the underground and surface plant with regard to the control of the radioactive material, exposure control and the environment monitoring. During the normal operation, the gaseous and liquid radioactive waste from the underground are disposed and released under controlling by the same manner as the surface plant. Therefore, the underground nuclear power plants are applicable for the current examination guidelines well as the surface plant in regard to the normal operating conditions.

Relative to the evaluation method on the direct and sky shine exposure, no difference can be found between the underground and the surface plant. Moreover, the external exposure will be reduced by shielding effect due to the massive surrounding rock over the radiation source such as the reactor and the radwaste storage facilities.

4.4.2 Accidental conditions

It can be judged that the safety evaluation on the accident conditions can be performed in the same way as the surface plant, although the scope and nature of the accident supposed in the underground should be clarified. In this regard, comparisons were shown on Table 2 made between the underground and surface plant, in relation to the applicability for the examination guidelines for safety evaluations.

The Table 2 indicates that there is no difference between the underground and surface plant with regard to the safety evaluation on the loss of cooling capacity for reactor core, failure of waste disposal system, failure of main steam, fuel handling accident, control rod ejection accident, and so on.

However, in case of loss of reactor coolant accident that causes the release of the radioactive products inside the containment structure and consequently release to the environment, the passages of the released products differ from the surface plant. In the other word, the passages vary according to the type of the containment concept for the underground while the gaseous fission products from the surface plant are directly released to the open air. The following are the brief explanation of the passage difference depending on the containment types.

(1) Type-I and II containment concepts
   No difference from the surface plant.
(2) Type-III containment concept
   Slight quantity of the gaseous fission products may be released to the open air above the ground after passing through the rock consequent to the leakout directly from the containment excluding the annular penetration room.
(3) Type-IV containment concept
   This concept is featured by utilizing effectively the containability of the rock overburden by which the reduction of the fission products can be expected due to the adsorption and decay through the rock, and will compensate the cost penalty associated with the underground siting. The total released fission gas following the addicents may directly leak into the surrounding rock, and consequently to the open air above the ground after the same process as mentioned above.

As mentioned above in regard to the environmental safety evaluation on the underground plant, it should be noted that in some cases the gaseous fission products may

Table 2. Safety evaluation: comparison between the underground and surface plant (BWR).

NO.	Accident classifications	Difference between the underground and surface plant
1.	Loss of cooling capacity for reactor core (Recirculation pump shaft seizure)	No difference
2.	Loss of reactor coolant accident (Loss of coolant accident)	Part of the slightly leaked gaseous fission product from the containment may be released to the open air after passing through the rock (in case of the type-II and III containment)
3.	Failure of waste disposal system (Charcoal holdup facility failure accident)	No difference
4.	Failure of main steam line (Main steam line break accident)	Exhausted steam will be released to the stack after running through the duct connectins.
5.	Fuel handling accident	No difference
6.	Control rod ejection accident (Control rod drop accident)	No difference

leak directly into the surrounding rock following accidents, while there is no difference from the surface plant during normal operating conditions. Therefore, it is required to secure the behaviour of the released gaseous fission products inside the rock from the view point of the environmental effect and safety assessment.

In this regard, some study effort has been devoted by the other organizations to investigate the transport behavior of the gaseous fission products inside the rock. These subjects are beyond this paper, and will be presented by other authorities.

4.5 Summary

The four containment concepts have been selected as a basis for the future detail study. Several comparisons were made conceptually with regard to the design feasibility, constructability, code applicability and safety assessment.

The results of the conceptual layout study for a steel containment concept, Type-II, confirmed the feasibility of this concept. In this case, an improved and standardized Mark-II steel containment was applied. The span of the reactor cavern was approximately 30 meters and was considered acceptable for excavations accordingly.

The Type-IV of a containment concept with no steel liner, mid term program, is being investigated to make a greater use of the surrounding rock so that the smaller reactor chamber can be realized, compensating cost penalties attributed to the underground siting. The containment is made of concrete, without steel liners, covering the inner wall of the rock cavern. There remain several design considerations to develope this concept more throughly. These considerations include: layout configuration to obtain the containment pressure boundaries in the reactor cavern: shielding arrangement to protect the personnel exposure during maintenance work air ventilating and gas filtering facilities to reduce the gaseous radioactive exhaust from the reactor cavern to the atmosphere: and the equipment arrangement relative to the nuclear steam supply and the reactor auxiliaries.

Bautechnische Untersuchungen von tiefen Baugruben zur Errichtung von unterirdischen Kernkraftwerken

von

Gregor Loers

Mit 11 Abbildungen im Text

Kurzfassung

Für den Standort „Oberrhein" kann eine tiefe Baugrube zur Errichtung eines unterirdischen KKW sicher mit der Schlitzwandbauweise hergestellt werden. Die Bauweise eignet sich zur Herstellung der ca. 120 m tiefen Umschließungsdichtwand und der Baugrubenumschließungswände für die ca. 60 m tiefe Baugrube des Reaktorgebäudes. Durch die Dichtwand wird bei einem außergewöhnlichen Störfall — C-Schmelze — kontaminiertes Grundwasser wirkungsvoll abgeschirmt. Durch neue, leistungsfähige Schlitzwandgeräte, gekoppelt mit zuverlässigen Meßmethoden, wird die Herstellung tiefer Schlitzwände von hoher Qualität möglich.

Abstract

The installation of a subsurface nuclear power station in a deep open construction pit is possible with the help of diaphragm walls. The described reactor is located in Biblis (Oberrhein) in the south-west part of the Federal Republic of Germany. The construction method allows the construction of an impervious diaphragm wall (120 m deep) and a diaphragm wall (60 m deep) enclosing the construction pit. In case of a meltdown accident the impervious diaphragm wall protects groundwater from contamination. New, efficient excavators (submersible long wall motor drills) together with accurate measurement methods enable building deep diaphragm walls of high quality.

1. Vorbemerkungen

Mitte des Jahres 1976 hat eine Forschungsgemeinschaft, bestehend aus den Firmen Philipp Holzmann AG, Hauptniederlassung Düsseldorf, und Deilmann-Haniel GmbH, Dortmund, die im Auftrage des Bundesministeriums des Innern erarbeitete Studie „Bautechnische Beurteilung der unterirdischen Errichtung von Kernkraftwerken in einer offenen Baugrube im Boden" (Studie SR 64) abgeschlossen (Studie SR 64, 1976).

In dieser Studie wurden für verschiedene Modellstandorte in der Bundesrepublik umfangreiche Untersuchungen durchgeführt. Hierbei wurde das 1300 MWe-Standard-Kernkraftwerk mit Druckwasserreaktor der Kraftwerk-Union AG zugrunde gelegt. Verschiedene tiefe Einbettungen im Lockergestein mit hohem Grundwasserstand führten in der Studie SR 64 zu jeweils mehreren Konzeptvarianten. Das Anlagenkonzept des vergleichbaren oberirdischen Kernkraftwerkes mußte möglichst unverändert übernommen werden.

Für die Herstellung von offenen Baugruben mit Tiefen von ca. 60 m im wassergesättigten Lockergestein sind nach dem heutigen Stand der Bautechnik zwei Bauverfahren besonders geeignet:

Erstes Verfahren

Herstellung der Baugrube mit Hilfe von Schlitzwänden. Hierbei können bis in Tiefen von ca. 100 bis 120 m nach der Schlitzwandbauweise Dichtwände bzw. Baugrubenumschließungswände in Wandstärken von 0,6 bis 1,20 m sicher hergestellt werden. Je nach Verwendungszweck werden Stahlbeton, Beton oder künstlicher Ton eingebaut.

Die Schlitzwände spielen im Bauzustand eine ganz erhebliche Rolle. Da sie im Baugrund auf Dauer verbleiben, können sie sowohl für den Betriebszustand als auch für die Zeit nach der Betriebsstillegung des Kernkraftwerkes sinnvoll eingesetzt werden.

Bei einem extremen Störfall im Kernkraftwerk mit Gefährdung des Grundwassers verhindert eine umschließende Dichtwand die Ausbreitung des kontaminierten Grundwassers.

Zweites Verfahren

Herstellung der Baugrube mit Hilfe von Frostwänden, die ebenfalls wieder bis in Tiefen von ca. 100 bis 120 m reichen. Diese Frostwände können sowohl als Dichtwände wie auch als Baugrubenumschließungswände konzipiert werden. Weiterhin ist es möglich, horizontale Schichten unter der Baugrubensohle zu gefrieren, um so den Zutritt des Grundwassers in die offene Baugrube im Bauzustand zu verhindern.

Im Regelfalle wird das Gefrierverfahren nur als temporäres Bauverfahren eingesetzt, da laufend Betriebskosten zur Erhaltung des Frostkörpers anfallen. Unter Berücksichtigung einer stetigen Energiezufuhr können jedoch auch Dichtwände als Dauerbauwerk ausgebildet werden.

Im folgenden wird nur noch das zuerst genannte Dauerverfahren „Schlitzwände" beschrieben, da in Abwägung der verschiedenen Vor- und Nachteile beider Bauverfahren die Schlitzwandbauweise sich nach dem heutigen Stand der Erkenntnisse als günstiger erweist (Loers & Pause 1976).

Die weiterführende Studie des Bundesministeriums des Innern „Kosten-Nutzen Untersuchung Grubenbauweise/Bautechnische Probleme" (Studie SR 109) beschäftigt sich mit der unterirdischen Errichtung eines Kernkraftwerkes am Standort „Oberrhein" bei Biblis. Hierbei wird für die Variante „Unterirdische Anordnung eines Kernkraftwerkes" eine ca. 60 m tiefe Baugrube nach der Schlitzwandbauweise zugrunde gelegt. Im folgenden wird diese konkrete Baugrube und das hierbei angewendete Prinzip der Anordnung einer umschließenden, tiefen Dichtwand beschrieben (Abb. 1a).

2. Baugrund Standort „Oberrhein" bei Biblis

Für jede Tiefbaumaßnahme ist die genaue Kenntnis des vor Ort anstehenden Baugrundes und der Grundwasserverhältnisse sowohl für die Wahl des Bauverfahrens als auch für die Planung des Bauablaufes von entscheidender Bedeutung.

Im Gebiet von Biblis liegen mehrere Tiefenbohrungen bis in Tiefen von 100 bis 120 m vor, die einen relativ guten Überblick über den hier anstehenden Baugrund geben (Abb. 1b).

Charakteristisch ist hier, daß verschiedene Grundwasserstockwerke übereinander liegen. Das Grundwasser in den unteren Stockwerken ist gespannt. Die Grundwasser-

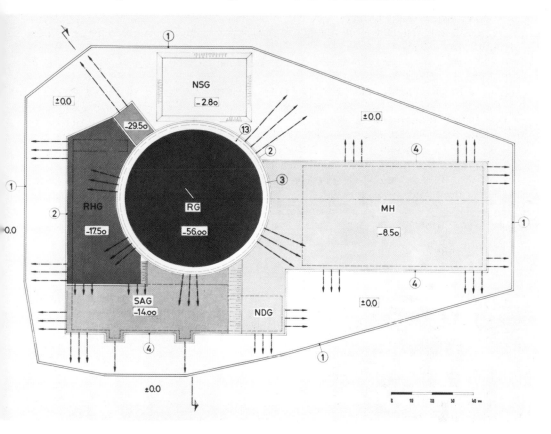

1 = Bentonit-Dichtungswand	RG = Reaktorgebäude
2 = verankerte Schlitzwand	SAG = Schaltanlagengebäude
3 = ausgesteifte Schlitzwand	RHG = Reaktorhilfsanlagengebäude
4 = verankerter Bohrträgerverbau	MH = Maschinengebäude
13 = aussteifender Betondruckring	NDG = Notstromdieselgebäude
= Teil des endgült. Bauwerkes	NSG = Notspeisegebäude

Abb. 1 a. Grundriß eines Kernkraftwerkes mit unterirdischer Anordnung des Reaktorgebäudes.

fließgeschwindigkeit ist in den einzelnen Grundwasserstockwerken unterschiedlich. In den anstehenden Sanden und Kiessanden treten Fließgeschwindigkeiten von einigen Metern je Tag auf. In örtlich vorhandenen gröberen Schichten können jedoch auch wesentlich höhere Fließgeschwindigkeiten vorliegen.

Der Baugrund weist eine starke horizontale Bänderung verschiedenster rolliger Schichten, z. B. Feinsand, Mittelsand, Grobsand bis hin zu Kiesen, teilweise durchsetzt mit Steinen, auf. Zwischen diesen wasserführenden Schichten liegen meterdicke Schluff- und Tonschichten. Insbesondere die Tonschichten gelten im bautechnischen Sinne als wasserundurchlässig, so daß sie die Grenzschicht zwischen den vorerwähnten Grundwasserstockwerken darstellen.

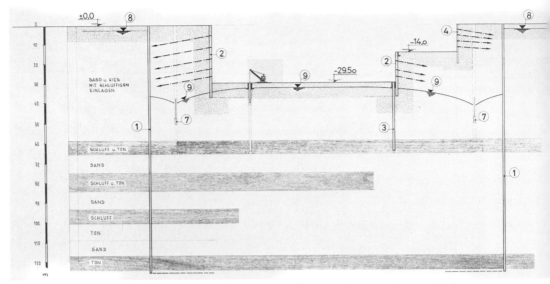

1 = Bentonit-Dichtungswand
2 = verankerte Schlitzwand
3 = ausgesteifte Schlitzwand
4 = verankerter Bohrträgerverbau
7 = Brunnen der Wasserhaltung

8 = äußerer, nicht beeinflußter
      Grundwasserspiegel
9 = innerer, nur im Bauzustand
      abgesenkter Grundwasserspiegel

Abb. 1 b.   Querschnitt Phase 1 zu Abb. 1 a.

3. Tiefe Baugrube und Dichtwandumschließung

Zur Errichtung des kreisrunden Reaktorgebäudes wird eine ca. 60 m tiefe, offene Baugrube mit einem Durchmesser von ca. 70 bis 80 m benötigt. Mit Rücksicht auf die unmittelbar angrenzenden Nachbargebäude wie Schaltanlagengebäude, Reaktorhilfs-anlagengebäude, Maschinengebäude usw. ist es zweckmäßig, die Baugrube für das ge-samte Kernkraftwerk zu konzipieren. Hierbei lassen sich zwei Bauphasen unter-scheiden.

In der B a u p h a s e 1 (Abb. 1b) werden auf der gesamten Baufläche die in ver-schiedenen Tiefen benötigten Baugrubensohlen für die Nachbargebäude und die Haupt-baugrube für das Reaktorgebäude bis zu einer Tiefe von ca. 30 m hergestellt.

Vorher mußte bereits die das gesamte Baufeld umschließende Dichtwand fertig-gestellt sein. Diese Dichtwand bindet in ca. 120 m Tiefe in eine wasserdichte Ton-schicht ein, so daß innerhalb des geschlossenen Topfes das Grundwasser im Bauzustand in erster Stufe bis ca. 40 m unter Gelände abgesenkt werden kann. Hierbei wird der außerhalb der Dichtwandumschließung vorhandene Grundwasserspiegel nicht beein-trächtigt.

In der B a u p h a s e 2 (Abb. 1c) werden weitere Schlitzwände — diesmal als Baugrubenumschließungswände — für die kreisrunde Baugrube des Reaktorgebäudes von der Ebene 30 m unter Gelände bis in Tiefen von ca. 60—65 m hergestellt. Vor dem Ausschachten des Erdreiches innerhalb dieser Schlitzwandumschließung muß das

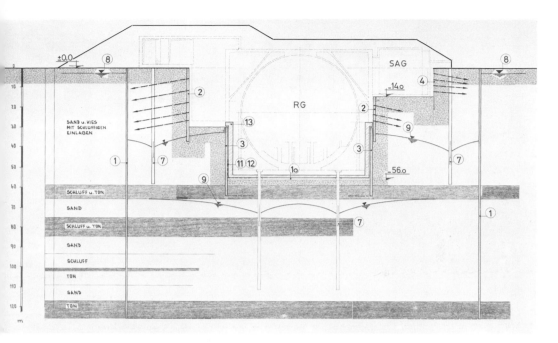

1 = Bentonit-Dichtungswand
2 = verankerte Schlitzwand
3 = ausgesteifte Schlitzwand
4 = verankerter Bohrträgerverbau
7 = Brunnen der Wasserhaltung
8 = äußerer, nicht beeinflußter
　　Grundwasserspiegel
9 = innerer, nur im Bauzustand
　　abgesenkter Grundwasserspiegel

10 = Drainageschicht
11 = Isolierträger
12 = Druckwasserisolierung
13 = aussteifender Betondruckring
　　 = Teil des entg. Bauwerkes

RG　 = Reaktorgebäude
SAG = Schaltanlagengebäude

Abb. 1 c.　Querschnitt Phase 2 zu Abb. 1 a.

Grundwasser in zweiter Stufe bis ca. 65 m unter Gelände abgesenkt werden, damit eine Trockenlegung der offenen Baugrubensohle erreicht werden kann. Nur wenn das Grundwasser unterhalb der offenen Baugrubensohle zuverlässig abgesenkt und entspannt werden kann, kann im Bauzustand ein hydraulischer Grundbruch sicher vermieden werden.

Für die umschließende Dichtwand bringt dieser Bauzustand einen einseitigen Wasserüberdruck von ca. 60 m Wassersäule. Auch hierbei darf der außerhalb der Dichtwandumschließung vorhandene Grundwasserspiegel nicht beeinflußt werden.

Auf konstruktive Einzelheiten, wie Ausbildung und Herstellung der Stahlbetondruckringe zur Aussteifung der Schlitzwand, Ausbildung der Fundamentplatte unter dem Reaktorgebäude und Herstellung der druckwasserhaltenden Isolierung wird im Rahmen dieses Beitrages nicht näher eingegangen (Studie SR 64) (Abb. 1 d).

In einer weiteren Konzeptvariante der Studie SR 64 wurde auch die unterirdische Anordnung des Maschinengebäudes untersucht. Hier liegt die Gründungssohle der

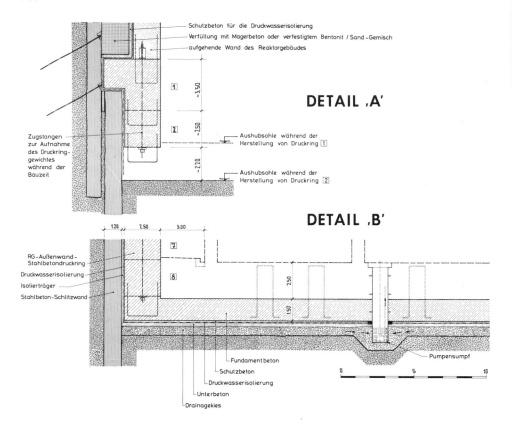

DETAIL ‚A'

Schutzbeton für die Druckwasserisolierung
Verfüllung mit Magerbeton oder verfestigtem Bentonit / Sand-Gemisch
aufgehende Wand des Reaktorgebäudes

Aushubsohle während der Herstellung von Druckring 1

Aushubsohle während der Herstellung von Druckring 2

Zugstangen zur Aufnahme des Druckring-gewichtes während der Bauzeit

DETAIL ‚B'

RG-Außenwand-Stahlbetondruckring
Druckwasserisolierung
Isolierträger
Stahlbeton-Schlitzwand

Fundamentbeton
Schutzbeton
Druckwasserisolierung
Unterbeton
Drainagekies

Pumpensumpf

ÜBERSICHT

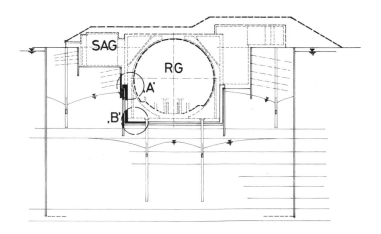

Abb. 1 d.   Konstruktive Details zu Abb. 1 c.

Stahlbeton-Kaverne ca. 30 m unter Gelände. Durch eine entsprechende Erdüberschüttung — eventuell mit Stahlbetonzerschellerplatte — kann ein Schutzpotential gegen äußere Einflüsse erreicht werden, das dem des Reaktorgebäudes voll entspricht (Abb. 2a und 2b).

Auch bei diesem Konzept ist das gesamte Baufeld wieder mit einer umschließenden Dichtwand versehen. Die verschiedenen Bauphasen entsprechen praktisch in allen wesentlichen Details dem vorhin geschilderten Konzept (Abb. 3 und 4).

4. Wasserüberdruck auf Dichtwände — Schutz des Grundwassers

Bereits 1976 hat Prof. Veder — diesen Praktiker und Wissenschaftler kann man mit Recht den Erfinder der Schlitzwandbauweise nennen — über die erfolgreiche Herstellung einer bis 131 m tiefen Dichtwand berichtet (Veder 1971). Zur Abdichtung von wasserdurchlässigen Böden unter einem Staudamm in Kanada mußte hier die Dichtwand wasserdicht in den Fels eingebunden werden. Bei Wasserfüllung des Stausees drückt auf diese Dichtwand ein Wasserüberdruck von max. 92 m Wassersäule (Abb. 5a und b).

Verglichen mit diesem großen Wasserüberdruck ist die Beanspruchung der Dichtwand um ein Kernkraftwerk bei offener Baugrube mit ca. 60 m Wassersäule deutlich geringer. In diesem Bauzustand läßt sich aus der Menge des abzupumpenden Grundwassers innerhalb der Umschließung die Wirkung der Dichtwand ableiten (Abb. 6a).

Sollte trotz sorgfältiger Kontrolle während der Herstellung die Dichtwand nicht ausreichend dicht sein, so könnten in diesem Bauzustand gezielt Nachdichtungen vorgenommen werden.

Im Betriebszustand des Kernkraftwerkes hat die Dichtwand im Regelfall keine Funktion. Erst wenn ein außergewöhnlicher Störfall innerhalb des Reaktors — C-Schmelze — mit direkter Gefährdung des Grundwassers auftreten sollte, dann kann innerhalb der Dichtwandumschließung der Grundwasserspiegel z.B. um 2 m abgesenkt werden. Der hierbei entstehende Grundwasserüberdruck von 2 m Wassersäule außerhalb der Umschließung bewirkt ein Fließen des Grundwassers durch eventuell undichte Stellen der Dichtwand in den Topf hinein, d.h. in keinem Fall kann eventuell kontaminiertes Grundwasser aus dem Topf ausfließen. Damit kann eine Verseuchung des außerhalb der Umschließung vorbeifließenden Grundwassers wirkungsvoll vermieden werden (Abb. 6b).

Umfangreiche Untersuchungen und Berechnungen haben gezeigt, daß die hier bei einem extremen Störfall abzupumpende Menge des eventuell kontaminierten Grundwassers durch die abschirmende Wirkung der umschließenden Dichtwand auf ca. 0,1 bis 0,5 % der Wassermenge zu reduzieren ist, die ohne Vorhandensein einer Dichtwand unter vergleichbaren Bedingungen abzupumpen wäre.

Die relativ geringen Grundwassermengen sind jedoch nur dann nach einem extremen Störfall zu fördern, wenn kontaminiertes Grundwasser nachgewiesen ist. Bekanntlich werden die nuklearen Spaltprodukte vorwiegend durch strömendes Grundwasser innerhalb des Baugrundes transportiert. Da jedoch die Dichtwandumschließung, auch wenn sie im physikalischen Sinn nicht absolut dicht ist, die Grundwasserströmung innerhalb des geschlossenen Topfes verhindert, ist ein Transport von nuklearen Spaltprodukten ausgeschlossen.

Durch zusätzliche tiefe Pegelbrunnen, die innerhalb der Umschließung neben der Dichtwand in regelmäßigen Abständen angeordnet sein können, kann nach einem Stör-

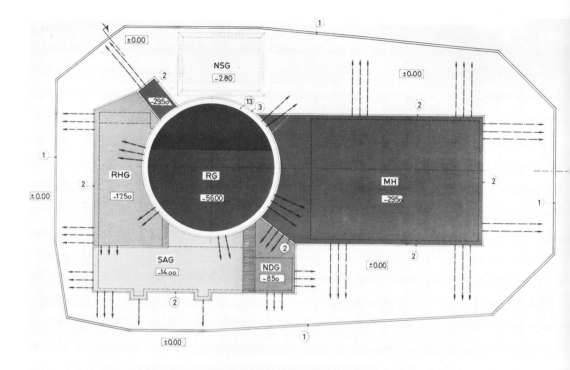

GRUNDRISS

1 = Bentonit-Dichtungswand
2 = verankerte Schlitzwand
3 = ausgesteifte Schlitzwand
13 = aussteifender Betondruckring
    = Teil des endgült. Bauwerkes

RG = Reaktorgebäude
SAG = Schaltanlagengebäude
RHG = Reaktorhilfsanlagengebäude
MH = Maschinengebäude
NDG = Notstromdieselgebäude
NSG = Notspeisegebäude

Abb. 2a. Grundriß eines Kernkraftwerkes mit unterirdischer Anordnung des Reaktorgebäudes und des Maschinenhauses.

fall durch systematische Wasserprobenentnahme nachgeprüft werden, ob vom Zentrum der Verseuchung bis zur Dichtwand kontaminiertes Grundwasser vorgedrungen ist. Erst wenn nachgewiesen ist, daß hier eine Verseuchung vorliegt, ist die Absenkung des Grundwasserspiegels innerhalb der Umschließung durchzuführen und das kontaminierte Grundwasser einer Dekontaminierung zuzuführen.

Ein unterirdisch angeordnetes Kernkraftwerk, das mit einer Dichtwand umschlossen ist, kann im weitesten Sinn als „stillegungsfreundlich" bezeichnet werden. Wenn nach Jahrzehnten ein Kernkraftwerk stillgelegt werden muß, ist es bei dieser Bauweise möglich, das Kernkraftwerk nach Abschaltung des Reaktors ohne weitere aufwendige Sicherheitsmaßnahmen im Erdreich zu belassen. Ein Abbruch der Gesamtanlage ist nicht erforderlich, da die Ausbreitung von nuklearen Spaltprodukten durch fließendes Grundwasser auf Dauer nicht stattfinden kann, da auch die Dichtwand in ihrer Lebensdauer praktisch nicht begrenzt ist.

AUFSICHT

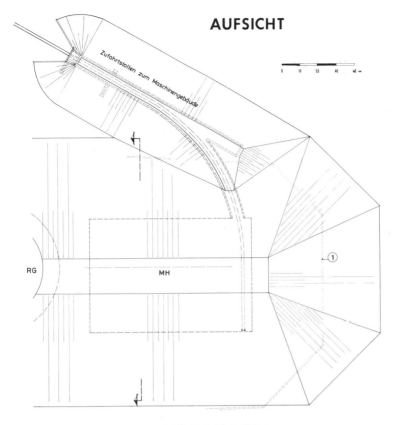

QUERSCHNITT

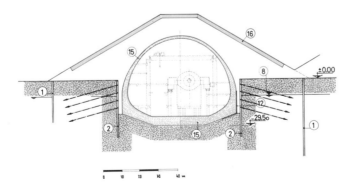

1 = Bentonit-Dichtungswand
2 = verankerte Schlitzwand
8 = äußerer, nicht beeinflußter
    Grundwasserspiegel
12 = Druckwasserisolierung

15 = Konstruk.-Beton der Kaverne
16 = Stahlbeton-Zerschellerplatte

RG = Reaktorgebäude
MH = Maschinengebäude

Abb. 2b.   Aufsicht und Querschnitt zu Abb. 2a.

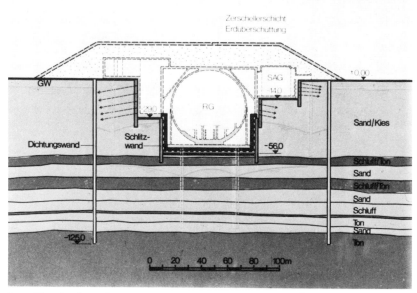

Abb. 3.   Kernkraftwerk mit unterirdischer Anordnung des Reaktorgebäudes.

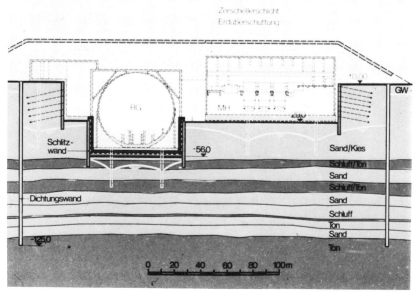

Abb. 4.   Kernkraftwerk mit unterirdischer Anordnung des Reaktorgebäudes und des Maschinenhauses.

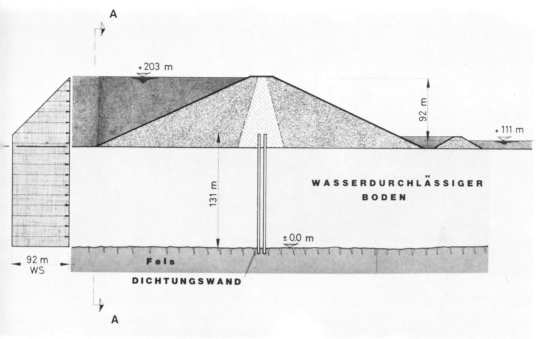

Abb. 5a.   Dichtungswand Dammquerschnitt Manicouagan 3 (Kanada).

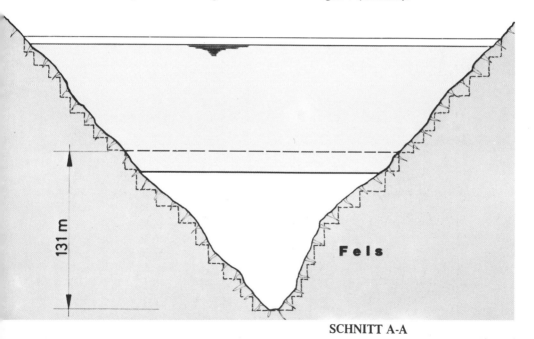

SCHNITT A-A

Abb. 5b.   Dichtungswand Talquerschnitt Manicouagan 3 (Kanada)

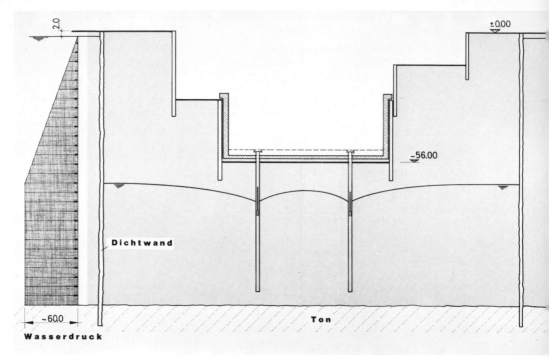

Abb. 6 a.   Wasserüberdruck auf Dichtwand. Bauzustand offene Baugrube.

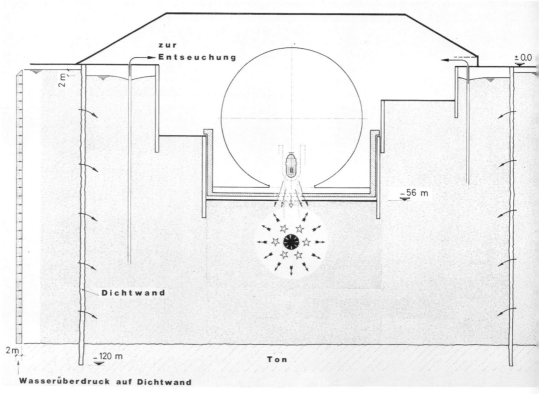

Abb. 6 b.   Wasserüberdruck auf Dichtwand bei außergewöhnlichem Störfall (C-Schmelze).

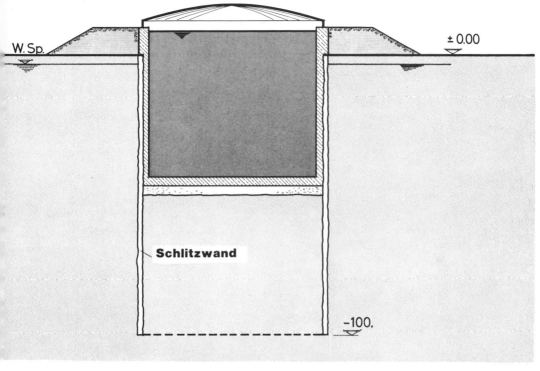

W. Sp.

± 0.00

Schlitzwand

−100.

Abb. 7. Vorratsbehälter Erdöl (Japan).

Abb. 8a. Japanische Schlitzwandfräse —
Gesamtgerät.

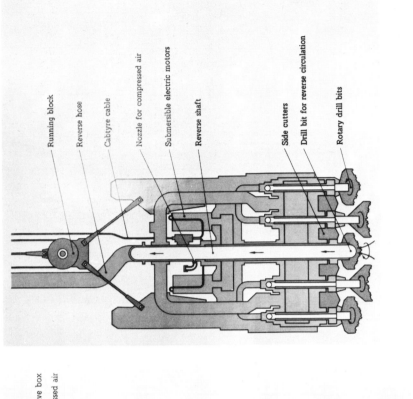

Running block
Reverse hose
Cabtyre cable
Nozzle for compressed air
Submersible electric motors
Reverse shaft

Side cutters
Drill bit for reverse circulation
Rotary drill bits

Abb. 8 c.   Detail japanische Schlitzwandfräse.

Air hose
Control valve box
Compressed air

Deflection indicators

Cabtyre cable for pick-up

Adjustable guide

Pick-up for deflection indicator

Submersible motor drill

Abb. 8 b.   Gesamtschema
japanische Schlitzwandfräse.

Abb. 8 d. Japanische Schlitzwandfräse
– Fräse.

Abb. 8 e.   Detail japanische Schlitzwandfräse – Fräsköpfe.

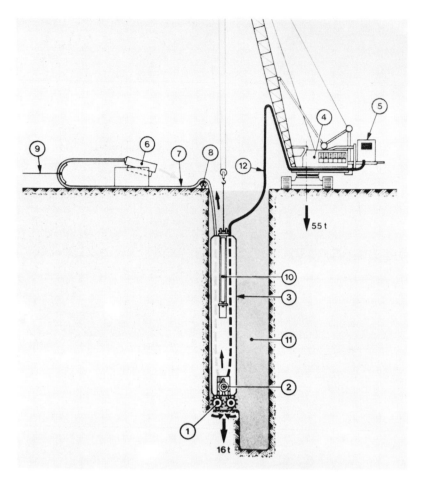

Abb. 9a.   Gesamtschema französische Schlitzwandfräse.

5. Neuere Entwicklungen in der Herstellung tiefer Schlitzwände

Die Methoden der Schlitzwandherstellung entwickeln sich stürmisch weiter.

Begünstigt durch geeignete Baugrundverhältnisse wurden in Japan Schlitzwand-fräsen entwickelt und zum erfolgreichen Einsatz gebracht. Bei mehreren Erdöllager-tanks wurden planmäßig Schlitzwände bis in Tiefen von 100 m sicher hergestellt (Abb. 7). In der Fräse sind sowohl empfindliche Meßgeräte zur ständigen Überprüfung der Sollage beim Abteufen als auch hydraulisch betätigte Steuerplatten angeordnet, die eine zielsichere Führung der Schlitzwandfräse garantieren. So können tiefe Schlitz-wände mit großer Genauigkeit hergestellt werden (Abb. 8a bis 8e).

Beim Einsatz dieser Schlitzwandfräsen können dann Schwierigkeiten auftreten, wenn unvermutete Findlinge und Felsbänke angetroffen werden. In diesen Fällen müs-sen zusätzlich schwere Schlitzwandmeißel und Spezialgreifer eingesetzt werden.

Abb. 9b.   Französische Schlitzwandfräse.

Abb. 9c.   Gesamtschema französische Schlitzwandfräse.

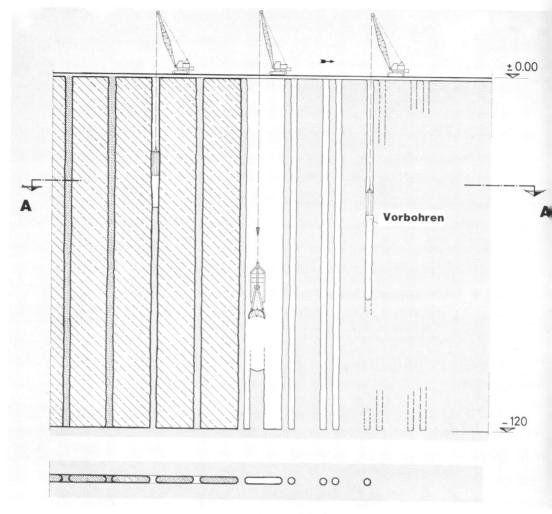

SCHNITT A-A

Abb. 10.   Herstellung tiefe Schlitzwand mit Vorbohren.

Bei einer Schlitzwandbaugrube in München wurde erstmals von der Firma Philipp Holzmann AG eine solche japanische Schlitzwandfräse mit Erfolg eingesetzt.

Eine ähnliche Schlitzwandfräse wurde in Frankreich entwickelt und ebenfalls mit gutem Erfolg bisher eingesetzt. Auch dieses Gerät ist für Schlitztiefen bis 100 m ohne besondere Aufwendungen einsatzfähig. Bei Weiterentwicklung von noch schwereren Gerätetypen lassen sich Tiefen von 150 m sicher erreichen (Abb. 9a bis 9c).

Auch das von Prof. Veder unter dem Staudamm in Kanda angewandte Verfahren der Dichtwandherstellung ist in unserem Hause weiterentwickelt worden. Hierbei wurden folgende Schwerpunkte besonders beachtet:

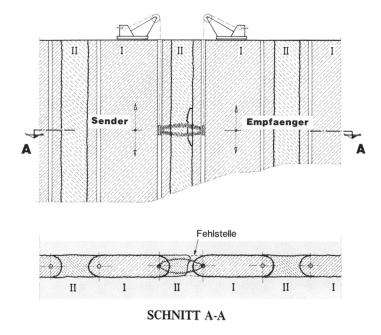

SCHNITT A-A

Abb. 11a.   Ultra-Schall-Messungen zur Überprüfung der Schlitzwandqualität.

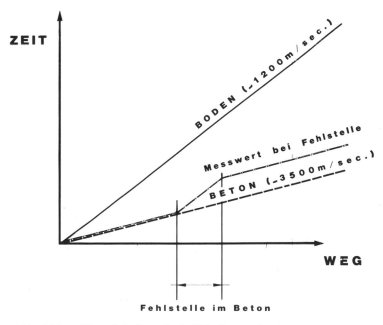

Abb. 11b.   Ultra-Schallgeschwindigkeiten.

- Maßgenaue Herstellung von lotrechten Vorbohrungen unter Verwendung von stützenden Bentonitsuspensionen. Während der Abteufung der Vorbohrungen werden regelmäßig Lotmessungen durchgeführt, um so rechtzeitig Maßabweichungen zu verhindern. Die Vorbohrungen dienen zur Führung der schweren Spezialgreifer zur Herstellung der Primärschlitze (Abb. 10).
- Sorgfältige Schließung der Lücken zwischen den Primär- und den Sekundärschlitzen.
- Nachträgliche Kontrolle mit Ultra-Schall-Messungen zur Überprüfung der kritischen Stellen zwischen Primär- und Sekundärschlitzen (Abb. 11 a und 11 b).

6. Zusammenfassung

Für den Standort „Oberrhein" bei Biblis kann eine ca. 60 m tiefe Baugrube zur Errichtung eines unterirdischen Kenkraftwerkes sicher mit der Schlitzwandbauweise hergestellt werden. Die Bauweise eignet sich sowohl zur Herstellung einer ca. 100 bis 120 m tiefen Umschließungsdichtwand als auch zur Herstellung von Baugrubenumschließungswänden für die ca. 60 m tiefe, offene Baugrube des Reaktorgebäudes. Die Dichtwand ermöglicht im Bauzustand die Trockenlegung der offenen Baugrube, ohne daß das Grundwasser außerhalb des Baufeldes negativ beeinträchtigt wird. Bei einem außergewöhnlichen Störfall − C-Schmelze − wird kontaminiertes Grundwasser wirkungsvoll vom Grundwasser außerhalb des Baufeldes abgeschirmt.

Durch den Einsatz neuer, leistungsfähiger, erprobter Schlitzwandgeräte, gekoppelt mit der Weiterentwicklung von zuverlässigen Meßmethoden ist die Herstellung tiefer Schlitzwände mit hoher Qualität möglich. Sicher verursachen solche Schlitzwände höhere Kosten, jedoch die Möglichkeit, Kernkraftwerke unterirdisch anzuordnen und der Schutz unseres Grundwassers vor möglicher Kontaminierung sollte dies rechtfertigen. Im Vergleich zu den Gesamtkosten eines Kernkraftwerkes sind die hier aufzuwendenden Kosten relativ gering.

Schriftenverzeichnis

Studie der Forschungsgemeinschaft Philipp Holzmann AG/Deilmann-Haniel GmbH, Düsseldorf (1976). − Bautechnische Beurteilung der unterirdischen Errichtung von Kernkraftwerken in einer offenen Baugrube im Boden. − Bundesministerium des Innern; Studie SR 64.

Loers, G. & Pause, H. (1976): Die Schlitzwandbauweise für große und tiefe Baugruben in Städten. − Bauingenieur, 51: 41−58. Düsseldorf.

Veder, Ch. (1971): Beispiele neuzeitlicher Tiefgründungen. − Bauingenieur, 51: 89−91; Graz.

Studie von Lahmeyer International, Frankfurt a.M. (1981): Kosten-Nutzen-Untersuchung Grubenbauweise/Bautechnische Probleme. − Bundesministerium des Innern; Studie SR 109.

Grundbautechnische Probleme bei unterirdischen Kernkraftwerken im Lockergestein

von

Wolfhard Romberg und Herbert Breth

Mit 14 Abbildungen im Text

Kurzfassung

Bei der Gründung von unterirdischen Kernkraftwerken in bis zu 60 m tiefen Baugruben in den Lockergesteinen der Fluß- und Stromtäler sind zum Teil erhebliche Probleme zu erwarten. Neben der Gewährleistung der Stabilität der Baugrube und der Sicherung der Gebäude gegen Setzungen und Setzungsunterschiede stellen die Beherrschung und der Schutz des Grundwassers die schwierigsten und risikoreichsten bautechnischen Aufgaben dar. So wird für den Schutz des Grundwassers die Herstellung von über 100 m tief reichenden Dichtwänden erforderlich, über deren Ausführbarkeit noch keine Erfahrungen vorliegen. Ferner muß festgestellt werden, daß an verschiedenen Standorten auch sehr tiefe Dichtwände alleine noch keine Gewähr für einen unbeeinflußten Grundwasserspiegel außerhalb des Baufeldes bieten.

Abstract

The prospective sites for underground nuclear power plants have been standardized from a soil — mechanical view and the foundation problems have been investigated. Thicker soils are especially found in the river valleys of the Donau and the Rhein with the junctions of their affluents as well as in the north-german coastal regions with the lower course of the rivers Ems, Weser and Elbe. The more than 100 meters thick sediments consist of different series of gravelly sand, silty finesands, silts and clays. It was found to be not able to give a typical subsoil profile valid for larger areas.

For the construction of the 60 m deep excavations, being necessary for a total embedment of the power plants, only the diaphragm wall outside of the excavation pit side is found to be sinfull. This impervious diaphragm wall, which does not have any bearing function, can be made as a slurry wall with clay-concrete. The investigations show that mor than 100 m deep diaphragm walls become necessary to guarantee the safety against hydraulic fracture and to avoid bigger delowering of the groundwater table outside of the construction area. In special cases, although by these deep diaphragm walls major groundwater delowering cannot be excluded.

Beside the guaranty of the stability of the excavation pit and the securing of the plant against the expected settlements and differential settlements, the control of the groundwater grows up to the largest problem of the underground construction method. As of yet, there are no experiences with the performance of slurry walls reaching more than 100 m deep. In view of their feasibility and imperviousness, some severe restrictions must be made which necessitate a test slurry wall.

1. Zielstellung und Randbedingungen

Die für den Bau von unterirdischen Kernkraftwerken im Lockergestein infrage kommenden Standorte wurde aus bodenmechanischer Sicht typisiert und die zu erwarten-

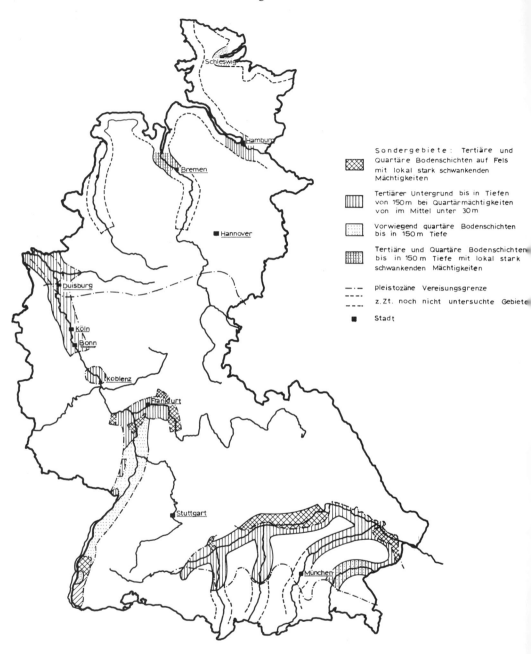

Sondergebiete: Tertiäre und
Quartäre Bodenschichten auf Fels
mit lokal stark schwankenden
Mächtigkeiten

Tertiärer Untergrund bis in Tiefen
von 150 m bei Quartärmächtigkeiten
von im Mittel unter 30 m

Vorwiegend quartäre Bodenschichten
bis in 150 m Tiefe

Tertiäre und Quartäre Bodenschichten
bis in 150 m Tiefe mit lokal stark
schwankenden Mächtigkeiten

—·— pleistozäne Vereisungsgrenze

———— z. Zt. noch nicht untersuchte Gebiete

■ Stadt

Abb. 1. Übersicht über die Geologie in den Fluß- und Stromtälern der BRD.

den grundbautechnischen Probleme aufgezeigt. Es sollen die wichtigsten, bei der Planung zu berücksichtigenden Faktoren wie Sicherung der Baugrube und die offenen Fragen zu Baugrund und Bautechnik zur Diskussion gestellt werden.

Bei der unterirdischen Bauweise wird im wesentlichen unterschieden zwischen der Halbeinbettung mit einer Gründungstiefe des Reaktorgebäudes bis 30 m und der Ganzeinbettung mit rund 60 m Gründungstiefe. Für die übrigen Gebäude der Kraftwerksanlage sind unterschiedliche Gründungstiefen zwischen 10 und 30 m vorgesehen. Die sicherheitstechnisch relevanten Gebäude sollen zum Schutz vor Störfällen und äußeren Einwirkungen bis zu 10 m hoch mit Boden überschüttet werden.

Die Beherrschung des Grundwassers stellt, wie nachfolgend noch gezeigt wird, bei der unterirdischen Bauweise das größte Problem dar. Da bei einer Absenkung des Grundwassers für die Herstellung der 60 m tiefen Baugrube sehr tiefe und weitreichende Absenktrichter zu erwarten sind, die während der mehrere Jahre dauernden Bauzeit zu einem erheblichen Eingriff in den Wasserhaushalt führen, soll im folgenden die Bedingung vorgegeben werden, daß das Grundwasser nicht über größere Zeiträume außerhalb des Baufeldes abgesenkt werden darf.

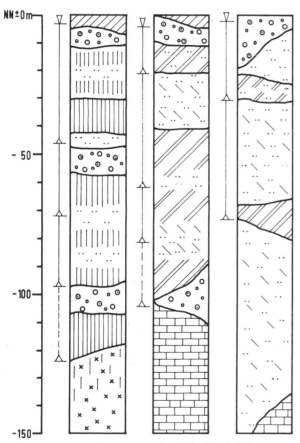

Bodenart	Geol. Bez.	kf-Wert m/s
Lehme		
Kiessande	Quartär	$10^{-4} - 10^{-2}$
Mergel und Feinsande (glimmerhaltig)		$< 10^{-8}$
		$10^{-5} - 10^{-7}$
(einzelne Kiessande)	Tertiär	$(10^{-3} - 10^{-5})$
Tone und Tonmergel		$< 10^{-8}$
Tone, Mergel und Feinsande		
Kalkstein	Jura	
(örtlich Kristallin)		

Abb. 2.   Typische Baugrundprofile Bereich Donau.

2. Übersicht über den Baugrund in den Fluß- und Stromtälern

Mächtigere Überlagerungen des Grundgebirges mit Lockergestein findet man vorwiegend in den Fluß- und Stromtälern von
— Donau mit den Unterläufen von Iller, Lech, Isar und Inn
— Rhein, unterteilt in Oberrheingraben, Mainzer Becken, Mittelrhein mit dem Neuwieder Becken und die Niederrheinische Bucht
sowie in den Norddeutschen Küstengebieten mit dem Unterlauf von Ems, Weser und
Elbe (Abb. 1).

Im Bereich der **Donau** mit den Einmündungen ihrer Nebenflüsse stehen unter nur
wenige Meter dicken quartären Kiesen und Hochflutlehmen mächtige tertiäre Süß-
wasserablagerungen aus Mergeln im Wechsel mit glimmerhaltigen Feinsanden, dem sog.
Flinz über dem jurassischem und örtlich auch kristallinem Grundgebirge an. Örtlich
sind in die Mergel ausgeprägte Kiessand- und Sandschichten eingelagert. Der obere

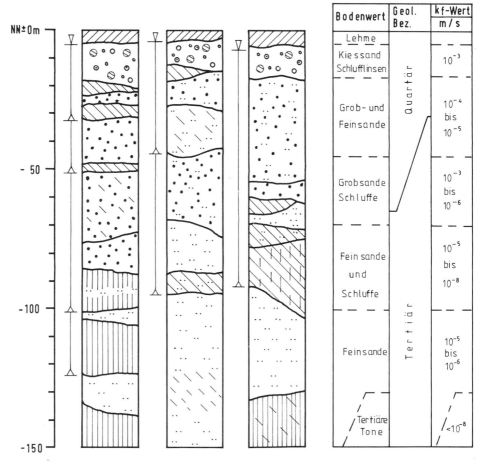

Abb. 3.   Typische Baugrundprofile Oberrheingraben.

Grundwasserspiegel liegt nur wenige Meter tief unter Gelände; mehrere Kluft- und Porenwasserleiter mit gespanntem und mitunter auch sehr ergiebigen Grundwasserhorizonten werden in den tertiären Schichten angetroffen (Abb. 2).

Die mehrere 100 Meter mächtigen quartären und tertiären Sedimente im **Oberrheingraben** bestehen aus Kiessanden und Feinsanden im Wechsel mit dünneren Ton- und Schluffhorizonten von unterschiedlicher Flächenausdehnung. Die Böden werden hier nach der Tiefe zunehmend feinkörniger; während das Quartär noch stark durchlässige Kiesschichten aufweist, überwiegen im Tieferen Sande und schluffige Feinsande. Der obere Grundwasserspiegel korrespondiert mit dem Rhein; verschiedene Grundwasserstockwerke mit bis zum Rhein gespanntem Wasser entstehen durch die in die Sande eingeschalteten Ton- und Schluffschichten (Abb. 3).

Eine Besonderheit innerhalb des Rheingrabens stellen das **Mainzer Becken** mit einer mehr als 100 m mächtigen Wechselfolge von steifplastischen Tonen und Tonmergeln,

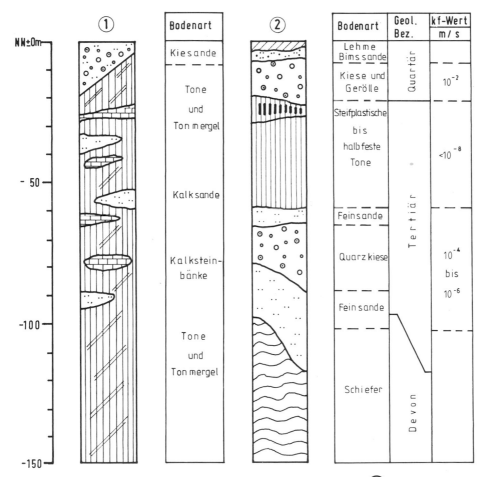

Abb. 4. Typische Baugrundprofile Bereich Mainzer Becken ① und Neuwieder Becken ②.

Kalksteinbänken und Kalksandschichten sowie das den Rhein-Mittellauf unterbrechen-
de **Neuwieder Becken** mit 20 m bis 25 m mächtigen groben Kiesen und Geröllen über
einer mehrere Dekameter dicken Folge von tertiären Tonen, Feinsanden und ver-
backenen Quarzkiesen über dem mehr als 100 m tief abgesunkenen devonischen
Schiefergebirge dar (Abb. 4).

Im Bereich der **Niederrheinischen Bucht** besteht der Baugrund im wesentlichen aus
10 m bis 40 m dicken quartären Kiessanden über einer 100 und mehr Meter mächtigen
tertiären Wechselfolge von Quarzsanden und -kiesen und sandigen Tonen mit einzelnen
Braunkohlehorizonten. Der vortertiäre Untergrund besteht aus Gips, Anhydrit oder
Salz des Zechsteins. Durch den häufigen Wechsel von Sanden und Tonen treten im
Tertiär mehrere gespannte Grundwasserhorizonte auf (Abb. 5).

Der Untergrund im **norddeutschen Küstengebiet** ist im Vergleich zu den vorgenannten Stromtälern durch die mehrfachen Eisvorstöße in den Eiszeiten und die durch Eis-
druck hervorgerufenen Störungen in den Sedimenten noch komplexer aufgebaut. Hier

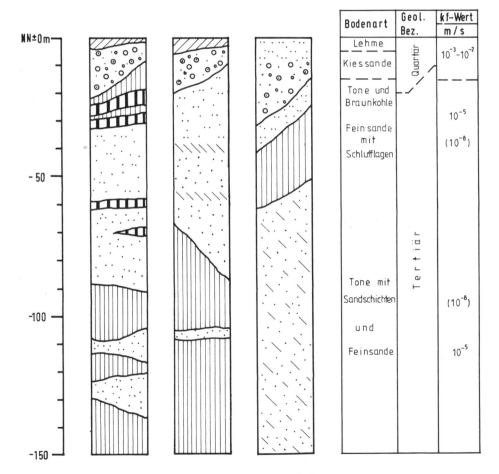

Abb. 5.   Typische Baugrundprofile Bereich Niederrhein.

wechseln unter bis zu 30 m dicke Schlick- und Kleischichten mächtige Tonablagerungen, schluffige Sande und mit Sanden und Kiesen verfüllte Rinnen einander ab. Oberflächennahe quartäre Kiessande sind oft nur noch in Resten vorhanden oder fehlen vollständig. In größeren Tiefen kommen bis zu 20 m dicke Braunkohleschichten vor (Abb. 6).

3. Möglichkeiten der Baugrubenherstellung

Der Aufwand für die Herstellung der 60 m tiefen Baugruben hängt von der Abfolge der einzelnen Bodenschichten und ihrer relativen Lage zur Baugrube sowie von der Festigkeit und Durchlässigkeit der Böden ab. Wie aus der Baugrundübersicht hervorgeht, können alle nur denkbaren Schichtenfolgen im Einflußbereich der Baugrube auftreten, so daß kein allgemeingültiges Baugrubenkonzept aufgestellt werden kann.

Schließt man eine geböschte Baugrube im Schutze einer Grundwasserabsenkung wegen des großen Platzbedarfes, des enormen Aufwandes für Aushub und Wiederver-

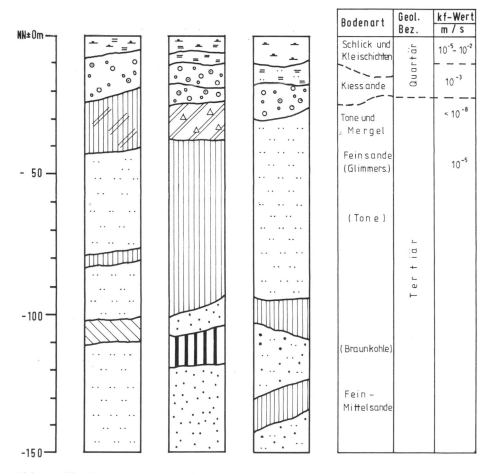

Abb. 6. Typische Baugrundprofile Bereich Norddeutsche Küste.

füllung und der negativen Auswirkungen der Grundwasserabsenkung auf das Umfeld aus, so bieten sich noch folgende Maßnahmen zur Herstellung der Baugrube an:

— Aushub im Schutze einer wasserdichten Baugrubenwand,
— Herstellung von Dichtwänden im Umkreis der Baugrube und Aushub im Schutze senkrechter Baugrubenwände bei abgesenktem Grundwasser,
— Sonderbauverfahren wie Caissongründung mit Druckluft oder Brunnen- und Senkkastengründung (Abb. 7).

Wasserdichte Baugrubenwände, die als Schlitzwände oder Gefrierwände hergestellt werden könnten, beinhalten folgende Nachteile und Risiken, die ihre Anwendung im vorliegenden Fall infrage stellen:

1. Gegenüber bisher erprobten Baugrubenwänden von rd. 30 bis 40 m Tiefe ist mit der mehr als 4-fachen Belastung der Verbauwand zu rechnen. Da sich die Belastung in

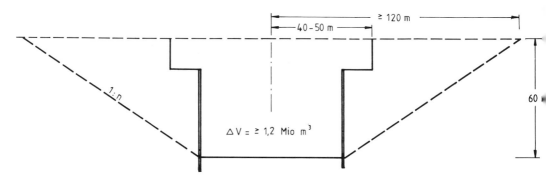

Abb. 7a.　Vergleich geböschte/senkrecht verbaute Baugrube.

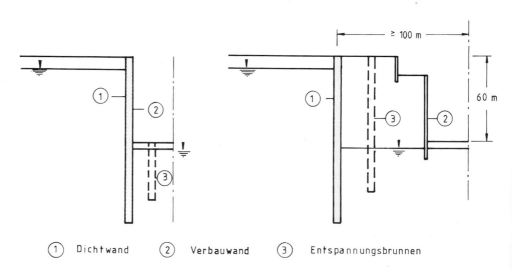

①　Dichtwand　　②　Verbauwand　　③　Entspannungsbrunnen

Abb. 7b.　Wasserdichte Baugrubenwand bzw. Dichtwand außerhalb der Baugrube.

der Tiefe konzentriert, werden hier Verankerungen ausscheiden. Dies um so mehr, als bei tiefen Baugruben größere Verformungen und damit Störungen im Baugrund unter den flach zu gründenden Gebäuden zu erwarten sind.

2. Im Falle von Fehlstellen in der wasserdichten Verbauwand besteht bei dem hohen Wasserüberdruck die Gefahr des unmittelbaren Einbruchs von Wasser und Boden in die Baugrube, die als nicht voraussehbar und nicht beherrschbar angesehen werden muß.

3. Zur Entspannung des Grundwassers unter der Baugrubensohle werden bei ungünstiger Schichtenfolge umfangreiche Entwässerungsmaßnahmen erforderlich, durch die die Gründungsarbeiten in unzumutbarem Maße behindert werden.

Gleichermaßen vorsichtig einzuschätzen sind die verschiedenen Sonderbauverfahren. Druckluftgründungen scheiden bei mehr als 30 m Tiefe aus arbeitsphysiologischen Gründen aus; bei Brunnen oder Senkkasten besteht die Gefahr, daß sich das Bauwerk mit seinen großen Abmessungen verkantet und nicht die geforderte Tiefe erreicht.

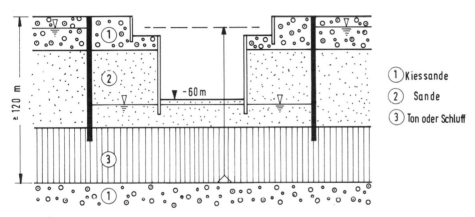

Abb. 8a. Tiefliegende Tonschicht, keine Entspannungsbrunnen.

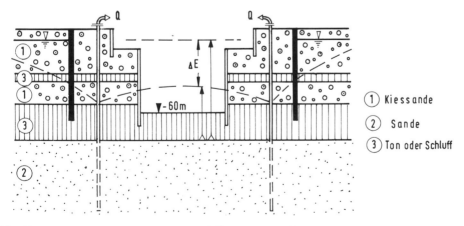

Abb. 8b. Hochliegende Tonschicht und Entspannungsbrunnen.

Damit verbleibt als grundsätzliche Lösung die außerhalb der Verbauwand angeordnete wasserdichte Umschließungswand. Da diese Dichtwand außerhalb des Störungs-
bereiches der Baugrubenwand liegen muß und ferner die Verbauwand vor dem Wasserdruck abschirmen soll, ergibt sich bei der 60 m tiefen Baugrube ein Abstand zwischen
50 und 80 m.

Die Dichtwand, die keine Tragfunktion ausüben muß, kann als Tonbeton-Schlitz-
wand — in Sonderfällen wäre auch eine Gefrierwand denkbar — hergestellt werden. Die
Verbauwand selbst, die innerhalb der Grundwasserabsenkung liegt, kann je nach Größe
des Erddruckes als durchlässige Bohrpfahlwand, als Schlitzwand oder als Trägerhohl-
wand, unter Umständen auch nach der Tiefe gestaffelt, ausgeführt werden.

4. Probleme zur Beherrschung des Grundwassers

Für die nach dem vorgenannten Konzept hergestellte Baugrube ergeben sich je nach
Abfolge der Bodenschichten unterschiedliche Probleme hinsichtlich der Sicherheit
gegen hydraulischen Grundbruch und der Einhaltung der Forderung nach einem möglichst ungestörten äußeren Grundwasserspiegel.

Die Sicherheit gegen hydraulischen Grundbruch und eine vernachlässigbare Beeinflussung des Grundwassers sind nur dann von vornherein gegeben, wenn die Dichtwand
in eine wasserdurchlässige Tonschicht oder gering durchlässige Schluffschicht einbindet, deren Unterfläche etwa 120 m tief unter Gelände liegt (Abb. 8a). Sollten unter
einer höher endenden Tonschicht noch durchlässigere Bodenschichten anstehen, muß
das Grundwasser in diesen Schichten mit zwischen Dichtwand und Verbauwand angeordneten Brunnen abgesenkt werden. Auch in diesem Fall wäre nicht mit einer wesentlichen Beeinflussung des oberen Grundwasserspiegels zu rechnen (Abb. 8b), Einflüsse
auf benachbarte Trinkwassergewinnungsanlagen, die aus diesen Schichten Wasser entnehmen, wären jedoch zu berücksichtigen.

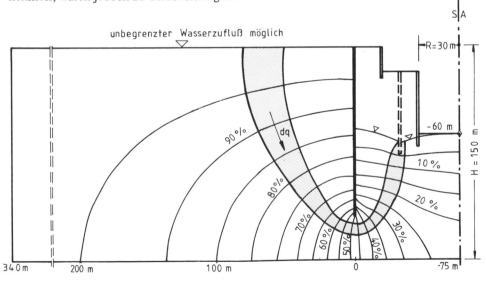

Abb. 9.   Potentialliniennetz, homogener Baugrund $K_h = K_v$,
            $K_{DW} = 0$, $Q = 19 \cdot K$ (m³/s · m).

An vielen Standorten, wie z.B. am Rheinoberlauf und in Teilen des Küstengebietes, wo bis in große Tiefen Sande anstehen, fehlt diese abdichtende Tonschicht, in die eine Dichtwand eingebunden werden könnte. Für den Fall eines homogenen und isotrop durchlässigen Bodens bis in größere Tiefe wäre zur Gewährleistung der Sicherheit gegen hydraulischen Grundbruch eine 120 m tief reichende Schlitzwand erforderlich. Wie die Untersuchungen an einem Strömungsmodell zeigen, sind dann allerdings erhebliche Wassermengen aus der Baugrube abzupumpen. Einen recht niedrigen Durchlässigkeitsbeiwert von $k = 10^{-5}$ m/s angenommen, müßten immerhin noch rund 40 000 m³ Wasser pro Tag abgepumpt werden (Abb. 9). Diese Wassermenge würde sich nahezu verdoppeln, wenn durch Fehlstellen in der Dichtwand diese nur einen k-Wert von einem Zehntel des Bodens erreichen würde oder wenn zum Beispiel die Dichtwand nur 90 m tief ausgeführt werden könnte und zusätzliche Entspannungsbrunnen hergestellt werden müßten (Abb. 10).

Das für diese Betrachtungen verwendete Strömungsmodell mit unbeeinflußtem äußerem Wasserspiegel liegt zwar für die Beurteilung der Sicherheit gegen hydraulischen Grundbruch auf der sicheren Seite, es ist jedoch leicht einzusehen, daß die Bilanz zwischen in der Baugrube abzupumpender und von der Seite zufließender Wassermenge nicht ausgeglichen ist. Durch die Unterströmung der Dichtwand kommt es im homogenen, isotrop durchlässigen Boden zu einer 40 m tiefen Absenkung mit über 1000 Meter Reichweite (Abb. 11). Da Sedimente im allgemeinen nicht isotrop durchlässig sind, wurde der Fall untersucht, daß der Durchlässigkeitsbeiwert in horizontaler Richtung dreimal größer ist als in vertikaler Richtung. Auch in diesem Fall ist außerhalb der Dichtwand noch eine Absenkung des Grundwassers um rd. 30 m, das ist die halbe Baugrubentiefe, zu erwarten. Selbst in dem häufig vorkommenden Fall, in dem noch dickere, stärker durchlässige quartäre Kiessande über den weniger durchlässigen schluffigen Feinsanden anstehen, tritt noch eine deutliche Absenkung um rund 25 m ein (Abb. 12).

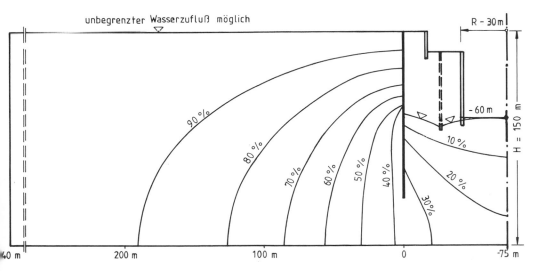

Abb. 10.   Potentialliniennetz, homogener Baugrund, $K_h = K_v$, $K_{DW} = 1/10\,K_h$, $Q = 48\,K$ (m³/s · m).

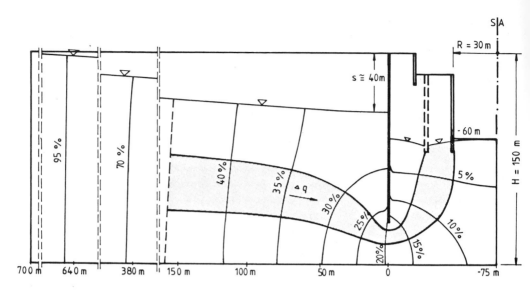

Abb. 11. Potentialliniennetz, homogener Baugrund, $K_h = K_v$, $K_{DW} = 0$, $Q = 8 \cdot k$ (m³/s · m).

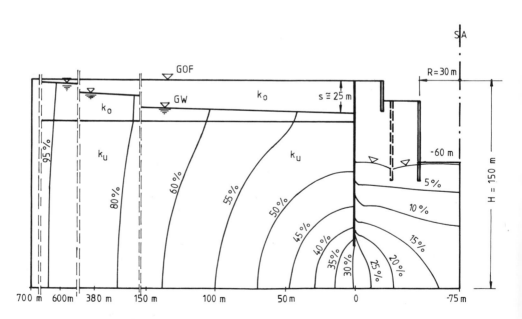

Abb. 12. Potentialliniennetz, geschichteter Baugrund, $k_0 = 10 \cdot k_u$; $k_{DW} = 0$; $K_h = K_v$; $Q = 13 \cdot k_u$ (m³/s · m).

Die Untersuchungen zeigen, daß bei weitgehend homogenem Baugrund oder auch bei ungünstig geschichtetem Boden selbst bei Herstellung einer 120 m tiefen Dichtwand dann noch erhebliche Grundwasserabsenkungen zu erwarten sind, wenn die Dichtwand nicht in eine undurchlässige Schicht eingebunden werden kann. Eine Absenkung wird nur dann verhindert, wenn in den Baugrund undurchlässige Trennschichten oder mächtige Zonen mit grob durchlässigen Böden eingelagert sind. Damit wird deutlich, daß für die Aufstellung eines Konzeptes zur Beherrschung des Grundwassers sorgfältige und umfangreiche hydrogeologische Untersuchungen erforderlich sind.

5. Weitere grundbautechnische Probleme

Neben der Beherrschung des Grundwassers ergeben sich bei den tiefen Baugruben noch weitere grundbautechnische Probleme, die nachfolgend nur angedeutet werden sollen.

Die Aufnahme der Erddruckkräfte kann bei 60 m tiefen Baugruben z.B. durch Ringaussteifungen als gesichert angesehen werden. Allerdings können Probleme hinsichtlich der Stabilität der Baugrube entstehen, wenn unter der Baugrubensohle weichere Tone und Schluffe oder nur mitteldicht gelagerte Feinsande anstehen (Abb. 13). So kann im steifplastischen Ton die Baugrubensohle bereits bei 40 m bis 60 m Aushubtiefe aufbrechen; dies führt zum Ausschluß verschiedener Standorte wie z.B. das Mainzer Becken für die Ganzeinbettung.

Im Zusammenhang mit der Stabilität der Baugrube muß auch die Sohlhebung während des Aushubs gesehen werden, die bei der Belastung durch das Bauwerk und dessen spätere Überschüttung rückgängig gemacht wird und zu größeren Setzungen führt. Im steifplastischen Ton wurden bei 25 m Aushubtiefe bereits 15 bis 20 cm Hebungen gemessen; Erfahrungen bei größeren Baugrubentiefen fehlen sowohl für Tone als auch für Sande. Die Gesamtstandsicherheit der Gebäude und die Setzungen stellen in den Fällen, in denen die Stabilität der Baugrube gegeben ist, keine Probleme bei der unterirdischen Bauweise dar. Selbst Setzungen und Setzungsunterschiede in Dezimetergröße sind nach Erfahrungen mit oberflächennahen Bauweisen durch geeignete Fugenkonstruktionen beherrschbar (Abb. 14).

6. Offene Fragen zu Baugrund und Bautechnik

Wie die vorangegangenen Betrachtungen zeigten, ist die Ausführbarkeit der Kernkraftwerke in unterirdischer Bauweise abhängig von der Abfolge und Tiefenlage der Bodenschichten und von der Ausführbarkeit von 90 bis 120 m tief reichenden wasserdichten Wänden; sie kann damit nicht uneingeschränkt bejaht werden.

Über die Ausführbarkeit von 90 und mehr Meter tiefen Dichtwänden liegen noch keine hinreichenden Erfahrungen vor. Die im Talsperrenbau vereinzelt gemachten Erfahrungen können nicht herangezogen werden, weil es dort vorrangig um einen Druckabbau des aufgestauten Wassers und erst in zweiter Linie um eine vollständige Verhinderung von Wasserverlusten geht. Letztere sind ja auch bei Stauanlagen nicht nachweisbar. Schließt man Pfahlwände wegen der hohen Fugenzahl und der Schwierigkeit des richtungstreuen Bohrens und Gefrierwände wegen des hohen Energiebedarfs und des Restrisikos von Fehlstellen zwischen den dünnen Gefrierlanzen aus, so verbleiben mit Beton oder Tonbeton verfüllte Schlitzwände. Reine Bentonit-Schlitzwände

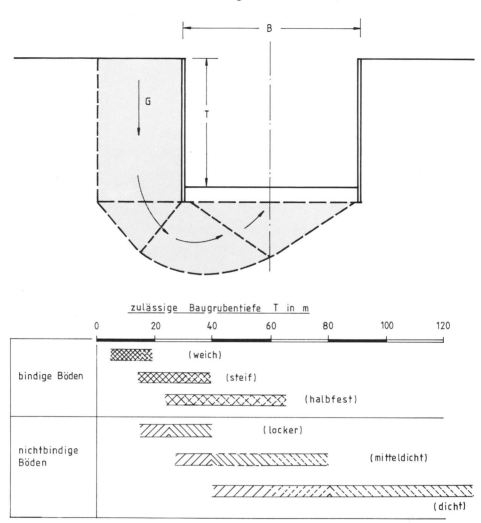

Abb. 13.   Stabilität der Baugrubensohle.

sind zur Aufnahme des Wasserdruckes nicht geeignet, wenn das Bentonit in grobdurch-
lässige Zonen abwandern kann. Das bei Schlitzwandtiefen bis 40 m bewährte Ein-
phasenverfahren, bei dem der Schlitz im Schutze einer Bentonit-Zement-Suspension
ausgehoben wird, die nach etwa 12 Stunden auszuhärten beginnt, wird bei wesentlich
größeren Tiefen an den zu langen Schlitzzeiten scheitern. Bei Austausch der Bentonit-
Stützflüssigkeit durch Beton oder Tonbeton wiederum entstehen bekanntermaßen
größere Probleme der Dichtigkeit der Arbeitsfugen.

    Somit wäre zur Frage der Ausführbarkeit der tiefen Schlitzwände folgendes zu
beantworten:

1. Bleibt der bentonit-gestützte Schlitz in der angestrebten Tiefe standfest?

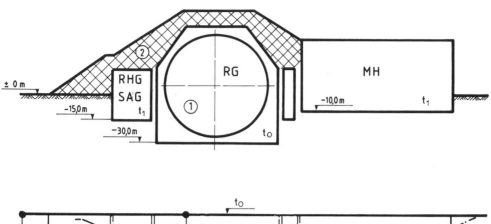

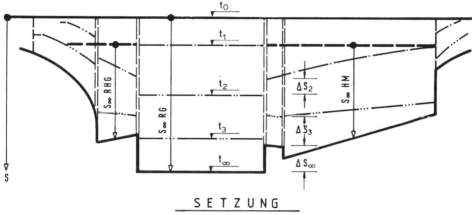

SETZUNG

Legende:

t_0 = Baubeginn RG t_1 = Baubeginn RHG, SAG, MH

t_2 = Rohbauende / Beginn Überschüttung

t_3 = Betriebsbeginn

Abb. 14.   Setzungen und Setzungsunterschiede.

2. Sind die Schlitzzeiten für die Anwendung des Einphasenverfahrens geeignet?
3. Kann ein 120 m tiefer Schlitz ohne unzulässige Abweichungen vom Lot ausgehoben werden und können Abweichungen erkannt und so ausgeglichen werden, daß die Wandelemente fugenlos aneinandergereiht werden können?
4. Besteht die Möglichkeit, ein Verfahren zur Nachprüfung der Dichtigkeit und zur Ortung von Fehlstellen zu entwickeln?

Nicht zuletzt gewinnen diese Fragen dann an Bedeutung, wenn mit der Dichtwand auch ein Schutz des Grundwassers gegen Kontaminierung während des Betriebes erreicht werden soll.

Zur Klärung der offenen Fragen bei der Herstellung einer 100 m bis 120 m tiefen Dichtwand halten wir daher einen Großversuch mit klar definierten Randbedingungen für unerläßlich.

Bei unseren Untersuchungen über die Standortmöglichkeiten für Kernkraftwerke in unterirdischer Bauweise haben wir ferner festgestellt, daß bei den meisten Standorten keine ausreichend tiefen Baugrundaufschlüsse vorliegen. Insbesondere fehlen Angaben über Festigkeit und Verformbarkeit der Böden unterhalb der Baugrubensohle und genaue hydrogeologische Daten, mit denen die Auswirkungen der Baugrube auf das Grundwasser zuverlässig vorausbestimmt werden könnte. Aussagen zur Machbarkeit der Ganzeinbettung sind daher heute nur mit Einschränkungen möglich. An ausgewählten Standorten wären hierzu gezielte Baugrunduntersuchungen bis in wenigstens 150 m Tiefe sowie die zuvor erwähnte Probeschlitzwand erforderlich.

Characteristics of Earthquake Motions Around Underground Powerhouse Caverns

by

Hiroya Komada, Masao Hayashi, Yoshitada Ichikawa and Yoshiaki Ariga

With 11 figures in the text

Abstract

The underground siting nuclear power plants have been studied at the basic policy for effective utilization of the country in Japan. One of the merits is that the input seismic motions of an earthquake for the underground sites are estimated to be less than these for current on-ground sites. However, we have few detailed seismic records around large underground caverns at present. Therefore we have carried out the seismological observations at the several underground caverns of the hydroelectric power stations. In this paper the results of the seismic observation are described.

1. Introduction

We have often severe earthquakes in Japan. It is indispensable for realizing the underground siting nuclear power plant to verify the integrity of underground caverns during severe earthquakes.

For the above problem, the characteristics of underground earthquake motions should be made clear and the behaviours of the underground caverns during earthquakes should be examined. Furthermore, the analysis methods of the earthquake resistant design should be established, and the safety of the underground caverns should be estimated quantitatively. Consequently, the seismological observations at the underground caverns of the hydroelectric power stations have been carried out in Japan.

2. Seismological observation points

The seismological observations have been carried out at six underground hydroelectric power station in Japan as shown in Fig. 1. Besides, the observations have been planned in the future at three underground hydroelectric power stations. In this report the results observed mainly at Shiroyama power station and Numappara power station are described.

The locations of the accelerometer and the dynamic strain meter of Shiroyama power station are shown in Fig. 2. The accelerometers have been located at three points on the ground surface, at two points in the underground and at four points in the underground cavern. The measuring components of each observation point are X, Y and Z direction, in which X denotes the longitudinal axis of underground power station (N $44°$ E), Y denotes cross axis (N $46°$ W) and Z denotes vertical direction. Dynamic strain meters have been located at five points in the underground cavern

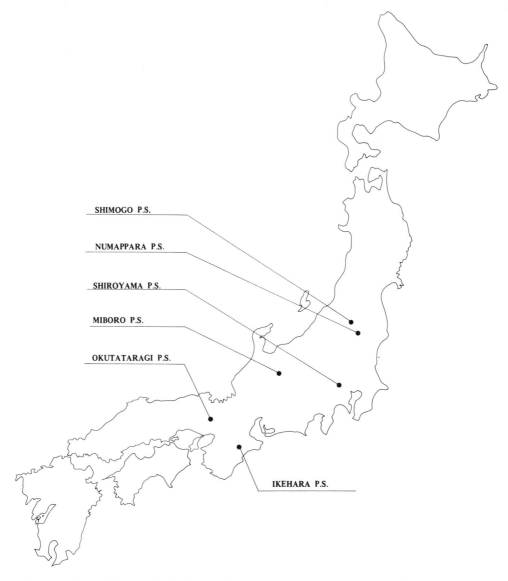

Fig. 1.   Observation points in Japan (Hydraulic underground power station).

and at one point in underground. The thickness of the earth covering above the cavern is about 200 m.

The locations of the seismometer of Numappara power station are shown in Fig. 3. The seismometers have been located at one point on the ground surface at one point in the underground and at two points in the cavern. Two seismometers in this cavern have been located at both side walls of the cavern with the object of examining the

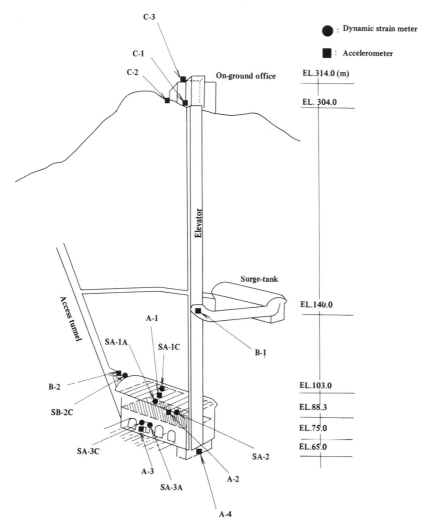

Fig. 2.   Location of observation points at Shiroyama p.s.

oscillation mode of the cavern. The measuring components of each observation point are E–W, N–S and U–D direction. The thickness of the earth covering above this cavern is about 250 m.

3. Observed result

The following results were obtained from the observations mentioned above.

(1) The ratios of maximum horizontal acceleration for underground to ground surface at Shiroyama power station are about $\frac{1}{3}$ to $\frac{1}{2}$, but concentrating around $\frac{1}{2}$ as shown in Fig. 4. And, the above ratios of the vertical acceleration are approximately $\frac{1}{2}$ to 1.

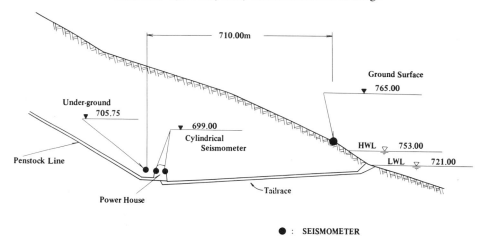

Fig. 3.   Location of observation points at Numappara p.s.

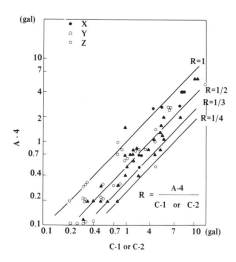

Fig. 4.   Relation of max. acceleration between the ground surface (C-1 or C-2) and the underground cavern bottom (A-4) at Shiroyama p.s.

On the other hand, the above ratios of the horizontal acceleration of Numappara power station are about $\frac{1}{3}$ as shown in Fig. 5.

(2) The ratios of maximum horizontal displacement for underground to ground surface are less than 1. But these amplitudes are very small in comparison with those of on-ground power station.

(3) The accelerations are amplified a little in the underground power station as shown in Fig. 6. But these amplitudes are very small in comparison with those of on-ground power station.

(4) The cavern short axis accelerations are observed to be larger than the cavern long axis as shown in Fig. 7. Consequently, it seems to be reasonable that the earthquake resistant designs of the cavern have been carried at the section along the cavern short axis.

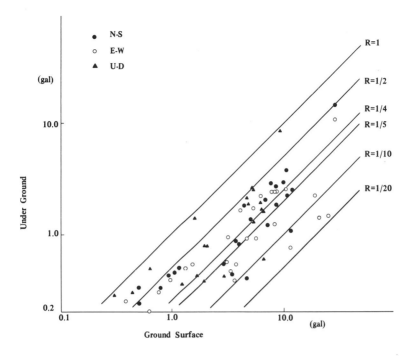

Fig. 5.   Relation of max. acceleration between the ground surface and the underground cavern at Numappara p.s.

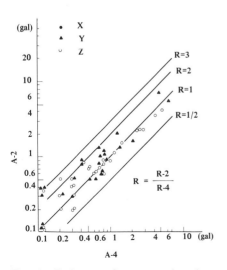

Fig. 6.   Relation of max. acceleration between the bottom (A-4) and the middle height (A-2) of the underground cavern at Shiroyama p.s.

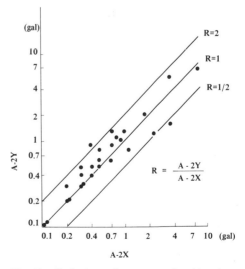

Fig. 7.   Relation of max. acceleration between the cavern long axis (A-2X) and the cavern short axis (A-2Y) of the underground cavern at Shiroyama p.s.

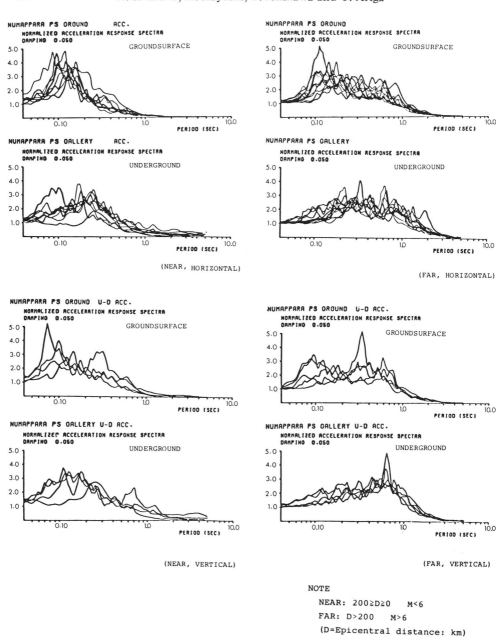

Fig. 8.   Response spectra at Numappara p.s.

(5) The shape of the seismic spectrum of the underground is simplified compared with that of the ground surface at Numappara power station as shown in Fig. 8. The period of the underground earthquake motion is longer than that of the ground surface.

(6) The amplitude ratios of the power spectrum of ground surface to underground at Numappara power station are shown in Fig. 9. The amplitude ratios of the vertical acceleration are less than these of the horizontal acceleration and the amplitude ratios of the displacements are less than those of the accelerations. The amplitude ratios of the vertical displacement are nearly equal to one.

(7) The phase correlations according to quaking components between east wall and west wall of the underground cavern at Numappara power station are shown in Fig. 10. The both side walls of the underground cavern quake with same phase for most earthquakes but with inverse phase for some earthquakes as for horizontal movement. On the other hand, the both side walls do not quake with inverse phase for all earthquakes as for vertical movement.

(8) The distributions of dynamic strain at the underground cavern at each time during the typical near distant earthquake at Shiroyama power station are shown in

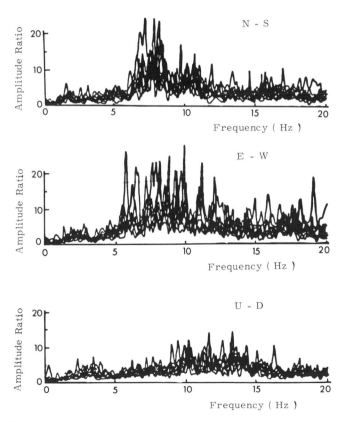

Fig. 9.   Amplitude ratio of the power spectrum of ground surface to underground at Numappara p.s.

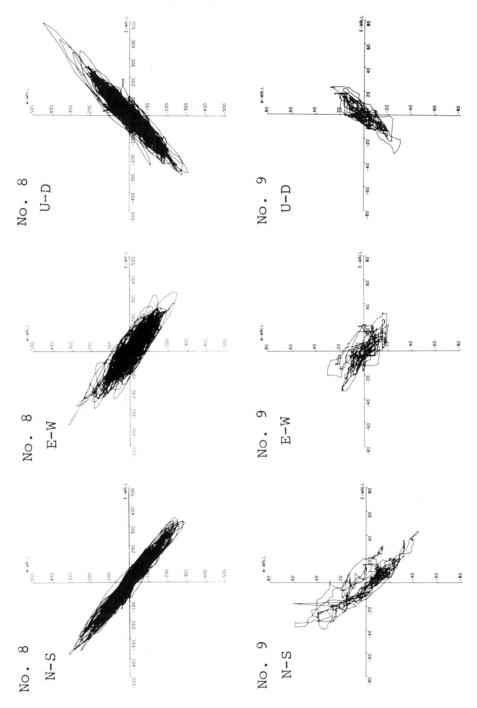

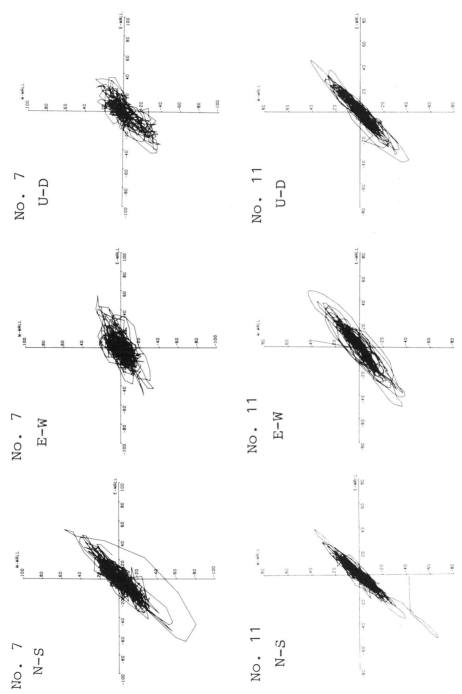

Fig. 10. Phase correlation according to the shaking component between east wall and west wall at Numappara p.s.

Fig. 11. The oscillation modes of the underground cavern are not shear vibration, but uniform vibration with tension and compression in the direction of the cavern long axis or the cavern short axis.

4. Conclusion

We have not obtained the perfect analytical simulation method for these behaviours of the real underground cavern yet, but have obtained the useful results by using the two or three dimensional finite element method.

We will promote to establish a seismic design method for the underground cavern by the verification of the analytical simulation method and the examination of the characteristics of the rock mass during earthquakes.

Discussion

Question from Mr. Langer to Mr. Komada:

From your experience and measurements, can you tell us details of specific differences in dynamic response of different rock types, special with regard to the joint spacing of these rocks?

Response of Mr. Komada:

The six underground caverns in Fig. 1 had been excavated in own different rock types. But it has been observed that the characteristics of earthquake motions around

1) At 12.0 sec of analysis section

2) At 16.2 sec of analysis section

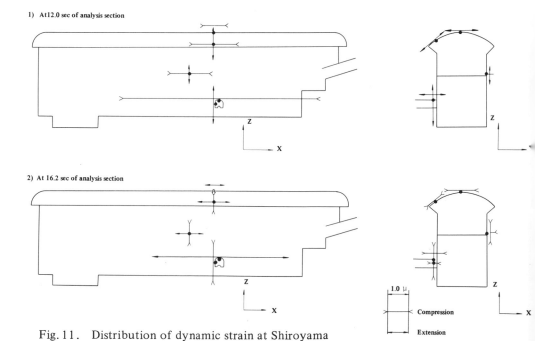

Fig. 11.   Distribution of dynamic strain at Shiroyama underground cavern at each time during earthquake.

the underground caverns have been similar in their character. Since large caverns will be constructed in sound rock, dynamic behavier of cavern wall seems to be controlled by more topographical conditions, whether the cavern located in mountainous or flat, deep or shallow, rather than geological or detailed geologic structure.

Question from Mr. F. Muzzi, CNFN-DISP, Italy, to Mr. Komada:
   The data showed maxima acceleration not greater than 10 gal. Are you aware of Japanese similar data for higher accelerations?

Response of Mr. Komada:
   The seismological observations have been made at six underground hydroelectric power stations in Japan as shown in Fig. 1. The maximum acceleration observed at the underground power stations is 14.5 gal at the underground cavern and 30.3 gal at the ground surface of Numappara power station, of which the Magnitude is 5.5 and the hypocentral distance is 124 km. The greatest earthquake we had observed is Magnitude 7.4 named Miyagi-ken oki earthquake.

Question from Mr. P. Duffaut to Mr. Komada:
   What is the maximum intensity registrated on the sites investigated (along Mercalli or MSK scale)?

Response of Mr. Komada:
   The maximum acceleration observed at Shiroyama power station is 6.2 gal at the underground cavern and 16.7 gal at the ground surface. The value at Numappara power station is 14.5 gal at the underground cavern and 30.3 gal at the ground surface. These acceleration value shows magnitude V or VI after Mercalli.

Question from Mr. D. Costers to Mr. Komada:
   Did you compare the earthquake motions of cavern walls with the motion of deep rock in small tunnels or drills?

Response of Mr. Komada:
   It is considered that the accelerometer of B-1 point and B-2 point at Shiroyama power station in Fig. 2 will be located in small tunnels and be not effected by the large cavern. On the other hand, it is considered that the accelerations of A-2 point will be effected by the cavern.
   It has been observed that the accelerations of A-2 are greater than these of B-1 and B-2 by 10% of them.
   The underground seismometers at Numappara power station are settled in the gallery (EL. 705.75 m) and on the cavern wall (EL. 699.0 m), as shown in Fig. 3.
   Comparing with their power spectra analysed on the results of displacement records, they agree both on the primary predominant frequency and the shape of power spectra for almost all the earthquakes. But at the largest earthquake of Miyagi-ken oki, having Magnitude of 7.4, it does not agree on the shape of power spectra. Though the shape in the gallery is simple with a peak of 0.5 Hz, the records on the cavern wall has many other nature frequencies contents between 2 Hz and 5 Hz. Thus it seems to be dimensional effects to the large earthquake motions.

Standortmöglichkeiten für unterirdische Kernkraftwerke im Fels aus ingenieurgeologisch-felsmechanischer Sicht

von

Arno Pahl und Hans Joachim Schneider

Mit 9 Abbildungen im Text

Abstract

For siting of underground nuclear power plants in rock it is necessary to investigate the siting possibilities on slopes in pits or in caverns. From the engineering-geological and rock-mechanical point of view it is essential to discuss the technical realization of mined caverns, constructions in the rock and the protection effect of the rock at internal accidents and external hazards.

The experiences and the position of the rock construction technics are shown with regard to the underground siting of pressurized water reactor nuclear power plants with a mined reactor cavern of 65 m in diameter.

The evaluation of an underground area for the site selection demands fundamental engineering-geological and rock-mechanical studies. According to this aspect the rock types existing in the Federal Republic of Germany allow a division into 3 basis-rock-types that means type 1 "Quartzit", type 2 "Schist" and type 3 "New Red Sandstone".

For the preliminary evaluation of siting possibilities the Federal Institute for Geosciences and Natural Resources set up engineering-geological and rock-mechanical criteria according to this the rock is allied into 3 classes.

On the basis of a preliminary site standardization and preexplorations a rough selection of sites which will come into consideration could be realized. The theoretical studies executed up to now will lead to positive results and must now be completed by practical in-situ investigations, particularly for the siting of caverns. For these practical investigations a program has been developed and briefly discussed.

Kurzfassung

Standortmöglichkeiten für unterirdische Kernkraftwerke (UKKW) im Fels werden für die Bauweise in einem Felshang in Baugruben oder in Kavernen untersucht. Aus ingenieurgeologisch-felsmechanischer Sicht muß die t e c h n i s c h e R e a l i s i e r -b a r k e i t d e r F e l s b a u t e n und die S c h u t z w i r k u n g v o n F e l s bei inneren und äußeren Beanspruchungen beurteilt werden.

Erfahrungen und Stand der Felsbautechnik werden im Hinblick auf die unter-irdische Anordnung eines Druckwasserreaktor-Kernkraftwerks mit einer Reaktor-kaverne von ca. 65 m Durchmesser erläutert.

Die Beurteilung eines unterirdischen Gebiets für die Standortwahl erfordert inge-nieurgeologisch-felsmechanische Grundlagen. Danach lassen die in der Bundesrepublik Deutschland anzutreffenden Felsarten eine Unterscheidung von 3 Basis-Gebirgstypen zu, nämlich Typ 1 „Quarzit", Typ 2 „Schiefer" und Typ 3 „Buntsandstein".

Für die vorläufige Abschätzung von Standortmöglichkeiten sind von der Bundes-anstalt für Geowissenschaften und Rohstoffe (BGR) ingenieurgeologisch-felsmechanische Kriterien erarbeitet worden, nach denen das Gebirge 3 Klassen zugeordnet wird.

Aufgrund einer vorläufigen Standorttypisierung und Vorerkundungen konnte eine grobe Selektion von grundsätzlich in Frage kommenden Standorten vorgenommen werden.

Die bisher durchgeführten theoretischen Studien, die im ganzen gesehen positive Ergebnisse erwarten lassen, müssen jetzt, besonders für eine Bauweise in Kavernen, durch praktische in-situ Untersuchungen ergänzt werden. Für diese praktischen Untersuchungen wurde ein Programm erarbeitet und kurz erörtert.

1. Überblick

Die Untersuchung und der Nachweis von Standorten für unterirdische Kernkraftwerke unter den Voraussetzungen bestimmter Kraftwerkstypen und Bauweisen haben die Ingenieurgeologie und Felsmechanik vor neue Aufgaben gestellt. Standortmöglichkeiten im Fels sind vor allem für die Bauweise in einem Felshang als Baugrube (B) oder als Kaverne (C) zu untersuchen (Abb. 1).

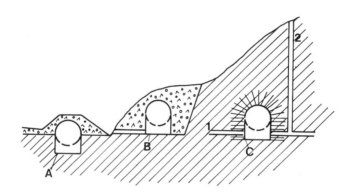

Abb. 1.   Untertägige Anordnung von Kernkraftwerken in Grubenbauweise (A), Hangbauweise mit Überschüttung (B) und Kavernenbauweise (C).

Aus ingenieurgeologisch-felsmechanischer Sicht muß die t e c h n i s c h e R e a l i - s i e r b a r k e i t d e r F e l s b a u t e n und die S c h u t z w i r k u n g v o n F e l s gegen innere und äußere Beanspruchungen beurteilt werden.

Im einzelnen sind folgende Fragen zu beantworten:
— Welche Anforderungen muß der Fels erfüllen, um eine unterirdische Bauweise zuzulassen und zusätzlichen Schutz zu geben?
— Wie groß ist die Schutzwirkung des Gebirges?
— Wie schnell breiten sich radioaktive Freisetzungen im Fels aus?
— Kann die Schutzwirkung von Fels und die Standsicherheit großer Felskavernen durch technische Maßnahmen verbessert werden?
— Wie verhält sich der Fels über längere Zeit und sind nachträgliche Verstärkungen möglich?

2. Erfahrungen und Stand des Felsbaus

In den vergangenen Jahrzehnten konnten Ingenieurgeologen und Felsmechaniker durch die zunehmende Größe von Felsbauten und die oft hohen Anforderungen an den Fels neue Untersuchungsmethoden entwickeln und umfangreiche Erfahrungen sammeln. Bei Bauwerksplanungen wird heute der Fels als umgebender Baustoff mit einbezogen, in Tunneln und Kavernen ist der Fels als tragendes Gewölbe ein Teil des Gesamtbauwerks. Jeder Eingriff in das Gebirge verändert aber das meistens vorhandene Gleichgewicht der Kräfte und löst Spannungsänderungen aus. In einem homogenen und isotropen Material lassen sich diese Veränderungen relativ leicht bestimmen, in einem geologisch vorbeanspruchten inhomogenen Gebirgskörper sind Untersuchungen und Vorausberechnungen noch schwierig. Oft ist der Gebirgskörper von Klüften, Störungen und Schieferungsflächen in Einzelkörper zerlegt, so daß je nach Durchtrennung, Auflockerung, Gebirgsspannungen und Wassereinflüssen ein unterschiedliches felsmechanisches Verhalten zu erwarten ist. Deshalb ist die Kenntnis des geologischen Aufbaus und der felsmechanischen Eigenschaften eine unabdingbare Voraussetzung für die Beurteilung, Planung und Durchführung unterirdischer Bauweisen im Fels.

Am deutlichsten werden die angeschnittenen Probleme bei der unterirdischen Anordnung eines Kernkraftwerks in Felskavernen. Auf Standortmöglichkeiten für diese Anordnung wird im folgenden beispielhaft etwas näher eingegangen.

Grundlage einer Studie der Bundesanstalt für Geowissenschaften und Rohstoffe bildet die unterirdische Anordnung eines Druckwasserreaktor-Kernkraftwerks 1300 MW el. Energie, Typ Grafenrheinfeld, wofür der Felshohlraum zur Aufnahme des Reaktorgebäudes ca. 65 m Durchmesser haben müßte (Abb. 2). Felshohlräume dieser Größe sind bisher ingenieurmäßig nicht gebaut worden. Die vom Querschnitt bisher größte

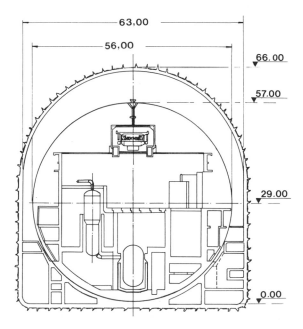

Abb. 2.   Querschnitt einer Reaktorkaverne (nach einer Studie des Ing.-Büros Bung).

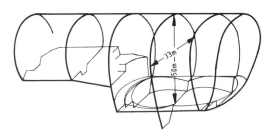

Abb. 3.   Felskaverne des Pumpspeicherwerkes Waldeck II mit Spritzbetonausbau und Felsankern.

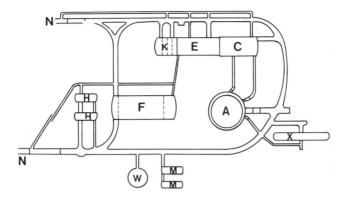

Abb. 4. Lageplan der unterirdischen Kraftwerksanlage nach einer Studie des Ing.-Büros Bung; Reaktorkaverne (A), Reaktorhilfskaverne (C), Notstromerzeugungskaverne und Kaltwasserzentrale (K), Maschinenkaverne (F), Schaltanlagenkaverne (E), Maschinentrafokaverne (H), Nebenkühlwasserpumpenkaverne (M), Notspeisekaverne (X), Wasserschloß (W), Hauptzufahrten (N).

Kaverne (1400 m²) ist die des Pumpspeicherwerks Waldeck II, deren Abmessungen ca. 33 m Breite, max. 54 m Höhe und 106 m Länge betragen. Diese Kaverne (Abb. 3) wurde ohne ein Betongewölbe in der Firste gebaut. Schwere Felsanker von annähernd 25 m Länge und 135 Mp Vorspannung verstärken die Tragwirkung des Gebirges und sichern die Erhaltung des natürlichen Gewölbes. Ausrundungen in den Ulmen und den Stirnseiten der Kaverne verhindern Spannungskonzentrationen und tieferreichende Auflockerungen sowie größere Verformungen des Gebirges. Der Felsausbruch erfolgte schonend, um den Gebirgsverband möglichst wenig aufzulockern.

Für das unterirdische Kernkraftwerk müssen aber außer der Reaktorkaverne zahlreiche weitere große Felshohlräume und Tunnel gebaut werden, wofür ein relativ großes Gebirgsareal (Abb. 4) mit geeignetem geologischen Aufbau vorhanden sein muß.

3. Ingenieurgeologisch-felsmechanische Grundlagen und Standortmöglichkeiten in der Bundesrepublik Deutschland

Die Beurteilung eines unterirdischen Gebietes für die Standortwahl erfordert ingenieurgeologisch-felsmechanische Grundlagen.

Allgemein regionale Standortbedingungen, vor allem Nähe zu Flüssen mit ausreichender Wasserführung, müssen zunächst erfüllt sein. Die ingenieurgeologisch-geotechnische Bewertung der Gebirgseigenschaften eines in Aussicht genommenen Standorts beginnt auf der Basis vorhandener Unterlagen, insbesondere geologischer Karten und übertägiger Aufschlüsse, z.B. Steinbrüche, natürliche und angelegte Felsböschungen. Im gegenwärtigen Projektstadium ist die Beurteilung als abschätzende und relativierende Standortbewertung ausgelegt. Für die Standortbewertung zum Zweck einer konkreten Bauwerksplanung und -durchführung sind in jedem Fall spezielle Untersuchungen erforderlich.

GEBIRGS-KLASSE BEWER-TUNGSKRIT.	GEBIRGS-KLASSE I	GEBIRGS-KLASSE II	GEBIRGS-KLASSE III
STANDSICHERHEIT — GEBIRGSFESTIGK. GESTEINSFESTIGK.	~ 1	$\sim \dfrac{1}{2}$	$\sim \dfrac{1}{5}$
AUFLOCKERUNG	TIEFE ≤ 2 m $\delta_{versch} \leq 30$ mm	TIEFE ≤ 5 m $\delta_{versch} \leq 60$ mm	TIEFE ≤ 10 m $\delta_{versch} \leq 100$ mm
DURCHTRENNUNG	WEIT (> 600mm)	MITTEL (600 - 200mm)	ENG (<200mm)
RHEOLOGISCHES VERHALTEN	KEINE ZEITABHÄN-GIGEN VERFORMUNGEN	ÖRTLICH ZEITABHÄN-GIGE VERFORMUNGEN	ZEITABHÄNGIGE VERFORMUNGEN
PRIMÄRSPG.	$0{,}7 \leq \lambda \leq 1{,}5$	$0{,}3 \leq \lambda \leq 0{,}7$	$\lambda \begin{cases} \langle 0{,}3 \\ \rangle 1{,}5 \end{cases}$
AUSBRUCH	PROFILGENAU; GROßER QUERSCHNITT	PROFILGENAU; ABBAU-HOHE U. TIEFE BEGRENZT	MEHRAUSBRUCH; GERINGE ABBAUHÖHEN UND - TIEFEN
AUSBAU	SPRITZBETON; LEICHTE FLÄCHENANKERUNG AUSBAUWIDERSTAND: W < 0.5 BAR	BEWEHRTER SPRITZBE-TON ; SYSTEMANKERUNG BIS 25m 0,5 < W < 1.5 BAR.	STARK BEWEHRTER SPRITZ-BETON; SCHWERE SYSTEM-ANKERUNG > 25m 1,5 < W < 2,5 BAR
BERGWASSER	<200 l/MIN	< 500 l/MIN	>500 l/MIN VORTRIEB UND SICHE-RUNG DURCH WASSER-ANDRANG BEHINDERT
ERDBEBENZONE	O	I und II	III
SCHUTZ-WIRKUNG	GERINGE ÖRTLICHE VERBESSERUNG DURCH INJEKTION	ÖRTLICHE VERBESSERUNG DURCH INJEKTION	

Abb. 5. Ingenieurgeologische Kriterien zur Gebirgsklassifizierung.

Die in der Bundesrepublik anzutreffenden Gebirgsarten — Lockergesteine bleiben hier außer Betracht — lassen nach ingenieurgeologisch-felsmechanischen Aspekten eine Unterscheidung von 3 Basis-Gebirgstypen zu, und zwar:

Typ 1 ,,Quarzit'':

,,Quarzit'' steht hier stellvertretend für die kristallinen Gesteine, wie Granit, Gabbro und Gneis. Oft sind diese Gesteine trotz tektonischer Beanspruchung intakt geblieben. Sie besitzen daher i.a. eine sehr gute Standfestigkeit, so daß sie als weitgehend selbsttragendes Gewölbe für Kavernen besonders geeignet erscheinen. Ihre Verbreitung ist allerdings nicht sehr groß und unter den gegebenen Anforderungen gibt es nur wenige Standortmöglichkeiten. Regional mehr Möglichkeiten bietet der Typ 2 ,,Schiefer''.

Typ 2 ,,Schiefer'':

,,Schiefer'' ist das am weitesten verbreitete Gestein des Paläozoikums, zusammen mit Grauwacken und Sandsteinen, oft in Wechsellagerung. Verbreitungsgebiet ist das Rheinische Schiefergebirge. Die Sedimentgesteine dieses Typs sind infolge diagenetischer Veränderungen und tektonischer Beanspruchungen im allgemeinen fest. Allerdings sind sie häufig gefaltet, geschiefert und örtlich auch gestört. Oft besitzt dieser Gebirgstyp gute Standfestigkeit. Die Gebirgseigenschaften lassen jedoch bei entsprechender Standortwahl die Auffahrung von Großkavernen mit technisch und wirtschaftlich vertretbarem Aufwand durchführbar erscheinen.

Typ 3 ,,Buntsandstein'':

Den Typ ,,Buntsandstein'' repräsentieren vor allem Sandsteine und Kalke der mesozoischen Schichtgesteine, die oft beachtliche Gesteins- und Gebirgsfestigkeiten erreichen. Durch zwischengelagerten wenig festen Mergel und Tone kann jedoch die Gebirgsfestigkeit herabgesetzt werden. Mächtigere Partien standfesteren, geeigneten Gebirges sind im Buntsandstein zu erwarten, der im Weser-, Main- und Neckargebiet verbreitet auftritt.

Für die vorläufige Beurteilung des Gebirges sind von der Bundesanstalt für Geowissenschaften und Rohstoffe ingenieurgeologisch-felsmechanische Kriterien aufgestellt worden (Pahl, Schneider & Wallner, 1978) nach denen das Gebirge 3 Klassen zugeordnet wird (Abb. 5). Eine hervorragende Stellung nehmen die Gebirgsparameter ein, die der Beurteilung der Standsicherheit dienen, nämlich Gebirgs- und Gesteinsfestigkeit, Auflockerung, Rheologisches Verhalten und Primärspannungen. Auch die Schutzwirkung des Gebirges ist in dieses System einzuarbeiten, hier insbesondere die Rückhaltewirkung für kontaminierte Wässer und Gase.

Die K l a s s e I kennzeichnet die Eigenschaften eines idealen Standortes, der eine Zielvorgabe ist.

Die K l a s s e II beinhaltet Eigenschaften, die an einer Anzahl von Standorten in der Bundesrepublik Deutschland für erreichbar gehalten werden. Das Bauvorhaben läßt sich dort mit angemessenem technischem Aufwand durchführen.

Die Gebirgsverhältnisse der K l a s s e III sind zwar grundsätzlich noch für das Bauvorhaben geeignet, es muß aber mit Sondermaßnahmen bei der Bauausführung gerechnet werden.

Trägt man die verschiedenen Anforderungen zusammen, wie die ingenieurgeologisch-

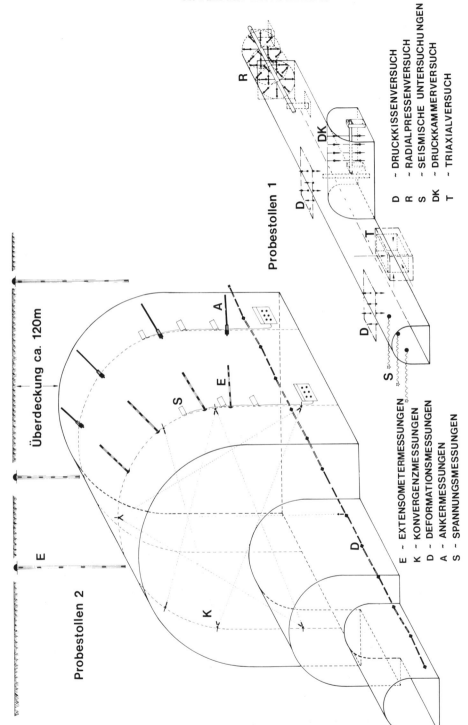

Abb. 6.   Schemadarstellung von Probestollen.

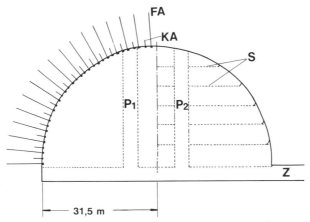

Abb. 7.   Schemadarstellung der Probekaverne; Felsanker (FA), Kurzanker (KA), Pilotschächte (P1 für Abraumtransport, P2 für Befahrung und Energiezufuhr), Strossen (S), Zufahrtsstollen (Z).

felsmechanischen, die Flußnähe, Morphologie und Entfernung zu Ortschaften, so ergeben sich doch noch relativ viele Standortmöglichkeiten in der Bundesrepublik.

Diesen Überlegungen liegen Erfahrungen im Untertagebau, Annahmen über den geologischen Aufbau, ingenieurgeologisch-felsmechanische Abschätzungen der Kennziffern des Gebirges und die vom Ingenieurbüro Bung vorgenommenen rechnerischen Standsicherheitsstudien zugrunde.

Bevor jedoch eine Entscheidung zugunsten eines Standorts getroffen werden kann, sind allein aus ingenieurgeologisch-felsmechanischer Sicht umfangreiche Untersuchungen nötig.

4. Untersuchungen zur Wahl und Eignung eines Standorts für ein Kernkraftwerk in Felskavernen

Für die Untersuchungen zur Wahl und Eignung eines Standorts zwecks Anordnung eines Kernkraftwerks in Felskavernen hat die Bundesanstalt für Geowissenschaften und Rohstoffe ein ingenieurgeologisch-felsmechanisches Arbeitsprogramm entwickelt. Besonderes Gewicht wurde auf die Untersuchung der speziellen Fragestellungen zum Großkavernenbau und zur Schutzwirkung des Gebirges gelegt. Eine unveränderte Übernahme des übertägigen Baukonzeptes erscheint aus ingenieurgeologisch-felsmechanischer Sicht ungünstig, da das Gebirge einige Funktionen des übertägigen Reaktorkontainments übernehmen sollte. Hierzu gehört der Schutz gegen äußere Einwirkungen wie Flugzeugabsturz und die Belastbarkeit des Gebirges, das bei Störfällen einen hohen Innendruck aufnehmen kann. Deshalb könnte eine Überarbeitung des Baukonzepts aufgrund ingenieurgeologischer und felsmechanischer Untersuchungsergebnisse zu Einsparungen in der Dimensionierung des Reaktorgebäudes führen.

Die theoretischen Studien zur Standsicherheitsbeurteilung und zur Schutzwirkung des Gebirges müssen durch praktische Untersuchungen in situ ergänzt werden. Für Berechnungen nach der Finite Element Methode sind fundierte Kenntnisse der Gebirgsparameter zu fordern.

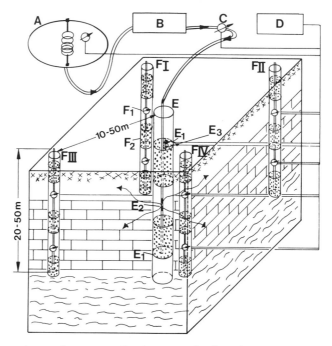

Abb. 8.   Versuchsanordnung zur Bestimmung der Durchströmungseigenschaften von
Fels; Wasserbehälter mit Heizspirale und Meßgerät zur Bestimmung der Tracerausgangslösung (A), Verpreßpumpe (B), Durchflußmengenmeßgerät (C), Datenerfassungsanlage (D), Verpreßbohrung (E) mit Doppelacker (E1) und Verpreßstrecke (E2) mit
Meßgeräten zur Bestimmung des Verpreßdruckes und der Ausgangstemperatur (E3),
Beobachtungsbohrungen (F I–IV) mit Meßstationen (F1) zur Bestimmung des Wasserdruckes, der Wassertemperatur und der Tracerkonzentration sowie Packern (F2) zur
Dichtung der einzelnen Beobachtungsstrecken.

Das Untersuchungsprogramm gliedert sich in
A. Grundlegende Untersuchungen zur Standortvorsorge, Gebirgsklassifizierung,
    ingenieurgeologische Vorerkundung anhand von Aufschlüssen und vorhandenen
    Unterlagen sowie Voruntersuchungen mit Bohrungen.
B. Spezielle Untersuchungen in Probestollen (Abb. 6) mit Durchführung aller erfor-
    derlichen felsmechanischen Tests.
C. Untersuchungen in einer Probekaverne, die im Idealfalle die Größe der Kalotte der
    geplanten Reaktorkaverne haben sollte (Abb. 7).
D. Felshydraulische und fels- bzw. baugrunddynamische Untersuchungen zur Schutz-
    wirkung des Gebirges bei inneren und äußeren Störfällen.
        Zu den felshydraulischen Voruntersuchungen über die Ausbreitung kontami-
    nierter Wässer liegt dem Symposium ein gesonderter Bericht vor.

    Die Ergebnisse sollen nachweisen, daß die Kavernenbauweise realisierbar ist, aus-
reichend geologisch geeigneter Fels für die Gesamtanlage zur Verfügung steht, welcher
Kostenaufwand für Felsbaumaßnahmen angesetzt werden muß und welche Schutzwirkung erreicht wird.

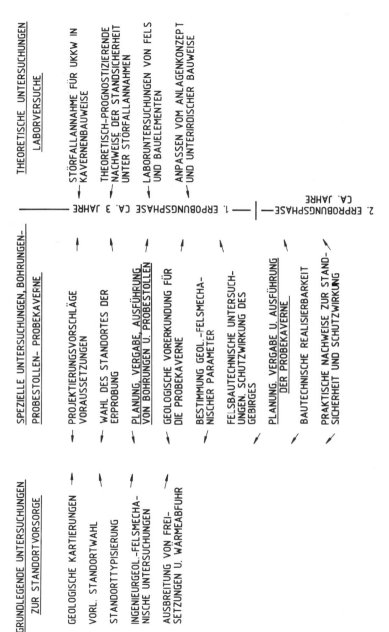

Abb. 9.   Verknüpfung von Einzelaufgaben im Rahmenprogramm für UKKW in Kavernenbauweise.

Die Untersuchung der Bergwasserverhältnisse und der Durchlässigkeitseigenschaften sind in zweifacher Hinsicht von Bedeutung: Das Kavernen- und Stollensystem dieser untertägigen Kernkraftanlage übt eine gewaltige Drainagewirkung aus, was zu erheblichen Beeinträchtigungen des kleinregionalen Wasserhaushaltes führen kann. Es gilt hier gewisse Vorabschätzungen zu treffen und gegebenenfalls Gegenmaßnahmen zu ergreifen. Zum anderen sind zur Ermittlung des Schutzgrades des Gebirges, bei Austritt von kontaminierten Wässern und Gasen aus der Reaktorkaverne ins Gebirge, die Durchströmungszeiten bis zum Austritt in die Atmosphäre und das Rückhaltevermögen des Gebirges zu ermitteln.

Hierzu werden in modifizierten Wasserabpreßversuchen (Abb. 8) die Durchlässigkeits- und Durchströmungseigenschaften verschiedener Felsarten bestimmt. Entsprechend der Störfallannahme wird ein erhitzter Wassertracer ins Gebirge verpreßt. Um die Verpreßstelle wird in peripher angeordneten Beobachtungsbohrungen die Ausbreitung des Wassertracers, seine Konzentrationsveränderung, die Druck- und Temperaturverteilung beobachtet. Die Beobachtungsbohrungen werden abschnittsweise durch Packer abgedichtet, so daß eine echt dreidimensionale Kontrolle der einzelnen Parameter möglich ist. Die Vorgänge der hydrodynamischen Dispersion und molekularen Diffusion der kontaminierten Wässer lassen sich durch Messung der Tracerkonzentration, hier NaCl-Lösung, und dem Vergleich mit der Ausgangslösung gut beobachten.

Die Vielfalt der Einzelaufgaben und die Kooperation der zu beteiligenden Fachleute verlangt ein gezieltes, abschnittsweises Vorgehen, wofür ein „Rahmenprogramm" gemeinsam mit dem Institut für Statik der Universität Braunschweig aufgestellt wurde. Dieses Rahmenprogramm beschreibt folgende Hauptforschungsaufgaben und -probleme der Kavernenbauweise:

— Standorttypisierung für die Standortwahl für die Kavernenbauweise
— Felsbautechnische Probleme großer Kavernen, insbesondere Standsicherheit
— Theoretisch prognostizierende Nachweise der Standsicherheit großer Kavernen und der dazugehörigen Stollen und Zugänge
— Untersuchungen über die Schutzwirkung der Felsüberdeckung

Eine Übersicht (Abb. 9) veranschaulicht die Verknüpfung der Einzelaufgaben, die bei den grundlegenden Untersuchungen zur Standortvorsorge, den speziellen Untersuchungen mit Probestollen und Probekaverne und den begleitenden theoretischen Untersuchungen sowie Laborversuchen zu lösen sind.

Der Zeitaufwand für diese Untersuchungsarbeiten dürfte ca. 7 Jahre betragen, wobei die Kosten infolge der Probestollen und Probekaverne nicht unerheblich sind.

5. Ausblick

Aufgrund der bisher durchgeführten Standorttypisierung und ingenieurgeologisch-felsmechanischen Vorerkundungen konnte eine grobe Selektion von grundsätzlich in Frage kommenden Standorten in der Bundesrepublik Deutschland vorgenommen werden, und zwar über 50 Standorte für Kavernenbauweise mit Stollenzugang und über 20 Standorte für Hangbauweise im Fels. Danach ergeben sich also zusätzlich Standortmöglichkeiten für Kernkraftwerke und letztlich auch eine Reduzierung von Standortrestriktionen, die für übertägige Kernkraftwerke ausgelegt sind.

Die bisher durchgeführten theoretischen Studien, die im ganzen gesehen zu positiven

Ergebnissen geführt haben, müssen jetzt, insbesondere im Hinblick auf die Kavernen-bauweise und die Schutzwirkung von Fels, durch praktische Untersuchungen in situ ergänzt werden.

6. Schriftenverzeichnis

Pahl, A., Schneider, H.J., Sprado, K.H. & Wallner, M. (1979): Beurteilung der Bau-weise und Sicherheit von Kernkraftwerken in Felskavernen. – Proc. int. Congr. Rock Mechanics, ISRM, 2: 503–508; Montreux (Suisse).

Pahl, A., Schneider, H.J. & Wallner, M. (1978): Ingenieurgeologisch-felsmechanische Kriterien und Möglichkeiten des Großkavernenbaus für die unterirdische Anord-nung eines Reaktors im Fels, Grundlagen und Anwendung der Felsmechanik. – Fels-mechanik Kolloquium Karlsruhe 1978, Trans Tech Publications Clausthal 1978: 217–232; Clausthal-Zellerfeld.

Felsmechanische Aspekte in bezug auf Planung und Bau von großen Hohlräumen im Fels

von

W. Wittke

Mit 15 Abbildungen im Text

1. Einleitung

Für die untertägige Anordnung von Kernkraftwerken in bergmännischer Bauweise werden Hohlräume mit Durchmessern und Höhen in der Größenordnung von ∼60 m erforderlich. Kavernen mit derartigen Abmessungen können nicht in allen Felsarten ausgeführt werden und stellen den Felsmechaniker vor besondere Probleme. Der Autor hat sich in den vergangenen Jahren sowohl in der Forschung als auch als Berater überwiegend mit Fragen der Standsicherheit von Tunnels, Schächten und Kavernen befaßt. Mit dem vorliegenden Beitrag sollen anhand der dabei gesammelten Erfahrungen einige dieser Probleme vorgestellt werden. Hierzu wird zunächst ein mechanisches Modell vorgestellt, das in den vergangenen Jahren vom Autor und seinen Mitarbeitern entwickelt und auf die Standsicherheitsuntersuchung einer Reihe von Felsbauten angewendet wurde (Semprich 1980). Anschließend werden am Beispiel einiger Kavernen für Wasserkraftanlagen, an deren Planung und Ausführung der Autor beteiligt war, einige felsmechanische Aspekte aufgezeigt, die für die Planung und den Bau großer Hohlräume entscheidend sind.

2. Mechanisches Verhalten von klüftigem Fels

Bekanntlich haben die Textur des unzerklüfteten Gesteins und die Trennflächen in Form von Kleinklüften und weit durchgehenden Störungen sowie von Großklüften einen maßgebenden Einfluß auf das Spannungs-Verformungsverhalten von Fels. An einer Vielzahl von Beispielen für magmatische Gesteine, Sedimentgesteine, metamorphe und vulkanische Gesteine läßt sich wie für das Beispiel in Abb. 1 zeigen, daß durch die Entstehung bedingt eine oder mehrere Scharen annähernd ebener und zueinander paralleler Trennflächen vorhanden sind, die das Gestein entweder teilweise oder vollständig durchtrennen und somit ausgezeichnete Richtungen abgeminderter Festigkeit darstellen. Hinzu kommt beim metamorphen Gestein, daß durch die Schieferung auch im Gestein eine Richtung latenter Spaltbarkeit und damit geringerer Festigkeit ausgebildet ist. Für sehr viele Felsarten ist das in Abb. 2 skizzierte, idealisierte geometrische Modell maßgebend, das zugleich die Grundlage der verwendeten Hypothese für das mechanische Verhalten von klüftigem Fels darstellt.

In dem am Institut für Grundbau, Bodenmechanik, Felsmechanik und Verkehrswasserbau der RWTH Aachen entwickelten numerischen Verfahren zur Untersuchung der Standsicherheit von Felsbauwerken wird eine Modellvorstellung verwendet, die von einem linear elastischen − viskoplastischen Spannungs-Verformungsverhalten ausgeht

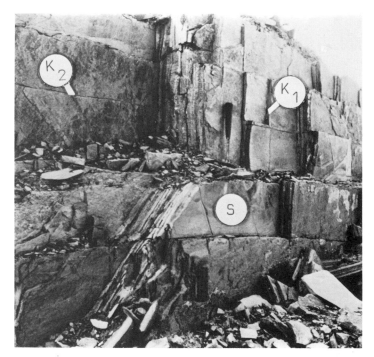

Abb. 1. Klüftiger Fels.

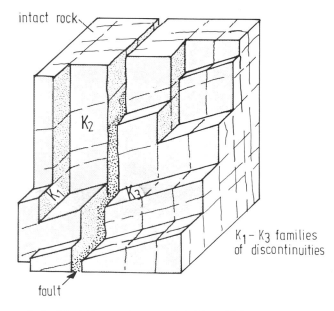

Abb. 2. Geometrische Modellvorstellung für klüftigen Fels.

(Abb. 3a). Dabei wird das Verhalten im linear elastischen Bereich bei metamorphen Gesteinen oder bei Wechsellagerungen von Sedimentgesteinen transversal isotrop angenommen (Abb. 3b), während für andere Sedimentgesteine oder z. B. für Granite isotropes Verhalten zugrundegelegt wird. Die Grenze vom elastischen zum viskoplastischen Verhalten wird durch das Mohr-Coulomb'sche Bruchkriterium beschrieben. Dabei werden für das Gestein im allgemeinen höhere Festigkeitsparameter angenommen (c_i, φ_i, σ_{ti}, Abb. 3c) als für die Trennflächenscharen, die i. a. laminiert als Richtungen abgeminderter Festigkeit (c_d, φ_d, σ_{td}, Abb. 3c) angenommen werden. Diese Annahme wird auch für die Schieferung bei metamorphen Gesteinen getroffen. Einzelne Störungen oder Großklüfte werden in den Standsicherheitsuntersuchungen dagegen separat berücksichtigt. Es sei bereits hier angemerkt, daß sich Kavernen mit großen Abmessungen in der Regel nur in Gebirgsarten bauen lassen, die sich bei den auftretenden Beanspruchungen überwiegend elastisch verhalten bzw. bei denen es nur in begrenzten Bereichen zur Überschreitung der Festigkeit entlang einzelner Trennflächenscharen kommt. Bei Überschreitung der Festigkeit des Gesteins, d. h. in druckhaftem Gebirge, wird man von der Ausführung großer Hohlräume Abstand nehmen müssen.

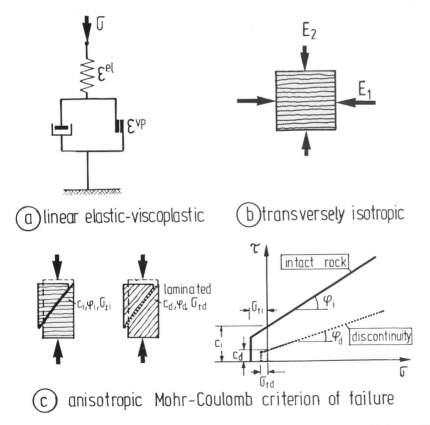

(a) linear elastic-viscoplastic   (b) transversely isotropic

(c) anisotropic Mohr-Coulomb criterion of failure

Abb. 3.   Modellvorstellung für das Spannungsverformungsverhalten von klüftigem Fels.

3. Erfahrungen bei Kavernen für Wasserkraftanlagen

3.1 Maschinenkaverne Wehr

Die Maschinenkaverne für das Pumpspeicherwerk Wehr der Schluchseewerke AG im Südschwarzwald ist ein ~220 m langer, ~20 m breiter und ~32 m hoher Felshohlraum mit einer mittleren Überdeckung von ~350 m (Abb. 4). Sie wurde in den siebziger Jahren ausgeführt (Pfisterer 1963, Wittke, Pfisterer & Rissler 1974). Das Gebirge ist ein nur schwach geklüfteter Granit mit isotropem Verhalten im elastischen Bereich. Der E-Modul war mit E = 70–80 000 MN/m² sehr hoch und die Poinsson'sche Zahl mit ν = 0,12 gering. Die Primärspannungen im Bereich der Kaverne waren, wie Messungen im Versuchsstollen zeigten, nur durch das Eigengewicht und die Poisson'sche Zahl bedingt. Dementsprechend konnte der Regelausbau des Hohlraums dimensioniert werden. Er bestand nur aus einer ~15 cm dicken, mit einer Lage Baustahlgewebe armierten Spritzbetonschale sowie im Raster angeordneten Perfoankern (Abb. 4). Dieser Ausbau wurde unmittelbar nach dem Ausbruch eingebaut und diente gleichzeitig als permanente Auskleidung.

Ein besonderes Problem trat an einem Ende der Kaverne auf. Trotz eingehender Voruntersuchungen gelang es nicht, eine steile, in die oberwasserseitige Ulme einfallende Störung mit geringer Scherfestigkeit zu vermeiden (Abb. 5). Statische Berech-

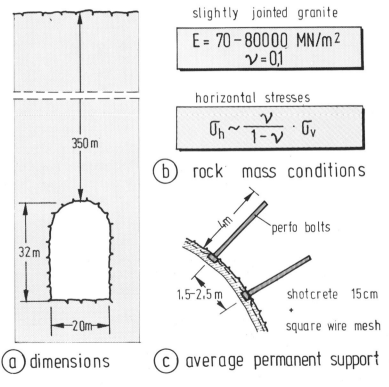

Abb. 4.   Maschinenbaukaverne Wehr; Abmessungen, Felseigenschaften und Regelausbau.

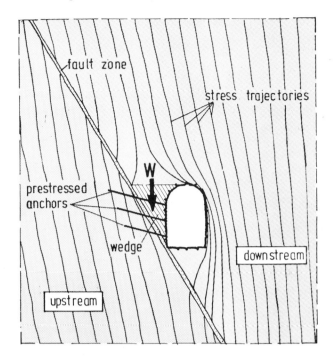

Abb. 5.   Keil zwischen Störung und Kavernenulme.

nungen ergaben, daß der von der oberwasserseitigen Ulme und dieser Störung begrenzte Felskeil sich für den Zustand des Vollausbruchs durch eine Gleitbewegung der
Lastaufnahme entzieht. Dementsprechend werden die Spannungen aus dem Gewicht
der Überlagerung auf die unterwasserseitige Ulme umgelenkt, und der Fels in diesem
Bereich erhält eine im Vergleich zu Bereichen ohne eine solche Störung sehr hohe Belastung. Da der Keil durch die Gleitbewegung in Richtung auf den Hohlraum entlastet
wird, mußte bei der Bemessung der notwendigen Sicherung des Keils nur sein Eigengewicht berücksichtigt werden, das in dem hinter der Störung liegenden Gebirge auf-
gehängt wurde. Allein hierzu bedurfte es im vorliegenden Fall allerdings 82 Vorspannankern mit je 170 Mp Vorspannkraft. Aus den während des Baus durchgeführten Messungen ergab sich, daß diese Maßnahme richtig dimensioniert war. Ein Foto der
Kaverne für den Zustand des Endausbruchs zeigt die Abb. 6.

3.2 Maschinenkaverne Turlough Hill

Auch die Maschinenkaverne des in den Wicklow Mountains in der Nähe von Dublin
in Irland gelegenen Pumpspeicherwerks Turlough Hill liegt in einem nur wenig geklüfteten Granit (Abb. 7). Sie ist mit 23 m breiter als die Kaverne Wehr und besitzt
bei einer Felsüberdeckung von ~100 m eine Höhe von ~28 m. Die Länge dieses Großhohlraumes beträgt ~82 m (Wittke 1970). Der E-Modul des Granits betrug etwa
30 000 MN/m². Außer den durch das Felseigengewicht und die Poisson'sche Zahl bedingten Vertikal- und Horizontalspannungen waren im Gebirge keine tektonischen

Abb. 6.   Maschinenkaverne Wehr, Vollausbruch.

Spannungen wirksam. Diesen Felseigenschaften entsprechend wurde auch hier ein leichter, aus armiertem Spritzbeton und Perfoankern bestehender Ausbau gewählt. Nur örtlich, im Bereich eines durch weiter durchgehende Trennflächen begrenzten großen Felskeils in der Firste wurden Vorspannanker notwendig. Außerdem wurden zur Befestigung der Kranbahnkonsolen an den Kämpfern des Gewölbes Vorspannanker verwendet.

   Das wesentliche Problem bei der Planung dieser Kaverne bestand in der Wahl einer optimalen Lage und Achsrichtung. Wie aus Abb. 8 ersichtlich, sind in dem Bereich, in den die Kaverne zu liegen kam, im Gebirge 6 Störungen bzw. Großklüfte ausgebildet, die alle steil, d. h. unter ~70–90° einfallen. Die Störungen 9 und 9P auf der einen

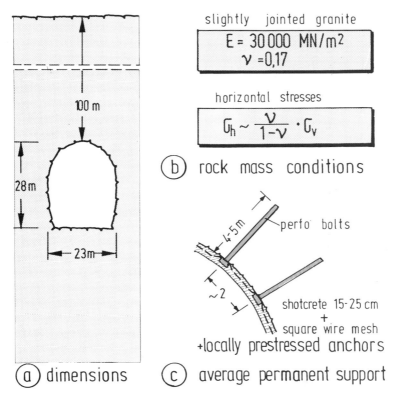

Abb. 7.   Krafthauskaverne Turlough Hill, Irland; Abmessungen, Felseigenschaften und Regelausbau.

Seite und die Störungen 12—14 auf der anderen Seite besitzen gleiche Streichrichtungen. Aus Abb. 8 ist leicht erkennbar, daß bei der geplanten Länge des Hohlraumes eine Kavernenlage, bei der keine der Störungen geschnitten oder berührt wurde, nicht möglich war. Die aus wasserbaulicher Sicht günstige Richtung senkrecht zum Druckstollen und zum Unterwasserstollen konnte nicht gewählt werden, weil die Kaverne dann parallel zu den Störungen 12—14 und der dazu parallelen Trennflächenschar verlaufen wäre. Daraus hätte sich ein hoher Aufwand für die Sicherung ergeben. Es wurde deshalb eine Richtung gewählt, die dieser Richtung am nächsten kam, bei der jedoch gleichzeitig die Störungen 9P, 13 und 13a rechtwinklig bzw. unter ~45° geschnitten wurden. Die Lage wurde so gewählt, daß die deutlicher ausgebildeten Störungen 9, 12 und 14 nicht in den Kavernenbereich fielen (Abb. 8).

3.3 Versuchskaverne Bremm

Im Jahre 1970 wurde im Rahmen der Planungsarbeiten für ein Pumpspeicherwerk im Rheinischen Schiefergebirge die 24 m breite, 9 m hohe und 30 m lange Versuchskaverne Bremm aufgefahren (Wittke, Wallner & Rodatz 1972, Abb. 9). Sie stellt einen Teil der Kalotte der geplanten Maschinenkaverne dar und besitzt eine Felsüber-

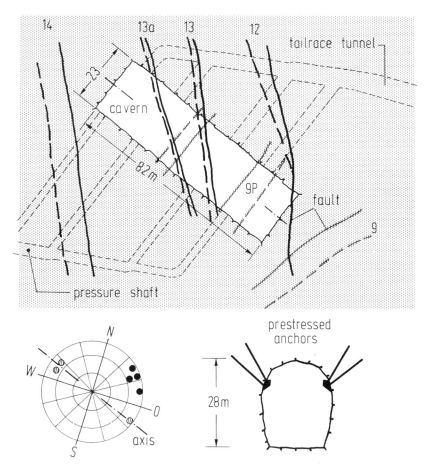

Abb. 8.   Lage der Kaverne bezüglich der angetroffenen Störungen.

deckung von ∼240 m. Der Schiefer, in den die Kaverne zu liegen kam, besitzt deutlich anisotrope Eigenschaften. Parallel zur Schieferung wurde ein E-Modul von $E_1 = 30\,000$ MN/m² und senkrecht dazu ein Wert von $E_2 = 6000$ MN/m² gemessen. Außerdem war die Scherfestigkeit parallel zu der diagonal zur Hohlraumachse verlaufenden Schieferung im Vergleich zu anderen Richtungen deutlich abgemindert, was in den für die Kohäsion und den Reibungswinkel angenommenen Werten von $c_s = 2$ MN/m² und $\varphi_s = 25°$ zum Ausdruck kam. Die Primärspannungen waren auch hier durch das Eigengewicht und die elastischen Konstanten des Gebirges bedingt (Abb. 10).

Als Ausbau wurden hier eine mit zwei Lagen Baustahlgewebe armierte, 20 cm dicke Spritzbetonschale sowie 6–8 m lange Klebeanker mit einer auf die Hohlraumfläche bezogenen mittleren Vorspannkraft von 0,1 MN/m² angewendet. Im Bereich der Firste kamen örtlich zur Sicherung eines Felskeils Vorspannanker zur Anwendung.

Die Standsicherheitsberechnungen ergaben hier, daß sich die Hohlraumwand wegen der Anisotropie des Gebirges unsymmetrisch verformte und daß links oberhalb und

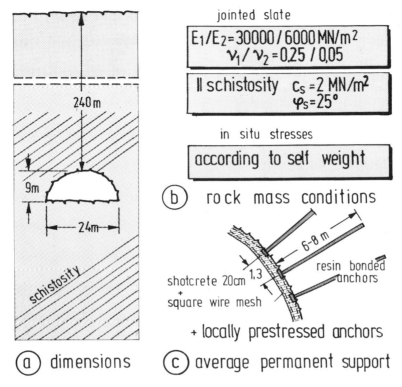

jointed slate

$$E_1/E_2 = 30000 / 6000 \, MN/m^2$$
$$\nu_1 / \nu_2 = 0.25 / 0.05$$

$\parallel$ schistosity $c_S = 2 \, MN/m^2$
$\varphi_S = 25°$

in situ stresses

according to self weight

(b) rock mass conditions

240 m

9 m

24 m

schistosity

6-8 m

resin bonded anchors

shotcrete 20 cm 1.3
+
square wire mesh

+ locally prestressed anchors

(a) dimensions (c) average permanent support

Abb. 9. Versuchskaverne Bremm; Abmessungen, Felseigenschaften und Regelausbau.

rechts unterhalb des Gewölbes als Folge der Überschreitung der Schubfestigkeit der Schieferung mit plastischen Zonen gerechnet werden mußte, die jedoch eine begrenzte Ausdehnung besaßen (Abb. 10). Abb. 11 zeigt die Kaverne während der Ausführung.

3.4 Maschinenkaverne Estangento Sallente, Spanien

Die Maschinenkaverne für das Pumpspeicherwerk Estangento Sallente in den Pyrenäen in Spanien befindet sich zur Zeit in der Planung. Sie ist 80 m lang, 20 m breit und 34 m hoch (Abb. 12). Die Felsüberdeckung der am Ende eines Hochtals gelegenen Kaverne beträgt $\sim$100 m. Dementsprechend betragen die vertikalen, durch das Gewicht bedingten Spannungen $\sim$2,5 MN/m². Während der Voruntersuchungen wurden in einzelnen Messungen horizontale Primärspannungen in Höhe von $\sigma_h \sim 4$ MN/m² gemessen, die damit höher als die Vertikalspannungen sind. Sollten weitere Untersuchungen diese Primärspannungen bestätigen, stellen sie ein besonderes Problem für die Standsicherheit dar. Der E-Modul des Schiefers, in dem die Kaverne liegt, beträgt $E \sim 15\,000$ MN/m². Auf die verhältnismäßig deutlich ausgebildete Klüftung des Gebirges sowie auf die im Bereich der Kaverne auftretenden einzelnen Störungen soll hier nicht weiter eingegangen werden. Vielmehr soll mit der Darstellung der Abb. 13 auf die Problematik großer Horizontalspannungen bei hohen Hohlräumen aufmerksam gemacht werden. Für eine solche Beanspruchung ist die Form des Hohlraumes relativ

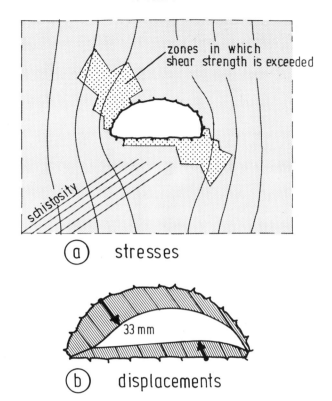

Abb. 10. Spannungen in Hohlraumnähe und Verformungen der Kavernenwand.

ungünstig. Es ergeben sich vergleichsweise große horizontale Verschiebungen der Seitenwände und außerdem Spannungskonzentrationen im Bereich der Kalotte und der Sohle der Kaverne, die eine entsprechend hohe Gebirgsfestigkeit voraussetzen. Außerdem muß im vorliegenden Fall als Folge der Spannungsumlagerung seitlich der Ulme mit Zonen gerechnet werden, in denen die Festigkeit in den Trennflächen überschritten wird. Der Entwurf der Kaverne, deren Bau in diesem Jahr beginnt, sieht einen aus armiertem Spritzbeton sowie Perfo- und Vorspannankern bestehenden Verbau vor.

4. Probleme bei Kavernen mit größeren Spannweiten

Aus den vorstehenden Ausführungen wird deutlich, daß die bei der Planung großer Felshohlräume auftretenden felsmechanischen Probleme je nach den vorliegenden Gebirgsverhältnissen unterschiedlich sind und in jedem Einzelfall einer besonderen Untersuchung bedürfen. Dennoch lassen sich aus den vorstehend erläuterten Erfahrungen einige allgemeingültige Gesichtspunkte für die Planung großer Hohlräume ableiten.

Zunächst soll jedoch eine Parameterstudie erläutert werden, die am Institut des Autors kürzlich durchgeführt wurde. Untersucht wurden zum Vergleich drei kuppelähnliche Hohlräume mit Durchmessern und Höhen von jeweils 20, 40 und 60 m

Abb. 11.   Versuchskaverne Bremm, Bauzustand.

(Abb. 14). Die Kalotte dieser Hohlräume ist kugelförmig ausgebildet, der untere Teil zylindrisch. Hohlräume ähnlicher Form mit einem Durchmesser und einer Höhe in der Größenordnung von ~60 m müssen für untertägige Kernkraftwerke ausgeführt werden. Für diese Parameterstudie wird der E-Modul des Gebirges in allen drei Fällen zu E = 50 000 MN/m² und die Überlagerung mit 200 m angenommen. Weiter wird angenommen, daß sich die Primärspannungen aus dem Gewicht der Überlagerung und der mit ν = 0,15 angenommenen Poisson'schen Zahl ergeben. Im Sinne einer Parameterstudie wurde das Gebirge zunächst elastisch angenommen. Die Berechnungen wurden wie die für die Kaverne des Pumpspeicherwerks Estangento Sallente mit einem kürzlich entwickelten FE-Programm mit isoparametrischen Elementen durchgeführt (Semprich 1980).

Interessant ist das Ergebnis, daß die Setzungen der Kavernenfirste bei den getroffenen Annahmen etwa proportional mit dem Durchmesser des Hohlraums wachsen, während die maximalen Normalspannungen in den Ulmen in allen drei Fällen etwa gleich sind. Die Abmessungen des durch die Spannungsumlagerungen um den Hohlraum oberhalb der Kalotte entstehenden entlasteten Gebirgsbereiche nehmen jedoch mit wachsendem Kavernendurchmesser zu (Abb. 14).

Daraus folgt, daß der Durchmesser und die Höhe des Hohlraums bei elastischem Gebirgsverhalten und überwiegend vertikal gerichteten Primärspannungen kaum einen Einfluß auf die Standsicherheit haben und somit Kavernen mit großen Abmessungen in solchen Gebirgsverhältnissen ausführbar sein sollten.

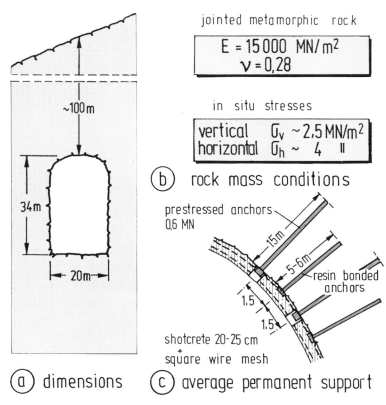

Abb. 12.   Krafthauskaverne Estangento Sallente.

Allerdings muß, wie aus den in Abschnitt 3 dargestellten Beispielen deutlich wird, diese Aussage relativiert werden.

In Gebirge mit deutlich ausgebildetem Trennflächengefüge, wie beispielsweise der Schieferung im Fall der Versuchskaverne Bremm, kommt es zu deutlichen Überschreitungen der Gebirgsfestigkeit (vgl. Abb. 10). Diese Zonen werden mit zunehmenden Abmessungen des Hohlraums deutlich wachsen und dementsprechend einen größeren Aufwand an Sicherungsmaßnahmen erfordern, der z.B. in einer stärkeren Spritzbetonschale und in längeren Vorspannankern mit größerer Vorspannung bestehen kann (Abb. 15 a).

Wie am Beispiel der Kavernen für die Pumpspeicherwerke Wehr und Turlough Hill deutlich wird (Abb. 8), ist es in vielen Fällen schwierig, bei großen Hohlräumen eine Lage zu finden, die frei von Störungen und Großklüften ist. Diese Schwierigkeit nimmt selbstverständlich mit wachsenden Abmessungen des zu bauenden Hohlraumes zu. Darüberhinaus wachsen die Abmessungen der in solchen Fällen zu sichernden Felskeile in den Ulmen oder oberhalb der Firste quadratisch mit der Höhe bzw. dem Durchmesser des Hohlraums und erfordern einen entsprechend großen, hohe Kosten verursachenden Aufwand an Sicherungsmaßnahmen (Abb. 15b). Weiterhin sind in solchen Fällen die daraus resultierenden Spannungsumlagerungen wesentlich weit-

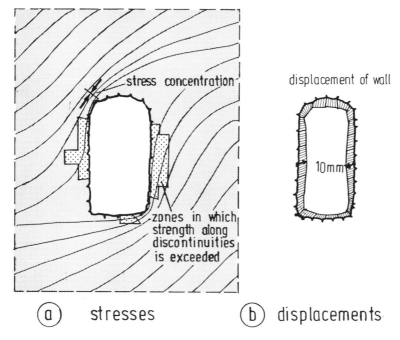

Abb. 13.   Spannungen in Hohlraumnähe und Verformungen der Kavernenwand.

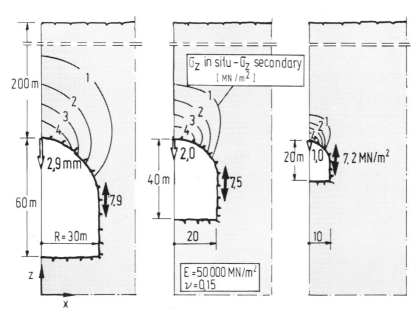

Abb. 14.   Firstsetzungen und Spannungen in der Ulme in Abhängigkeit vom Durchmesser der Kaverne.

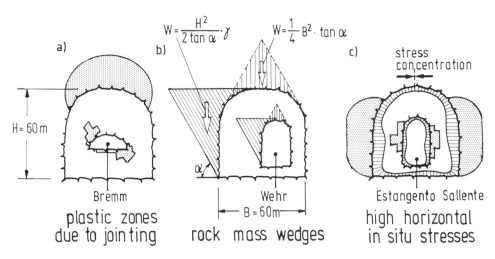

Abb. 15.   Einfluß von Trennflächen, Störungen und Primärspannungen.

räumiger und erfordern dementsprechend eine weiträumige Erkundung der Gebirgsverhältnisse.

Auch in Fällen hoher Horizontalspannungen, wie sie zum gegenwärtigen Zeitpunkt im Bereich der Kaverne Estangento Sallente vermutet werden (Abb. 13), wachsen die Probleme mit zunehmender Höhe der Kaverne. So werden in einem solchen Fall — wie in Abb. 15 c skizzenhaft dargestellt — sowohl die horizontalen Wandverschiebungen als auch die plastischen Zonen seitlich der Ulmen mit wachsender Kavernenhöhe größer, und es wird hierfür ein größerer Aufwand an Sicherungsmaßnahmen erforderlich werden.

5. Zusammenfassung

Nach einer einleitenden, kurzen Beschreibung eines in den vergangenen Jahren mehrfach erfolgreich angewendeten mechanischen Modells für klüftigen Fels wurden vier Beispiele ausgeführter bzw. in Planung befindlicher Kavernen für Wasserkraftanlagen beschrieben und auf die dabei aufgetretenen felsmechanischen Probleme hingewiesen. Weiterhin wurde versucht, ihre Bedeutung für Kavernen mit Abmessungen, wie sie für untertägige Kernkraftwerke in Betracht kommen, zu verdeutlichen.

Zusammenfassend kann man als Ergebnis der Überlegungen feststellen, daß Kavernen mit Durchmessern und Höhen in der Größenordnung von ~60 m in klüftigem Fels ausführbar sein werden. Hinsichtlich der Standortwahl ergeben sich aber Einschränkungen, wenn man nicht einen unverhältnismäßig hohen Aufwand an Sicherungsmaßnahmen in Kauf nehmen will. Außerdem wird der Umfang der erforderlichen Erkundungsmaßnahmen größer sein müssen, um über die Lage und die Raumstellung von Störungen und Großklüften, die Primärspannungen und die Festigkeit des Trennflächengefüges rechtzeitig zuverlässige Auskünfte zu erhalten. Eine Aussage über die Ausführbarkeit eines Großhohlraumes mit den obengenannten Abmessungen wird aus den obengenannten Gründen nur im Einzelfall möglich sein.

6. Schriftenverzeichnis

Pfisterer, E. (1963): Wasserkraftanlagen im Südschwarzwald und Hochrhein. — Die Wasserwirtschaft, **53**, 5; 142—150.

Semprich, S. (1980): Berechnung der Spannungen und Verformungen im Bereich der Ortsbrust von Tunnelbauwerken im Fels. — Veröff. Inst. Grundbau, Bodenmechanik, Felsmechanik u. Verkehrswasserbau RWTH Aachen, 8; Aachen.

Wittke, W. (1970): Standsicherheit und Auskleidung einer Maschinenkaverne in Granit. — Vortr. 4. Baufachl. Arbeitstag., Lorch 1970, hrsg. Bundesminister der Verteidigung: 229—269.

Wittke, W., Wallner, M. & Rodatz, W. (1972): Räumliche Berechnung der Standsicherheit von Hohlräumen, Böschungen und Gründungen in anisotropem, klüftigem Gebirge nach der Methode finiter Elemente. — Straße Brücke Tunnel, **24**, 8: 200—209.

Wittke, W., Pfisterer, E. & Rissler, P. (1974): Untersuchungen, Berechnungen und Messungen beim Bau der Maschinenkaverne Wehr. — Proc. 3rd Congr. Int. Soc. Rock Mech., **II-B**; 1308—1317; Denver.

Diskussion

Frage von D. Costes an Prof. Wittke:

When designing the cavern for a given purpose, and changing the design during construction when necessary, what arc thc quantitative criteria which are observed, and are some safety margins considered as mandatory? Do some standards or rules apply?

Antwort von Prof. Wittke:

Es ist unbedingt notwendig, die aufgrund der Ergebnisse der Voruntersuchungen getroffenen Annahmen über die Geologie und besonders über das Trennflächengefüge und eventuelle Störungen mit den Ergebnissen der Aufschlüsse während des Kavernenausbruchs zu vergleichen und gegebenenfalls die Ausbruchs- und Sicherungsmaßnahmen den geänderten Verhältnissen anzupassen. Ebenso müssen die ausbruchsbedingten Verformungen mit den prognostizierten Verformungen verglichen werden. Im Falle größerer Abweichungen kann sich die Notwendigkeit ergeben, den Entwurf zu ändern. Verbindliche Normen für den Entwurf von Kavernen gibt es in Deutschland nicht. Ich möchte jedoch auf die „Empfehlungen für den Felsbau unter Tage" hinweisen, die von einem Arbeitskreis der Deutschen Gesellschaft für Erd- und Grundbau erarbeitet wurden*).

Frage von F. Muzzi, CNEN/DISP, Italien, an Prof. Wittke:

Could you address on the basis of your experience the problem of the dynamic behaviour of a rock mass related also with the presence of an active fault (capable of displacements)?

Antwort von Prof. Wittke:

Das Anschneiden einer aktiven Störungszone sollte, falls irgend möglich, durch eine entsprechende Wahl der Kavernenlage vermieden werden. Eine Kavernenkonstruktion,

---

*) Taschenbuch für den Tunnelbau 1980, herausgegeben von der Deutschen Gesellschaft für Erd- und Grundbau; Essen 1979, S. 157—239.

die eine Relativverformung der Ränder der Störung zuläßt, wird im allgemeinen nicht möglich sein. Ebensowenig wird man derartige Verformungen durch konstruktive Maßnahmen verhindern können.

Frage von G. Petrangeli, CNEN, Italien, an Prof. Wittke:

How relevant is the consideration of seismic events on the feasibility of large caverns?

Antwort von Prof. Wittke:

Grundsätzlich ist die Gefährdung durch Erdbeben für Untertagebauten geringer als für oberirdische Bauten. Anders als bei Staumauern sind die Eigenfrequenzen von Kavernen gewöhnlich deutlich höher als die im Spektrum eines Erdbebens vorherrschenden Frequenzen, so daß es meist nicht zu einer resonanzähnlichen Verstärkung der Schwingungen kommen wird. Bei Kavernen, die in der Nähe potentieller Erdbebenherde liegen, und bei bestimmten Untergrundverhältnissen sind jedoch gesonderte Untersuchungen erforderlich.

Frage von O. Arnold, RBW, an Prof. Wittke:

Es gibt im Rheinland Störungen mit rezenten Bewegungen. Läßt sich bei neuen Standorten durch zeitlich begrenzte Untersuchungen erkennen, ob auf erfaßten Störungen Bewegungen zu erwarten sind?

Antwort von Prof. Wittke:

Hinsichtlich der Genauigkeit, mit der eventuelle derzeitig ablaufende Bewegungen erfaßt werden können, sind in den letzten Jahren auf dem Gebiet der Geodäsie große Fortschritte gemacht worden. Damit ist die Möglichkeit gegeben, abzuschätzen, ob ein Bewegungsvorgang auf einer Störung abgeschlossen ist oder ob auch zukünftig mit großer Wahrscheinlichkeit Bewegungen zu erwarten sind.

Application of U.S. Underground Nuclear Test Technology to the Containment of Underground Reactors

by

Carl E. Keller

With 11 figures and 1 table in the text

Abstract

Calculational models are available for the treatment of steam flow and condensation in porous media. The models also treat the propagation of a steam driven fracture in porous material. These models, together with the U.S. test experience, allow the design of a reactor burial geometry which should greatly improve its ability to contain a catastrophic failure of a reactor. The calculational models allow the optimum selection of materials, quenching volumes, etc ... for various failure modes. In this paper, a generalized sketch of the leakage problem and a sketch of the principle design features to reduce the leakage are provided. The results of a steam flow calculation for a simple geometry demonstrate the use of the numerical model.

1. Introduction

The underground containment of high pressure, high temperature, radioactive gas is a concern whether the source is a nuclear explosion or a reactor accident. The general problem has been treated with fast closures and gas flow models developed for containment of US underground nuclear tests. This paper describes a calculation of steam flow from a simple reactor design. The purpose of the calculation is to demonstrate the capability of the numerical model and the ability of a special design to prevent crack propagation.

2. Containment of nuclear explosions

A typical nuclear explosion develops a steam, noncondensible gas and rock vapor filled cavity in about .3 seconds. The cavity may be 50 to 300 meters in diameter with steam pressures of 7.0 to 10.0 MPa. The cavity eventually collapses to the surface forming a rubble filled chimney. Figure 1 depicts the geometry and leak paths of concern. The gas may leak through the backfill, electrical cables or pipes in the implacement hole. Or, the leakage may occur by propagation of a hydraulic fracture or by porous flow through the medium. After collapse, leakage may occur through the chimney rubble.

The gas flow and gas fracture calculations are done with the numerical model called "KRAK" to determine the effect of site material properties on containment and to aid in the design of backfill materials.

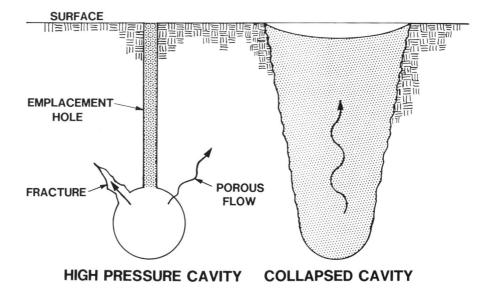

HIGH PRESSURE CAVITY   COLLAPSED CAVITY

Fig. 1.   Gas flow paths of concern for containment of underground nuclear explosions.

Pipes are closed with fast closures and cables are blocked to gas flow. Those techniques are described by others (ref. 1 and 2). This paper describes the gas flow modeling.

3. Gas flow calculations

A family of computer codes has developed from the original KRAK code (ref. 3) at Los Alamos National Laboratory (LANL). Most of the codes have the following features:

1. Two dimensional finite difference calculation of porous flow of steam, water and noncondensible gas.
2. Treat the condensation of the steam and the solution of noncondensible gases.
3. Calculate an effective permeability as a function of saturation, pressure gradient and pore size.
4. Calculate the size and propagation of a hydraulic fracture in porous rock or soil. The flow and leakage of the crack fluids are treated explicitly.
5. Calculate the heat transfer through the medium and the subsequent vaporization of pore fluids (i.e., evaluate spall conditions).
6. Use tracer particles to follow the gas flow component.

The KRAK code has evolved at LANL, with Defense Nuclear Agency support, over the last six years. Drs. B. Travis, A. Davis and T. Kunkle have improved upon the original version written by C. Keller and J. Stewart. The model has been tested against 1-D steam flow experiments, gas fracture of plastics and various other simple approximations. A two dimensional steam fracture experiment in rock is in progress. The model has been most helpful in the explanation of successful containment experience.

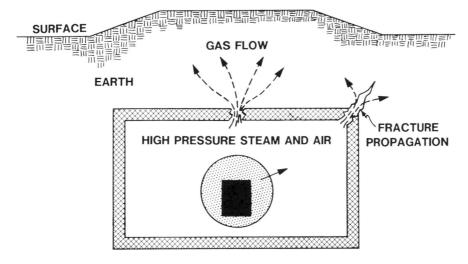

Fig. 2.   Gas flow paths of concern through the backfill above a nuclear reactor.

4. Application to the reactor problem

Fig. 2 shows the general geometry of a leaking containment structure for a "cut and fill" site. Any leakage through a break in the structure can propagate to the surface as gas flow through the pore space of the backfill, or the gas can drive a hydraulic fracture. The fracture threat is most serious, because it can lead to a prompt unfiltered vent of the radioactive gas to the atmosphere. Another, somewhat unique, type of leakage has been seen with dry sand piled over a gas source. It seemed to be a bubble propagation through the sand. The gas lifted the overburden, "like mud", and the bubble burst forth at the surface. A more cohesive material than dry sand should discourage such a form of gas propagation.

The mode of gas leakage depends upon many factors such as:
1. Source pressure and composition.
2. The compressive stress resisting crack openings.
3. Permeability of the medium.
4. Saturation.
5. Tensile strength and Poisson's ratio.
6. Geometry of easiest gas flow path.

The solutions are simple in principle, but difficult to certify effective. For example, solutions are:
1. Discourage fracture propagation by:
   a. Reducing source pressure.
   b. I n c r e a s i n g the soil permeability.
   c. Increasing the in situ stress.
2. Discourage gas flow by:
   a. Reducing source pressure.
   b. R e d u c i n g the soil permeability.
   c. Minimize the noncondensible gas.

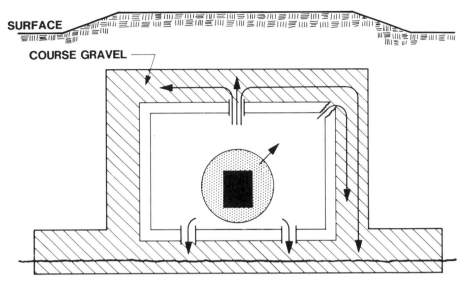

SURFACE

COURSE GRAVEL

Fig. 3.   Gas flow paths modified by the addition of a course gravel quenching volume.

The contradiction of 1.b and 2.b suggests a single backfill material would be in-adequate.

At the best, one would hope to prevent hydraulic fracturing and provide maximum filtering of any gas leaking to the atmosphere.

5. A hypothetical improvement

A backfill design is shown in Fig. 3 which is a simple improvement over the design of Fig. 2. The course gravel surrounding the containment structure has the following features:

1. A permeability of more than 1000 darcys. (1 darcy = 10^{-6} mm^2).
2. Is overlain by a material of 1−10 darcys.
3. Has a pore space and particle size capable of quenching and storing all the steam generated by the damaged reactor.
4. Can be pumped dry of invading water before an accident occurs.

With the coarse gravel, it will be shown calculationally, the hot gas leaking from the structure is quenched and the noncondensible gas is diverted through the gravel pore space and pushed into the pore space of the surrounding material rather than pre-ferentially towards the surface. Ports in the floor of the structure can further reduce the pressure of gas leaking out the top of the structure by dumping and quenching the gas in the coarse gravel below the structure.

The coarse gravel quenching volume need not surround the structure. It could be the fill in a subsurface trench more near the surface to avoid problems with the water table.

The diversion and quenching of the steam reduces the pressure driving gas through the less permeable overburden. An example of the use of the KRAK code to evaluate the proposed gravel bed design is provided in the next section.

Table 1.   Calculation conditions.

Source		
Pressure		.34 MPa (constant)
Temperature		200 °C
Composition		70 % H_2O
		30 % Air
Total mass		$\sim 10^5$ kg

Porous media		
	Gravel	Earth
Permeability	1000 Darcys	1 Darcys
Porosity	45 %	35 %
Particle diameter	20 mm	2 mm
Saturation	0 %	50 %

6. Steam flow calculation of a simple design

The design of Fig. 3 was simplified to the geometry of Fig. 4. The source and material characteristics are shown in Table 1. The calculation was performed at the Los Alamos National Laboratory by Bryan Travis as a demonstration of the KRAK

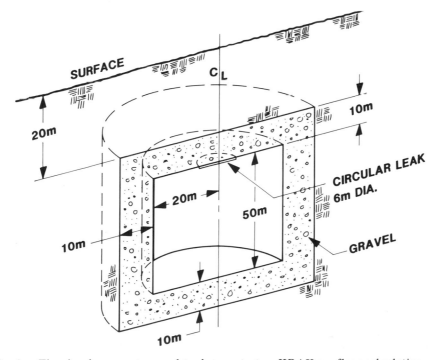

Fig. 4. , The simple geometry used to demonstrate a KRAK gas flow calculation.

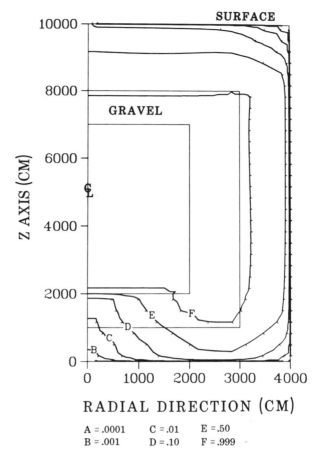

Fig. 5.   Tracer particle concentration after 0.54 days.

flow model in its implicit form (called the WAFE code). No crack propagation needs to be calculated, because the design avoids the necessary conditions for a crack to form.

The steam and air mixture flows out of the top of the structure through a large hole (6 m dia.) into the coarse gravel. The steam is quenched by the cold gravel and diverted around the sides of the structure.

The concentration of tracer particles, after one half day, is shown as a contour plot in Fig. 5. The contour labeled E (.5) is the approximate extent of convected radio-activity. Lower concentrations are the result of diffusion and dispersion. Fig. 6 shows the concentrations after a full day's flow. By one day, the noncondensible gas from the structure is leaking through the surface. The flow around the structure has reduced the overpressure driving gas through the top 20 m by fourfold.

As the leakage continues, the condensate collects in the gravel pore space and heats the rock to about 100°C. The water is displaced by the gas pressure. Near the source, the gravel is heated to greater than 100°C, and the water is revaporized and carried

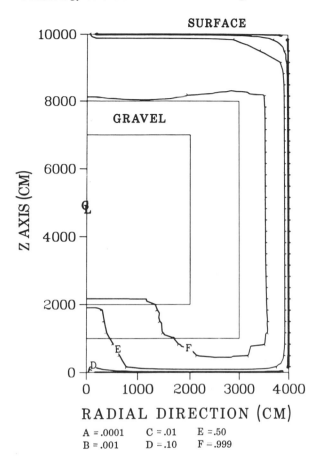

A = .0001   C = .01   E = .50
B = .001   D = .10   F = .999

Fig. 6.   Tracer particle concentration after 1.08 days.

farther by the gas flow to quench again in the cooler regions. Fig. 7 is a contour plot of the temperature distribution after one day.

Fig. 8 is a contour plot of the saturation of the gravel and soil. The soil was assumed to start at 50 % saturation, whereas the gravel was assumed to be dry. The saturation has changed most in the gravel due to steam condensation. It was prescribed that when the saturation dropped below 5 % in the gravel, the gas can no longer easily displace the water. That is why the 5 % saturation exists over a large region.

Fig. 9 shows the pressure distribution after one day. The pressure is nearly uniform in the gravel, except near the source where the condensate impedes the gas flow. The pressure at the top of the gravel is only .16 MPa (.06 MPa above the ambient pressure). Consequently, pressures high enough to propagate a fracture are not developed in the overlying fine material. An overpressure of about half the overburden (i.e., 16 MPA) is usually required.

Fig. 10 is a normalized linear plot of the pressure, saturation and temperature in the gravel along the top of the structure.

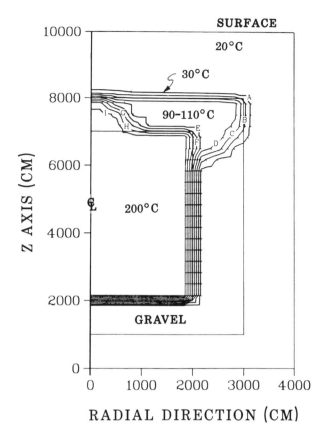

Fig. 7.   Fluid temperature at 1.08 days (equal contour intervals).

Fig. 11 shows the mass flow which has occured out of the top of the structure. By one day, approximately twenty structure volumes have leaked out. Obviously without a major steam source inside the structure, the steam pressures would have decayed and the transport of radioactive material would be much less. Only a very small amount of gas has been pushed out of the top and bottom of the calculated volume. For this constant source pressure condition, noncondensible radioactive gas leakage would occur after half a day.

7. Advantages

The coarse gravel serves as a quenching and storage volume for radioactive steam. The overlying fine material can better filter the noncondensible gas remaining. The gross particulate and water soluble material is isolated in the gravel bed for later treatment. The threat of a steam driven fracture is avoided. No large self supported rooms are required inside the structure to deal with rapid gas generation. Fractures in vent or coolant lines at the structure interface also dump leakage into the gravel.

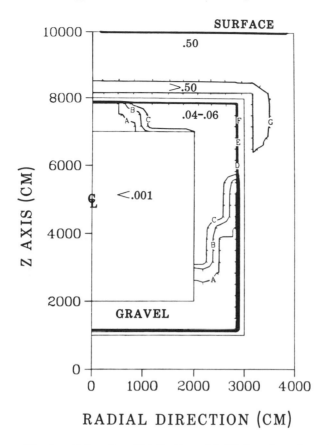

Fig. 8. Saturation distribution at 1.08 days (equal contour intervals)

8. Conclusion

The coarse gravel quenching volume reduces the threat of hydraulic fracturing, and it reduces the penetration rate of gas through the backfill. The required gravel particle size, volume and geometry can be determined for a wide variety of reactor accident modes, backfill characteristics and economic constraints, through use of the 2-D steam flow models used for US nuclear test evaluation.

9. Acknowledgements

I would like to thank the German Ministry of the Interior, and Dr. H.U. Freund for the opportunity to present this paper. Defense Nuclear Agency and Los Alamos National Laboratory have supported the steam flow calculations. Systems, Science and Software of LaJolla and Lawrence Livermore National Laboratory have provided analytical and experimental verification of the KRAK model.

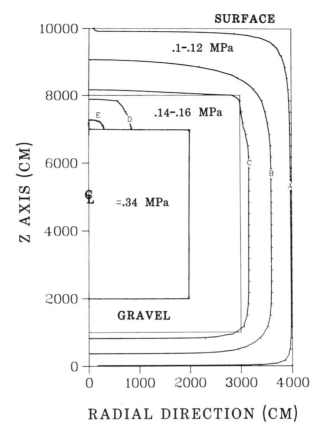

Fig. 9. Pressure distribution at 1.08 days (equal contour intervals).

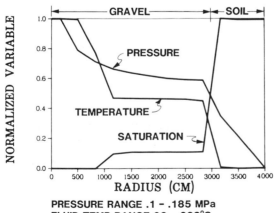

PRESSURE RANGE .1 - .185 MPa
FLUID TEMP RANGE 20 - 200°C
SATURATION RANGE 0 - .50 PER CENT

Fig. 10. Pressure, Saturation and Temperature distribution in the gravel along the top of the structure.

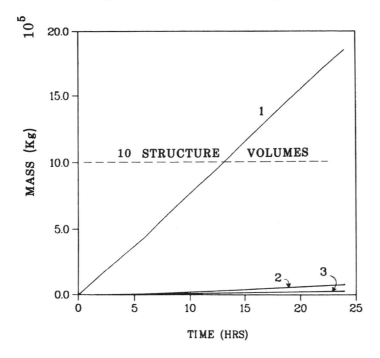

Fig. 11. Mass flow from source (1), through bottom boundary (2), and top (3).

References

Freund, H. U. (1981): Explosion operated Valves in Shafts and Pipelines for Underground Nuclear Power Plants. – A paper to be presented at Hannover Symposium, 18 March 1981.

Bowman, B. (1981): An Underground Siting Concept for Nuclear Power Station for Retaining of Post-Accident Atmosphere. – A paper to be presented at Hannover Symposium, 18 March 1981.

Keller, C., Davis, A. H., Stewart, J. N. (1974): The Calculation of Steam Flow and Hydraulic Fracturing in a Porous Medium with the KRAK Code. – Los Alamos National Laboratory Rep., **LA-5602-MS**, May 1974.

Other Sources

Numerous informal reports exist at Lawrence Livermore and Los Alamos National Laboratories and at Defense Nuclear Agency on fast closures of pipes as large as one meter in diameter.

A major report is in progress on the family of KRAK codes at Los Alamos. Bryan Travis is one of the principle authors.

Discussion

Frage und Anmerkung von Herrn Haack, STUVA, Köln, zu den Vorträgen Keller and Bernnat:

Sowohl die rechnerischen als auch die experimentellen Modellansätze, die von den Herren Keller und Bernnat und Dinkelacker vorgestellt wurden, gehen von einer partiellen Zerstörung des Containments, d. h. von durchgehenden Rissen oder größeren Löchern aus. Das ist sicherlich ein Ansatz, der auf der sicheren Seite liegt. Andererseits dürfte es aber durch entsprechende konstruktive Auslegung des Containments auch möglich sein, Risse als Folge eines inneren oder äußeren Störfalls über größere Flächen zu verteilen. Wenn es dadurch möglich wird, die Einzelrißweite zu beschränken, kann eine Komponente in die Sicherheitsbetrachtung einbezogen werden, die bisher im Rahmen dieses Symposiums noch gar nicht erwähnt wurde:

die innere und vor allem auch äußere Abdichtung.

Sie kann bei geeigneter Auslegung das Austreten kontaminierter Gase oder Flüssigkeiten verhindern oder doch zumindest deutlich verzögern.

Welche Überlegungen werden in dieser Richtung in den verschiedenen Ländern (z.B. USA, Kanada, Japan) angestellt?

Response for Mr. Haack, STUVA, Köln:

In an above ground facility, there is a real advantage to a leakage limiting system which is not an absolute barrier. For an underground system, I would expect that a thin layer of earth next to the structure would serve the same function. The rest of the overlying material would further filter and impede the leakage. One might expect certain economies in the construction of an underground structure because leakage is less dangerous. I wonder whether the pressure capacity of a buried structure may be inherently higher also, so that a crack would be less likely to propagate in the structure because of the earth's confinement.

Question from W. Otto, GRS, Köln, to Mr. Keller and H. Bernnat:

Are there any investigations, which consider the influence of different pressure-gradients on the surface release times? In which way would be influenced the release times at higher accident pressures than 3.5 bar?

Response for W. Otto, GRS, Köln:

The calculations described are not expected to be leakage predictions for any particular design. Instead, they are only a demonstration of the calculational capability. Actual designs would select permeabilities, thickness and geometries which would control the leakage for hypothetical accident conditions. Designs developed can be evaluated with this steam flow model for a wide varity of conditions.

Question from G. Petrangeli, CNEN, Italy, to Mr. Keller:

Which is, in your opinion, the relevance of leaks through electrical cables and pipes as compared to leaks through ground?

Please refer to the schematic buried NPP case shown in your presentation.

Response for G. Petrangeli, CNEN, Italy:

We have developed electrical cable gas blocks for our underground tests. The gas blocks are good for 10–100 bar, depending upon the design. Leakage through pipes depends upon the quality of the valves and the valve closure system.

The earth is not such a well known engineering medium. However, gas flow tests are easy to perform to evaluate a design actually constructed. These should be done on a small scale first to avoid design flaws and costly changes.

A damaged containment structure, with cracks and broken pipes, need not be known in detail to allow good confidence in the containment value of the overlying earthern materials.

Burial of a reactor containment structure leaves only the piping (or tunnels) as dangerous flow paths. A broken pipe is of much less concern underground. The reliability of valve closure is the major concern. We close large pipes in less than one tenth of a second to contain nuclear explosions. We use redundant valves. I believe that one can reduce the valve failure probability to that of the other leak paths.

Question from D. Emendörfer to Mr. C. Keller:
Could you, please, tell us a little bit more about the physical and computational model which you used for the production and propagation of fractures as a function of overpressure, permeability etc.

Response for D. Emendörfer:
Please contact me for details. In brief, the model does not calculate a fracture flow path unless the pressure distribution, permeability, local stress, saturation and other parameters allow a fracture to propagate. Porous flow is always calculated. If a fracture is possible, the model will calculate the propagation in space and time. The rate of propagation depends upon the pressure, temperature and saturation of the steam. It also depends upon the permeability, porosity, strength, compressibility, saturation, depth of burial, temperature, heat conductivity and pore shape of the geologic medium. The model calculates the crack dimensions, flow friction, fluid inertial effects, etc. ... inside the crack. The crack length is determined by a stress intensity factor criterion. Noncondensable and condensable gases are treated. Diffusion and convection are transport modes. A complete report is in slow progress.

Question from W. Braun, KWU, to Mr. Keller:
Have you any idea how porosity and permeability of the gravel-layer can be practically achieved during construction, and be kept constant during the lifetime of the plant, or be tested and retested?

Response for W. Braun:
In simple geometries, we use graduated layers of different grain size to separate more permeable from less permeable layers. Silt accumulations must be a concern. It is easy to use simple gas flow tests to measure pore space and permeability. Perhaps the gravel could be underlain by a very coarse gravel to allow occasional flooding to remove silt accumulations. The problem depends heavily upon whether ground water is allowed to flow through the gravel and whether that water has a high silt content. Porous and permeable gravel beds exist "forever" under natural conditions, as observed in eroded alluvial deposits. One must be careful, but I think that it can be done relatively cheaply.

Mehrdimensionale Berechnung der Strömung radioaktiver Gase durch überdeckende Erdschichten von unterirdisch gebauten Kernkraftwerken nach hypothetischen Störfällen

von

W. Bernnat und A. Dinkelacker

Mit 6 Abbildungen im Text

Abstract

Multidimensional calculation of the flow of radioactive gases through the soil surrounding an underground nuclear power plant after an hypothetical accident.

In connection with the underground siting of nuclear power plants the spreading of radioactive gases that are released into the coverage after a hypothetical accident causing a containment failure is investigated. In order to get a realistic description of the flow of radioactive fluids within the soil a physical model is presented, based on Darcy's law for the flow of ideal gases through porous media. The calculation of transient pressure and concentration distributions for a one- and two-component flow of gases in the soil is performed by a numerical three-dimensional coarse mesh method.

Kurzfassung

Im Zusammenhang mit der unterirdischen Bauweise von Kernkraftwerken wird die Ausbreitung von radioaktiven Gasen untersucht, die nach einem hypothetischen Störfall mit Containmentversagen aus der unterirdischen Anlage in die Erdüberdeckung freigesetzt werden. Die Ausbreitung der radioaktiven Gase wird als Ein- und Zweikomponentenströmung in einem porösen Medium nach Darcy behandelt. Die Bestimmung des Verlaufs der radioaktiven Gasfront wird durch eine Tracermethode und durch Lösen der Massenbilanzgleichungen für die radioaktive Gaskomponente realisiert. Zur Lösung der Gleichungen für das instationäre Druckfeld wird ein dreidimensionales numerisches Grobmaschenverfahren angewandt.

1. Einleitung

Überdeckt gebaute Kernkraftwerke haben gegenüber den oberirdisch gebauten sowohl den Vorteil eines besseren Schutzes vor externen Einwirkungen als auch den Vorteil, daß bei anlageninternen, hypothetischen Störfällen bei Containmentversagen die während des Störfalls freigesetzten radioaktiven Substanzen nicht sofort in die Atmosphäre, sondern zunächst in die den Reaktor überdeckenden Erdschichten gelangen. Dabei stellen diese Erdschichten ein gutes Filter für die Aerosole, die sich in der Störfallatmosphäre befinden, dar. Der zeitliche Ablauf eines solchen hypothetischen Störfalls kann im Hinblick auf die Spaltproduktausbreitung im Erdreich in zwei Phasen eingeteilt werden:

1. Solange ein erhöhter Druck an den hypothetisch angenommenen Rissen des Containments ansteht, ist der Druckgradient zwischen Störfallatmosphäre und der

Atmosphäre in den Erdschichten, die ausbreitungsbestimmende Kraft. Diese sogenannte Austreibphase ist durch eine relativ schnelle Ausbreitung der radioaktiven
Störfallatmosphäre, vor allem der darin enthaltenen Edelgase gekennzeichnet.
2. Nach dem Abbau des Druckgradienten sind andere Transportmechanismen von
   Bedeutung. Während dieser Phase, die man als Migrationsphase bezeichnen kann,
   erfolgt die Ausbreitung der radioaktiven Substanzen in den Erdschichten im wesentlichen durch molekulare Diffusion aufgrund von Konzentrationsgradienten und
   durch den Transport mit der Grundwasserströmung.

Wegen der großen Bedeutung für die Umweltbelastung während oder unmittelbar
nach einem solchen hypothetischen Störfallablauf befassen wir uns hier ausschließlich
mit dem kurzfristigen Ausbreitungsverhalten während der Austreibphase.
Bei der Berechnung des Ausbreitungsverhaltens der Störfallatmosphäre, die aus
einem Gemisch von Wasserdampf, Luft, Aerosolen und gasförmigen Spaltprodukten
besteht, kann man davon ausgehen, daß der Wasserdampf und der Anteil der kondensierbaren Spaltprodukte praktisch unmittelbar beim Austritt vom Containment ins
Erdreich kondensiert und sich im Vergleich zu den nichtkondensierbaren Anteilen
wesentlich langsamer ausbreitet. D.h., bei der Beschreibung der Ausbreitung der Störfallatmosphäre während der Austreibphase kann man sich in erster Näherung auf den
gasförmigen Anteil beschränken, und zwar im wesentlichen auf die Edelgase Kr-85,
Xe-133, Xe-135, die als direkte oder indirekte Spaltprodukte in der Störfallatmosphäre vorkommen.
Mögliche Ausbreitungspfade der radioaktiven Gase sind in Abb. 1 dargestellt. Im
wesentlichen sind die Austrittspfade aus Betonrissen zu beachten, die oberhalb des
Grundwasserspiegels liegen. Unterhalb des Grundwasserspiegels ist die Durchdringungs-
fähigkeit der Erdschichten durch Gase (Permeabilität) sehr gering, so daß die Ausbreitung von Gasen aus solchen Leckagestellen kurzfristig nicht von Bedeutung ist.
Die Problematik der Spaltproduktfreisetzung aus unterirdisch gebauten Kernkraftwerken wird z.B. von Bachus und Schnurer (1978) diskutiert.

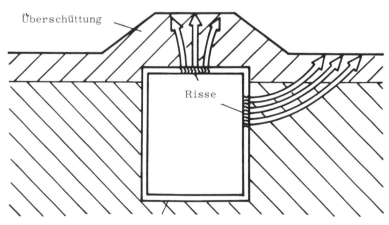

Unterirdisches Reaktor-Gebäude

Abb. 1.   Schematische Darstellung der Ausbreitungspfade der radioaktiven Gase nach
hypothetischem Störfall in einem Untergrundkraftwerk.

2. Physikalisches Modell zur Behandlung der Ausbreitung radioaktiver Gase im Erdreich

Die Erdschichten, die das unterirdisch gebaute Kernkraftwerk umgeben bzw. überdecken, können im physikalischen Sinne als poröse Medien aufgefaßt werden. Darunter versteht man einen Festkörper, der im allgemeinen von statistisch verteilten Poren oder Kapillaren durchsetzt ist. Im Zusammenhang mit der Durchströmung eines porösen Stoffes durch ein Fluid ist dabei nur derjenige Anteil der Poren interessant, der durchgehend untereinander in Verbindung steht und damit eine Strömung des Fluids überhaupt zuläßt.

Treten nun nach einem hypothetischen Störfall radioaktive Gase aufgrund eines Durckgradienten durch Betonrisse aus dem unterirdischen Gebäude in die umgebenden porösen Erdschichten aus, so kann der Ausbreitungsvorgang als Strömung durch ein poröses Medium behandelt werden (Morrison 1972, Pitts 1976).

Es läßt sich zeigen, daß bei den hier unterstellten Störfällen und den dabei auftretenden Drücken die Voraussetzungen einer laminaren Strömung durch poröse Medien gegeben sind, die sich nach Darcy durch folgende Gleichung beschreiben läßt

$$\vec{q} \; = \; - \frac{k}{\mu} \cdot (\text{grad } p + \rho \cdot g \cdot \vec{e}_z). \qquad (1)$$

$\vec{q}$ Vektor der Fließgeschwindigkeit durch das poröse Medium, gebildet als der Quotient aus dem Volumenstrom V und der Gesamtfläche A senkrecht zu $\vec{q}$

k Permeabilität des porösen Mediums

μ dynamische Viskosität des Fluids

p der Druck im Porenraum

ρ die Dichte des Fluids

g die Erdbeschleunigung

$\vec{e}_z$ der Einheitsvektor senkrecht zur Erdoberfläche.

Nimmt man nun an, daß das strömende Fluid ein ideales Gas sei (Schwerkraftterm ist dabei vernachlässigbar) und nimmt man eine isotherme Strömung an, so läßt sich aus Bilanzüberlegungen mit Hilfe des Gesetzes von Darcy eine Gleichung aufstellen, die die Berechnung des instationären Druckfeldes im inhomogenen, porösen Medium zunächst für eine Einkomponentenströmung gestattet.

$$\varepsilon \cdot \frac{\partial p}{\partial t} \; = \; \text{div } (p \cdot \frac{k}{\mu} \cdot \text{grad } p) \qquad (2)$$

ε Porosität des Erdreichs

Die Porosität und Permeabilität können hierbei beliebige Funktionen des Orts sein. Ist das instationäre Druckfeld — im allgemeinsten Fall für drei Raumdimensionen — bekannt, so läßt sich nach der Beziehung von Darcy das Geschwindingkeitsfeld berechnen. Mit Hilfe des Geschwindigkeitsfeldes läßt sich dann die zeitliche Ausbreitung der radioaktiven Gasfront bestimmen. Damit ist auch der Zeitpunkt bestimmbar, ab welchem die radioaktiven Gase an der Erdoberfläche auszuströmen beginnen. Bei einer eindimensionalen Behandlung des Problems kann die Ausbreitung durch einfache Massenbilanzüberlegungen bestimmt werden. Es ist ja so, daß angenommen werden kann, daß das radioaktive Gas das früher in den Poren befindliche Gas (z.B. Luft) verdrängt. Bei mehrdimensionalen Problemen läßt sich dieser Verdrängungsprozeß z.B.

mit Hilfe von sog. Tracer-Partikeln simulieren. Diese Partikel treten zum Zeitpunkt t = 0 an bestimmten Orten aus den Rissen im unterirdischen Gebäude in die Erdschichten aus und bewegen sich mit der Gasströmung entlang der Trajektorien der Strömung. Die Fläche, die durch die Ortspunkte aller gestarteten Tracerpartikel gelegt werden kann, kann als Grenzfläche zwischen radioaktiven und nicht radioaktiven Gasen zu diesem Zeitpunkt angesehen werden, und beschreibt die Lage der radioaktiven Gasfront. Erreicht diese Front die Erdoberfläche, so tritt radioaktives Gas in die Umgebung aus. Der Zeitpunkt des Austritts und damit die Rückhaltezeit läßt sich durch Beobachtung dieser Gasfront bestimmen.

Eine genauere Beschreibung der Ausbreitung von radioaktiven Gasen in den ursprünglich mit einem nichtradioaktiven Gas gefüllten Erdschichten erreicht man, wenn man die Strömung von vollständig mischbaren Gasen durch poröse Medien (Mehrkomponentenströmung) betrachtet.

Für mischbare Gase läßt sich durch Massenbilanzbetrachtungen die zeitliche Änderung der Gaskonzentration C_l für eine Komponente l beschreiben:

$$\varepsilon \cdot \frac{\partial c_l}{\partial t} = - \operatorname{div} c_l \cdot \vec{q}. \qquad l = 1,2 \qquad (3)$$

c_l　Konzentration (oder Partialdichte der Komponente l) $[kg/m^3]$

Die Effekte des Massentransports durch Diffusion und Dispersion bzw. die Adsorption der Komponente 1 im porösen Medium ist dabei nicht berücksichtigt, da sie für die betrachtete Störfallzeit von geringer Bedeutung sind.

Nimmt man an, daß folgende Vereinfachungen gelten:
— alle Gase des Gemisches seien ideale Gase
— die Ausbreitung des Gemisches verlaufe isotherm
— die dynamische Viskosität des Gasgemisches sei konstant, also keine Funktion der Zusammensetzung,

so läßt sich die Konzentrationsverteilung der einzelnen Gaskomponenten mit Hilfe des berechneten instationären Geschwindigkeitsfelds und der Massenbilanzgleichung für die einzelne Gaskomponente bestimmen. Durch Betrachten der Konzentrationsisolinien läßt sich damit die Lage der radioaktiven Gasfront bestimmen.

3. Numerisches Verfahren

Zur Bestimmung der transienten Geschwindigkeits- und Konzentrationsfelder bzw. der Lage der Tracerpartikel ist zunächst Gleichung (2) mit einem numerischen Verfahren zu lösen. Hierzu wurde für dreidimensionale Lösungsgebiete (in kartesischen Koordinaten) ein explizites Grobmaschenverfahren angewandt, wobei das Lösungsgebiet in quaderförmige Maschen (Boxen) angeteilt wurde, s. Dinkelacker (1979). Innerhalb der einzelnen Boxen werden die Porosität und die Permeabilität als konstant angenommen. Der dreidimensionale Druckverlauf innerhalb einer Box wurde durch eine Summe von Lagrangepolymonen zweiter Ordnung dargestellt. Als Kopplungsbedingungen zwischen Boxen wurde Stetigkeit von Druck und Massenstrom verlangt. Unter diesen Voraussetzungen wurden Differenzgleichungen unter Verwendung eines expliziten Schemas aufgestellt, die ausgehend von bestimmten Anfangs- und Randbedingungen ein schnelles Bestimmen des Druckfeldes zum nächsten Zeitschritt gestatten. Allerdings müssen — wie immer bei expliziten Verfahren — genügend kleine

Zeitschritte gewählt werden, um numerische Stabilität zu erhalten. Das Rechenprogramm FLOG3D, welches zur Lösung obiger Gleichung entwickelt wurde, hat nun folgende Eigenschaften:

Es löst die nichtlineare partielle Differentialgleichung für das 3-D Druckfeld für die Randbedingungen

— vorgegebener Druck (Dirichlet'sche Randbedingung)

— vorgegebener Massenstrom (Neumann'sche Randbedingung)

an beliebigen inneren oder äußeren Flächen des Maschengitters und für die Anfangsbedingung

$$p(r,t) = p_o \text{ für } t < 0,$$

wobei p_o der Umgebungsdruck bedeutet. Die Maschenweite kann dabei variabel angegeben werden, ebenso die Porosität und Permeabilität für jede Masche (BOX).

Undurchlässige Materialien können durch die interne Randbedingung „Massenstrom = 0" berücksichtigt werden, komplizierte geometrische Körper oder strukturierte Erdschichten können dadurch recht gut nachgebildet werden. Neben dem Druckfeld bestimmt FLOG3D noch die Lage von Tracerpartikeln und bestimmt das Konzentrationsfeld für eine zweite Gaskomponente durch Lösen der früher erwähnten Massenbilanzgleichung.

Bei der Lösung dieser Gleichung werden die ersten Ableitungen in die drei Koordinatenrichtungen durch Rückwärtsdifferenzen in Strömungsrichtung (sog. up-wind-Differenzen) diskretisiert.

Bei der numerischen Lösung der Konzentrationsgleichung zeigt sich ein typisches Dispersionsverhalten, das durch die Differenzapproximation verursacht wird. Vergleiche der Lösung der Konzentrationsgleichung mit der Lösung der Tracerpartikelmethode zeigen, daß die Lage der Konzentrationsfront in ein- und mehrdimensionalen Fällen sehr gut durch die Lage der Isolinie mit halber Anfangskonzentration beschrieben werden kann.

4. Anwendung des Verfahrens für eine Störfallsimulation

Das Programm wurde anhand eindimensionaler Experimente und analytischer Lösungen für vereinfachte eindimensionale Geometrien verifiziert. Für mehrdimensionale Probleme liegen bisher keine Experimente vor; durch zahlreiche numerische Tests und Vergleich mit eindimensionalen Lösungen konnte jedoch auch die mehrdimensionale Version verifiziert werden (Dinkelacker 1980).

Zur Demonstration der Arbeitsweise des vorgestellten Programms bzw. Modells zeigen wir einige Rechenbeispiele. Es wird angenommen, daß ein überdeckt gebautes Kernkraftwerk entsprechend Abb. 2 vorliegt.

Der zu berechnende Bereich ist in dieser Abbildung mit dargestellt. Nicht achsenparallele Wände des unterirdischen Gebäudes müssen dabei durch Stufen approximiert werden. Der Rechnung legten wir nun folgende Anfangs- und Randbedingungen zugrunde:

a) Leckstelle am obersten Punkt des Gebäudes

b) Leckstelle seitlich am Gebäude

Es stehe bei den Leckstellen ein Innendruck von 3,5 bar an. Für die verschiedenen Erddichten wurden folgende Porositäten bzw. Permeabilitäten angenommen:

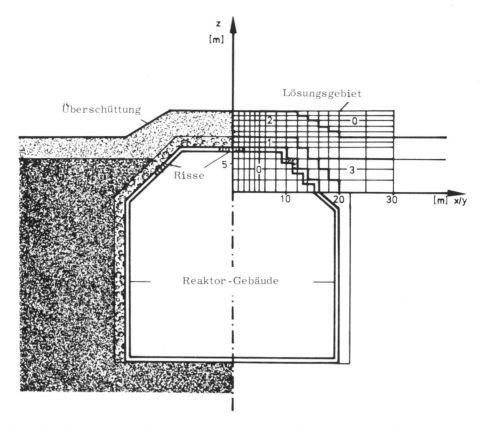

Abb. 2.   Vereinfachtes Modell eines unterirdischen Kernkraftwerkes, Diskretisierung des Lösungsgebiets.

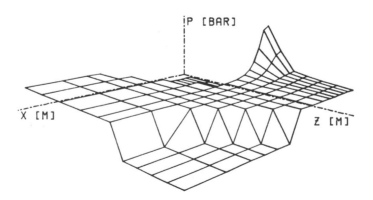

Abb. 3.   Druckverteilung über der Ebene Y = 0 1,4 h nach Störfalleintritt (Leckstelle oben).

mittlerer Störfalldruck	p_s	3.5 (bar)
Permeabilitäten	k_1	0.1 (darcy)
	k_2	1.0 (darcy)
	k_3	0.01 (darcy)
Porositäten	$\varepsilon 1$	0.35
	$\varepsilon 2$	0.35
	$\varepsilon 3$	0.3
dyn. Viskosität μ		$1.8\ 10^{-5}\ (Ns/m^2)$

Schicht 1   ist dabei die unmittelbar um das Gebäude angenommene Verfüllmasse
Schicht 2   ist die Überdeckung
Schicht 3   das Erdreich, das sich am vorliegenden Standort befindet.

Der Druckverlauf in den Erdschichten ist für die obere Leckstelle in Abb. 3, für die seitliche Leckstelle in Abb. 4 für 1,4 h bzw. 2,5 h nach Störfallbeginn dargestellt. Die Ausbreitung der radioaktiven Gasfront wird für die obere Leckstelle, z.B. für die Ebene Y = 0, durch Konzentrationsisolinien für verschiedene Zeitpunkte in Abb. 5 und für die z-Ebene in der Höhe der seitlichen Leckstelle in Abb. 6 dargestellt. Wenn die Konzentrationsisolinien die Erdoberfläche erreichen, beginnt radioaktives Gas aus der Störfallatmosphäre in die Umgebung zu strömen. Durch den dispersiven Charakter der numerischen Lösung wird die Realität dabei am besten getroffen, wenn die Konzentrationsisolinien mit halber Anfangskonzentration betrachtet werden. Die Anfangskonzentration ist dabei die dem Störfalldruck an der Leckstelle zugeordnete Konzentration.

Die Ergebnisse zeigen, daß bei dem betrachteten Modell die Rückhaltezeit im Erdreich relativ kurz ist. Dabei ist jedoch zu beachten, daß diese Zeit proportional zum Störfalldruck und umgekehrt proportional zur Permeabilität der Erdschichten ist. Die Freisetzungszeit hängt demnach vom Druck an der Leckstelle und von den Permeabilitäten der Verfüll- bzw. Überdeckungsmassen ab. Es verbleibt jedoch, da sich das Gas im Erdreich gleichmäßig ausbreitet, zunächst ein erheblicher Teil im Boden zurück, der dann erst in einer erheblich langsameren Migrationsphase freigesetzt wird.

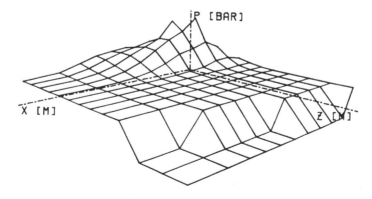

Abb. 4.   Druckverteilung über die Ebene Y = 0 2,5 h nach Störfalleintritt (Leckstelle seitlich).

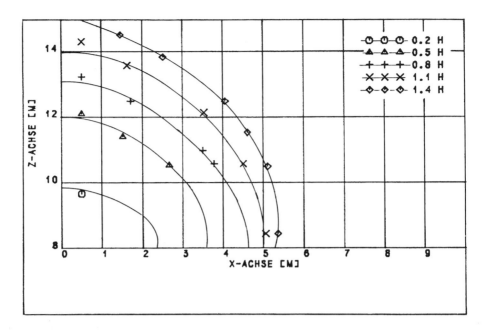

Abb. 5.   Konzentrationsisolinien in der Ebene Y = 0.

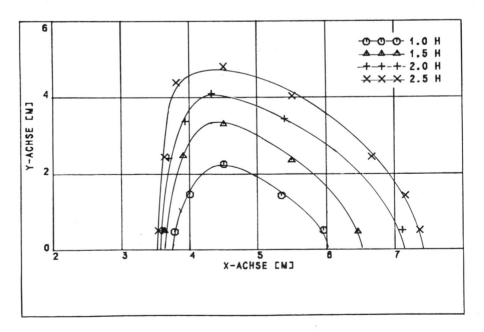

Abb. 6.   Konzentrationsisolinien in der z-Ebene in Höhe der seitlichen Leckstelle.

Würde man noch Kondensationseffekte (Kondensation des Dampfes, der sich in der Störfallatmosphäre befindet) berücksichtigen, so würde die Ausbreitung sicherlich noch wesentlich langsamer vor sich gehen, da dann der Störfalldruck erheblich reduziert werden würde. Das vorliegende Modell ist demnach konservativ bezüglich der Freisetzung.

5. Zusammenfassung

Das vorgestellte physikalische und mathematische Modell erlaubt eine konservative Abschätzung der Ausbreitung von Gasen in porösen Medien unter voller Berücksichtigung der dreidimensionalen Geometrie. Verbesserungen des Modells wären durch Berücksichtigung von Diffusions- und Kondensationseffekten zu erzielen, um eine realistischere Simulation der schnellen Ausbreitungsphase, aber auch der Migrationsphase zu erreichen. Eine gute Übersicht über die sich im Erdreich befindende Konzentrationsverteilung der ausgetretenen radioaktiven Gase bzw. den Anteil der bereits in die Umgebung abgegebenen Menge läßt sich mit dem beschriebenen konservativen Modell jedoch bereits jetzt berechnen.

6. Schriftenverzeichnis

Bachus, K.P. & Schnurer, H. (1978): BMI-Studienprojekt „Unterirdische Bauweise von Kernkraftwerken". – Atomwirtschaft, März 1978: 127–129.

Dinkelacker, A. (1979): Simulation der Ausbreitung von radioaktiven Gasen durch Erdschichten in drei Dimensionen im Zusammenhang mit der unterirdischen Bauweise von Kernkraftwerken. – Diss. Univ. Stuttgart.

– (1980): Multidimensional flow of radioactive gases through the soil surrounding an underground nuclear power plant. – Atomkernenergie-Kerntechnik, 36: 109–111.

Morrison, F.A. (1972): Transient Gas Flow in a Porous Column. – Ind. End. chem. Fundam., 11: 191–197.

Pitts, J.H. (1976): Gas-Initiated Crack Propagation in a Porous Solid. – UCRL-51988, Lawrence Livermore Laboratory, University of California.

Diskussion

Frage und Anmerkung von Herrn Haack, Stuva, Köln, zu den Vorträgen Keller und Bernnat:

Sowohl die rechnerischen als auch die experimentellen Modellansätze, die von den Herren Keller und Bernnat & Dinkelacker vorgestellt wurden, gehen von einer partiellen Zerstörung des Containments, d.h. von durchgehenden Rissen oder größeren Löchern aus. Das ist sicherlich ein Ansatz, der auf der sicheren Seite liegt. Andererseits dürfte es aber durch entsprechende konstruktive Auslegung des Containments auch möglich sein, Risse als Folge eines inneren oder äußeren Störfalls über größere Flächen zu verteilen. Wenn es dadurch möglich wird, die Einzelrißweite zu beschränken, kann eine Komponente in die Sicherheitsbetrachtung einbezogen werden, die bisher im Rahmen dieses Symposiums noch gar nicht erwähnt wurde:

die innere und vor allem auch äußere Abdichtung.

Sie kann bei geeigneter Auslegung das Austreten kontaminierter Gase oder Flüssigkeiten verhindern oder doch zumindest deutlich verzögern.

Welche Überlegungen werden in dieser Richtung in den verschiedenen Ländern (z.B. USA, Kanada, Japan) angestellt?

Antwort an Herrn Haack:

Es ist sicherlich richtig, daß man durch Beschränkung der Rißweiten zu einem erheblichen Druckabfall innerhalb der Containmentwand kommt, welcher das Austreten kontaminierter Gase stark verzögert. Dieser Effekt würde durch eine Abdichtung, sofern sie intakt bleibt, noch verstärkt werden.

Question from W. Otto, GRS, Köln, to Mr. Keller and H. Bernnat:

Are there any investigations, which consider the influence of different pressure-gradients on the surface release times? In which way would be influenced the release times at higher accident pressures than 3.5 bar?

Response for Mr. Otto:

The surface release times are inversely proportional to the pressure gradients between the containment overpressure and the atmospheric pressure and directly proportional to the permeability of the soil.

Grundwasserkontamination durch radioaktive Stoffe als Folge hypothetischer Unfälle in erdversenkten Kernreaktoren Bewertung, Vorbeugung und Abwehrmaßnahmen

von

Friedrich Schwille

unter Mitwirkung von
Heinrich Armbruster, Klaus Haberer, Johannes Schur, Károly Ubell

Mit 19 Abbildungen im Text

Abstract

The excavation of very deep pits for underground nuclear power stations in soils in the conventional manner, i.e. by groundwater depletion solely by means of wells, can today hardly be justified in the German Federal Republic. Only by applying diaphragm wall techniques will it be possible to prevent the negative effects of far-reaching groundwater level drawdowns. At the same time, diaphragm walls offer the only possibility of limiting groundwater contamination by radionuclides to the smallest possible volume after a hypothetical reactor accident.

Hydrogeological and hydrodynamical considerations, as well as the groundwater chemistry and water treatment techniques, which are necessary for the evaluation of the effect of diaphragm walls and remedial measures, are presented.

Kurzfassung

Das Ausheben von sehr tiefen Baugruben für unterirdische Kernkraftwerke im Lockergestein in konventioneller Weise, d.h. durch Absenken des Grundwassers ausschließlich mittels Brunnen, ist heute im Gebiet der Bundesrepublik Deutschland kaum mehr zu rechtfertigen. Nur unter Zuhilfenahme der Dichtwandtechnik wird man in der Lage sein, weitreichende Grundwasserabsenkungen mit ihren verschiedenartigen Folgeerscheinungen zu verhindern. Dichtwände bieten gleichzeitig aber auch die einzige Möglichkeit, im Fall eines hypothetischen Reaktorunfalles die Kontamination des Grundwassers durch austretende Radionuklide auf den kleinstmöglichen Raum zu beschränken.

Die zur Beurteilung der Wirkung von Dichtwänden und zur Durchführung von Maßnahmen zur Dekontaminierung des Grundwassers notwendigen hydrogeologischen, hydrodynamischen, grundwasserchemischen und aufbereitungstechnischen Grundlagen werden kurz dargelegt.

1. Potentielle Standorte und deren hydrogeologische Verhältnisse

Um den Überlegungen über die Auswirkung hypothetischer Unfälle auf das Grundwasser von in die Erde versenkten, also in offenen Baugruben errichteten Kernkraftwerken realistische Beschreibungen der geologischen und hydrologischen Verhältnisse zugrunde legen zu können, ist es erforderlich, zuvor die potentiellen Standortbereiche im Gebiet der Bundesrepublik Deutschland abzugrenzen.

Für die Auswahl von Standorten sind selbstverständlich in erster Linie energiewirtschaftliche Gesichtspunkte entscheidend. Eine wichtige Voraussetzung muß dabei allerdings immer erfüllt sein: es müssen zu jeder Jahreszeit ausreichende Wassermengen für den Naßkühlturmbetrieb zur Verfügung stehen, nach Möglichkeit in unmittelbarer Nähe des Kraftwerkes. Für die derzeit bevorzugten Kraftwerkseinheiten von 1000 MW werden etwa 1,0 m^3/s Kühlwasser benötigt, die durch Verdunstung verloren gehen, im Sinne der Wasserwirtschaft also verbraucht werden. Damit scheiden aus energiewirtschaftlicher Sicht interessante Standorte, die hinsichtlich des Kühlbetriebes allein auf Grundwasser angewiesen wären, von vornherein aus. Gebiete, die Grundwasserentnahmen in dieser Größenordnung noch erlauben, müssen in der Bundesrepublik der öffentlichen Wasserversorgung vorbehalten bleiben. Somit kommt nur der Rückgriff auf Oberflächenwasser in Frage.

Wie die Karte der Niedrigwasserabflüsse (Abb. 1) erkennen läßt, liegen die meisten Standorte für oberirdische Kernkraftwerke unmittelbar an abflußreichen Gewässern (was auch für das benachbarte Ausland zutrifft). Der Rhein als die westeuropäische Hauptschlagader fällt sofort ins Auge. Auf die Standorte in den tidebeeinflußten Ästuarbereichen von Weser und Elbe sei besonders hingewiesen. In den Küstengebieten von Nord- und Ostsee selbst liegen jedoch noch keine konkreten Kernkraftwerksplanungen vor.

Es darf also hier davon ausgegangen werden, daß Standorte für unterirdische Kraftwerke ebenfalls an abflußreichen Gewässern liegen. Die weiteren Betrachtungen beschränken sich daher auf die Talsohlen solcher Gewässer bzw., soweit die Gewässer im Flachland verlaufen, auf beiderseits der Gewässer sich erstreckende Geländestreifen von insgesamt etwa 1 km Breite. Die solchermaßen festgelegten Untersuchungsstreifen lassen sich aufgrund der geologischen Verhältnisse einer beschränkten Zahl hinreichend gleichartiger Gebiete mit jeweils ähnlichen Grundwasser- und Baugrundverhältnissen zuordnen. Für diese Gebiete können – um den Arbeitsaufwand für die Studien zu beschränken – repräsentative Standorte für Detailstudien ausgewählt werden.

Den potentiellen Standorten ist gemeinsam, daß sie fast durchweg im Bereich der jungpleistozänen Niederterrassenablagerungen der betreffenden Flüsse liegen. Diese zählen zu den ergiebigsten Grundwasserleitern des Bundesgebietes; sie erlauben meist auch die Gewinnung von uferfiltriertem Oberflächenwasser. Wegen der erheblichen Gefahr der Verunreinigung dieses oberen Wasserstockwerkes werden allerdings in jüngerer Zeit in zunehmendem Maße auch die tieferen Wasserstockwerke genutzt, sofern solche vorhanden sind.

Die hydrogeologische Karte (Abb. 2) zeigt mit Sand- und Kiessignatur die Gebiete, in denen mindestens bis 15 m und meist bis über 60 m Tiefe – das ist die ungefähre Gründungstiefe für vollversenkte Kraftwerke – Grundwasser in Lockergesteinen oder in nur schwach verfestigten porösen Festgesteinen angetroffen wird. Es sind dies (1) das Norddeutsche Flachland, (2) die Niederrheinische Bucht, (3) der Oberrheintalgraben und (4) die Schotterflächen der Donau und ihrer unteren Zuflüsse aus dem Alpenraum.

Über 50 % des Bundesgebietes liegt im Bereich der Hügelländer und der Mittelgebirge (in der Karte: Festgesteinssignaturen). Dort werden die Niederterrassenablagerungen der Flüsse (oberes Grundwasserstockwerk), deren Mächtigkeiten 15 m meist nicht überschreiten, unmittelbar von älteren Festgesteinen unterlagert. Sofern diese in

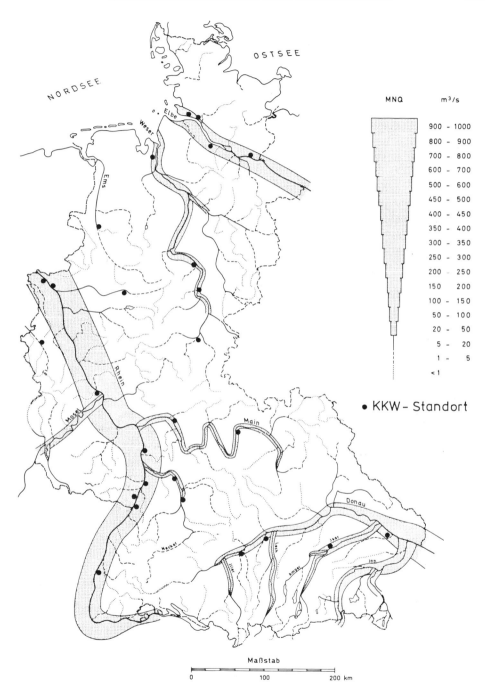

Abb. 1.   Karte der langjährigen Mittel der Niedrigwasserabflüsse sowie der Standorte von Kernkraftwerken in Betrieb, im Bau und in Planung.

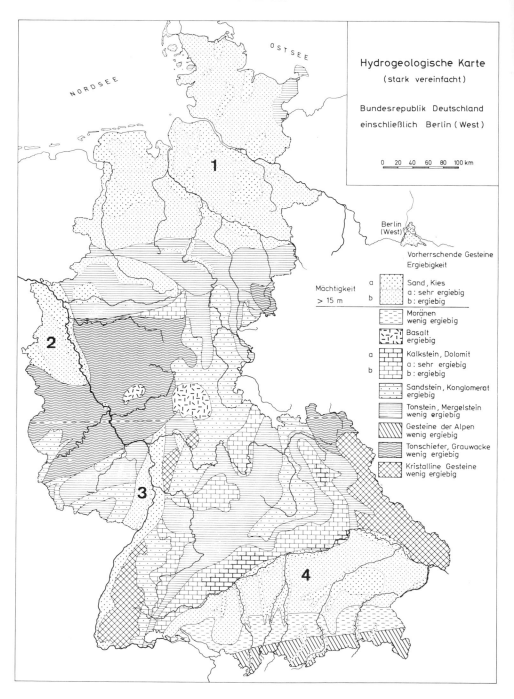

Abb. 2. Hydrogeologische Übersichtskarte.
1–4: Gebiete mit großen Lockergesteinsmächtigkeiten.

stärkerem Umfang klüftig und daher wasserführend sind, bilden sie das untere Grundwasserstockwerk.

Die Grundwasseroberflächen der oberen Stockwerke ebenso wie die Druckflächen der tieferen Stockwerke liegen in fast allen Fällen generell im Niveau des Wasserspiegels der Oberflächengewässer. Grundwasser und Oberflächenwasser stehen nämlich meist miteinander in enger hydraulischer Verbindung. Der Flurabstand der Grundwasseroberfläche beträgt in der Regel 3 bis 8 m. Es wird daher bei den folgenden Betrachtungen von einem mittleren Flurabstand von 5 m ausgegangen. Geht man bei versenkten Reaktorgebäuden von Gründungstiefen von etwa 60 m unter Flur aus, so bedeutet dies, daß alle vollversenkten Gebäude nach Fertigstellung etwa 55 m tief im Grundwasser stehen würden. Zum besseren Verständnis der hydrogeologischen Verhältnisse werden hier einige stark vereinfachte Schnitte wiedergegeben.

Der in Abb. 3 dargestellte Längsschnitt ist typisch für den nördlichen Oberrheintalgraben. Gut wasserleitende Sand- und Kiesschichten, die für die Trinkwassergewinnung von großer Bedeutung sind, werden durch mehr oder weniger gering durchlässige Schichten in einzelne Stockwerke gegliedert. Der Gesamtkomplex kann Mächtigkeiten

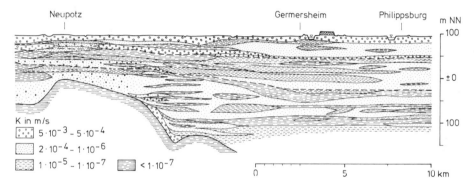

Abb. 3. Hydrogeologischer Schnitt längs des nördlichen Oberrheins (K. Hohberger).

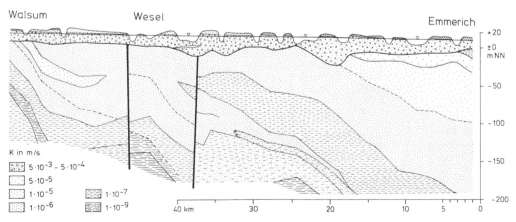

Abb. 4. Hydrogeologischer Schnitt längs des Niederrheins unterhalb Duisburg (L. Krapp).

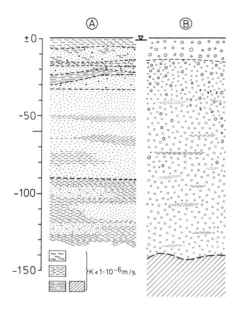

Abb. 5.   Vereinfachte hydrogeologische
Profile:
A: Standort Unterweser,
B: Standort südlicher Oberrhein.

bis zu 200 m erreichen. Im südlichen Oberrheintalgraben fehlen z.T. geringdurch-
lässige Zwischenschichten. Das Säulenprofil der Abb. 5 (B), das zu einem fertig geplanten Standort für ein oberirdisches Kernkraftwerk gehört, zeigt gut durchlässige Rhein-
schotter in einer erstaunlichen Mächtigkeit von etwa 140 m, also weit unter die Gründungssohle eines vollversenkten Kraftwerkes hinabreichend.

Der Längsschnitt entlang des Rheins unterhalb Duisburg (Abb. 4) ist typisch für den
gesamten Niederrhein. Hier ist das oberste Stockwerk mit einer Mächtigkeit von etwa
10–20 m von hervorragender Bedeutung. Die darunter folgenden tertiären Ablagerungen sind überwiegend feinkörnig und meist wenig ergiebig.

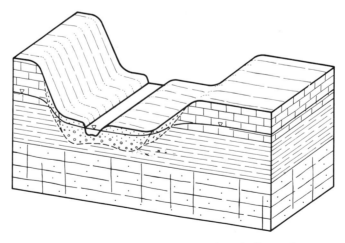

Abb. 6.   Schematische Darstellung des geologischen Aufbaues im mesozoischen Mittelgebirge.

Abb. 5 (A) repräsentiert einen Standort im Ästuarbereich (hier an der Unterweser). Die gut durchlässigen kiesigen Sande reichen bis in eine Tiefe von etwa 30–35 m. Darunter folgen Feinsande, in die mit größerer Tiefe in zunehmendem Maße Schlufflagen von sehr geringer Durchlässigkeit eingeschaltet sind. In bautechnischer Hinsicht sind Kleischichten (bindiger Marschboden) in den obersten 20 m besonders bemerkenswert.

Das Blockbild (Abb. 6) stellt schematisch den Normaltyp für Standorte im Bereich der Mittelgebirge mit Niederterrassenablagerungen von maximal etwa 15–20 m Mächtigkeit über dem anstehenden Festgestein dar (die Grundwasserdruckfläche der wasserführenden unteren Schicht ist nicht eingezeichnet). Das Blockbild ist typisch für den Bereich der mesozoischen Gesteine mit vorwiegend horizontaler Schichtung (Weser, Main und Neckar). Im Bereich des Rheinischen Schiefergebirges (Mosel, Mittelrhein, Lahn und Ruhr) bestehen die Festgesteine fast ausschließlich aus paläozoischen, gefalteten Tonschiefern und Grauwacken.

2. Die hydrodynamischen Grundlagen zur Beurteilung von Grundwasserkontaminationen

Es wird zunächst ein vollversenktes Reaktorgebäude im ausgedehnten Grundwasserleiter ohne nahegelegene Oberflächengewässer betrachtet (Abb. 7). Die Stromlinien umfließen das Reaktorgebäude wie ein Fluß einen Brückenpfeiler; der Grundwasserstrom wird dadurch jedoch nicht nennenswert angestaut. Nach einem hypothetischen

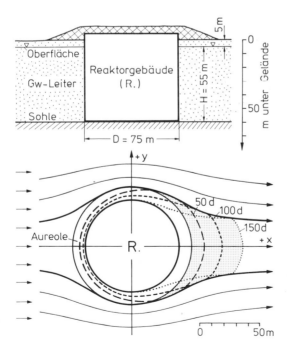

Abb. 7.   Vollversenktes Reaktorgebäude im ausgedehnten Grundwasserstrom nach einem hypothetischen Unfall (schematisch).

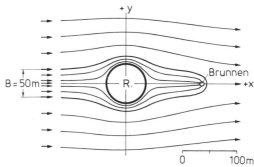

Abb. 8. Abwehrbrunnen zur Sanierung des Grundwassers nach einem hypothetischen Unfall (vgl. Abb. 7).

Unfall soll die Stahlbetonhülle über ihre ganze Höhe hinweg gleichmäßig undicht geworden sein. Die austretenden Dämpfe schlagen sich, sofern die Last des Grundwassers das Aufsteigen der Dämpfe zur Grundwasseroberfläche verhindert, im unmittelbaren Nahbereich des Gebäudes nieder. Die sich so bildende kontaminierte mantelförmige Zone — hier als „Aureole" bezeichnet — wird als vorübergehende Erscheinung von der Reaktorwand allmählich abgelöst und in Grundwasserfließrichtung verdriftet. Das kontaminierte Grundwasser verbleibt im wesentlichen innerhalb der beiden die Aureole begrenzenden Stromlinien. Die hydrodynamische Dispersion kann bei diesen kurzen Distanzen unberücksichtigt bleiben. Die im Lee des Reaktorgebäudes sich bildende Kontaminationszone wird also keineswegs breiter sein als das Reaktorgebäude plus der Dicke der Aureole.

Die theoretische Breite des Grundwasserstreifens, der die gesamte Aureole, die hier mit 10 m Stärke angenommen wird, erfaßt, beträgt nur 36 m; im Bild wurde die Breite mit 50 m angenommen (Abb. 8). Ein Brunnen etwa 100 m stromabwärts des Reaktorgebäudes, hydrologisch richtig plaziert, wäre in der Lage, bei den hier angenommenen hydrologischen Verhältnissen (K = 1.10^{-3} m/s, I = 0,001, n = 0,20) bei einer Fördermenge von nur etwa 240 m³/d das über die gesamte Eintauchtiefe des Gebäudes von 55 m hinweg kontaminierte Grundwasser aufzufangen. Dies gilt allerdings nur für einen idealen homogenen Grundwasserleiter.

Wegen der meist ausgesprochenen Heterogenität fluviatiler Ablagerungen wird man sicherheitshalber mit der 2—4fachen Fördermenge rechnen. Hiernach wäre es also möglich, mittels eines oder besser einiger Brunnen, die im Notfall innerhalb von wenigen Wochen abgeteuft werden könnten, bei einer Fördermenge von 500—1000 m³/d das kontaminierte Grundwasser hydraulisch völlig in den Griff zu bekommen. Grundsätzlich ähnliche Strömungsbilder, nur mit entsprechend schmäleren Strombreiten und entsprechend geringerer Fördermenge würde man erhalten, wenn man unter der Fundamentsohle einen Schmelzkörper von beispielsweise 20 m Durchmesser in 60—70 m Tiefe unter Flur annehmen würde. (Bei einer Kernschmelze ist nach neuen Forschungsergebnissen zu berücksichtigen, daß die Durchdringung des Fundamentes unwahrscheinlich ist und die Verglasung der Schmelze eine Freisetzung von Spaltprodukten weitgehend verhindert.) Für die grundwasserhydraulischen Betrachtungen ist es grundsätzlich gleichgültig, in welchem Niveau Radioaktivität aus dem Reaktorgebäude in den Grundwasserleiter übertritt. Die Strömungsbilder der Abb. 7 und 8 können für jedes beliebige Niveau dargestellt werden.

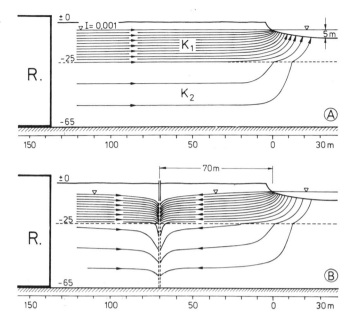

Abb. 9.   Verlauf der Stromlinien im zweischichtigen Porengrundwasserleiter im ufernahen Bereich.
A: ungestörter Grundwasserabfluß,
B: beim Betrieb eines Abwehrbrunnes. $K_1 = 1.10^{-3}$ m/s, $K_2 = 1,25 \cdot 10^{-4}$ m/s.

Reaktorstandorte liegen nun aber in Wirklichkeit in der Nähe von Oberflächengewässern. Diesen fließt das Grundwasser in der Regel von der Landseite her zu, die Oberflächengewässer bilden also die Vorflut. Abb. 9 (A) zeigt einen relativ einfach aufgebauten Grundwasserleiter, in dem die obere Schicht etwa 8mal besser grundwasserleitend ist als die tiefere Schicht, wie die unterschiedliche Dichte der Stromlinien erkennen läßt. Da es wahrscheinlicher ist, daß eine Rissebildung bevorzugt im hohen Bereich der Stahlbetonhülle des Reaktorgebäudes erfolgt, ist in diesem Fall über die obere Schicht eine mindestens 8mal schnellere Verbindung zwischen Reaktorgebäude und Vorflut gegeben als im tieferen Bereich. Für die Beurteilung eines Unfalles ist somit die Schicht mit den engsten Stromkanälen bestimmend, da über diese zuerst der Durchbruch von kontaminiertem Wasser zur Vorflut erfolgen würde.

Es liegt nahe, wie in Abb. 9 (B) dargestellt, einen Abwehrbrunnen zwischen Reaktorgebäude und Fluß anzulegen, um das kontaminierte Wasser abzufangen. Das starke Gefälle zwischen Vorfluter und Brunnen wird allerdings zu einer ganz erheblichen Verstärkung der Fördermenge führen und zwar umso mehr, je näher das Kraftwerk am Fluß liegt. Dies ist jedoch aus aufbereitungstechnischen Gründen sehr unerwünscht.

Zweckmäßiger ist es daher, nicht durch wasserseitig des Reaktorgebäudes angelegte Brunnen, sondern durch landseitig des Reaktorgebäudes in nicht zu großer Entfernung — sagen wir etwa 100 m — angelegte Brunnen das kontaminierte Grundwasser zurückzuholen. Da sich wegen der nunmehr etwas größeren Distanz vom Ufer der Andrang von Oberflächenwasser nicht mehr so entscheidend auswirkt, ist dies bei

18   Unterirdische Kernkraftwerke

normalen Wasserständen mit mäßigen Fördermengen möglich. Da die Laufzeit zu den Brunnen sehr kurz sein kann – nehmen wir als durchschnittliche Fließgeschwindigkeit beispielsweise 1 m pro Tag an – werden verschiedene Nuklide bis zur Förderung aus dem Brunnen nicht genügend zerfallen sein. Die Gefahr eines „Kurzschlusses" durch sehr gut wasserleitende Schichten ist meist nicht auszuschließen.

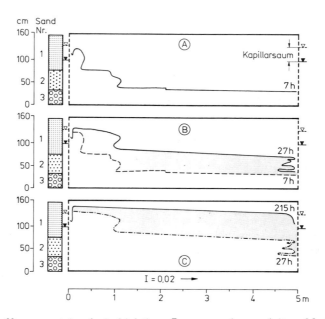

Abb. 10.   Stofftransport im dreischichtigen Porengrundwasserleiter; Modellversuch. A: Kontaminierung, B und C: Verdrängung durch nichtkontaminiertes Wasser.

Die entscheidende Bedeutung der Schichtung eines Grundwasserleiters für den Transport wird anhand eines Modellversuches (Abb. 10) demonstriert. Das (im Versuch mit Farbstoff) kontaminierte Grundwasser breitet sich der hydraulischen Leitfähigkeit (hier kurz: Durchlässigkeit) der einzelnen Schichten (im Versuch 1 : 7 : 32) entsprechend aus (A). Mit eben derselben Geschwindigkeitsrelation wird dann auch der Markierungsstoff wieder verdrängt: zunächst aus der untersten Schicht (B), dann aus der mittleren (C) und schließlich aus der obersten Schicht. Die Abb. 9 und 10 sollte man sich insofern besonders im Gedächtnis behalten, als sie, wenn auch sehr schematisch, die große Bedeutung der Heterogenität eines Grundwasserleiters, vor allem in Form der Schichtigkeit, erkennen lassen. Diese Heterogenität bestimmt die Migration von Radionukliden viel entscheidender, als aufgrund der zahlreichen Publikationen über die hydrodynamische Dispersion in homogenen Medien zu erwarten ist.

Abb. 11 und 12 zeigen den Effekt der hydrodynamischen Dispersion im homogenen Medium bei ziemlich realistisch gewählten Parametern (Linienquellen). Wie man sieht, breitet sich der „heiße Kern" der kontaminierten Zone mit Konzentrationen bis herab zu 10 % nicht wesentlich lateral aus. Man kann daher in erster Annäherung die Kontaminationsfahne als Stromkanal auffassen, den die beiden den Kontaminationsherd begrenzenden Stromlinien bilden. Setzt man (Abb. 12) sicherheitshalber die dreifache

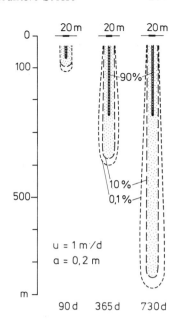

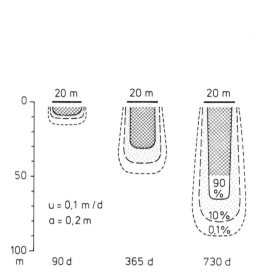

Abb. 11. Laterale Dispersion im Unterstrom einer Linienquelle. Grundwasserfließgeschwindigkeit 0,1 m/d.

Abb. 12. Laterale Dispersion im Unterstrom einer Linienquelle. Grundwasserfließgeschwindigkeit 1,0 m/d.

Quellenbreite an, so würden selbst bei der Fließgeschwindigkeit u = 1 m/d die begrenzenden Stromlinien nach einer Fließzeit von 2 Jahren schätzungsweise 99 % der kontaminierten Fahne erfassen. Abb. 11 und 12 wurden für die Dispersion in der xy-Fläche, also für den Horizontalschnitt, berechnet. Sie trifft jedoch gleichermaßen für die xz-Ebene (Vertikalschnitt) zu, sofern die kontaminierende Flüssigkeit die gleiche Dichte aufweist wie das Grundwasser. In heterogenen Medien beobachtet man allerdings meist eine scheinbar stärkere transversale Disperson. Sie ist die Folge des zusammengesetzten Aufbaues fluviatiler Grundwasserleiter aus einzelnen Lagen und Linsen.

Die angestellten Überlegungen gelten für poröse Medien und lassen sich nur mit Vorbehalt auf klüftige Medien übertragen. In Abb. 13 (A, B) ist das bekannte Bild des Absenkungsbereiches eines Brunnens im porösen isotropen Medium dargestellt. Der Zustrom zum Brunnen erfolgt in dem durch die Parabel begrenzten Bereich. Zum Vergleich ist in Abb. 13 (C, D) ein Festgesteinsblock dargestellt, in dem die Klüfte generell 1 mm, in der stärker dargestellten Störungszone jedoch 3 mm weit geöffnet sind. Trotz gleicher Voraussetzungen wie im porösen Medium ergibt sich nun ein völlig anderes Grundwassergleichenbild. Die Störungszone wirkt wie eine Längsdränage, nach Norden und Süden ausholend; das Entnahmegebiet umfaßt den ganzen Block. Mit diesem Bild soll demonstriert werden, daß die Strömungsverhältnisse im Festgestein ohne genaue Kenntnis der Kluftsysteme überhaupt nicht kalkulierbar sind.

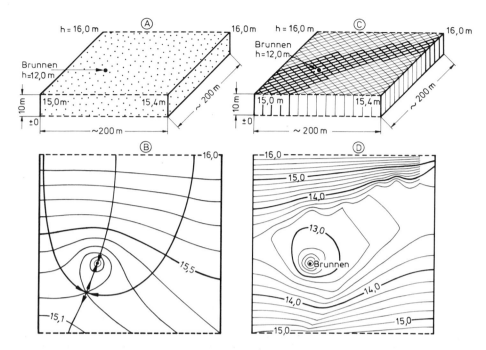

Abb. 13. Isolinien der Grundwasseroberfläche im Absenkungsbereich eines Brunnens.
A, B: im porösen Grundwasserleiter.
C, D: im klüftigen Grundwasserleiter mit Störungszone.

3. Die chemisch-physikalischen Grundlagen der Dekontaminierung des Grundwassers

Obwohl die meisten Porengrundwasserleiter der Bundesrepublik für verschiedene Nuklide im Durchschnitt jeweils ein beachtliches Sorptionsvermögen aufweisen, wird dieses nicht ausreichend sein, um das geförderte Wasser stets unbehandelt in Oberflächengewässer einleiten zu können. Hierzu ein relativ günstiges Beispiel (Abb. 14 und 15) aus dem nördlichen Oberrheingebiet mit einer Bohrprobe des Grundwasserleiters aus etwa 60 m Tiefe, also dem Niveau der Sohle eines vollversenkten Reaktorgebäudes. Die Probe von 50 cm Länge und 20 cm ϕ wurde von einer inaktiven Strontium- und Cäsiumlösung, deren Konzentration unrealistisch hoch gewählt wurde, mit einer Geschwindigkeit von 1,5 m/d durchflossen. Der Versuch beweist ein hohes Sorptionsvermögen. Ein Bodenwürfel von 1 m³ Größe würde z.B. bis zur Sättigung rund 90 g Strontium und 420 g Cäsium eintauschen, doch würden diese Ionen beim Spülen mit unbelastetem Grundwasser wieder vollständig verdrängt werden; der Vorgang ist also reversibel. Die relative Fließgeschwindigkeit für Strontium beträgt in diesem Fall wahrscheinlich höchstens $\frac{1}{10}$, die für Cäsium höchstens $\frac{1}{20}$ der Geschwindigkeit des Grundwassers. Bei einer Distanz von z.B. 100 m vom Reaktor zum Brunnen würde dies also für Strontium eine Zeit von knapp 3 Jahren, für Cäsium von 5 $\frac{1}{2}$ Jahren bis zum ersten Auftreten im Brunnen bedeuten. Diese Überschlagsrechnung zeigt zur Genüge,

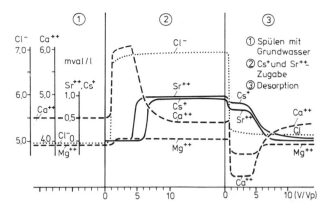

Abb. 14. Sorptionsversuch mit einer Bohrprobe aus dem nördlichen Oberrheintalgraben (60 m Tiefe) mit Sr und Cs und anschließendem Verdrängen mit Sr- und Cs-freiem Grundwasser in Abhängigkeit der durchfließenden Wassermenge V vom Porenvolumen Vp.

daß bei diesem Konzept der reaktornahen Abwehrbrunnen unter Berücksichtigung der Zerfallszeiten und einer möglicherweise nur geringen transversalen Dispersion nicht mit Sicherheit mit einer genügenden Dekontamination im Untergrund gerechnet werden kann. Wesentliche größere Distanzen der Brunnen zum Reaktorgebäude würden selbstverständlich wertvolle Zerfallszeit gewinnen helfen, andererseits würde mit zunehmender Entfernung die Beherrschung des Falles, vor allem die gewünschte Beschränkung der Entnahmemenge, immer schwieriger. Das geförderte Wasser bedarf daher einer Dekontaminierung durch eine entsprechend konzipierte Wasseraufbereitungsanlage.

Bei Kluftgesteinen ist nur bei sehr intensiver Zerklüftung und unter der Voraussetzung, daß sorbierende Mineralgemengeteile vorhanden sind, mit einer nennenswerten Dekontamination zu rechnen. Häufig bestimmen nur wenige stärker geöffnete Gesteinsfugen die Fließwege. Bei der Abschätzung des Dekontaminationseffektes in Kluftgesteinen ist daher grundsätzlich eine pessimistische Betrachtungsweise angebracht. Der Verzögerungseffekt beträgt nur einen Bruchteil von dem im porösen Medium.

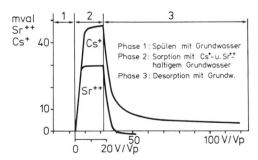

Abb. 15. Die sorbierten und desorbierten Sr- und Cs-Mengen der Abb. 14 sind in Abhängigkeit von V/Vp als Summenlinien aufgetragen.

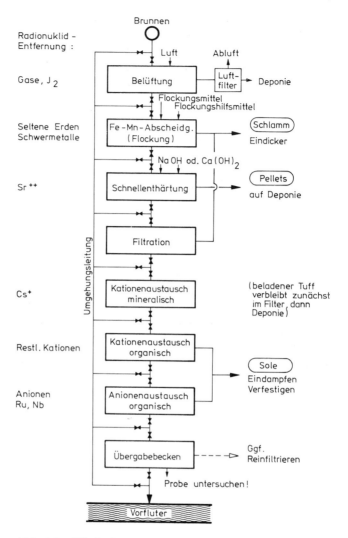

Abb. 16.   Fließschema in einer Dekontaminierungsanlage.

Bei der „Dekontaminierung" des geförderten Grundwassers müssen auch inaktive Wasserinhaltsstoffe, die selbst bei starker radioaktiver Verunreinigung noch ein Vielfaches des aktiven Anteiles ausmachen, teilweise in erheblichem Umfang aus dem Wasser entfernt werden. Dies erfordert einen ziemlich hohen technischen Aufwand (Abb. 16). Zunächst ist in der Regel eine Belüftung erforderlich, anschließend ist das Wasser, das wie die meisten tieferen Grundwässer Eisen und Mangan aufweist, zu enteisenen und zu entmanganen. Es folgt in jedem Fall eine Schnellenthärtung, um die Härtebildner Kalzium und Magnesium zu beseitigen, da diese die Kationenaustauscheranlage unnötigerweise belasten würden. Man kann davon ausgehen, daß dabei schon etwa 85 % des im Grundwasser enthaltenen Strontiums 90 mit abgeschieden werden.

Nach der Schnellfiltration durchläuft die Anlage zunächst einen natürlichen Ionen-umtauscher (Tuff), der sich als besonders aufnahmefähig für Cäsium erwiesen hat. Das schon weitgehend enthärtete Wasser wird nun, falls erforderlich, noch einer Anlage von hintereinander geschalteten organischen Kationen- und Anionenaustauschern zugeleitet. Der Anionenaustauscher ist erforderlich, da verschiedene Nuklide als Anionen vorliegen. Das Wasser wird in einem Übergabebecken gesammelt, in den Vorfluter abgegeben oder, falls die Proben zu beanstanden sind, wieder in den Unter-grund zurückgeleitet. Selbstverständlich werden die einzelnen Anlagenteile nur bedarfs-weise betrieben. Nicht kontaminiertes Wasser kann direkt dem Oberflächengewässer zugeleitet werden.

Unbefriedigend bei dem Aufbereitungsbetrieb ist, daß bei dem hier konzipierten Abwehrbrunnenbetrieb in den meisten Fällen mindestens zeitweise relativ große Wassermengen durchgesetzt werden müssen. Der Dimensionierung der Anlage sind diese maximalen Fördermengen zugrunde zu legen. Eine drastische Reduzierung der Mengen muß daher angestrebt werden. Bautechnische Belange kommen diesem Bestre-ben entgegen, wie im folgenden gezeigt wird.

4. Anwendung und Bedeutung der Dichtwandtechnik für die Herstellung von Baugruben

Die zur Herstellung tiefer Baugruben für das Reaktorgebäude erforderlichen Grund-wasserabsenkungen würden bei Anwendung der klassischen Grundwasserabsenkungs-verfahren mittels Brunnen weitreichende Auswirkungen auf das Grundwasser hervor-rufen, die gerade in den ergiebigeren Grundwasserleitern heute von der Wasserwirt-schaft kaum mehr hingenommen werden können. Die Herstellung solcher Baugruben

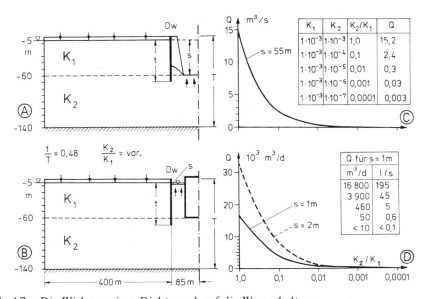

Abb. 17.   Die Wirkung einer Dichtwand auf die Wasserhaltung.
A, C: während der Bauzeit. B, D: bei Sicherheitsabsenkung nach Inbetriebnahme des Kernkraftwerkes.

ist nur noch im Schutze von Dichtwänden möglich, zu deren Herstellung die Schlitzwandbauweise besonders geeignet ist.

Die Wirkung einer Dichtwand auf den Wasserandrang in einer 60 m tiefen Baugrube
wurde mit Hilfe eines numerischen zweidimensionalen Grundwassermodells errechnet.
Ein Beispiel ist in Abb. 17 dargestellt. Der Fußpunkt der Dichtwand liegt bei 70 m (A),
die Dichtwand bindet also 10 m in die untere Schicht ein. Das Diagramm (C) zeigt
den Wasserandrang zur Baugrube in Abhängigkeit von dem Verhältnis der Durchlässigkeiten der beiden Schichten. Je geringer die Durchlässigkeit der unteren Schicht bei
gleichbleibender Durchlässigkeit der oberen Schicht ist, desto stärker geht unter sonst
gleichen Verhältnissen der Wasserandrang zur Baugrube zurück. Schon bei Verringerung der Durchlässigkeit der unteren Schicht von 1.10^{-3} auf 1.10^{-5} m/s fällt der Wasserandrang von 15 auf 0,3 m^3/s. Das Einbinden der Dichtwand in eine praktisch
undurchlässige Schicht (z.B. eine Tonschicht) ist also nicht die unbedingte Voraussetzung für eine wirksame Baugrubenumschließung. Das Beispiel läßt zugleich erkennen, welche Bedeutung der hydrogeologischen Erkundung bei der Auswahl von
Reaktorstandorten beizumessen ist. Numerische Grundwassermodelle stellen ein wert-
volles Hilfsmittel bei der Optimierung der Dichtwandtiefe dar.

Nach Fertigstellung des Reaktorgebäudes ruht dieses also innerhalb einer dichten
Schutzwand, die nur noch Wasserzutritte von unten her im Maße der Durchlässigkeit
der Schicht erlaubt, in die die Dichtwand einbindet, vorausgesetzt, daß die Wände als
solche dicht sind. Hinzu kommt das von der Erdoberfläche her zusickernde Nieder-
schlagswasser, sofern die umschlossene Fläche nicht gegen das Eindringen von Sicker-
wasser gesichert ist. Die frei werdende Wärme bewirkt vermutlich eine Konvektion
des Grundwassers und damit eine weitgehende Verteilung der Radionuklide im ganzen
umschlossenen Wasserkörper. Schon durch eine geringfügige Absenkung der Grundwasseroberfläche innerhalb der Dichtwand wird es möglich sein, ein Austreten von
kontaminiertem Grundwasser aus dem Innenbereich der Dichtwand zuverlässig zu
verhindern. Eine geeignete Absenkungsanlage (z.B. Dränage), die schon beim Bau des
Reaktorgebäudes anzulegen ist, müßte selbstverständlich vorhanden sein, da der nachträgliche Bau einer Absenkungsanlage aus Sicherheitsgründen kaum mehr möglich sein
dürfte. In Abb. 17 (B) werden nochmals die gleichen Standortverhältnisse (wie A)
angenommen, aber nach Fertigstellung des Reaktorgebäudes und Verfüllen der Baugrube. Die Berechnungen mittels eines numerischen Modells ergaben (D), daß z.B. bei
einer Absenkung um 1,0 m — ein mit Sicherheit ausreichender Betrag — in dem ange-

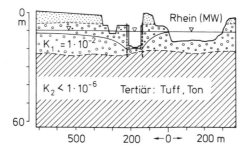

Abb. 18. Fiktive Grundwasserhaltung mit Absenkungsbrunnen für ein Kernkraftwerk.
Die Baugrube wurde jedoch wirtschaftlicher im Schutz einer Dichtwand hergestellt.

nommenen Fall die Zuflußmenge bei $K_2 = 1 \cdot 10^{-5}$ m/s nur noch 460 m³/d und bei $K_2 = 1 \cdot 10^{-6}$ m/s nur noch 50 m³/d betragen würde. In Wirklichkeit wird man sich aber auf eine Absenkung von wenigen Dezimetern beschränken können, so daß entsprechend geringere Fördermengen anfallen.

Daß Dichtwände wirksame Bauwerke zur Zurückhaltung des Grundwasserandranges zu Baugruben sein können, läßt sich an praktischen Fällen beweisen. Wegen der starken Durchlässigkeit der Niederterrassenablagerungen am Mittelrhein wäre z.B. die in Abb. 18 berechnete fiktive Grundwasserabsenkung nur mit einer sehr großen Anzahl von Brunnen und einer Gesamtfördermenge von nahezu 2 m³/s bei Mittelwasser des Rheines möglich gewesen. Wegen der damit verbundenen Schwierigkeiten wurde eine Dichtwand gebaut, die in den Ton und Tuff einbindet. Der Wasserandrang betrug nach Fertigstellung weniger als 1 l/s, also weniger als 100 m³/d. Die Kosten für die Dichtwand waren nachweisbar erheblich geringer als eine Grundwasserhaltung in konventioneller Weise. Ein weiteres Kernkraftwerk in sehr ungünstiger hydrogeologischer Situation unmittelbar an der Mittelweser gelegen wurde ebenfalls im Schutze von Dichtwänden gebaut, wodurch sich der Wasserandrang und die Reichweite der Grundwasserabsenkung drastisch reduzieren ließen und wasserwirtschaftlich in vertretbarem Rahmen blieben.

Somit ergibt sich, daß eine Kontamination des Untergrundes, gleichgültig ob sie durch Rissebildung in der Stahlbetonhülle oder durch eine Kernschmelze verursacht wird, sich in allen wasserwirtschaftlich besonders schwierigen Fällen auf den Bereich innerhalb der Dichtungswand beschränken läßt. Damit wird man in die Lage versetzt, die Fördermenge in einem Maße zu reduzieren und sogar in gewissem Umfang zu bewirtschaften (z.B. vorübergehender Kreislaufbetrieb: Infiltration hochgradig kontaminierter Wässer), daß eine kompakte und, wenn der Ausdruck hier erlaubt ist, „wirtschaftliche" Aufbereitung überhaupt erst möglich wird. Die Frage, wie ein Kontaminationsherd eventuell mit technisch-chemischen Maßnahmen beschleunigt saniert werden kann, bleibt ohnehin noch offen. Der Einschluß des Herdes in eine Dichtwand würde jedenfalls hinreichend Zeit gewähren, um nach praktikablen Lösungen zu suchen.

Von der verbreiteten Vorstellung, daß das hohe Sorptionsvermögen des für die Stützflüssigkeit zur Herstellung einer Schlitzwand benötigten Bentonites zur Fixierung von Radionukliden genutzt werden könnte, wird man sich allerdings trennen müssen. Eine Dichtwand in den vorgesehenen Ausmaßen verlangt eine sehr dichte Struktur; insofern könnte kontaminiertes Grundwasser nur mit der Innenwand in Kontakt kommen. Dieser Kontakt ist aber mit Sicherheit nicht ausreichend, um eine nennenswerte Dekontamination zu bewirken.

Neben den rein wasserwirtschaftlichen Aspekten der Dichtwand als Mittel zur Reduzierung des Grundwasserandranges zur Baugrube spielt die Dichtwand eine nicht weniger wichtige Rolle bei der Beherrschung der Gefahr des hydraulischen Grundbruches. Mit Hilfe von Netzplänen läßt sich die Potentialverteilung in den grundwasserführenden Schichten, vor allem aber am Fußpunkt der Dichtwand, hinreichend genau ermitteln (Beispiele: Abb. 19), sofern die hydrogeologischen Parameter bekannt sind.

Praktische Erfahrungen im Bau von Dichtwänden bis etwa 30 m Tiefe sind in der Bundesrepublik vorhanden. Unter extrem ungünstigen Baugrundverhältnissen wird man allerdings mit übertiefen Dichtwänden von 100–120 m rechnen müssen. Bei sorgfältiger Prüfung der potentiellen Standorte wird man jedoch eine ausreichende Zahl interessanter Standorte finden, für die 80–100 m tiefe Baugrubenumschließun-

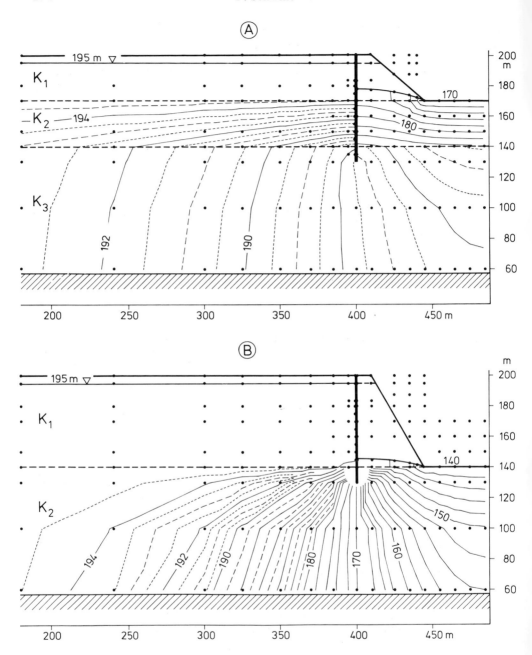

Abb. 19. Beispiel für die Potentialverteilung im Bereich einer Dichtwand.
A: Dreischichtiger Grundwasserleiter.
  $K_2 = 0{,}1\ K_1$; $K_3 = K_1$; $s = 25$ m; $t/T = 0{,}48$ (vgl. Abb. 17 (A))
B: Zweischichtiger Grundwasserleiter.
  $K_2 = 0{,}01\ K_1$; $s = 55$ m; $t/T = 0{,}48$.

gen ausreichend sind. Gewisse Entwicklungsarbeiten auf dem Gebiet der Schlitzwandtechnik für diese Tiefen sind noch erforderlich.

In Festgesteinen ist die Dichtwandtechnik nicht anwendbar. Die wasserführenden Klüfte sind mit Hilfe der Injektionstechnik, die z.B. aus dem Talsperrenbau her wohl bekannt ist, zu dichten. Es gibt aber im Bundesgebiet durchaus auch Flußabschnitte, in denen schon in mäßiger Tiefe relativ dichtes Festgestein angetroffen wird, in dem man ohne zu große Schwierigkeiten eine Baugrube ähnlich wie einen Steinbruch anlegen kann. Für nur teilversenkte Kraftwerke (Hügelbauweise) wird man verhältnismäßig leicht geeignete Standorte sowohl im Lockergesteins- als auch im Festgesteinsbereich ausfindig machen können.

5. Schlußfolgerungen

Übertiefe Baugruben für erdversenkte Kernkraftwerke im Lockergestein sind in der Bundesrepublik Deutschland aus wasserwirtschaftlichen Gründen heute nur noch im Schutz von Dichtwänden herstellbar. Insofern entfallen Grundwasserabsenkungen „klassischer Art" mit Brunnenstaffeln.

Die wasserwirtschaftlichen Verhältnisse in der Bundesrepublik würden es nicht erlauben, eine Grundwasserkontamination als Folge eines Reaktorunfalles auf lange Zeit sich selbst zu überlassen.

Durch zweckmäßig angesetzte Brunnen wäre man zwar durchaus in der Lage, das kontaminierte Grundwasser aus dem Untergrund zu entfernen. Es ist jedoch zu erwarten, daß die Kontamination des geförderten Wassers über längere Zeiträume hinweg so hoch sein wird, daß es nicht ohne Dekontamination in Oberflächengewässer eingeleitet werden kann.

Wasseraufbereitungsanlagen werden daher nach einem eingetretenen Unfall unumgänglich. Sie sind technisch aufwendig und schaffen nicht unerhebliche Entsorgungsprobleme. Die Fördermengen sollten so gering wie möglich sein, um die Anlage minimal bemessen zu können. Tritium muß an die Vorflut abgegeben werden.

Der von den Dichtwänden umschlossene Raum muß schon im Stadium der Planung in das Dekontaminationskonzept mit einbezogen werden. Ein annähernd gleichbleibender Grundwasserstand innerhalb der Dichtwand ist aus betrieblichen Gründen und nach einem Unfall zur Verhinderung des Wasseraustrittes in den Grundwasserleiter außerhalb der Dichtwand erforderlich.

Aus diesen Überlegungen darf allerdings nicht der Schluß gezogen werden, daß auch für Überflur-Kernreaktoren Dichtwände als zusätzliche Barrieren zum Schutz des Grundwassers gegen die Kontamination durch Radionuklide erforderlich sind. Die Dichtwand muß ein tiefbautechnisches Hilfsmittel bleiben.

Diskussion: W. Braun, KWU, G. Haider, GRS, H. Krolewski, VEW.
Die Zusatzbemerkung und die Antworten auf die gestellten Fragen wurden in den Text eingearbeitet.

Ausbreitung kontaminierter Wässer im Fels und Konsequenzen für die Kavernenbauweise

von

Hans Joachim Schneider

Mit 13 Abbildungen im Text

Kurzfassung

Die Schutzwirkung des Gebirges bei hypothetischen inneren Störfällen beruht im wesentlichen auf der Behinderung des Austritts von kontaminierten Stoffen in die freie Atmosphäre. Die Durchlässigkeit und die Wasserwegigkeit des Gebirges sind die wesentlichen Parameter, die das Rückhaltevermögen bzw. den Schutzgrad gegenüber einer Ausbreitung kontaminierter Stoffe bestimmen. Die Abschätzung des Schutzgrades wird aufgrund der speziellen Durchlässigkeitscharakteristik von geklüftetem Fels erschwert. Die Ausbreitungsvorgänge im Fels werden anhand von Ergebnissen von Felduntersuchungen diskutiert. Bautechnische Verfahren zur Erhöhung der Dichtigkeit des Gebirges bzw. des Schutzgrades werden vorgeschlagen.

1. Einführung

Die Ausbreitung kontaminierter Wässer in das umgebende Gebirge von Felskavernen wird hauptsächlich von der Wasserwegigkeit und der Durchlässigkeit des Gebirges bestimmt. Die Schutzwirkung der Kavernenbauweise beruht bei einem inneren Störfall mit einer Leckage des Containments auf dem Rückhaltevermögen des Gebirges, das die aus der Kaverne austretenden kontaminierten Stoffe absorbiert bzw. den Austritt in die freie Atmosphäre zeitlich verzögert.

Ein zweiter, ebenfalls wesentlicher Aspekt der Schutzwirkung von Fels ergibt sich aus dem erhöhten Widerstand, den das Gebirge und die Kavernenauskleidung bei Innendruckbelastung einem Aufreißen der Auskleidung entgegensetzen. Die Lastaufnahme des Innendruckes durch das Gebirge, wie es aus dem Druckstollenbau bekannt ist, stellt eine weitere Sicherheitsreserve dar. In die Überlegungen zum Schutzgrad der Kavernenbauweise sollten deshalb neben der Abschätzung des Rückhaltevermögens des Gebirges und den Injektionsmaßnahmen zur Erhöhung der Dichtigkeit auch die Ertüchtigung der Kavernenauskleidung mit einbezogen werden.

Die Ausbreitung der kontaminierten Wässer ist äußerst komplex, da die Geometrie der Fließwege bzw. der Klüfte des Gebirges im Kavernenbereich nur unvollkommen bekannt und schwer bestimmbar ist (Abb. 1).

Die Überdeckung der Reaktorkaverne ist je nach Alter der Landoberfläche mehr oder weniger stark geklüftet und aufgelockert. Die Intensität der Klüftung nimmt in den hangnahen Gebirgsbereichen und in der Umgebung von tektonischen Störungen zu. Störungen bilden häufig großräumige Fließwege und ermöglichen eine rasche Ausbreitung der kontaminierten Wässer über längere Strecken. Weitere Kavernen in der Nachbarschaft der Reaktorkaverne beeinflussen mit ihren Spannungsfeldern, Auflockerungszonen und Drainagesystemen die Wasserführung in diesem Gebirgskomplex mit.

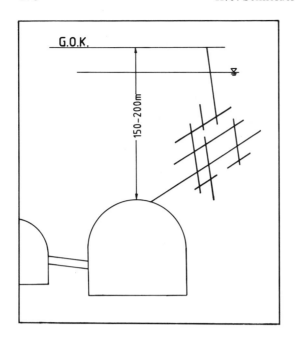

G.O.K.

150–200 m

Abb. 1. Mögliche Fließwege in geklüftetem Fels zur Freisetzung kontaminierter Wässer in die Atmosphäre.

2. Durchlässigkeit und Wasserwegigkeit im Fels

Infolge der Klüftigkeit ergeben sich im Fels im Gegensatz zu Lockergestein – einem porösem Medium – besondere Merkmale der Durchströmung, die sich generalisierend durch 3 Modelle beschreiben lassen (Abb. 2 – Wittke 1972).

Im Modell 1, dem Spaltströmungsmodell, erfolgt bei praktisch undurchlässigem Gestein die Wasserführung ausschließlich in den Klüften. Bei stark porösem Gestein durchströmt das Wasser sowohl das Gestein wie die Klüfte, so daß sich in diesem 2. Modell eine Überlagerung aus Strömungsvorgängen im porösen Medium und der Spaltströmung ergibt.

Im Modell 3 liegen auf den Klüften einzelne Röhren als Wasserbahnen vor, die sich im Vergleich zum Spalt durch eine wesentlich höhere Durchlässigkeit auszeichnen.

Diese Modelle lassen sich nur bedingt bestimmten Gebirgsarten zuordnen, da die Klüftigkeit jeweils von der tektonischen Situation des Standortes geprägt ist. Je nach der statistischen Regelung des Kluftgefüges, in geregelte Kluftscharen oder einzelne Singularitäten – wie zum Beispiel Störungen – erhalten wir eine mehr oder weniger gleichförmige räumliche Durchströmung. Neben der Richtung und der Klufthäufigkeit beeinflussen die Erstreckung, der Durchtrennungsgrad sowie der Klufthabitus (Öffnungsweite, Rauhigkeit) die Durchlässigkeit wesentlich.

3. Bestimmung der Durchströmungseigenschaften von geklüftetem Fels

Im Rahmen der Studie zur Standortvorsorge von untertägigen Kernkraftwerken (Kavernenbauweise) sind in bezug auf die Ausbreitung kontaminierter Wässer die Durchströmungseigenschaften von geklüftetem Fels zu beurteilen. Die Untersuchungen

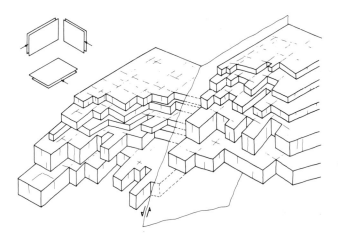

KLUFTRICHTUNGEN

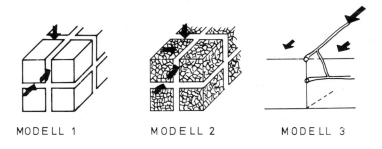

MODELL 1   MODELL 2   MODELL 3

Abb. 2.   Schemadarstellung von geklüftetem Fels. Strömungsmodelle für geklüfteten Fels.

werden an drei Gebirgsarten – Quarzit, Schiefer, Buntsandstein – durchgeführt, welche als geologisch repräsentativ für mögliche Standorte für Kernkraftwerke in Kavernenbauweise in der Bundesrepublik Deutschland angesehen werden. Es ist hierbei zu klären, welches Strömungsmodell für welchen Gebirgstyp gültig ist und welche auf das jeweilige Modell bezogenen Durchlässigkeitseigenschaften für die drei Gebirgsarten zugrunde gelegt werden können. Die Ergebnisse der Felduntersuchungen dienen als Eingangswerte für die großräumige rechnerische Abschätzung der Ausbreitungsvorgänge der kontaminierten Wässer im Leckagefall.

    In Anlehnung an das Störfallgeschehen werden die Felduntersuchungen nach einem modifizierten Lugeon-Versuch durchgeführt (Schneider 1979). Nach dieser Versuchs-

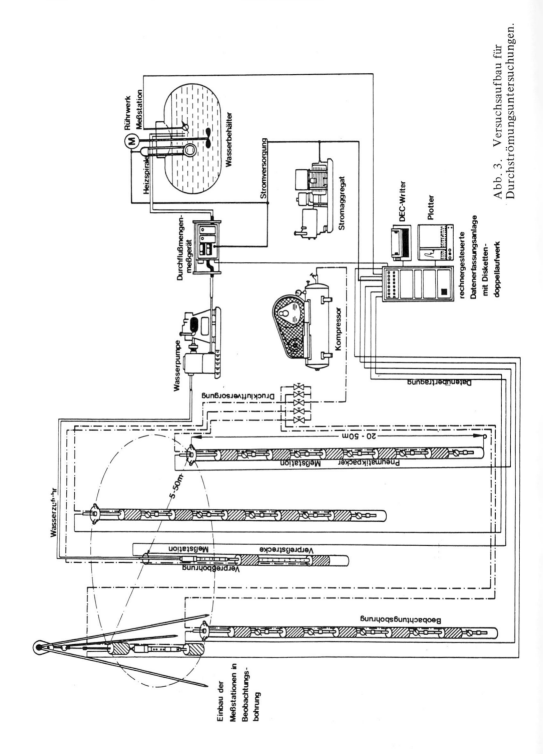

Abb. 3.   Versuchsaufbau für Durchströmungsuntersuchungen.

anordnung wird ein Wassertracer in einem zentralen Bohrloch, welches segmentweise durch Packer abgedichtet ist, verpreßt und die Ausbreitung des Tracers in peripheren Beobachtungsbohrungen verfolgt (Abb. 3). Um die Durchströmungsvorgänge dreidimensional zu erfassen, werden die Beobachtungsbohrungen durch Packer in einzelne Meßabschnitte unterteilt. Die Parameter Druck, Temperatur, spezifischer elektrischer Widerstand (Parameter des Salztracers) und Verpressung werden mit 60–70 Meßfühlern in den Bohrungen und an der Verpreßstation übertage im Versuch beobachtet.

Anhand einiger Ergebnisse von Feldversuchen im Gebirgstyp Quarzit/Granit werden im folgenden die Durchströmungseigenschaften von geklüftetem Fels diskutiert.

Im Versuchsfeld in Falkenberg/Oberpfalz wurden um die zentrale Verpreßbohrung 2 Beobachtungsbohrungen in jeweils 16 m Abstand und 3 Beobachtungsbohrungen in 50–60 m Entfernung abgeteuft (Abb. 4, 5). Die Anordnung der Verpreßsegmente, der Beobachtungssegmente sowie der Meßsonden ist in Abb. 6 dargestellt. Die in den Bohrungen angetroffene Klüftung des Gebirges ist schematisch unterteilt in horizontale und geneigte Klüfte, auf der rechten Seite der Bohrungen abgebildet. In dem Verpreßsegment in 43–48 m Teufe liegt nur eine einzige Kluft vor.

Zur Bestimmung der Gebirgsdurchlässigkeit wurden einmal Kurzzeitversuche in der Mehrstufentechnik durchgeführt sowie Langzeitversuche über eine oder mehrere Stunden zur Bestimmung der Durchströmungszeiten bzw. Abstandsgeschwindigkeiten.

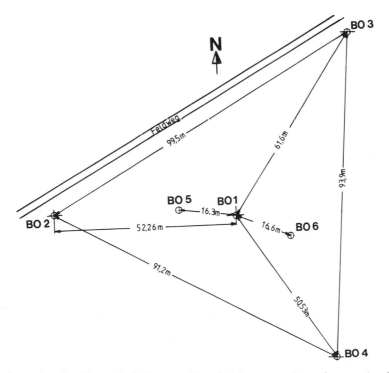

Abb. 4. Lageplan des Versuchsfeldes von Durchströmungsuntersuchungen im Granit (Falkenberg).
BO 1 Verpreßbohrung, BO 2 – BO 6 Beobachtungsbohrungen 2–6.

Abb. 5.   Versuchsfeld mit Versuchsapparatur.

Im Mehrstufenversuch wird Wasser in Intervallen von je 10 Minuten bei stufenweiser Steigerung bzw. Reduktion des Pumpendruckes verpreßt (Abb. 7). Die verpreßte Wassermenge zeigt hierbei denselben stufenweise linearen Verlauf wie der Pumpendruck. Im Verpreßsegment baut sich kontinuierlich bei ansteigender Stufenfolge ein Druck auf bzw. bei absteigender Stufenfolge ab, so daß lediglich die Einsätze der einzelnen Stufen zu erkennen sind.

Ein ähnlicher Druckverlauf wie im Verpreßsegment stellt sich auch in der 16 m entfernten Beobachtungsbohrung 5 ein, wobei die Einsätze der einzelnen Stufen zeitgleich mit denen des Verpreßsegmentes erfolgen. Das Druckmaximum liegt in dieser Bohrung mit 13,7 bar – um den hydrostatischen Höhenunterschied korrigiert – um 1,7 bar unter dem Maximum der Verpreßstrecke. Der Druckabfall über die Distanz von 16 m ist sehr gering; die Ausbreitungsgeschwindigkeit des Druckes ist nicht meßbar, so daß zwischen beiden Bohrungen von einer direkten hydraulischen Verbindung durch eine Kluft ausgegangen werden muß. Eine solche hydraulische Verbindung stimmt mit den Kluftmessungen in den Bohrungen überein (Abb. 6).

In der 52 m entfernten Beobachtungsbohrung 2 stellt sich in den beiden oberen Segmenten keine Druckänderung ein, während in den Segmenten 3, 4 und 5 zuerst ein Druckabfall zu beobachten ist, der dann bei der höchsten Verpreßstufe in einen Druckanstieg übergeht. Auch in 52 m Entfernung sind bei absteigender Stufenfolge des Verpreßdruckes die Einsätze der einzelnen Druckstufen fast zeitgleich mit der Verpreßstrecke zu erkennen. In den Beobachtungsbohrungen 3, 4 und 6 ergeben sich keine wesentlichen Druckänderungen im Vergleich zum Ausgangsniveau.

Beim Injektionsversuch über eine Stunde wurde die Verpreßmenge konstant gehalten (Abb. 8). Der Druck im Verpreßsegment steigt dabei stetig von 11 auf 14,5 bar an. Wie im Mehrstufenversuch setzt auch in Beobachtungsbohrung 5 zeitgleich mit der Verpreßstrecke der Druckanstieg ein. Die relative Druckänderung beträgt hier 7,1 bar

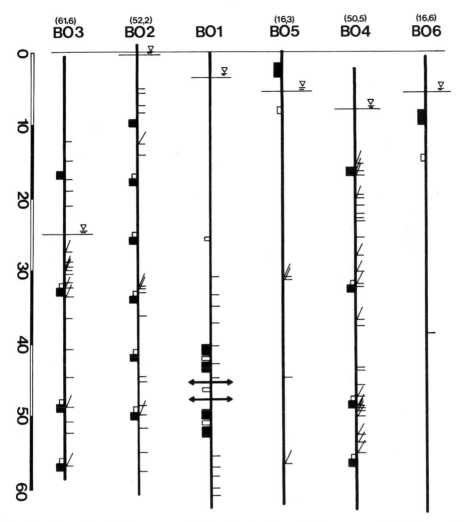

Abb. 6.   Lage der Meßsegmente in den Beobachtungsbohrungen und der Verpreßsegmente in der Verpreßbohrung.

■ Packer   □ Meßsonde

Klüftigkeit   — horizontale Kluft   ∠ geneigte Kluft

im Vergleich zur Verpreßstrecke mit 8,4 bar. In der 52 m entfernten Beobachtungsbohrung 2 setzt in den Meßsegmenten 3 bis 5 zuerst ein Druckabfall ein, der im Meßsegment 3 über den ganzen Versuch anhält, und in den Meßsegmenten 4 und 5 nach
ca. 20 Minuten in einen Druckanstieg übergeht, um gegen Ende des Versuches wieder
das Ausgangsniveau zu erreichen. Die Klüftung des Gebirges führt in den verschiedenen
Stockwerken von Bohrung 2 zu unterschiedlichen Druckgradienten.
    Die Vorgänge der Durchströmung bzw. der Tracerausbreitung lassen sich erst in
Langzeitversuchen über mehrere Stunden (Abb. 9), wie hier in einem Injektions-

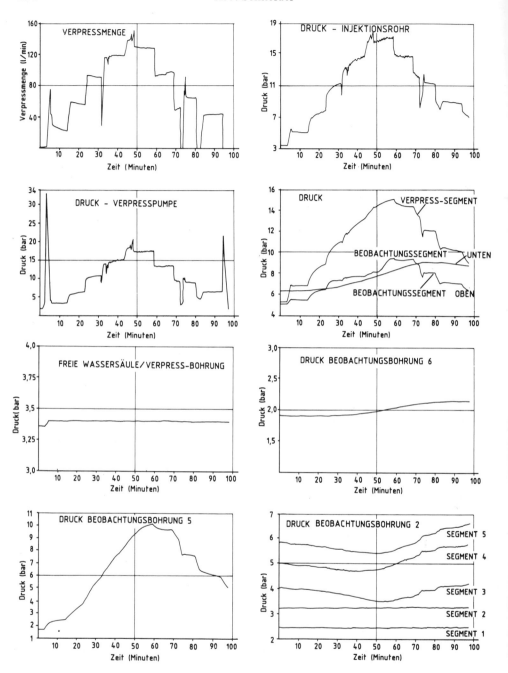

Abb. 7.   Versuchsdiagramme eines Durchströmungsversuches (305) nach der Mehrstufentechnik.

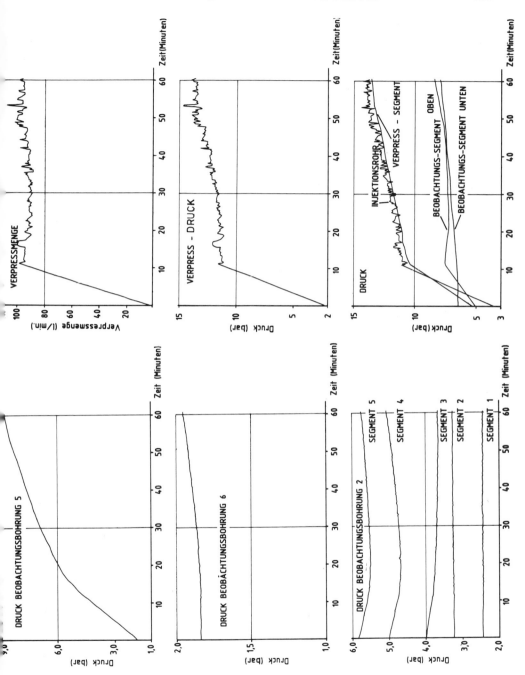

Abb. 8. Versuchsdiagramme eines Durchströmungsversuches (311) über eine Stunde bei konstanter Verpreßmenge.

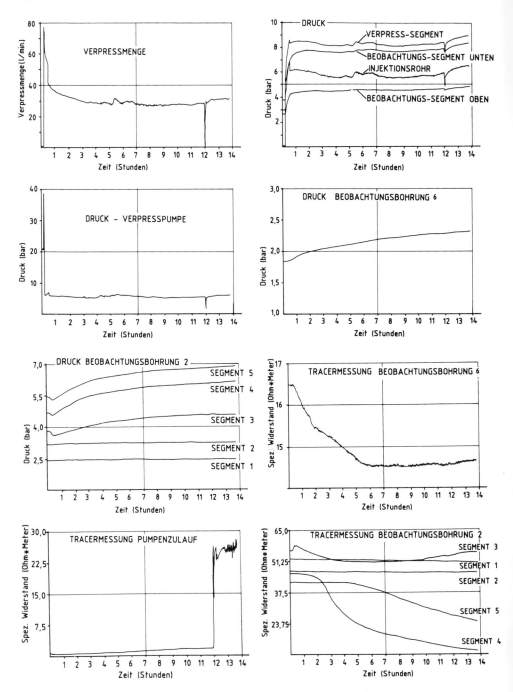

Abb. 9.   Versuchsdiagramme eines Durchströmungsversuches (359) über 13 Stunden mit einem Tracer.

versuch über 13 Stunden beobachten. Der Wasserabpreßversuch wurde über einen konstanten Pumpendruck von 5,5 bar gesteuert. Die Verpreßmenge nimmt dabei innerhalb der ersten 4 Stunden stetig ab und bleibt danach konstant, d. h. es treten stationäre Strömungsbedingungen im Bereich der Verpreßstrecke ein, da auch der Druck in der Verpreßstrecke dasselbe Niveau beibehält. In der 16 m entfernten Beobachtungsbohrung 6 hebt sich die Wassersäule kontinuierlich von 1,8 auf 2,3 bar. In der Beobachtungsbohrung 2 setzt wieder zu Beginn des Versuches ein Druckabfall ein, der nach 30 bzw. 60 Minuten in eine stetige Anhebung des Druckniveaus übergeht. Da die Meßsegmente 1 und 2 keine Druckänderung anzeigen, muß im Niveau der Segmente 3, 4 und 5 gespanntes Wasser vorliegen, das nicht an der Oberfläche austreten kann. Zwischen den Klüften in den einzelnen Teufenbereichen liegt demzufolge keine hydraulische Verbindung vor.

Die Ausbreitung des Salztracers ist an der Veränderung des spezifischen elektrischen Widerstandes zu erkennen. Im Versuch wurde zuerst verdünnte Salzlösung verpreßt, der dann Süßwasser folgte. Bohrung 6 wird vom Tracer bereits nach ca. 10 Minuten erreicht. Dies entspricht einer Abstandsgeschwindigkeit von 0,029 m/sec. In Beobachtungsbohrung 2 ergeben sich für die einzelnen Meßsegmente bzw. Bohrlochteufen unterschiedliche Ankunftszeiten. Meßsegment 3 wird schon nach 28 Minuten erreicht, während dier Tracer im Meßsegment 4 nach 1,5 Stunden und in Meßsegment 5 erst

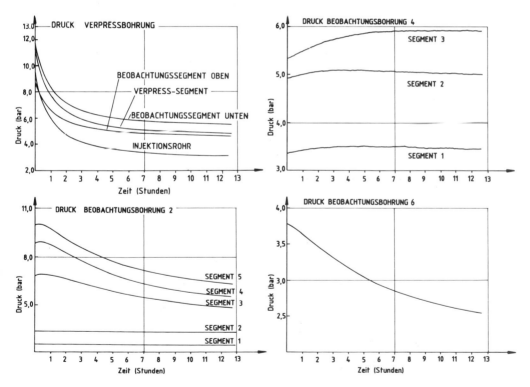

Abb. 10.   Beobachtung des Druckabbaus im Gebirge während der Versuchspausen (334).

nach 4 Stunden ankommt. Die Abstandsgeschwindigkeiten, welche sich hieraus für Segment 3 mit 0,03 m/sec, für Segment 4 mit 0,009 m/sec und für 5 mit 0,003 m/sec ergeben, variieren innerhalb derselben Bohrung um eine Zehner-Potenz. Aus diesen beträchtlichen Laufzeitunterschieden innerhalb derselben Bohrung wird deutlich ersichtlich, welchen dominierenden Einfluß die Klüftung auf die Ausbreitung der kontaminierten Stoffe besitzt.

Um die Vorgänge nach Beendigung der Ausbreitungsphase im angenommenen Störfall zu untersuchen, wurden die Messungen nach dem Injektionsversuch über längere Zeiträume fortgesetzt (Abb. 10). Der Druckabbau in der Verpreßstrecke – im angenommenen Störfall an der Leckagestelle – erfolgt weitgehend innerhalb der ersten 4 Stunden. Der großräumige Druckausgleich führt in der 52 m entfernten Beobachtungsbohrung 2 zunächst zu einem kurzfristigen Druckanstieg. Danach baut sich der Druck langsam über die gesamte Beobachtungszeit ab. In der topographisch tiefergelegenen Bohrung 4 erfolgt in den tieferen Bereichen ein Wasserzulauf, obwohl während des Injektionsversuches keine wesentlichen Änderungen des Druckniveaus zu beobachten waren. Die Tracerkonzentration, welche sich während des Versuches eingestellt hatte, bleibt während des gesamten Beobachtungszeitraumes nahezu unverändert. Die Grundwasserbewegung in diesem Gebirgsbereich ist demzufolge äußerst klein.

4. Durchlässigkeit des Gebirges

Die Durchlässigkeit des Gebirges ist neben der Wasserwegigkeit der wesentliche Parameter, welcher die Ausbreitungsgeschwindigkeit und die aufgenommene Menge der kontaminierten Wässer bestimmt. Die Ermittlung der Durchlässigkeit erfolgt im Wasserabpreßversuch anhand des Verpreßdruck-Verpreßmengendiagramms (Abb. 11). Für den eingangs geschilderten Mehrstufenversuch ergibt sich in den unteren Druck-

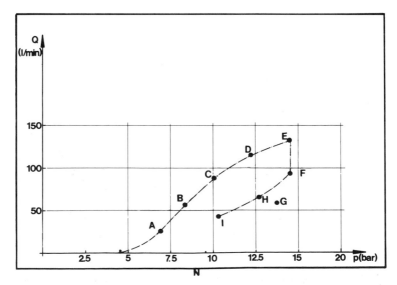

Abb. 11.   Verpreßmengen-Verpreßdruck-Diagramm eines Mehrstufenversuches (305).

bereichen — Stufe A, B und C — ein lineares Druck-Mengen-Verhältnis. Mit zunehmendem Druck (Stufe D, E und F) wird das Strömungsregime in den Klüften turbulent, so daß die Wasseraufnahme des Gebirges verringert wird (Louis 1974). Bei abnehmender Stufenfolge ergeben sich durch die im Versuch erzeugte Hebung des Wasserspiegels kleinere Verpreßmengen (Stufe E, G, H und I). Unter der Annahme eines homogenen porösen Kontinuums mit isotropem und konstantem Durchfluß würden sich für den Einbohrlochversuch nach der geläufigen Auswertung (U.S. Bureau of Reclamation 1963) Durchlässigkeitswerte in der Größenordnung von $1–3 \cdot 10^{-6}$ m/s ergeben (Abb. 12). Die Durchlässigkeit ist nahezu unabhängig vom Verpreßdruck, da nach dem Modell des Einbohrlochversuches nur die unmittelbare Umgebung der Verpreßstrecke berücksichtigt wird. Bezieht man den Druckverlauf der Beobachtungsbohrung 5 mit ein (Mehrbohrlochversuch), so steigt die Durchlässigkeit, wiederum unter Zugrundelegung eines homogenen porösen Kontinuums, deutlich mit dem Verpreßdruck von 6 auf $20 \cdot 10^{-6}$ m/s an.

Die Versuche haben jedoch deutlich gezeigt, daß im anstehenden Gebirge ein Diskontinuum vorliegt, mit unregelmäßiger Klüftung und einer weitgehenden dichten Matrix. Nach dem Diskontinuumsansatz nach Maini (1971) — ergibt für Klüfte unendlicher radialer Ausdehnung um das Bohrloch bei laminaren und radialen Fließbedingungen — ergeben sich Kluftdurchlässigkeitsbeiwerte in der Größenordnung von $1–5 \cdot 10^{-3}$ m/s (Abb. 12). Die Unterschiede von 3 Zehnerpotenzen in der Durchlässigkeit sind in der Anwendung des zutreffenden Strömungsmodells begründet. Im Gebirgstyp Quarzit/Granit liegt eine inhomogene Verteilung der Durchlässigkeit vor, mit geklüfteten Bereichen starker Durchlässigkeit und weitgehend undurchlässigen Gebirgspartien.

Zusammenfassung und Folgerungen für die Kavernenbauweise

Aus den Durchströmungsuntersuchungen im Gebirgstyp Quarzit/Granit ist deutlich ersichtlich, daß die Ausbreitung der kontaminierten Wässer in der Umgebung der

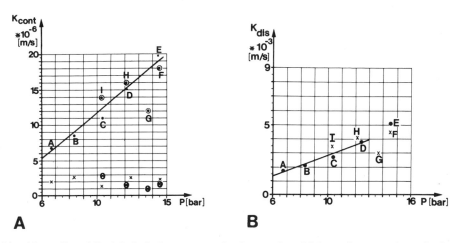

A   **B**

Abb. 12. Durchlässigkeitsbeiwerte, ermittelt aus dem Mehrstufenversuch nach dem Kontinuumsmodell (A) und dem Diskontinuumsmodell (B).

Reaktorkaverne sowohl zeitlich wie räumlich unregelmäßig verläuft. Die Durchlässigkeit wird im wesentlichen durch die Klüftung bestimmt, analog dem Spaltströmungsmodell 1. Die unregelmäßige Verteilung der Klüfte im betrachteten Gebirgsbereich hat eine inhomogene und anisotrope Durchlässigkeit des Gebirges zur Folge. Die Vermischung des Tracers mit dem Grundwasser verläuft je nach Klufthabiten und Kluftverzweigungen unterschiedlich.

Bei den ermittelten Abstandsgeschwindigkeiten ist noch zu berücksichtigen, daß die Viskosität des Tracers um 1–3 Zehnerpotenzen zäher ist als die der kontaminierten Wässer, so daß beim Störfall noch kürzere Laufzeiten angenommen werden müssen. Ähnliche Ergebnisse wie im Granit wurden im Gebirgstyp Buntsandstein beobachtet, wo ebenfalls sehr inhomogene Durchlässigkeiten vorlagen. In den noch ausstehenden Untersuchungen im Gebirgstyp Schiefer ist aufgrund der engständigen und statistisch gleichmäßigen Klüftung eine gleichmäßige räumliche und zeitliche Ausbreitung des Tracers zu erwarten.

Die Tatsache, daß die Wasserführung auf einzelne Kluftindividuen beschränkt ist, macht eine großräumige Abschätzung sehr schwierig. Sie erleichtert jedoch die Durchführung technischer Maßnahmen zur Abdichtung des Gebirges wesentlich. Die Kavernenauskleidung ist nach den bisherigen Überlegungen so ausgelegt, daß kein Bergwasserdruck beaufschlagt werden kann, das Bergwasser muß also durch Drainage abgeführt werden, ein Umstand, welcher der erwünschten Dichtigkeit des Gebirges widerspricht. Die Anker- und Extensometerbohrungen schaffen außerdem eine Vielzahl möglicher neuer Wasserwege ins Gebirge, so daß versucht werden sollte, diese Ausbauelemente und den Gebirgsbereich im Umkreis der Kaverne durch Injektions-

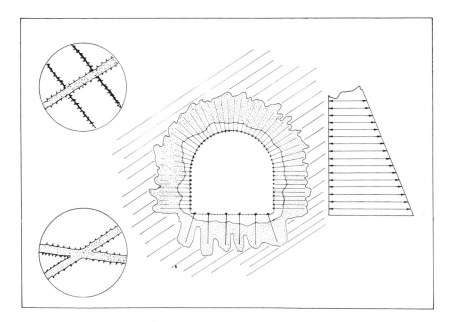

Abb. 13.   Injektionsmaßnahmen zur Abdichtung der Reaktorkaverne.

maßnahmen zu dichten. Die Injektionsmaßnahmen garantieren jedoch keine vollständige Abdichtung des Gebirges, da sich sehr feine Klüfte nur schwer dichten lassen.

Es sollte daher im unmittelbaren Umkreis der Kaverne, in der Auflockerungszone, eine zusätzliche Drainage vorgesehen werden, durch die das Bergwasser, welches durch den umgebenden Injektionsschleier durchsickert, abgeführt wird. Im Bereich zwischen Auflockerungszone und der Haftstrecke von Ankern, wird der Injektionsschleier von den Ankerbohrungen aus angelegt (Abb. 13). Hiermit wird gleichzeitig eine Abdichtung der Ankerbohrungen erreicht, wodurch die Anker vor Korrosion durch einsickernde Wässer geschützt werden.

Die Schutzwirkung des Gebirges bei der Kavernenbauweise beruht bei einer Leckage des Reaktorcontainments auf dem Rückhaltevermögen bzw. der Dichtheit des überlagerten Gebirges. Das Vorhandensein einzelner Kluftindividuen auch in relativ dichtem Gebirge, ermöglicht eine rasche und weiträumige Ausbreitung der kontaminierten Stoffe. Diese singulären Wasserwege lassen sich durch Injektionsmaßnahmen dichten und führen zu einer Erhöhung des Schutzgrades. Alternativ zu diesen Überlegungen der Gebirgsverformung sind Ertüchtigungsmaßnahmen der Auskleidung der Kaverne bei einer Kosten-Nutzen-Analyse mit einzubeziehen.

Schriftenverzeichnis

Louis, C. (1974): Introduction a l'hydraulique des roches. – Bull. B.R.G.M., Section III – Hydrogeologie – Geologie de l'Ingenieur, Zieme serie Nr. 4: 283–356.

Maini, Y.N.T. (1971): In situ hydraulicparameters in jointed rock – Their measurement and interpretation. – London.

Schneider, H.J. (1979): Neue Versuchsapparatur zur Bestimmung der Durchströmungseigenschaften von Fels. – Ber. 2. nat. Tag. Ing.-Geol.: 75–83; Fellbach.

U.S. Bureau fo Reclamation (1963): Earth manual; Denver.

Wittke, W. (1972): Zusammenfassender Bericht und Schlußfolgerungen. – Proc. int. Symp. Durchströmung von klüftigem Fels, 21; Stuttgart.

Containment of Gaseous Radioactivity in Underground Cavern

by

Kanji Takahashi

With 4 tables in the text

Abstract

Research activities in Japan are described on the containment of gaseous radio-activity in underground cavern. Works were carried out on the migration of gaseous radioactivity through sand and rocks, on the field measurement of pair permeability of rock mass and on the calculation of radioactivity transport around underground cavern.

1. Introduction

Safety aspect of the underground sitiong of nuclear power plant is featured by the containability of underground cavern for radioactivity in the case of hypothetical accident. Gaseous radioactivity released from the cavern wall moves through the surrounding media and it will be partly sorbed and decays during its migration. Radio-activity release from the ground surface to the environment is, therefore, expected to delay, then the released amount will be less than that in the case of surface siting. These processes involve complicated phenomena, and number of problems have to be studied before the practical application of computational code for safety assessment.

2. Transport of gaseous radioactivity through porous media

Surrounding materials of the cavern can be regarded as homogeneous porous media. Fundamental equations of radioactivity transport are described for mass continuity, momentaum transfer and energy conservation, and are shown in Table 1 (Takahashi et al. 1978). Pressure gradient flow is usually governed by Darcy's law. The transport of internal energy through pores, heat conduction through solid phase and water vapor condensation are taken into account. Temperature is always assumed to be in an equilibrium.

For the actual calculation, we need values of several factors involved in the equations, that is, the porosity, the permeability and the effective diffusivity. Other factors such as the density, the specific heat, the heat conductivity and some of the chemical properties are determined by laboratory test using test samples.

In general, Darcy's flow is predominant for mass transport, however, if the pressure in the cavern decreases within rather short period after the accident, air flow hardly reaches ground surface only by Darcy's flow. Then the diffusional transport becomes significant after long period of elapsed time. Numerical calculations are made by applying the finite element method. An alternative code is also being developed by taking into account the energy transport and the condensation of water vapor.

Table 1. Equations for multiphase flow through porous media.

Mass transport:
for air;

$$f \frac{\partial}{\partial t}(m_a S_m) = -\nabla(m_a V_m) \tag{1}$$

for gaseous radioactivity;

$$f \frac{\partial}{\partial t}(m_r S_m) = -\nabla(m_r V_m) + D_{er}\nabla^2 m_r - (1-f)\rho_s \frac{\partial n}{\partial t} - \lambda m_r \tag{2}$$

for water, vapor and liquid;

$$f \frac{\partial}{\partial t}(m_v S_m + m_w S_w) = -\nabla(m_v V_m + m_w V_w) + D_{ev}\nabla^2 m_v \tag{3}$$

Momentum transport:

$$V_i = -\frac{k_i}{\mu_i}\nabla p \tag{4}$$

Energy conservation:

$$f \Sigma_i \frac{\partial}{\partial t}(m_i h_i) + (1-f)\frac{\partial}{\partial t}(m_s h_s)$$
$$= (1-f)\lambda_T \nabla^2 T - \Sigma_i(\nabla m_i h_i V_i) + \Sigma_i(D_{ei}\nabla^2 m_i h_i) \tag{5}$$

where, D: diffusivity, f: porosity, h: enthalpy, k: permeability, m: mass, n: sorbed radioactivity in solid phase, p: pressure, S: saturation, T: temperature, V: velocity, ρ_s: density of solid, λ: decay constant, λ_T: thermal conductivity, Subscript; a: air, e: effective value, i: all phases except for solid, m: mixture, r: radioactivity, v: vapor, w: water.

3. Laboratory test for gas sorption

A kinetic model was proposed (Takahashi et al. 1978) for describing the sorption of gaseous iodine to solid phase. Sorption of iodine is assumed to be either reversible or irreversible state. The reversible sorption (n_p) is of Langmuir type and the irreversible (n_a) is of the 1st order chemical reaction, and they are approximated, under the assumption that sorption is very small compared with the saturation, as

$$n = n_p + n_a = K_{ad}C + K_{ab}Ct \tag{6}$$

where, C is the concentration of gaseous radionuclide, K_{ad} and K_{ab} are the reversible and irreversible sorption constant, respectively.

Laboratory tests were conducted for various samples filled in a test column by changing the concentration of iodine vapor, and the temperature and the relative humidity of carrier air. Samples were sand, soil and crashed rocks. Molecular iodine vapor (I_2) and methyliodide (CH_3I) vapor were produced from Sodium-iodide ($Na^{131}I$) after several chemical procedures.

Generally, the sorption becomes saturated at a certain amount of loaded iodine vapor, and it is larger in dry condition at lower temperature. Most of the sorbed iodine is easily desorbed by air and/or flowing water. This tendency is very similar

Table 2. Experimental values of sorption factor (Room air).

Sample		K_{ad} (cm^3/g)		K_{ab} (cm^3/g.sec)	
		I_2	CH_3I	I_2	CH_3I
Sand Stone	C.S.*	2770	3.41	0.29	8.4×10^{-4}
	R.M.**	120	0.14	—	—
Tuff	C.S.	271	1.07	0.11	9.2×10^{-5}
	R.M.	67	0.13	—	—
Granite	C.S.	211	0.42	9.1×10^{-3}	8.3×10^{-5}
	R.M.	4.7	8.9×10^{-3}	—	—
Standard Sand	Dry	$10^2 - 10^3$	< 10	$\cong 10^{-2}$	$\cong 0$
	Wet***	$10 - 10^2$	< 1	—	—
Surface Soil	Dry	$10^3 - 10^4$	$< 10^2$	$\cong 10^{-2}$	$\cong 0$
	Wet	$1 - 10^2$	< 10	—	—

*   Crashed sample.
**   Rock mass, estimated values by taking into account of specific surface.
***   Relative humidity is around 90 %.

in case of CH_3I, though the sorbed amount is as small as approximately 1 % or less of I_2 gas, and desorbed fraction is much more remarkable. The amount of sorption differs from a sample to another and it seems dependent to specific surface area of the sample. Some of the characteristic values for iodine sorption were determined experimentally, and are shown in Table 2 (Takahashi et al. 1978, Ohe & Nakaoka 1980). In the case of actual rock mass, the specific surface area is estimated as small as 1 % or less than that of the crashed sample, so that those values may have to be lowered to the one hundredth or less.

4. Field experiment of air permeability of rock

Items of the field experiment are summarized in Table 3 (Ichikawa & Makino 1979, Tanaka et al. 1980). The object of the experiment is to estimate effective values for the porosity, the permeability and the diffusivity of gas in a rock mass. The test site is located in granite rock, and the test point is in a distance about 100 m from the entrance of a horizontal tunnel. Rock overburden is about 50 m. Holes are 56 mm in diameter and 20 m deep from the wall of access tunnel. Maximum pressure supplied to the injection hole is 7 atm. Helium gas was added as the tracer gas and its concentration was detected using a mass spectrometer which was specially developed for field use.

Leaked air mass from the injection hole to the surrounding rock was proportional to the pressure difference, and the pressure profile in the rock was found to be in

Table 3. Items of field experiment for gas permeability of rock mass.

1. Permeability test for water
2. Permeability test for air $(0.5-2.5 \text{ kg/cm}^2)$
   2.1 Pressure profile at steady state
   2.2 Flow rate of air at steady state
3. Tracer test for gas transport
   3.1 Traveling time of injected tracer gas at steady state
   3.2 Concentration profile of tracer gas under unpressurized condition
4. Estimation of various factors
   4.1 Water permeability from Test 1
   4.2 Air permeability from Test 2
   4.3 Effective porosity of rock from Test 3.1
   4.4 Effective diffusivity of gas (and tortuosity) from Test 3.2

linear with the diance from the pressurized hole. Assuming a two dimensional flow, the effective air permeability was evaluated to be in the order of 4×10^{-2} cm/sec, and the ratio of air permeability to that of water ranged from 10 to 500 according to the water permeability of the rock mass. From the measurement of traveling time of helium gas, the effective porosity was estimated to be 0.01 or less. Concentration

Table 4. Calculated retention factor of rock cavern for gaseous radioactivity.

	Surface layer	Middle layer	Deep rock
Depth (m)	30	70	150
Porosity	0.1	0.05	0.01
Air permeability (cm/sec)	10^{-2}	5×10^{-3}	10^{-3}
	I_2 *	CH_3I	Kr
Molecular diffusivity (cm²/sec)	0.082	0.081	0.16
K_{ad} (cm³/g)	1.15	4.2×10^{-3}	0
K_{ab} (cm³/g.sec)	4.1×10^{-3}	8.3×10^{-5}	0
Retention factor**	10^{-65}	10^{-48}	10^{-8}
Release time*** (day)	3	3	20

* Iodine is assumed to be ^{131}I.
** Ratio of peak concentration of released radioactivity from ground surface (underground/surface sited).
*** Time required to release from ground surface.

profile of helium gas under an unpressurized condition gives information of the diffusional transport of gas. Thus, the effective tortuosity was derived to be 10–20.

5. Test calculation of radioactivity transport through rocks

Several test calculations were made using the computational code which does not take into account the energy transport. Pressure history and the radioactivity release were assumed as same as those of LWR sited above ground. In the case of the calculation shown in Table 4 (Komada & Hayashi 1979, Komada & Nakaoka 1980), rock mass was assumed to compose of three layers and the calculation was done for two dimensional field. Considerably high retention is achieved by rock mass for gaseous radioactivity, particularly when sorption effect is taken into account.

Acknowledgment

Research works performed at the Central Research Institute of Electric Power Industry and at the Electric Power Development Co., Ltd. are acknowledged.

References

Takahashi, Kanji et al. (1978): Containment of gaseous fission products in underground cavern. – Bull. Inst. Atomic Energy, Kyoto Univ., Suppl. No. 1: 76–88; Kyoto. – [In Japanese]

Ohe, Toshiaki & Nakaoka, Akira (1980): Radionuclide transfer in underground media (Pt. 1). – Rep. Central Res. Inst. Electr. Power Ind., 280024. – [In Japanese]

Ichikawa, Yoshitada & Makino, Isao (1979): On-site testing method for underground radioactive gas containability. – Electr. Power Develop. Co., Chyosa Shiryo 62: 1–36. – [In Japanese]

Tanaka, Kentaro, et al. (1980): Field experiment and assessment concerning containment of gaseous fission products at underground nuclear power plant, Rockstore, 80; Stockholm.

Komada, Hiroya & Hayashi, Masao (1979): Numerical method for the containment of fission products at a hypothetical accident in an underground nuclear power plant. – Nucl. Eng. Design, 55: 25–49.

Komada, Hiroya & Nakaoka, Akira (1980): Underground containment of radioactive iodine and noble gases in a hypothetical accident at underground nuclear power plant. – Rep. Central Res. Inst. Electr. Power. Ind., 380031. – [In Japanese]

Sicherheitstechnische Aspekte der unterirdischen Bauweise von Kernkraftwerken*⁾

von

W. Braun und A. Schatz

Mit 4 Abbildungen im Text

Abstract

Safety aspects of underground siting of nuclear power plants.

During the recent years design principles of underground nuclear power stations have been investigated mainly in the USA and the Fed. Rep. Germany. It was hoped that the consequences of extremely remote accidents could be generally reduced by such designs. It is pointed out in this article that underground siting, however, does not only lead to many disadvantages, some of them also safety-related, but at best results in only slight reductions of the consequences of internal accidents. It is the authors' impression that, due to high additional cost and important delays of licensing and construction time, underground siting of nuclear power stations is no meaningful and suitable safety measure.

Kurzfassung

In den vergangenen Jahren wurden vor allem in den USA und in der Bundesrepublik Deutschland Studien ausgeführt über die unterirdische Bauweise von Kernkraftwerken in der Hoffung, die Störfallauswirkungen extrem unwahrscheinlicher Reaktorunfälle pauschal verringern zu können. Die nachfolgenden Ausführungen zeigen, daß die unterirdische Bauweise mit zahlreichen, auch sicherheitstechnischen Nachteilen verbunden ist und sich bestenfalls eine nur geringfügige Verringerung der äußeren Auswirkungen schwerer innerer Störfälle erreichen läßt. In Anbetracht der hohen Mehrkosten und der erheblichen Verlängerung von Genehmigungsverfahren und Bau stellt die unterirdische Bauweise nach Meinung der Verfasser keine sinnvolle und angemessene sicherheitstechnische Maßnahme dar.

Technik und Sicherheitstechnik deutscher Kernkraftwerke mit Leichtwasserreaktor basieren zwar ursprünglich auf amerikanischen Vorbildern; jedoch haben sich seit dem Bau der Demonstrations-Kernkraftwerke Lingen und Obrigheim eigenständige Konzepte entwickelt, die sich von der US-amerikanischen Baulinie, aber auch von den in Japan und Frankreich gebauten Anlagen deutlich unterscheiden. Dies gilt insbesondere für das sicherheitstechnische Konzept deutscher Kernkraftwerke mit Leichtwasserreaktoren:

— Sicherheitstechnische Systeme einschließlich der unabhängigen Notspeisesysteme sind allgemein mit einem höheren Grad an Redundanz ausgestattet, sie sind gegenseitig und von betrieblichen Funktionen unabhängig ausgeführt und räumlich getrennt angeordnet;

---

*⁾ Die Erstveröffentlichung dieser Arbeit erfolgte in der Zeitschrift Atomkernenergie/Kerntechnik Bd. 38, Lfg. 3: 301–305; München 1981.

— das Reaktorschutzsystem ist hinsichtlich seiner Auslösungen und Funktionen wesentlich umfangreicher ausgeführt, seine Auslösesignale sind in der Regel durch überlagerte diversitäre Signale abgesichert und für wichtige Grenzwerte sind dem Reaktorschutzsystem redundante Begrenzungsregelungen vorgelagert;
— durch einen wesentlich höheren Grad der Automatisierung wird der Operateur für mindestens 30 Min. nach Störfalleintritt von wichtigen Handeingriffen entlastet und damit die Wahrscheinlichkeit von Fehlhandlungen drastisch reduziert;
— die Beherrschung von Störfällen wie kleine Leckstörfälle und andere betriebsnahe Transienten wird durch eine vollständige Systemanalyse mit einem wesentlich höheren Auflösungsgrad nachgewiesen;
— die Systeme zur Gewährleistung der sekundärseitigen Wärmesenken werden als sicherheitstechnisch relevante Systeme ausgeführt;
— dieses Konzept wird ergänzt durch umfangreiche Maßnahmen zur Verminderung möglicher Störfallfolgen, wie z.B. die konsequente Realisierung des Prinzips gestaffelter Barrieren zur Spaltprodukträckhaltung auch bei Störfällen.

Diese und viele andere typische sicherheitstechnischen Merkmale deutscher Kernkraftwerke mit Leichtwasserreaktor, zusammen mit den umfassenden Maßnahmen zur Sicherung der Integrität der druckführenden Komponenten machen deutlich, daß Reaktorsicherheit in der Bundesrepublik Deutschland in erster Linie durch ausgefeilte Systemtechnik, hohe primäre Sicherheit und Qualität der Komponenten sowie hochgradige Qualitätssicherung und Qualitätserhaltung erzielt wurde.

Demgegenüber stellen grundlegend neuartige sicherheitstechnische Konzepte zur Verminderung der Auswirkungen postulierter Reaktorunfälle, wie z.B. die unterirdische Bauweise von Kernkraftwerken eine grundsätzlich andere „Sicherheitsphilosophie" dar. Solche neuen sicherheitstechnischen Konzepte werden nur allzu häufig von der Hoffnung getragen, die Auswirkungen aller nur postulierbaren Störfälle, insbesondere jedoch des Kernschmelzens pauschal zu verringern, wenn nicht gar zu beseitigen. Die Entwicklung solcher Konzepte folgt damit nicht mehr der praktischen Erfahrung aus Fertigung und Betrieb, sie ist ausschließlich auf Postulate abgestellt.

Wir dürfen daran erinnern, daß sicherheitstechnische Entwicklung vor vielen Jahren mit einem solchen Postulat begonnen hat: der GaU-Hypothese. Damit, und im Rahmen des deterministischen Konzepts postulierter Auslegungsstörfälle haben wir zwar ein überaus hohes Maß an Reaktorsicherheit erreicht. Wenn wir aber nunmehr ohne Verzicht auf erreichte Sicherheit ein sicherheitstechnisches Gesamtkonzept ausgeglichener Restrisiken und jeweils angemessener sicherheitstechnischer Aufwendungen anstreben wollen, dürfen wir nicht fortfahren, gegen immer geringere Restrisiken immer aufwendigere Maßnahmen zu treffen.

Nachdem im Rasmussen-Report WASH 1400 erstmals die Methode der probabilistischen Störfallanalyse auf ganze Kernkraftwerke ausgedehnt wurde, spätestens aber nach Erscheinen der Deutschen Risikostudie (DRS) im August 1979 kann es nicht mehr zulässig sein, unter Außerachtlassung quantifizierbarer Beurteilungsmaßstäbe bei der Einführung neuer sicherheitstechnischer Maßnahmen rein deterministisch vorzugehen und dabei ggf. die Unausgewogenheit der Restrisiken weiter zu vergrößern bzw. neue, nicht quantifizierte Risiken einzubringen. Insbesondere hinsichtlich solcher Störfallabläufe, die zum Kernschmelzen mit früher oder verzögerter Freisetzung großer Radioaktivitäten führen können, lassen die Ergebnisse der DRS hinreichende Absolutaussagen und belastbare Relativaussagen über Eintrittshäufigkeiten und Störfallauswirkungen zu, um die Ausgeglichenheit des sicherheitstechnischen Gesamtkonzepts deutscher Kernkraftwerke mit Leichtwasserreaktor zu beurteilen.

Wenn man die Sicherheit gegen Störfälle mit großen Freisetzungen diskutiert, so kann dies allerdings nicht ohne Beachtung der folgenden Annahmen und wichtigen Ergebnisse der DRS geschehen:

— Der Erwartungswert der Eintrittshäufigkeit von $8,5 \cdot 10^{-5}$/a für das, was in der DRS als Kernschmelzen bezeichnet wird, darf nicht gleichgesetzt werden mit den Eintrittshäufigkeiten der daraus abgeleiteten Freisetzungskategorien, geschweige denn mit den Eintrittshäufigkeiten der Auswirkungen dieser Freisetzungskategorien. Eine Gleichsetzung der max. Eintrittshäufigkeit für Kernschmelzen mit der Eintrittshäufigkeit seiner rechnerisch max. Auswirkungen von ca. $2 \cdot 10^{-11}$/a ist irreführend.

— Zum Zwecke der Vergleichbarkeit der Ergebnisse mit denen aus WASH 1400 wird auch in der DRS bei allen solchen Störfallabläufen mit ausgedehntem und fortschreitendem Kernschmelzen gerechnet, bei denen die Kühlungszustände des Reaktorkerns lediglich unterhalb der Genehmigungsvoraussetzungen liegen. Diese extrem konservative Annahme trifft, wie u.a. der Störfallablauf bei TMI-2 gezeigt hat, bei vielen Störfallabläufen nicht zu, bei denen die Kühlungszustände zwar unterhalb der Genehmigungsvoraussetzungen liegen, aber nicht einmal zu lokalem, geschweige denn zu ausgedehntem und fortschreitendem Kernschmelzen führen. Eine realistischere Analyse über die Bedingungen, die wirklich zum Kernschmelzen führen, müßte Gegenstand der Phase B der Deutschen Risikostudie sein.

— Die Eintrittshäufigkeit von Kühlungszuständen des Reaktorkerns unterhalb der Genehmigungsvoraussetzungen ist, wie die Ergebnisse der DRS zeigen, bei verschiedenartigen Störfallabläufen stark unterschiedlich und wurde bestimmt durch Einzelheiten bei der Beherrschung kleiner Leckstörfälle und bei Ausfall der elektrischen Eigenbedarfsversorgung. Durch die inzwischen eingeführte bzw. nachgerüstete Automatisierung des Schnellabfahrens der Sekundäranlage und durch andere geringfügige systemtechnische Verbesserungen konnte diese Unausgeglichenheit der Restrisiken beseitigt und dadurch die Eintrittshäufigkeit unzureichender Kernkühlungszustände nach Definition der DRS um etwa einen Faktor 10 gesenkt werden.

— Der historische GaU trägt zur Eintrittshäufigkeit unzureichender Kernkühlungszustände kaum etwas bei, das häufig im Mittelpunkt verwaltungsrechtlicher Streitverfahren stehende Versagen des Reaktordruckbehälters noch weniger, ebenso wie äußere Einwirkungen wie Flugzeugabsturz und Explosionsdruckwelle, obwohl gerade hierfür in den vergangenen Jahren die weitaus größten Aufwendungen gemacht worden sind.

In Kenntnis der Annahmen und Ergebnisse der DRS und nach sorgfältiger Prüfung des Störfallablaufes bei TMI-2 gelangte die Reaktorsicherheitskommission (RSK) in ihrer Aktennotiz vom 19.12.1979 zu der Schlußfolgerung, daß zur weiteren Reduktion des Risikos von Druckwasserreaktoren den Maßnahmen zur Unfallverhinderung eindeutig und nach wie vor der Vorrang vor Maßnahmen zur Schadenseindämmung zu geben sei, wenngleich „... die Maßnahmen zur Schadenseindämmung in der stark politisierten Diskussion dem Außenstehenden in ihrer Wirkungsweise einsichtiger als die Maßnahmen zur Unfallverhinderung sind". Neben weiteren Maßnahmen und Vorschlägen zur Unfallverhinderung erwähnt die RSK unter den denkbaren Maßnahmen zur Schadenseindämmung auch die unterirdische Bauweise von Kernkraftwerken. Nach Meinung der RSK jedoch „... geht aus den bisher durchgeführten Untersuchungen nicht hervor, ob und ggf. inwieweit die unterirdische Bauweise sicherheitstechnische Vorteile bietet".

Wenn die unterirdische Bauweise von Kernkraftwerken als eine denkbare Maßnahme zur Schadenseindämmung nach Kernschmelzen diskutiert werden soll, dann ist im Sinne einer harmonisierten Sicherheitstechnik insbesondere vordringlich zu prüfen:

1. Ob die hierfür notwendigen, hohen zusätzlichen Aufwendungen geeignet sind, die Eintrittshäufigkeit und das Ausmaß der Störfallfolgen aus Kernschmelzen entsprechend zu verringern;

2. Ob eine solche Verringerung des Restrisikos aus Kernschmelzen, wenn sie überhaupt besteht, nicht aufgewogen wird durch neu hinzukommende, bauartbedingte Risiken der unterirdischen Bauweise;

3. In welchem Verhältnis Aufwendung und Wirkung verschiedenartiger Maßnahmen zur Verminderung der Störfallfolgen untereinander stehen.

Diese wichtigen Fragestellungen scheinen uns bisher unzureichend beantwortet zu sein. Anstattdessen wird, zumindest in der öffentlichen Diskussion, der unterirdischen Bauweise von Kernkraftwerken pauschal die Fähigkeit zugeschrieben, durch die Überdeckung der Reaktoranlage mit adsorbierendem Erdreich radioaktive Freisetzungen großen Maßstabes als Folge eines Versagens des Sicherheitsbehälters nach Kernschmelzen zu verhindern. Es sei hier nur angemerkt, daß uns diese adsorbierende Rückhaltung durch das Erdreich während einer plötzlichen Druckentlastung des Sicherheitsbehälters nicht gesichert und die Rückhaltefähigkeit und ihre Aufrechterhaltung über die Betriebszeit des unterirdischen Kernkraftwerks nicht prüfbar erscheint.

Es würde hier zu weit führen, die entscheidende Frage vollständig zu beantworten, ob nämlich die unterirdische Bauweise geeignet ist, Eintrittshäufigkeit und Ausmaß der Störfallfolgen des Kernschmelzens entscheidend zu verringern. Wir können hierzu im folgenden anhand vereinfachter Annahmen und Ereignisablaufdiagramme nur einige Anregungen geben, die allerdings geeignet sind, erhebliche Zweifel am sicherheitstechnischen Nutzen der unterirdischen Bauweise zu erwecken.

Große Freisetzungen nach einem wie immer eingeleiteten, postulierten Kernschmelzen sind auf folgenden Wegen denkbar:

a) Durch frühzeitiges, plötzliches und völliges Versagen des Sicherheitsbehälters; die DRS setzt hierfür die Freisetzungskategorie (FK) 1 mit sehr großen möglichen äußeren Auswirkungen an. Denkbare Ursachen hierfür könnten sein:

   Dampfexplosion im Reaktordruckbehälter bei Wechselwirkung der Kernschmelze mit Restwasser oder verspäteter Sicherheitseinspeisung;

   Detonation des aus der Zirkon-Wasser-Reaktion gebildeten Wasserstoffs in Teilbereichen des Reaktorgebäudes.

   Aus dem Spontanversagen druckführender Großkomponenten resultiert hingegen kein relevantes Risiko.

b) Durch Versagen des Sicherheitsbehälter-Abschlusses;

   Die DRS setzt für diese unmittelbar einsetzende, jedoch langsamere Freisetzung die FK 2 mit erheblichen äußeren Auswirkungen an. Denkbare Ursache hierfür könnte ein völliges Versagen des direkt nach außen führenden Lüftungsabschlusses des Sicherheitsbehälters sein. In der DRS wird hierin auch eine statische Leckage des Sicherheitsbehälters mit einem entsprechenden Durchmesser von 300 mm einbezogen; kleinere Lecks führen zu den abgestuft auswirkungsschwächeren FK 3 und FK 4.

c) Durch spätes Überdruckversagen des Sicherheitsbehälters frühestens 24 Stunden nach Störfallbeginn, nach neueren Untersuchungen jedoch nicht vor Ablauf von mindestens 3 Tagen; die DRS setzt hierfür die FK 5 und FK 6 mit sehr geringen äußeren Auswirkungen an, da in der Zwischenzeit ein großer Teil der Spaltprodukte innerhalb des Sicherheitsbehälters niedergeschlagen ist. Denkbare Ursachen für das späte Überdruckversagen des Sicherheitsbehälters könnten sein:

zunehmender Wasserdampfüberdruck aus Sumpfverdampfung und Wechselwirkung des Betons mit der Kernschmelze;
Verbrennung des aus der Wechselwirkung der Kernschmelze mit dem Beton gebildeten Wasserstoffs.

Von diesen Freisetzungsmechanismen aus den verschiedenen Versagensursachen des Sicherheitsbehälters können nach dem heutigen Stand des Wissens die zerstörende Dampfexplosion und die frühzeitige Wasserstoffdetonation mit Sicherheit ausgeschlossen werden*). Die FK 1 aus frühzeitigem Versagen des Sicherheitsbehälters kann daher als relevanter Risikobeitrag ausgeschlossen werden.

Da die äußeren Auswirkungen der FK 2 aus Versagen des Sicherheitsbehälterabschlusses um ein Vielfaches größer sind als die der FK 6 aus spätem Überdruckversagen des Sicherheitsbehälters, muß bei einer Bewertung der unterirdischen Bauweise besonders auf den Abschluß des Sicherheitsbehälters geachtet werden. Wie die Prinzipskizzen auf der linken Seite der Abb. 1 zeigen, muß bei unterirdischer Bauweise der Ringraum seinerseits mit Abschlußorganen ausgestattet werden, damit seine erhoffte Rückhaltewirkung überhaupt möglich wird. Es darf unterstellt werden, daß, unabhängig von der Ausführungsart der unterirdischen Bauweise, die Ausführung solcher Abschlußorgane und ihre statistische Versagenshäufigkeit „a/Anforderung" prinzipiell gleich mit denen der normalen Bauweise bewertet werden können, da kein Grund einzusehen ist, warum bei normaler Bauweise der Abschluß des Sicherheitsbehälters nicht ebenso zuverlässig wie bei unterirdischer Bauweise sein soll. Mit der Eintrittshäufigkeit „l/Druckbelastung des Sicherheitsbehälters" wird ein statisches

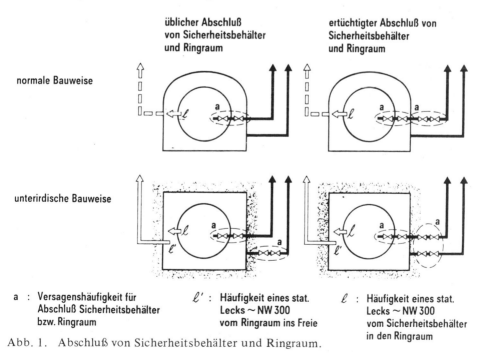

a : Versagenshäufigkeit für
    Abschluß Sicherheitsbehälter
    bzw. Ringraum

ℓ' : Häufigkeit eines stat.
    Lecks ~ NW 300
    vom Ringraum ins Freie

ℓ : Häufigkeit eines stat.
    Lecks ~ NW 300
    vom Sicherheitsbehälter
    in den Ringraum

Abb. 1.   Abschluß von Sicherheitsbehälter und Ringraum.

*) Mayinger et al., ATW **26**/3 (März 1981) 168 ff.

Leck entsprechend NW 300 vom Sicherheitsbehälter in den Ringraum angenommen. Bei normaler Bauweise wird trotz Ringraum-Abluftfiltern postuliert, daß hiermit eine ungehinderte Freisetzung verbunden sei. Bei unterirdischer Bauweise führt ein solches Leck des Sicherheitsbehälters zu keiner Freisetzung, es sei denn, der Abschluß des Ringraums habe mit der Häufigkeit „a/Anforderung“ versagt oder der Ringraum entwickle seinerseits ein statisches Leck mit der Häufigkeit 1′, die wegen der zahlreichen Durchdringungen des Ringraums eher größer, im Zweifelsfalle gleich 1 gesetzt wird.

Schon der Vergleich der beiden linken Skizzen in Abb. 1 macht deutlich, daß die unterirdische Bauweise keinen Vorteil bietet im Falle des Versagens der nach außen führenden Abschlüsse des Sicherheitsbehälters. Solche Durchdringungen sind auch nicht zu vermeiden, es sei denn auf Kosten der Begehbarkeit des Sicherheitsbehälters im Betrieb. Dies gilt aber für unterirdische und normale Bauweise gleichermaßen.

Um den Abschluß des Sicherheitsbehälters zu verbessern, könnte bei unterirdischer Bauweise eine zweite Armaturengruppe vorgesehen werden, die unabhängig oder verbunden mit dem Ringraumabschluß angesteuert wird, wie die rechte Seite der Abb. 1 zeigt. Die Versagenshäufigkeit dieses zweiten Abschlusses wird ebenfalls mit „a/Anforderung“ angenommen. Ein solcher zweiter Abschluß ist natürlich auch für die normale Bauweise möglich und wird beim Vergleich beider Bauweisen fairerweise angenommen.

Für diese verbesserte Ausführung des Abschlusses von Sicherheitsbehälter und Ringraum zeigen die Abb. 2 und 3 vereinfachte Ereignisablaufdiagramme für Freisetzungen nach postuliertem Kernschmelzen für normale und unterirdische Bauweise. Ohne die möglichen Ursachen für dieses einleitende Ereignis näher zu untersuchen, werden nur solche Ereignisse betrachtet, durch die ein Freisetzungspfad entstehen könnte. Ohne

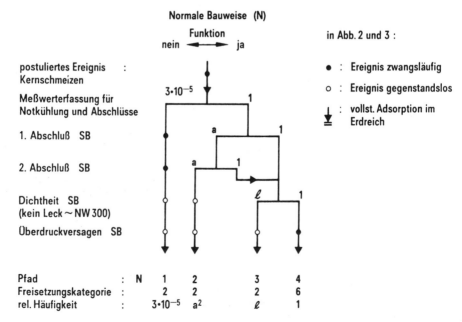

Abb. 2. Vereinfachtes Ereignisablaufdiagramm für Freisetzungen nach Kernschmelzen.

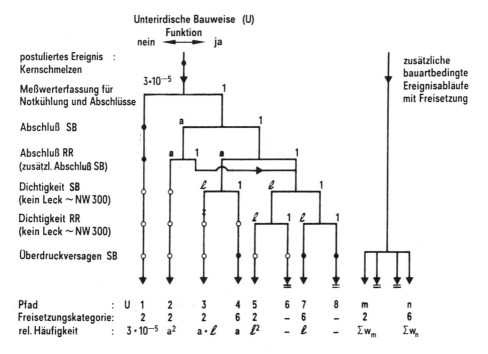

Abb. 3. Vereinfachtes Ereignisablaufdiagramm für Freisetzungen nach Kernschmelzen.

Anspruch auf zeitlich korrekte Reihenfolge sind dies im wesentlichen folgende Ereignisse:

— Der Common-Mode-Ausfall der Meßwerterfassung für Notkühlung und Abschlüsse; das Ereignis führt zur FK 2; lt. DRS wird es mit einer Eintrittshäufigkeit von $3 \cdot 10^{-5}$/Kühlmittelverluststörfall bewertet und trägt selbst ursächlich zu einer Nichtbeherrschung bei. Da wir als einleitendes Ereignis Kernschmelzen postulieren, ist diese Rückkopplung für uns uninteressant und wir können in erster Näherung dieselbe Eintrittshäufigkeit verwenden.

— Aktives Versagen des ersten und/oder des zweiten Abschlusses des Sicherheitsbehälters mit jeweils der Versagenshäufigkeit a/Anforderung, was im „und-Fall" ebenfalls zur FK 2 führt.

— Statisches Leck entsprechend NW 300 des Sicherheitsbehälters mit der Eintrittshäufigkeit „1/Anforderung", was selbst bei Funktion der Abschlüsse des Sicherheitsbehälters zur FK 2 führt.

— Spätes Überdruckversagen des Sicherheitsbehälters als zwangsläufiges Ereignis bei dichtem Sicherheitsbehälter mit FK 6.

Entsprechend ist in Abb. 3 das Ereignisablaufdiagramm für unterirdische Bauweise dargestellt, wobei allerdings das zusätzliche Ereignis statisches Leck vom Ringraum ins Freie mit der Eintrittshäufigkeit $1' \geq 1$/Anforderung zu betrachten ist. Auf den Pfaden U6 und U8 wird keine Freisetzung unterstellt, da dem unterirdischen Ringraum volle Rückhaltefähigkeit zugebilligt wird, obwohl uns diese Eigenschaft noch nicht erwiesen scheint. Die möglichen Freisetzungspfade aus bauartbedingten zusätzlichen Ereignisabläufen der unterirdischen Bauweise sind nicht quantifiziert, sondern nur durch Σw_m der FK 2 und Σw_n der FK 6 angedeutet. Sie könnten zustande kommen etwa durch Einsturz des Bauwerkes, durch Überflutung des Ringraumes von außen, durch Fehlfunktion der nicht eindeutig sicherheitsgerichteten Abschlüsse der Durchdringungen des Ringraums und andere, noch näher zu untersuchende, bauartspezifische Störfälle eines unterirdischen Kernkraftwerks.

Summiert man die in den untersten Zeilen der Abbildungen 2 und 3 angegebenen relativen Häufigkeiten jeweils für FK 2 und FK 6 auf, so erhält man die in der Abb. 4 angegebenen Ergebnisse. Es ist hier nochmals anzumerken, daß wir nur die Freisetzungskategorien 2 und 6 als typisch für große und für geringfügige äußere Auswirkungen behandelt haben und unsere vereinfachte Betrachtungsweise hinsichtlich der Pfade für FK 3, FK 4 und FK 5 ergänzt werden muß, ergänzt ebenfalls um Freisetzungspfade bei beherrschtem Kühlmittelverluststörfall und anderen Störfällen.

Setzt man die in der DRS verwendeten Werte für die Versagenshäufigkeit des Abschlusses des Sicherheitsbehälters und die Häufigkeit eines statischen Lecks in Sicherheitsbehälter oder Ringraum ein, so ergibt sich für die auswirkungsstarke FK 2 durch die unterirdische im Vergleich zur normalen Bauweise bestenfalls eine nur sehr geringfügige Reduktion des Restrisikos. Angesichts der anscheinend erheblichen Reduktion der relativen Häufigkeit für FK 6 ist daran zu erinnern, daß die äußeren Auswirkungen der FK 6 ohnehin außerordentlich gering sind; die durch unterirdische Bauweise hier erzielbare Verbesserung ist also nur eine scheinbare.

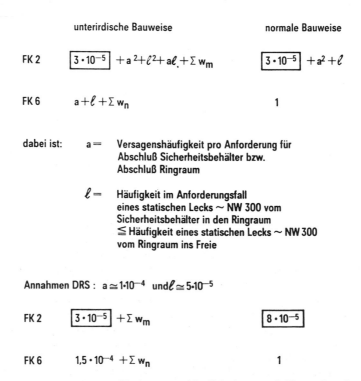

Abb. 4. Vergleich der relativen Freisetzungshäufigkeiten nach Kernschmelzen.

Würde man indessen die in Abb. 1 erläuterte Ertüchtigung des aktiven Abschlusses des Sicherheitsbehälters nicht durchführen, so würden bei unterirdischer und normaler Bauweise bei FK 2 die quadratischen Glieder der Versagenshäufigkeit des Sicherheits-behälter-Abschlusses nur linear auftreten. Damit wird diese Versagenshäufigkeit derartig bestimmend für das Restrisiko, daß die unterirdische Bauweise mit ihren zusätzlichen bauartspezifischen Störfallabläufen eher sogar mit einem höheren, bestenfalls demselben Restrisiko zu bewerten ist.

Die in der DRS verwendeten Häufigkeiten für den Common-Mode-Fehler, für die Versagenshäufigkeit des Containment-Abschlusses und die Häufigkeit großer statischer Lecks im Sicherheitsbehälter mögen strittig sein. Es bleibt jedoch festzuhalten, daß durch die unterirdische Bauweise keine nennenswerte Reduktion des Restrisikos großer äußerer Auswirkungen im Gefolge eines Kernschmelzens zu erreichen sein wird, wenn nur bei normaler Bauweise große statische Lecks des Sicherheitsbehälters ver-hältnismäßig unwahrscheinlich sind im Vergleich zum Versagen des aktiven Contain-mentabschlusses. Und es bleibt ferner festzuhalten, daß durch die unterirdische Bau-weise durchaus sogar auch eine Erhöhung des Restrisikos eintreten kann, wenn die zu FK 2 führenden, bauartspezifischen Störfallabläufe mit relativen Häufigkeiten bewer-tet werden müßten, die höher sind als die Wahrscheinlichkeit großer statischer Lecks im Sicherheitsbehälter.

Es sei an dieser Stelle ergänzend angemerkt, daß die in der DRS angegebenen äußeren Auswirkungen der Freisetzungskategorien im Lichte neuer Erkenntnisse über die Abscheidung radioaktiver Aerosole im Sicherheitsbehälter und über die Frei-setzungsmechanismen von Radiojod sich wahrscheinlich als erheblich zu groß erweisen werden.

Spätestens seit 1979, dem Erscheinungsjahr der DRS hätte durch eine weit detail-liertere, vergleichende probabilistische Analyse festgestellt werden können, ob, in welchem Grade und unter welchen Bedingungen die unterirdische Bauweise von Kern-kraftwerken geeignet ist, das Restrisiko aus schweren inneren Störfällen zu verringern. Die bisher nur punktuell vorangetriebene Entwicklung und die vorwiegend theoretische Lösung von Einzelproblemen hat bei der unterirdischen Bauweise hingegen weder den Gesamtkomplex der Probleme aufgezeigt, noch zu einem geschlossenen und genehmi-gungsfähigen Konzept geführt, das zu einer bewertenden Risiko- oder Kosten/Nutzen-Analyse herangezogen werden kann. Wenn auch der gegenwärtige Untersuchungsstand ergeben hat, daß die abgesenkte Bauweise bei ungünstigen Standortbedingungen unter erheblichen Mehrkosten technisch realisierbar erscheint, so ist doch die Frage der Reduktion des Restrisikos noch nicht hinreichend geklärt.

Hersteller und Betreiber von Kernkraftwerken haben hierauf eindringlich hinge-wiesen in ihrer durch die VDEW an den Bundesminister des Inneren gerichteten „Stellungnahme ... zur unterirdischen Bauweise" vom 12.11.1979. Wir haben schon damals erhebliche Zweifel darüber geäußert, ob die unterirdische Bauweise ein ange-messenes zusätzliches Schutzpotential gegen innere Störfälle bietet und ob die erhoffte Rückhaltewirkung des überdeckenden Erdreiches besteht und im Hinblick auf die Verminderung des Restrisikos auch wirksam ist. Wir haben ferner darauf hingewiesen, daß diesem erhofften Zugewinn an Sicherheit durch unterirdische Bauweise von Kern-kraftwerken mit Leichtwasserreaktor zusätzlich erhebliche Nachteile gegenüberstehen, die nicht ohne Einfluß auf die Sicherheit der Anlage sein werden. Wir haben aus der unliebsamen Erfahrung mit dem BASF-Projekt und seiner Berstsicherung auch darauf hingewiesen, daß uns die rechtlichen, politischen und öffentlichen Auswirkungen der unterirdischen Bauweise in gefährlicher Weise ungeklärt erscheinen. Von Anfang der Entwicklung der unterirdischen Bauweise an haben wir es vermißt, daß die mit einer solchen grundsätzlichen Konzeptänderung verfolgten neuen Schutzziele nicht vorgegeben wurden, sondern eine als realisierbar erachtete neue Lösung nachträglich auf einen etwa anfallenden Zuwachs an Schutzpotential abgefragt wurde; ein Schutzpotential, das bestenfalls der Verminderung von Störfallfolgen zugute kommt und ohnehin nichts zur Verminderung der Eintrittshäufigkeit von Störfällen beiträgt. Die Entwicklung der unterirdischen Bauweise verläßt damit das bisher bewährte Prinzip angemessener Sicherheitstechnik, nämlich erst einmal alles erdenkliche gegen den Eintritt eines Störfalls zu unternehmen, bevor große Aufwendungen für die Verminderung der Störfallfolgen gemacht werden.

Wenn das zusätzliche Schutzpotential der unterirdischen Bauweise gegen innere Störfälle also bestenfalls gering ist, so bleibt noch die Frage zu diskutieren nach einem evtl. erhöhten Schutzpotential gegen gewaltsame äußere Einwirkung im politischen Spannungsfall. Sieht man von echter Kavernenbauweise im Fels ab, die in der Bundesrepublik ohnehin nur an wenigen und anderweitig ungeeigneten Standorten möglich sein könnte, so ist zwar auch mit der teilabgesenkten oder vollabgesenkten Bauweise an günstigen Standorten eine gewisse zusätzliche Schutzwirkung gegen Waffeneinwirkung zu erreichen. Es liegt jedoch auf der Hand, daß eine solche zusätzliche Schutzwirkung im Lichte des schon historischen Wettlaufs zwischen Angriffswaffen und Verteidigungsmaßnahmen stets nur eine begrenzte Schutzwirkung bleiben wird und gegen beabsichtigte und gezielte Zerstörung keinen absoluten Schutz bieten kann. Ein solch begrenzter zusätzlicher Schutz kann aber auch bei oberirdischer Bauweise verwirklicht werden mit zweifellos geringeren Kosten.

Wir haben über das zusätzliche Risiko, das aus kriegerischer Einwirkung auf Kernkraftwerke in unserem Lande entstehen könnte, im April des vergangenen Jahres ein interessantes Gespräch mit Herrn Prof. C.F. von Weizsäcker und seinen Mitarbeitern vom MPI zur Erforschung der Lebensbedingungen in der wissenschaftlich-technischen Welt geführt. Wir sind dabei zu der gemeinsamen Erkenntnis gekommen, daß die jetzige Bauweise bereits einen beachtlichen Schutz gegen unbeabsichtigte Zufallstreffer bietet. Wanddicken von 2 m hochbewehrtem Stahlbeton beim Reaktorgebäude und beim Notspeisegebäude sind durchaus im Rahmen dessen, was im Szenario frontferner Zufallstreffer oder frontnaher Einwirkung auf die dann abgeschaltete Anlage ausreichend ist. Dies scheint sich bei derzeit durchgeführten detaillierteren Untersuchungen zu bestätigen. Wir haben vor allem erkannt, daß ein absoluter Schutz gegen zerstörerische Absicht auch durch unterirdische Bauweise weder im Wettlauf mit waffentechnischen Entwicklungen möglich scheint, noch wegen der oberflächengebundenen Wärmesenken jedes Wärmekraftwerks.

Bei angemessener technischer und sicherheitstechnischer Wertung des gegenwärtigen Entwicklungsstandes der unterirdischen Bauweise von Kernkraftwerken und der noch zu erhoffenden weiteren Klärungen müssen wir zu dem Schluß kommen, daß die unterirdische Bauweise von Kernkraftwerken keinen angemessenen sicherheitstechnischen Zugewinn verspricht. Sie stellt nicht die nach dem Stande von Wissenschaft und Technik bestmögliche Gefahrenabwehr dar, und sie ist kein Sicherheitskonzept der praktischen Vernunft. Die unterirdische Bauweise würde hingegen noch nicht hinreichend bekannte, neue bauartspezifische Störfallabläufe mit sich bringen, sie würde gewisse sicherheitstechnische Nachteile bei Montage, Betrieb, Wartung, Inspektion und Außerbetriebsetzung verursachen, sie würde technische Einführungsschwierigkeiten haben, und sie würde die öffentliche Akzeptanz nicht verbessern, sondern als ein Eingeständnis der besonderen Gefährlichkeit von Kernkraftwerken mißverstanden werden. Die unterirdische Bauweise würde atomrechtliche Koexistenzprobleme mit oberirdischen Kernkraftwerken aufwerfen, ihre Wirkung auf Verminderung der Auswirkung hypothetischer Störfälle könnte in atomrechtlichen Begutachtungs- und Genehmigungsverfahren nicht prüffähig nachgewiesen werden, und sie würde vor allem die in Zukunft dringende Versorgung der Bundesrepublik Deutschland mit preiswerter elektrischer Grundlast durch abermals verlängerte Genehmigungs- und Bauzeiten verzögern und wirtschaftlich erheblich belasten.

Schutz vor gewaltsamer Sabotage und Kriegseinwirkungen

von

Werner Heierli und Erwin Kessler

Mit 3 Abbildungen und 2 Tabellen im Text

Abstract

In the US as in the German Reactor Safety Studies the risk of sabotage has not been considered. This problem and its endless controversial discussion could essentially be removed by using underground reactor buildings similar to military fortifications. This allows to effectively and convincingly protect the environment against heaviest violent acts of sabotage (for example motivated by terrorism) and strong war effects: A conveniently designed underground nuclear power station has a much higher protective potential against attacks from outside by air bombs, explosive charges, shaped charges etc. than an above ground power station.

1. Sabotage-Risiko

In der „Deutschen Risikostudie Kernkraftwerke" (TÜV-Verlag, 1979) wird ebenso wie in der analogen amerikanischen Studie (Rasmussen, WASH 1400) das Risiko infolge Sabotage und Krieg nicht erfaßt. Die auf diesen Studien basierenden Vergleiche des öffentlichen Risikos aus Reaktorunfällen mit Alltagsrisiken sind deshalb unvollständig.

Die unaufhaltsame Zunahme von Gewalt- und Terrorakten zur Durchsetzung von politischen oder persönlichen Forderungen führen zur Einsicht, daß die Sabotagegefahr eine akute Realität darstellt, deren Bedeutung vermutlich in der Zukunft noch zunehmen wird. Terroraktionen können von fremden Mächten gesteuert und unterstützt werden; der sich entwickelnde international organisierte Terrorismus zeigt in dieser Richtung. Damit ist es aber nicht leicht anzugeben, bis zu welchem Zerstörungspotential bzw. bis zu welchem Waffeneinsatz im Rahmen von Sabotageaktionen gerechnet werden muß. Der Übergang zu eigentlichen Kriegseinwirkungen mit schweren Waffen ist fließend. Das Reaktorgebäude heutiger (oberirdischer) KKW läßt sich mit Hohlladungswaffen, die in einem Personenauto transportiert werden können, durchschlagen. Dies hätte allein geringe Konsequenzen; in Kombination mit anderen Einwirkungen könnte aber ein leckes Containment unzulässige Auswirkungen auf die Umgebung haben. Der Schutz gegen einen Flugzeugabsturz ist bei gebauten und geplanten Reaktorgebäuden begrenzt. Gegen einen gezielten, selbstmörderischen Flugzeugabsturz (mit Überschallgeschwindigkeit oder mit Sprengladungen) sind sie nicht ausgelegt.

Neben diesen möglichen Gewalteinwirkungen von außen kann auch die Sabotage im Innern nicht ausgeschlossen werden. Die Erfahrung des militärischen Nachrichtendienstes zeigt, daß Spione prinzipiell in jede Schlüsselposition eingeschleust werden können. Selbst noch so raffinierte Staatssicherheitsdienste können das nur erschweren, nicht verhindern. In unserer freiheitlichen, demokratischen Gesellschaft läßt sich ein wesentlicher Ausbau der staatlichen Personen- und Gesinnungsüberprüfung zur Durchsetzung der Sicherheit der Kernenergie kaum durchführen.

Eine technische Anlage ist umso anfälliger für Sabotage und Störungen, je komplizierter sie ist. Kernkraftwerke sind kompliziert; auch ihre Sicherheitssysteme sind kompliziert. Von Sicherheitsfachleuten wird weitergehenden Sicherheitsforderungen bereits entgegengehalten, daß die dadurch entstehende weitere Verkomplizierung eher eine Abnahme der Gesamtsicherheit bewirken würde. Diese und die obigen Erwägungen führen direkt zur Forderung nach einem r o b u s t e n , m a s s i v e n b a u l i - c h e n S c h u t z , wie er praktisch wohl nur durch die unterirdische Bauweise verwirklicht werden kann.

Bei einem unterirdischen Kernkraftwerk mit h o h e r Ü b e r s c h ü t t u n g oder in einer F e l s k a v e r n e kann ein V o l l s c h u t z g e g e n k o n v e n t i o n e l l e W a f f e n glaubwürdig nachgewiesen werden. Es bedürfte einer bis zum bodennahen Einsatz von Nuklearwaffen eskalierten Kriegsführung oder eines gezielten kriegerischen Angriffes mit Spezialwaffen, um ein unterirdisch geschütztes Kraftwerk von außen ernsthaft zu gefährden. Bei einem konzentrierten Aufwand an Schutz- und Verstärkungsmaßnahmen an den wenigen Schwachstellen (Verbindungen nach außen) kann das Containment eines unterirdischen Kraftwerkes selbst gegen hochgezüchtete, spezialisierte, auslandsunterstützte Sabotage als praktisch unverletzlich angesehen werden.

Die hauptsächlich in Amerika vorgeschlagenen oberirdischen Alternativ-Containments berücksichtigen schwere Sabotage und Kriegseinwirkungen nicht oder nicht in dem Ausmaß, wie sie in Europa, hauptsächlich in Deutschland, für UKKW untersucht werden. Mit diesen Alternativ-Konzepten wird statt dessen versucht, rein technisch bedingte Störfälle (hypothetische Kernschmelzunfälle) zu beherrschen.

Es erscheint naheliegend, daß schwerste Kernschmelzunfälle gerade als Folge solcher Gewalteinwirkungen — in deren Verlauf das Containment beschädigt wird — auftreten. Da aber alle bekannten Vorschläge zur Beherrschung von Kernschmelzunfällen ein intaktes Containment voraussetzen, erkennt man eine Unausgewogenheit der Sicherheits-Beurteilung, falls eben dieses C o n t a i n m e n t d u r c h G e w a l t - e i n w i r k u n g e n u n d i c h t g e m a c h t werden kann. Demzufolge kann die Beherrschung von schweren Kernschmelzunfällen nicht nur eine Frage zwar ausgeklügelter, aber gegen Gewalteinwirkungen empfindlicher Sicherheitssysteme sein.

Wollte man aber oberirdische KKW auf extreme Gewalteinwirkungen bemessen, welche von UKKW problemlos ausgehalten werden, dann wäre soviel Beton erforderlich, daß automatisch eine Art Hügelbauweise resultieren würde. Die Wirtschaftlichkeit und Landschafts-Ästhetik solcher Betonbunker ist mehr als zweifelhaft. Es ist deshalb ganz natürlich und naheliegend, direkt die unterirdische Bauweise und nicht einfach ein verstärktes KKW-Konzept zu diskutieren und zu untersuchen. Mit der unterirdischen Anlage von KKW kann nicht nur ein sehr hoher effektiver Schutz beim wirklichen Eintreten eines extremen Störfalles erreicht werden, sondern durch die Tatsache der imposanten Erdüberdeckung würden wohl die meisten T e r r o r - P l a n s p i e l e aufgehalten, weil ein solches Unternehmen jeder Terror-Organisation als aussichtslos erscheinen muß. Bei der Landesverteidigung räumt man diesem als D i s s u a s i o n bezeichneten Effekt eine große Bedeutung ein.

Bei heutigen oberirdischen KKW hätten zum Beispiel die folgenden schweren Sabotage-Szenarien Erfolgschancen, welche durch eine geeignete U-Bauweise wirksam und überzeugend verunmöglicht werden könnten:

— Absichtlicher Flugzeugabsturz mit Überschallgeschwindigkeit oder mit einer Sprengladung (dieses Szenarium kann n i c h t als „unwahrscheinlich" abgetan werden, da unter Umständen der Entschluß einer einzelnen Person für die Durchführung ausreicht).

— Sprengladungen, mit Helikoptern oder mit Lastwagen antransportiert (Überraschungsaktion).

— Durchschuß des Containments mit Hohlladungsgeschossen oder Zerstörung des Kühlwasser-Einlaufbauwerkes im Verlauf eines zufälligen oder durch intelligente Sabotage bewirkten schweren Störfalles (Radioaktivitätsausstoß durch leckes Containment).

Warum werden solche Szenarien in den Risiko-Studien nicht berücksichtigt? Wohl deshalb, weil sie probabilistisch kaum faßbar sind.

Probabilistische Risikoberechnungen sind nur anwendbar, wenn die betrachteten Ereignisse zufällig im Sinne der Wahrscheinlichkeitstheorie, d. h. s t o c h a s t i s c h sind.

Dagegen gibt es auch zufällige Erscheinungen (in dem Sinne, daß sie weder sicher noch unmöglich sind), die nicht stochastisch sind. Dazu gehören insbesondere w i l l - k ü r l i c h e Ereignisse, wo also ein nicht voraussehbarer menschlicher Wille im Spiel ist.

Bei Sabotage ist definitionsgemäß eine Absicht, ein Vorsatz, ein Wille im Spiel (sonst spricht man von Unfall oder menschlichem Versagen). Sabotage unterliegt also menschlicher Willkür und ein stochastisches Verhalten von Sabotageereignissen darf nicht ohne weiteres angenommen werden.

Würden aufgrund einer Sabotagestatistik gewisse Sabotagerisiken bei KKW als so gering beurteilt, daß besondere Sicherungsmaßnahmen ausbleiben können, so könnte gerade dies potentielle Saboteure (z.B. Terroristen) dazu ermuntern, diese Schwäche in der Zukunft zu nutzen. Hier würde also starke Willkür eingreifen; die probabilistische Prognose würde sich selbst — in einer Art R ü c k k o p p e l u n g s e f f e k t — falsifizieren. Daraus ergibt sich der zwingende Schluß, daß sich das Sabotagerisiko dadurch grundsätzlich von allen anderen Risiken unterscheidet, daß eine probabilistische Erfassung nicht oder nur sehr begrenzt möglich ist, soweit damit direkt oder indirekt Entscheide über Sicherungsmaßnahmen verbunden sind.

Die Sabotage ist also ein schwer quantifizierbares, aber deshalb nicht weniger reales Risiko.

2. Schutz durch Überdeckung

Die G r e n z e z w i s c h e n S a b o t a g e a k t e n u n d K r i e g i s t f l i e - ß e n d. Ein Vollschutz gegen die schwersten heute existierenden konventionellen Waffen (Fliegerbomben), deren Einsatz nur im Rahmen militärischer Aktionen denkbar ist, ist bei einem UKKW möglich. Ein oberirdisches Reaktorgebäude ist hingegen schon durch Angriffe ernsthaft gefährdet, welche von kleinen, bescheiden ausgerüsteten Terroristengruppen ausgeführt werden könnten.

Die Tabellen 1 und 2 geben die erforderlichen Überdeckungshöhen zum Schutz gegen verschiedene Waffen.

Tabelle 1. Erforderliche Stärken von Schutzschichten aus F e l s.

Waffe	Sandstein Felsüberdeckung (m)	Granit Felsüberdeckung (m)
152-mm-Granate	4,7	3,4
152-mm-Granate	4,1	2,9
160-mm-Mörser	1,0	0,8
155-mm-Granate	4,8	3,5
203-mm-Granate	6,4	4,6
160-mm-Mörser	1,0	0,8
130-mm-Rakete	0,7	0,5
240-mm-Rakete	1,4	1,1
2,75-inches-Rakete	2,4	1,6
122-mm-Rakete	5,1	3,7
500-kg-AP	7,9	5,6
1000-kg-AP	13,8	9,7
250-kg-SAP	7,3	5,5
500-kg-SAP	10,4	7,7
1500-kg-SAP	16,2	12,1
3300-kg-SAP	18,8	14,0
500-kg-GP	3,3	2,6
1000-kg-GP	4,4	3,5

Tabelle 2. Erforderliche Stärken von Schutzschichten aus L o c k e r g e s t e i n.

Waffe	Sand Notwendige Überdeckung (m)	Kies Notwendige Überdeckung (m)
152-mm-Granate	8,6	5,0
152-mm-Granate	9,6	5,5
160-mm-Mörser	7,3	4,4
155-mm-Granate	8,0	4,6
203-mm-Granate	11,6	8,0
160-mm-Mörser	6,8	3,9
130-mm-Rakete	5,3	3,0
240-mm-Rakete	9,3	7,0
2,75-inches-Rakete	7,6	4,4
122-mm-Rakete	13,4	7,7
500-kg-AP	21,2	15,6
1000-kg-AP	34,1	27,8
250-kg-SAP	13,7	14,5
500-kg-SAP	19,9	19,6
1500-kg-SAP	30,5	29,8
3300-kg-SAP	34,0	35,0
500-kg-GP	18,7	20,1
1000-kg-GP	23,3	26,0

3. Schutz der Verbindungen nach außen

Die Abschlüsse können so ausgebildet werden, daß ihr Schutzgrad nicht in entscheidendem Maße gegenüber demjenigen der Überschüttung zurücksteht. Eine Zerstörung von Abschlüssen kann zwar den betreffenden Stollen blockieren (Einsturz), gefährdet jedoch die (noch weit dahinter liegenden) KKW-Einrichtungen nicht unmittelbar.

Gegen ein gewaltsames Eindringen müssen Abschlüsse während einer bestimmten Zeit, der sogenannten Widerstandszeit widerstehen. In Abb. 1 ist schematisch und exemplarisch ein Doppelabschluß (S c h l e u s e) dargestellt, der gegen die in Frage kommenden Einwirkungen (Beschuß, Sprengung, Einbruchwerkzeug) gesichert ist.

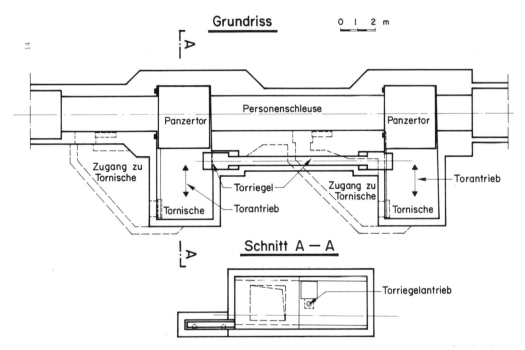

Abb. 1. Schema einer verbunkerten Personenschleuse, geschützt gegen schwerste Gewalteinwirkungen.

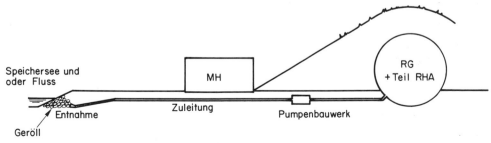

Abb. 2. Schema einer verbunkerten Wasserfassung, durch Steinblockwurf gegen schwerste Zerstörungsversuche unempfindlich gemacht.

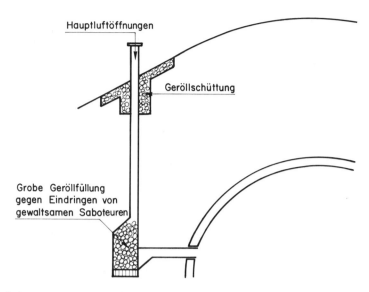

Abb. 3. Schema einer verbunkerten Luftfassung mit baulichem Schutz gegen Zerstö-rung/Verstopfung und gegen das Eindringen von Personen oder brennbaren Flüssig-keiten.

Die Schleuse ist zudem so konzipiert, daß ein gleichzeitiges Öffnen beider Tore physisch verunmöglicht ist (zum Schutz gegen Radioaktivitätsfreisetzungen bei Stör-fällen).

Abb. 2 deutet an, wie die W a s s e r f a s s u n g einer unterirdischen Kühlwasser-leitung geschützt werden kann:

Das zu fassende Wasser fließt durch eine großflächige und großvolumige, grobe Steinblockpackung, die sich auch mit erheblichem Aufwand kaum so dicht verstopfen läßt, daß nicht wenigstens die Nachwärmeabfuhr noch möglich ist.

In Abb. 3 ist eine mehrfach gesicherte L u f t f a s s u n g dargestellt.

Ermittlung von Störfallfolgen für die unterirdische Bauweise und Vergleich mit der oberirdischen Bauweise von Kernkraftwerken

von

J. Hofmann, D. Flothmann, R. A. Hintz und W. Schneider

Mit 3 Abbildungen im Text

1. Einleitung

Ziel der Studie SR 109 „Kosten-Nutzen-Analyse der unterirdischen Bauweise von Kernkraftwerken" ist es, einerseits die charakteristischen Sicherheitsmerkmale der Grubenbauweise zu verifizieren und denen einer vergleichbaren oberirdischen Referenzanlage gegenüberzustellen und andererseits die wirtschaftlichen Auswirkungen durch die Anwendung der unterirdischen Bauweise möglichst umfassend abzuschätzen. Schwerpunkt der innerhalb dieses Vorhabens von Battelle durchzuführenden Arbeiten ist die Ermittlung der physischen und ökonomischen Folgeschäden, die nach einem schweren, nach außen wirkenden hypothetischen Störfall zu erwarten wären.

Die Deutsche Reaktorsicherheitsstudie (DRS) hat als Ziel, das Risiko für gesundheitliche Schäden zu ermitteln. Sie berücksichtigt deshalb a l l e besetzten Standorte. Sie betrachtet alle möglichen Störfälle und Freisetzungsabläufe, eingeordnet in acht Freisetzungskategorien (FK1–FK8). Sie berechnet die Störfallkonsequenzen für realistische Wetterabläufe, die sich über ein Jahr erstrecken, um den statistischen Ablauf des Wettergeschehens zu berücksichtigen.

Die Studie SR 109 dagegen muß sich aufgrund des begrenzten Rahmens auf Fallstudien beschränken. Da es uns bei der Kosten-Nutzen-Untersuchung vor allem auf die Feststellung der Kosten- und Schadensdifferenzen zwischen oberirdischer und unterirdischer Bauweise ankommt, liegt es nahe, Fallstudien zur Bestimmung der extremalen Störfallfolgen durchzuführen.

Sie legen für jede Bauweise die Spannweite des möglichen Schadensausmaßes fest und liefern Schadensdifferenzen, die einen quantitativen Vergleich erlauben.

Im Rahmen dieses Untersuchungsprogramms wurde daher das folgende Vorgehen eingeschlagen:

a) Als Anlagenkonzept für die unterirdische Bauweise wurde die vollversenkte Grubenbauweise im Lockergestein ausgewählt. Als oberirdische Referenzanlage wurde ein Kraftwerk vom Typ Grohnde angenommen;

b) In Anlehnung an reale Standortverhältnisse wurden zwei Standorttypen ausgewählt, die hinsichtlich des Bodenaufbaues und der Bevölkerungsverteilung extremale Situationen in der Bundesrepublik darstellen;

c) Für die S t ö r f a l l a b l ä u f e der oberirdischen Bauweise wurde die DRS zugrundegelegt. Für die unterirdische Bauweise wurden die relevanten Störfallabläufe unter Berücksichtigung der zwei zusätzlichen Barrieren (ÄRR und Erdüberschüttung) identifiziert. Nach dem Prinzip der Auswahl von Extremalwerten wurden nur die Störfallkategorien FK1 und FK5/FK6 der DRS weiterverfolgt;

d) Die Modellierung der Freisetzung und des Freisetzungsverlaufs bei der unterirdischen Bauweise wird unter Berücksichtigung von ÄRR
und Überschüttung durchgeführt;

e) Für die Ausbreitung auf dem Luftpfad wurde angestrebt, soweit
wie möglich das DRS-Modell zu übernehmen. Die Anlage von SR 109 als Fallstudie
und die veränderten Freisetzungsverläufe bei der unterirdischen Bauweise machten
jedoch Vereinfachungen und Ergänzungen nötig;

f) Die Modelle zur radiologischen Belastungsrechnung wurden von der DRS übernommen;

g) Die Ermittlung der zu erwartenden physischen Schäden in der Umgebung im An-
schluß an einen nach außen wirkenden Reaktorunfall (betroffene Bevölkerung,
Kontaminationsgrad, vorübergehend oder bleibend nicht nutzbare Infrastruktur)
geht teilweise über den Rahmen der DRS (Stufe A) hinaus;

h) Monetarisierung der zu erwartenden Gesundheits- und Sachschäden.

2. Vergleich der Freisetzungspfade und -verläufe

Im Vergleich zur oberirdischen Bauweise hat das hier zugrundegelegte Anlagenkonzept für die unterirdische Bauweise zwei z u s ä t z l i c h e Barrieren zur Zurückhaltung von Störfallaktivität:
- den Äußeren Ringraum (ÄRR)
- die Bodenüberschüttung

Nach anlageninternen Störfällen wird aufgrund der Untersuchungen des TÜV Rheinland das Versagen dieser beiden Barrieren als entkoppelt vom Versagen aller vorherigen,
mit der oberirdischen Bauweise identischen Barrieren angenommen. Deshalb können
die Ereignisabläufdiagramme für die unterirdische Bauweise — hier das Beispiel der
FK 1 (Abb. 1) — an die Ablaufdiagramme der oberirdischen Bauweise angeschlossen
werden.

Über die Störfallabläufe und die Versagensarten sei zusammenfassend gesagt, daß
ein Verlust der Gebäudeintegrität des ÄRR immer zur Freisetzung der Störfallatmosphäre in die Ü b e r s c h ü t t u n g führt, während ein Versagen der Gebäude-
abschlüsse des ÄRR, z.B. der Tordichtungen, einen direkten Weg zur Freisetzung in
die Atmosphäre öffnen kann.

Letzterer stellt im Vergleich zur oberirdischen Bauweise keinen grundsätzlich
neuen Freisetzungspfad dar. In allen in der SR 109 behandelten Fällen trägt jedoch der
ÄRR trotz seines evtl. Versagens immer zur Minderung der Störfallfolgen bei:
- zusätzliches Volumen und zusätzliche Kondensationsflächen tragen zum Druckabbau bei;
- eine Verzögerung des Freisetzungsverlaufs führt zum Abklingen von Aktivität;
- die Oberflächen des ÄRR führen zu verstärktem plate-out und fall-out von Aktivitäten.

Diese Effekte sowie die Leckraten des ÄRR konnten bisher nur vorläufig abgeschätzt werden. Die Abschätzungen bedürfen einer sorgfältigen Überprüfung, wenn das
Mehrraummodell innerhalb des Projekts SR 228 zur Verfügung steht.

Die Möglichkeit eines Versagens von Abschlüssen an Durchführungen, die von der
Sicherheitshülle durch den ÄRR führen und einen direkten Weg in die Atmosphäre
unter Umgehung der Barriere ÄRR darstellen könnten, wurde wegen deren geringer

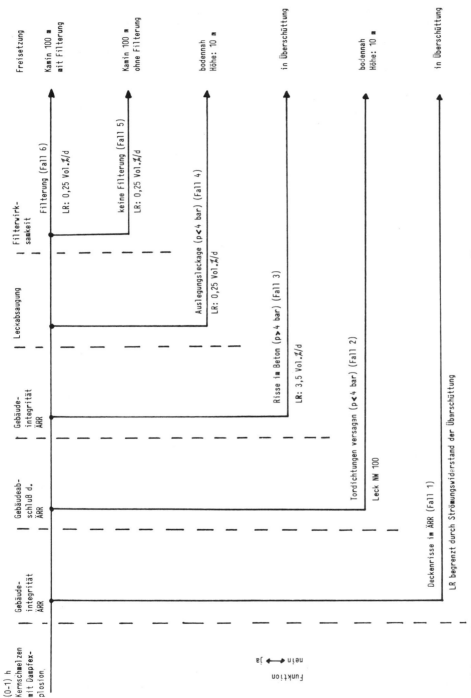

Abb. 1. Ereignisablaufdiagramm zur Freisetzungskategorie FK 1 für UKKW (TÜV Rheinland, Batelle-Institut).

Eintrittswahrscheinlichkeit bisher nicht weiterverfolgt. Nach einer detaillierteren Auslegung von Lüftungs- und Sicherheitssystem sollte wegen der möglichen hohen Konsequenzen für die Beurteilung der unterirdischen Bauweise erneut überprüft werden,
welchen Beitrag dieser Freisetzungspfad zum Risiko liefern kann.

3. Konzeption und Funktion der Überschüttung

Bei Freisetzungen in die Überschüttung stellt diese, wie schon gesagt, eine weitere
Barriere zur Rückhaltung bzw. Verzögerung von Aktivität dar. Da die Überschüttung
den Hauptunterschied zur oberirdischen Bauweise ausmacht und „technisches Neu-
land" darstellt, wurde dem Aufbau dieser Barriere besondere Aufmerksamkeit gewid-
met (Abb. 2).

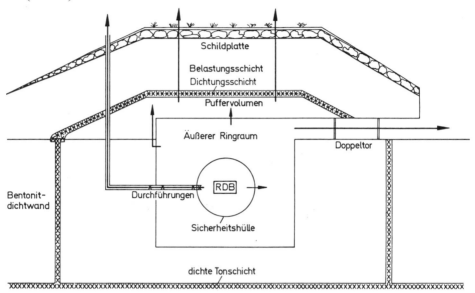

Abb. 2.   Schematische Darstellung von Überschüttung von Freisetzungspfaden.

Die Barriere „Überschüttung" ist eine passive Barriere. Ihre kritische Versagensart
bei anlageninternen Störfällen ist die Rißbildung. Um Rißbildung und damit ein
ungefiltertes Ausströmen von Aktivitäten ausschließen zu können, wurde die Überschüttung im wesentlichen in drei Schichten mit verschiedenen Funktionen aufgeteilt:
— einer Schicht mit Pufferfunktion oberhalb des Grundwasserhorizontes
— einer Schicht mit der eigentlichen Dichtfunktion
— einer Schicht mit einer Belastungsfunktion.

Der Puffer ist aus Grobkies. Dabei dienen die großen Porenradien zur schnellen
Verteilung der einströmenden Störfallatmosphäre und zur Vermeidung von lokalen
Druckspitzen, die zur Rißbildung in der Überschüttung führen könnten (Abb. 3).

Um einen wirkungsvollen Abbau des Gesamtdrucks zu erzielen, wurde das Volumen dieses Kiespuffers so gewählt, daß der Porenraum den Volumina von Containment

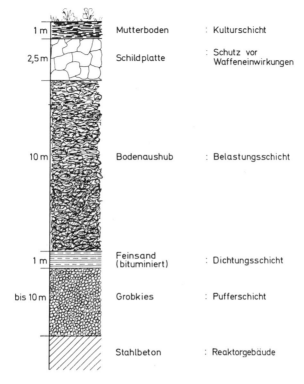

1 m	Mutterboden	: Kulturschicht
2,5 m	Schildplatte	: Schutz vor Waffeneinwirkungen
10 m	Bodenaushub	: Belastungsschicht
1 m	Feinsand (bituminiert)	: Dichtungsschicht
bis 10 m	Grobkies	: Pufferschicht
	Stahlbeton	: Reaktorgebäude

Abb. 3.   Schematisches Profil der Bodenüberdeckung.

und ÄRR zusammen entspricht. Neben dem Druckabbau durch Volumenvergrößerung wird vom Grobkies eine im Vergleich zu den Gebäudeflächen immense Kondensationsfläche angeboten, an der einströmender Wasserdampf kondensieren kann. Das Kondensat kann durch die großen Poren ungehindert nach unten ins Grundwasser des bentonitwandumschlossenen Areals abfließen. Erste Überschlagsrechnungen von Herrn Hassmann (KWU) haben gezeigt, daß der Kondensationsvorgang im Grobkies sehr effektiv ist und selbst bei großen einströmenden Wasserdampfraten praktisch kein Druckaufbau in der Überschüttung stattfindet.

Die darüberliegende Dichtungsschicht besteht aus verdichtetem Feinsand. Die Sandschicht hat eine sehr geringe Durchlässigkeit. Für Aerosole und Jod kann man bei dieser Schichtdicke eine praktisch 100%ige Filterwirkung ansetzen. Die experimentelle Abstützung dieser Vorgänge ist allerdings noch spärlich, und eine weitere Absicherung dieses Details ist wünschenswert. Die Edelgase hingegen können durch die Sandschicht allein nicht zurückgehalten, wohl aber in ihrer Ausbreitung verzögert werden. Die Zeitverzögerung führt über das Abklingen der Edelgasaktivität zu einer Verminderung der Störfallfolgen. Sie wurde in der SR 44 bereits ausführlich modelliert und dargestellt.

Es liegt nahe, auch noch einen relativ gasdichten Abschluß der Dichtungsschicht anzustreben. Die Gasdichtigkeit könnte durch Bituminieren der Sandschicht und/oder das Einbetten einer Folie verbessert werden. Diese Konzeptvariante ist allerdings aus drei Gründen noch offen:

– Die Gasdichtigkeit von Bitumen-Sand-Gemischen ist experimentell nicht geprüft
– Die Prüffähigkeit muß nachgewiesen werden
– Ein zu dichter Abschluß läßt keinen Druckabbau zu.

Ein solcher Druckabbau könnte aber geradezu erwünscht sein, um gegebenenfalls Rißbildungen zu verhindern. Mit anderen Worten: eine kontrollierte, verzögerte Ableitung von Edelgasen mit begrenzten Folgen wird der Gefahr einer Rißbildung mit unkontrolliertem Ausströmen auch von Jod- und Aerosolaktivität vorgezogen. Über der Dichtschicht ist eine Belastungsschicht aus Bodenaushub vorgesehen. Die Mächtigkeit von 10 m wurde so gewählt, daß der Druckaufbau in der Anfangsphase in der Überschüttung durch das Eigengewicht der Schichten über dem Kiespuffer aufgefangen werden kann. Hierdurch soll in jedem Fall eine Rißbildung und damit ein ungefiltertes Ausströmen von Aktivität vermieden werden. Aufgrund der heute vorliegenden Abschätzungen zur Kondensation im Kiespuffer ist die Schichtdicke der Belastungsschicht wahrscheinlich weit überdimensioniert. In die Belastungsschicht eingelagert ist eine Schildplatte (bzw. Betonblöcke) zum Schutz vor Waffeneinwirkungen. Schutzwirkung und Sicherheitsgewinn wurden bereits in der SR 44 ausführlich beschrieben. Wir halten sie für äußerst bedeutungsvoll, obgleich sie in das Ergebnis der Kosten-Nutzen-Analyse, die sich praktisch auf die Berücksichtigung interner Störfälle beschränkt, nicht eingehen werden.

Die abschließende Kulturschicht dient dazu, den Hügel zu begrünen und optisch ansprechender zu gestalten.

4. Atmosphärische Ausbreitung

Kernpunkt des Unfallfolgemodells, wie es in der DRS beschrieben ist, ist die Berechnung der Konzentrations- und Ortsdosisverteilungen. Dabei geht die DRS von 115 verschiedenen Wetterabläufen aus, in denen die meteorologischen Parameter stündlich variiert werden. Dieses Verfahren wird bei allen Freisetzungskategorien angewendet. Ein solches Vorgehen liegt jedoch außerhalb des in SR 109 gegebenen Kostenrahmens, da es sehr rechenintensiv und daher auch kostenintensiv ist.

In SR 109 wurden daher auf der Basis der bereits beschriebenen Freisetzungsverläufe einzelne Störfälle ausgewählt (FK 1, FK 5, FK 6 und Variationen durch die unterirdische Bauweise). Für die einzelnen Freisetzungskategorien werden Ortsdosisverteilungen mit für jede Dosisrechnung konstanten meteorologischen Parametern ermittelt. Die meteorologischen Parameter werden schließlich variiert, um für den jeweiligen Störfall das zu erwartende maximale Schadensausmaß zu bestimmen.

Für die Modellierung der Freisetzung ergeben sich im Vergleich zum Unfallfolgemodell der DRS einige wesentliche Unterschiede. Während sich bei der oberirdischen Bauweise die Freisetzung des wesentlichen, das Risiko bestimmenden Anteils der Aktivität nur über wenige Stunden erstreckt und nach spätestens einem Tag abgeschlossen ist, ist bei der unterirdischen Bauweise mit einer verzögerten Freisetzung über mehrere Tage bis Wochen zu rechnen. Es genügt daher keineswegs – wie für die oberirdische Bauweise ausreichend – die Schutz- und Gegenmaßnahmen auf die potentielle Dosis nach sieben Tagen abzustimmen, da die Dosis im Zeitraum nach den sieben Tagen im Fall der unterirdischen Bauweise noch wesentlich anwachsen kann. Es ist daher erforderlich, die potentielle Dosis bei der unterirdischen Bauweise über längere Zeit zu verfolgen und das Modell der Schutz- und Evakuierungsmaßnahmen darauf abzustimmen.

Diskussion

Frage von W. Braun, KWU, an J. Hofmann:

Wenn ich Sie recht verstehe, haben Sie den Freisetzungspfad „Versagen innerer Containmentabschluß" für FK 2 zunächst weggelassen bei der unterirdischen Bauweise.

Haben Sie diesen m.E. risikodominanten Pfad auch bei oberirdischer Bauweise weggelassen?

Warum haben Sie ihn weggelassen?

Antwort an Herrn Braun:

Sowohl bei der oberirdischen als auch bei der unterirdischen Bauweise wurde die Kategorie FK 2 betrachtet. Es stellte sich sogar heraus, daß für die unterirdische Bauweise „FK 2-Unterirdisch" zwar nicht risikodominant, aber beim gegenwärtigen Anlagenkonzept für die unterirdische Anlage doch wohl dominant für das Schadensausmaß ist.

Reduzierung des DWR-Containmentdrucks nach hypothetischen Unfällen durch Außenkühlung der Stahlhülle mit Wasser Ringspaltsprühsystem

von

P. Rödder und D.P. Dietrich

Mit 5 Abbildungen und 1 Tabelle im Text

Die Folgen eines Coreschmelzunfalles in der Umgebung des Kernkraftwerks werden maßgebend von der Integrität des Sicherheitsbehälters bestimmt. Diese kann durch verschiedene Ereignisse im Verlauf des Coreschmelzunfalles beeinträchtigt werden.

Das bislang unvermeidbarste Phänomen ist der Druckanstieg, wobei der Schmelze-Sumpfwasser-Kontakt die wesentlichste Rolle spielt. Unter der Annahme, daß keine Dampfexplosion auftritt, kommt es durch das Verdampfen des Sumpfwassers, mit dessen Beginn 5 bis 24 h nach Unfalleintritt zu rechnen ist, zu einem kontinuierlichen Druckanstieg im Sicherheitsbehälter. Er führt letztlich nach einem weiteren Tag zum Überdruckversagen. Um die Spaltproduktfreisetzung durch die hieraus resultierende Leckage zu reduzieren und um das Risiko etwaiger Folgeschäden im Containment zu mindern, ist ein möglichst rascher Druckabbau anzustreben. Die heute bei Druckwasserreaktoren installierten Systeme sind für einen solchen Druckabbau nicht oder nur unzureichend geeignet. Außerdem wird infolge der dicken Betonhülle die Wärmeabfuhr aus der Stahlhülle an die Umgebung praktisch unterbunden. Von daher liegt es nahe, unter Umgehung der isolierenden Wirkung des Betons die Stahlhülle von außen zu kühlen. Ein hierfür geeignetes, aber auch technisch relativ einfaches System mit der Möglichkeit einer nachträglichen Installation, Inbetriebnahme und Reparatur ist ein Ringspaltsprühsystem. Abb. 1 zeigt das Prinzipbild.

Das Reaktorschutzgebäude bei deutschen Kernkraftwerken mit Druckwasserreaktor besteht aus einer 56 m kugelförmigen Stahlhülle, die von einer Betonhülle umschlossen ist. Ein Ringspalt von etwa 1,50 m trennt die 3 cm Stahlhülle und die 2 m dicke Betonhülle.

Das Ringspaltsprühsystem ist so auszulegen, daß die obere Hälfte der Stahlhülle gleichmäßig mit Kühlwasser belegt wird. Das ablaufende Sprühwasser wird ohne weitere aktive Komponenten außerhalb des Reaktorgebäudes aufgefangen und/oder abgeleitet. Dabei ist das Wasser möglichst so aus dem Ringspalt herauszuführen, daß die unteren Räume des Ringraumes nicht geflutet werden, weil dort Sicherheitssysteme stehen. Um möglichst wenig die Baustruktur bisheriger und geplanter Kernkraftwerkskonzepte zu beeinflussen, sollte ein solches Ringspaltsprühsystem weder an der Stahl- noch an der Betonhülle befestigt, sondern als freistehendes und freitragendes Gewölbe innerhalb des Ringspaltes aufgestellt werden. Das „Gewölbe" wird durch ein Netzwerk von Rohrleitungsstücken gebildet. Die Sprühdüsen sind so auszubilden, daß sie durch kleinere Schmutzpartikel im Kühlwasser nicht verstopft werden.

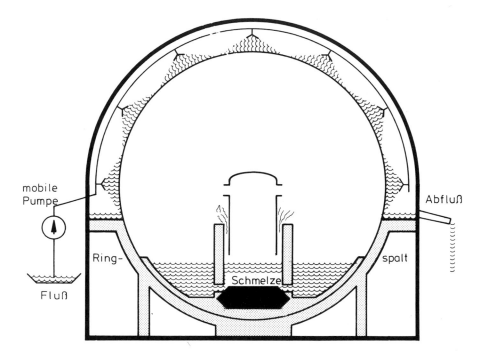

Abb. 1.   Prinzipbild zum Ringspaltsprühsystem.

Es ist nicht notwendig, die Förderleistung für das Kühlwasser durch stationäre Pumpen bereitzustellen. Es reichen mobile Aggregate der Feuerwehr auf Löschfahrzeugen, die erst im Bedarfsfall herangefahren werden. Je nach Größe der Feuerlösch-Kreiselpumpen sind 6 bis 12 Aggregate erforderlich. Entsprechende Zuleitungen zu dem „Gewölbe" sind in Form von Standleitungen mit Anschlüssen außerhalb des Reaktorgebäudes in Bodennähe vorzusehen. Eine Unterteilung des Sprühsystems in einzelne Bereiche wird nicht für sinnvoll gehalten.

Bei einem hypothetischen Coreschmelzunfall aufgrund eines 2-F-Bruchs einer Hauptkühlmittelleitung mit Versagen der Umschaltung auf Sumpfbetrieb beträgt die Sumpfwassermenge in der Sicherheitshülle etwa 1500–2000 m³. Bei anderen Unfallsequenzen ist mit kaum geringeren Wassermengen zu rechnen. Spätestens mit dem Schmelze-Sumpfwasser-Kontakt wird im Containment eine Luft-Wasser-Dampf-Atmosphäre aufrechterhalten, bei der durch ein Besprühen der Stahlhülle eine Wärmeübergangsleistung ermöglicht wird, die über der Nachzerfallsleistung liegt. Die Stahlkugel wird zu einem Wärmetauscher umfunktioniert.

Die für das Sprühen bereitzustellenden Wassermengen richten sich danach, ob die Containmentatmosphäre und damit die Stahlhülle unter 100 °C abgekühlt werden soll. Hieraus ergibt sich, ob das Sprühwasser verdampfen darf und damit die Verdampfungswärme mitgenutzt werden kann. Um das Problem der Dampfblockade im Ringraum zu vermeiden und um den maximalen Sprühwasserbedarf abzuschätzen, wird im weiteren davon ausgegangen, daß das Sprühwasser nicht verdampft.

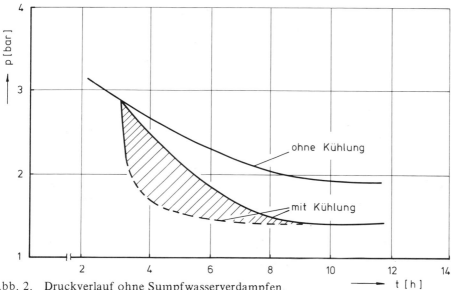

Abb. 2.   Druckverlauf ohne Sumpfwasserverdampfen.

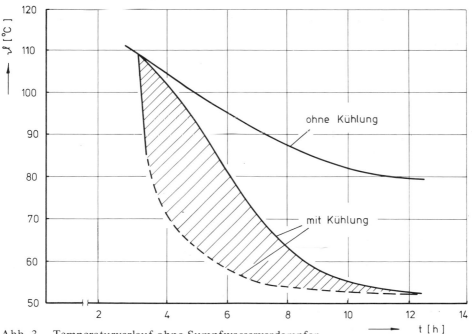

Abb. 3.   Temperaturverlauf ohne Sumpfwasserverdampfen.

Abb. 2 zeigt den Druck- und Abb. 3 den Temperaturverlauf im Sicherheitsbehälter, wenn etwa ab 3 Stunden nach Unfalleintritt mit dem Sprühen begonnen würde und es zu keiner Sumpfwasserverdampfung käme. Mit Einsetzen des Ringspaltsprühsystems wird die Stahlhülle abgekühlt, so daß verstärkt Dampf an der Innenseite der Stahlhülle kondensiert und ein entsprechend hoher Wärmeübergangskoeffizient wirksam ist. Im Laufe der Zeit wird jedoch der Kondensationseffekt nachlassen und sich damit auch der Wärmeübergang verschlechtern. Um den Einfluß des Koeffizienten abzuschätzen, wurde sowohl mit dem hohen als auch mit dem niedrigen Wert gerechnet. Gegenüber der ungekühlten Stahlhülle ist ein deutlicher Abfall festzustellen. Der Druck- und Temperaturverlauf wird zunächst dem Verlauf für den hohen Koeffizienten folgen und sich im weiteren der Kurve für den niedrigen Wert nähern. Daraus folgt, daß sich etwa 10 h nach Unfallbeginn ein Druck und eine Temperatur von etwa 1,5 bar und 55 °C erreichen ließen. Ein anderer Sprühbeginn z.B. bei 4 h würde kaum ins Gewicht fallen.

Abb. 4 zeigt den Druck- und Abb. 5 den Temperaturverlauf, wenn es nach 5 h zum Schmelze-Sumpfwasser-Kontakt kommt und gleichzeitig mit dem Sprühen begonnen würde. Nach einem kurzen Druck- und Temperaturanstieg ließe sich wieder der Zustand von etwa 1,5 bar und 60 °C erreichen. Ein Kühlen vor dem Sumpfwasserverdampfen würde zwar ein niedrigeres Ausgangsniveau schaffen, der relative Temperatur- und Druckanstieg würde aber deutlicher ausfallen, da wegen der geringeren Temperaturdifferenz zwischen Sprühwasser und Innenatmosphäre die Wärmeabfuhr auch zunächst geringer ist. Infolge der großen, wärmetauschenden Stahloberfläche kann das verdampfende Sumpfwasser voll kondensieren, so daß ein Druck- und Temperaturanstieg durch das Sumpfwasserverdampfen entfallen würde. Der Sprühwasserbedarf wird in den ersten Stunden des Sprühens bei ca. 500 m³/h liegen und könnte im Laufe der Zeit auf etwa 300 m³/ reduziert werden.

Bei einer Außenkühlung hat die Höhe der Dampfproduktionsrate im Sicherheitsbehälter entsprechend 50 oder 100 % der Nachwärmeproduktion auf die Temperatur und den Druck kaum Einfluß, weshalb zur Abschätzung der Sprühwassermenge von 100 % abzuführender Nachwärmeleistung ausgegangen wurde. Real wird sie nicht auf-

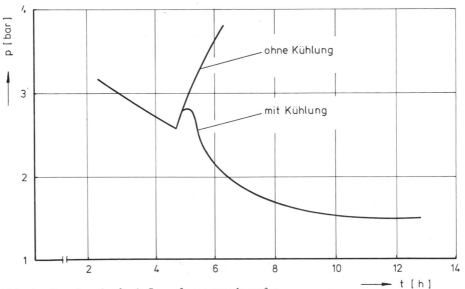

Abb. 4. Druckverlauf mit Sumpfwasserverdampfen.

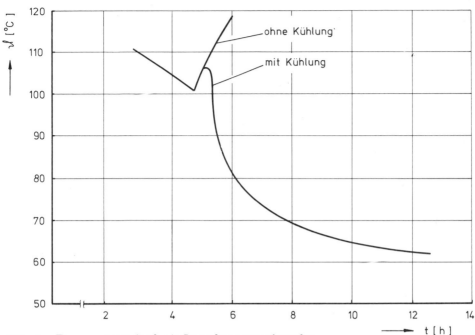

Abb. 5. Temperaturverlauf mit Sumpfwasserverdampfen.

treten, da die Krustenbildung auf der Schmelze, deren schlechte Wärmeleitfähigkeit und die geringe wärmetauschende Schmelzenoberfläche die Wärmeabfuhr aus der Schmelze stark behindern.

Aufgrund des Einsatzes des Ringspaltsprühsystems kann davon ausgegangen werden, daß die Integrität der Stahlhülle erhalten bleibt und diese technisch dicht ist. Auch wenn der Druck relativ stark abgesenkt wird, herrscht im Sicherheitsbehälter noch ein Überdruck, so daß im gewissen Umfang Aktivitätsleckagen auftreten. Da sämtliche Schweißnähte am Sicherheitsbehälter bei dessen Herstellung strengen Prüfungen unterzogen werden, um deren Fehlerfreiheit sicherzustellen, ist zu erwarten, daß Leckagen nicht im Bereich der eigentlichen Stahlhülle auftreten, sondern im Bereich der Durchführungen, wie z.B. Rohrleitungen, Kabeldurchführungen, Schleusen und Lüftungsklappen. Deshalb sind diese Stellen vom Ringspalt her besonders gekapselt. Da bislang noch keine Untersuchungen durchgeführt wurden, an welchen Stellen des Sicherheitsbehälters die Leckagen wirklich auftreten, und die Leckrate nur als integrale Leckrate angegeben wird, besteht die Möglichkeit, daß insbesondere die wasserlöslichen Aktivitätsfreisetzungen von dem Sprühwasser ausgewaschen werden.

J-131 stellt bezüglich seiner radiologischen Auswirkungen ein Leitnuklid dar, und die Höhe seiner Freisetzung bestimmt stark die Unfallfolgen. Deshalb wird anhand dieses Nuklids die mögliche Kontamination des Sprühwassers kurz diskutiert. Tabelle 1 gibt eine Übersicht über die J-131-Aktivität im Sicherheitsbehälter und ihre Freisetzung in die Umgebung. Der Anfangsgehalt an organischem Jod im Sicherheitsbehälter wird in Anlehnung an WASH-1400 mit 1 % angesetzt. Bei elementarem und anorganischem Jod wird davon ausgegangen, daß sich infolge Ablagerung und Auswaschen in den

Tabelle 1. J-131-Freisetzung.

Auslegungsstörfall „Kühlmittelverlust"

J-131	Freisetzung aus Sicherheitsbehälter unter bislang gebräuchlichen Annahmen		ca. 100–200 Ci	

Coreschmelzunfall

			anorganisch	organisch
J-131	Aus Kern in Sicherheitsbehälter	ca.	90.000.000 Ci	900.000 Ci
	langfristig im Sumpf/an Wände	ca.	89.000.000 Ci	–
	langfristig luftgetragen	ca.	90.000 Ci	900.000 Ci
J-131	Aus intaktem Sicherheitsbehälter in Umgebung			
	bis etwa 3 h	ca.	4.200 Ci	170 Ci
	bis etwa 100 h	ca.	4.800 Ci	4.800 Ci
	insgesamt	ca.	5.900 Ci	16.000 Ci

Sumpf besonders durch die ständige Kondensation des Dampfs in der Atmosphäre ein Gleichgewichtszustand bei etwa 1 $‰$ einstellt, bei deren Erreichen nach etwa 8 h keine weitere Ablagerung stattfindet. Da der Druck auf unter 2 bar mit Hilfe des Sprühsystems abgesenkt wird, wurde von einer mittleren Leckrate entsprechend 50 % der Auslegungsrate ausgegangen. Ausgehend von diesen Werten ergeben sich die in der Tabelle angegebenen J-131-Freisetzungen in die Umgebung. Es zeigt sich, daß bereits 3 h nach Unfallbeginn 2/3 der freisetzbaren, wasserlöslichen J-131-Aktivitätsmenge aus dem intakten Sicherheitsbehälter herausgeleckt ist. Dies dürfte der früheste Zeitpunkt sein, wann bei Verwendung mobiler Feuerwehrpumpen das Sprühsystem einsatzfähig ist. Auf diese Anfangsleckage hätte das Sprühsystem also keinen Einfluß. Seine wesentlichste Aufgabe ist aber, die generelle Rückhaltung zu gewährleisten; denn selbst die Freisetzung in den ersten Stunden ist vernachlässigbar gegenüber der, die infolge defektem Sicherheitsbehälter durch Ausdampfen des Sumpfes möglich wäre.

Wird trotzdem unterstellt, daß die wasserlösliche Aktivitätsleckage vollständig in das Sprühsystem und direkt in den Vorfluter abgeleitet wird, so ergäbe sich eine Aktivitätskonzentration im Vorfluter, die gegenüber der Vorbelastung des Rheins durch die Nuklearmedizin am Standort Biblis kurzzeitig etwa 500–5000 mal höher wäre. Aber selbst unter der pessimistischen Annahme des direkten Trinkwasserverbrauchs würde eine solche Konzentration zu einer Strahlenbelastung der Schilddrüse noch von deutlich weniger als 1 rem führen. Aus diesem Grunde und wegen der Wahrscheinlichkeit, daß die Leckagen primär im Bereich der Schleusen und Lüftungsklappen auftreten und von dem Sprühwasser gar nicht erfaßt werden, erscheint es denkbar und tolerierbar, das praktisch kontaminationsfreie Sprühwasser nicht aufzufangen, sondern direkt in den Vorfluter abzuleiten.

Ein Ringspaltsprühsystem, wie es für ein Kernkraftwerk oberirdischer Bauweise vorgestellt wurde, läßt sich prinzipiell auch bei einem unterirdisch angeordneten Kernkraftwerk verwenden. Die Pumpleistung für das Sprühen wäre geringer; zusätzlich müßten Aggregate bereitgestellt werden, die das Wasser abpumpen, um ein Fluten des tiefliegenden Reaktorgebäudes zu verhindern. Somit bestehen zwischen der ober- und unterirdischen Bauart eines Kernkraftwerkes mit DWR großer Leistung für die Aufrechterhaltung der Integrität des Sicherheitsbehälters und der Verhinderung einer Spaltproduktfreisetzung infolge Überdruck nur graduelle Unterschiede.

Die wesentlichen Eigenschaften eines Ringspaltsprühsystems sind folgende:
— Die Stahlhülle bietet nach innen und außen eine sehr große, freie Oberfläche mit einem relativ geringen Wärmeübergangswiderstand.
— Das System kann so konstruiert werden, daß es von einer geeigneten Position außerhalb der Reaktoranlage in Betrieb genommen und einfach bedient werden kann. Innerhalb der Anlage, aber noch außerhalb der Stahlhülle, also außerhalb der Aktivitätsfreisetzungsvorgänge kann ein solches System ausschließlich aus einfachen, passiven Komponenten bestehen. Die Versorgung mit Kühlwasser und die Pumpenleistung kann ebenfalls von außerhalb durch Aggregate erfolgen, die erst im Bedarfsfall bereitgestellt werden.
— Bei der einfachen konstruktiven Ausführung kann ein solches System bei alten Reaktoranlagen nachgerüstet werden.

Abschließend kann gesagt werden, daß mit dem Ringspaltsprühsystem der Druckanstieg infolge Sumpfwasserverdampfen und Aufheizung der Luft-Wasser-Dampf-Atmosphäre durch freigesetzte Spaltprodukte unterbunden wird. Ferner verlangsamt die Wärmeabfuhr aus der Schmelze und anschließend aus dem Sicherheitsbehälter auch die Beton-Schmelze-Reaktion, so daß das Druchdringen des Betonfundaments verzögert, möglicherweise sogar verhindert wird.

Schriftenverzeichnis

Cremer, J., Dietrich, D.P. & Rödder, P.: Reduzierung des DWR-Containmentdrucks nach hypothetischen Unfällen durch Außenkühlung der Stahlhülle mit Wasser — Ringspaltsprühsystem —; BMI-SR 218, Dezember 1980.

Diskussion

Frage von R.C. Oberth an Herrn Rödder:
Your outer containment sprax system would be effective if thermodynamic equilibrium exists inside containment volume during the LOCA.

However, this is n o t the case. Much heat is generated l o c a l l y in the reactor core and is transferred only slowly to the outer containment shell.

I cannot see how heat removal at the outer containment shell can decrease temps. in reactor core to prevent a core melt or to stop further core melting.

Would you please comment.

Antwort an Herrn Oberth:
Das hier vorgestellte Ringspaltsprühsystem soll nicht den zeitlichen Verlauf eines Kühlmittelverluststörfalles (LOCA) beeinflussen und kann nicht die Bildung einer Coreschmelze im Reaktor verhindern. Das System soll gegen den Druckanstieg im Containment wirken, wenn das Sumpfwasser mit der Schmelze in Kontakt kommt. Durch die Kondensation des verdampfenden Sumpfwassers an der kalten Stahlhülle wird aus dem Containment und damit aus der Schmelze Wärme abgeführt. Dieser Abkühleffekt verlangsamt die Beton-Schmelze-Reaktion und verhindert u.U. das vollständige Durchdringen des Betonfundamentes.

Frage von Dr. Redeker, Physikalisch-Technische Bundesanstalt, an Herrn Rödder:

Bei einer Coreschmelze entstehen — insbesondere in den ersten Stunden eines solchen Störfalles — aufgrund der Metall-Wasser-Reaktion erheblich größere Wasserstoffmengen als beim Auslegungsstörfall „Kühlmittelverlust". Der bei der Coreschmelze auftretende Wasserdampf bewirkt zumindest eine Teilinertisierung der $H_2/H_2O/Luft$-Atmosphäre gegen die Entzündung. Eine Kondensation des H_2O-Dampfes würde eine derartige Inertisierung aufheben und die Atmosphäre zu explosionsfähigen Konzentrationen führen. Sind bei der Kühlung der Außenhülle diese Gesichtspunkte berücksichtigt, werden solche Untersuchungen z.Zt. durchgeführt?

Antwort an Herrn Dr. Redeker:

Es ist bekannt, daß durch die Kühlung der Stahlhülle die inertisierende Wirkung des Dampfes z.T. aufgehoben wird. Im Rahmen der Untersuchung, aus der in diesem Vortrag Ergebnisse vorgetragen wurden, wurde dieser Gesichtspunkt nicht behandelt. Es wäre aber vorstellbar, daß vor und parallel zum Einsatz des Ringspaltsprühsystems Rekombinatoren eingesetzt werden.

Möglichkeiten zur Steigerung des Sicherheitspotentials von Abschirmhüllen oberirdischer Kernkraftwerke

von

Heinz Klang

Mit 10 Abbildungen und 1 Tabelle im Text

1. Einleitung

Bevor man sich zu einer so tiefgreifenden Maßnahme entschließt, ein ganzes Kernkraftwerk oder wesentliche Teile davon mit erheblichem zusätzlichem Aufwand unter die Erde zu verlegen, ist es vernünftig, logisch und richtig, zunächst einmal die bestehenden Strukturen der derzeitigen oberirdischen Kraftwerke daraufhin zu untersuchen, ob und wieweit das Sicherheitspotential, das sie anbieten können, bereits ausgenutzt ist oder ob in ihnen — mit weniger Aufwand erreichbar — noch ausreichende Steigerungsmöglichkeiten enthalten sind.

Mit Unterstützung des Bundesminsters des Inneren wurde am Beispiel der Sekundärabschirmung eines Reaktorgebäudes für einen derzeit üblichen 1300 MW-DWR,

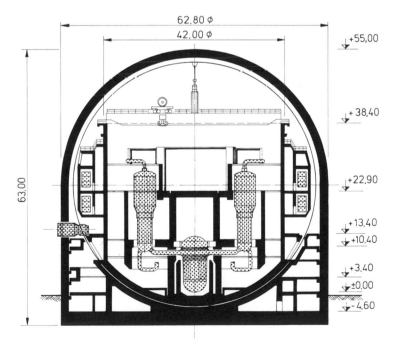

Abb. 1. KKW Grohnde, Reaktorgebäude, Querschnitt.

z.B. vom Typ KKW-Grohnde im Rahmen einer Vorstudie eine derartige Untersuchung durchgeführt. Über sie soll hier berichtet werden.

Die Sekundärabschirmung, die es zu untersuchen galt (Abb. 1), besteht in ihrer Grundstruktur aus einer stehenden Stahlbetonzylinderschale von ca. 60,00 m lichtem Durchmesser mit einer aufgesetzten Halbkugelschale als oberem Abschluß. Die Dicke der Wandung beträgt in Grohnde d = 1,80 m.

2. Historische Entwicklung und Ausgangssituation

Bei den ersten Kernkraftwerken in der Bundesrepublik Deutschland, bis hin zum KKW-Stade, diente die Sekundärabschirmung, neben dem Anlageneinschluß, lediglich der Strahlenabschirmung sowohl im Betrieb als auch bei einem inneren Störfall mit Aktivitätsfreisetzung in den Innenraum der stählernen Sicherheitshülle.

Beim KKW-Unterweser wurde dann zusätzlich die Forderung erhoben, die Sekundärabschirmung gegen die Belastung einer Druckstoßwelle mit einem Reflexionsdruck von 0,45 bar und gegen den Aufprall einer schnellfliegenden Militärmaschine, damals den „Starfighter" (13 to) mit 0,3 mach Aufprallgeschwindigkeit, auszulegen.

Bei den folgenden Kernkraftwerken war dann der Anprall einer „Phantom"-Jagdmaschine (20 to) mit 0,65 mach Auftreffgeschwindigkeit aufzunehmen.

Dem sicherheitstechnischen Selbstverständnis dieses Kraftwerktyps entsprechend hat sich bei der Auslegung gegen innere Störfälle für die Sekundärabschirmung bisher noch keine Änderung zu früheren Kernkraftwerken ergeben. Sie dient weiterhin überwiegend dem Strahlenschutz und hat lediglich störfallbedingte Temperaturbeanspruchungen zu ertragen. Alle anderen Störfallfolgen gelten weiterhin als in der stählernen Sicherheitshülle eingeschlossen.

3. Durchgeführte Untersuchungen

3.1 Einwirkungen von außen

Bei den von der zuletzt geschilderten Basis ausgehenden Untersuchungen ist zunächst einmal eine sinnvolle, auf die Verhältnisse in der Bundesrepublik Deutschland bezogene Steigerung der außergewöhnlichen Einwirkungen von außen vorgenommen worden.

Für den Lastfall Flugzeugabsturz wurden Lastansätze generiert und durchgerechnet (Abb. 2), die in etwa den Anprallasten der „Phantom" mit 0,75/0,85/1,0 mach Auftreffgeschwindigkeit entsprechen dürften. Damit wurden Lastspitzen bis zu 280 MN gegenüber 110 MN bei heutiger Auslegung untersucht. Es wurden dabei 3 verschiedene Anprallorte auf der Hülle bzw. auf der Armaturenkammer durchgerechnet.

Hinsichtlich der Wirkung einer Luftstoßwelle wurde die Druckspitze des sogenannten impulswirksamen Dreiecks bei gleichem Zeitverlauf von 0,45 bar auf 0,95 bar gesteigert und die daraus resultierenden Auswirkungen auf das Bauwerk untersucht.

Parallel dazu wurden, der Vollständigkeit der außergewöhnlichen Einwirkungen von außen wegen, auch die wesentlichen Einflüsse aus Erdbebeneinwirkung verfolgt. Angenommen wurde hierbei für ein Sicherheitserdbeben eine maximale horizontale Bodenbeschleunigung von bo = 0,30 g. Ein Wert, der an deutschen Standorten kaum überschritten werden dürfte.

Um den an den einzelnen Kraftwerksstandorten Deutschlands sehr unterschiedlichen Baugrundverhältnissen Rechnung zu tragen, wurden bei allen dynamischen Berechnungen die Gründungsverhältnisse variiert.

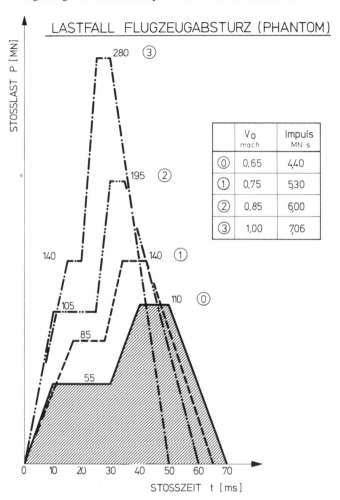

Abb. 2.   Stoßlast-Zeit-Diagramme bei Flugzeugabsturz auf eine starre Wand.

Untersucht wurden dabei:
  eine Gründung direkt auf Kies (Standort Grohnde),
  eine Gründung direkt auf Fels (Standort Grafenrheinfeld),
  und eine Pfahlgründung (Standort Unterweser/Esensham).
Die angesetzten bodendynamischen Baugrundkennwerte gibt Tabelle 1 wieder.
 Verfolgt wurden unter diesen gesteigerten Lastansätzen neben den lokalen und globalen Beanspruchungen in der Sekundärabschirmung selbst auch die auftretenden Bodenpressungen bzw. maximalen Pressungen in der Abdichtung und die durch diese dynamischen Lastangriffe im Gebäudeinneren hervorgerufenen induzierten Erschütterungen an mehreren Stellen des Bauwerkes.
 Abb. 3 zeigt als Beispiel den Verlauf der Zunahme der Pressung in der Abdichtungswanne unter den gesteigerten äußeren Einflüssen Flugzeugaufprall, Druckwelle und

Tabelle 1.   Bodendynamische Kennwerte.

	Gründungsart			
	Kies	Fels	Pfahl	
			Kies	Klei
Gleitmodul $\dfrac{N}{mm^2}$	210	4150	150	10
Poisson-Zahl ν	0,475	0,32	0,40	0,40

Erdbeben. Bei allen drei Gründungsarten würde deutlich das Erdbeben, gefolgt von der Druckwelle, die höchste Pressung ergeben. Im Falle von Flachgründungen auf Fels wäre dabei für den Lastfall Erdbeben mit dem Auftreten von klaffenden Sohlfugen zu rechnen, und zwar um so eher, je dicker man die Abschirmhülle konzipierte.

Da es sich bei den Untersuchungen um eine Vorstudie zum Globalverhalten des Bauwerkes handelt, wurde vereinfachend bei den Lastfällen Flugzeuganprall der an der

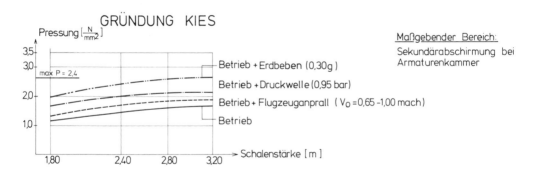

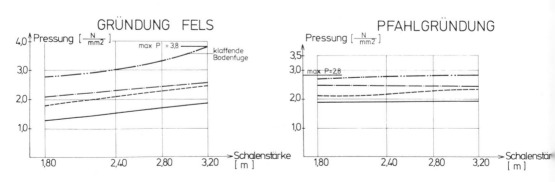

Abb. 3.   Maximale Pressung in der Abdichtung.

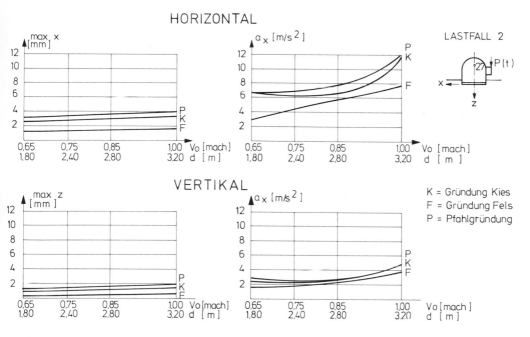

Abb. 4. Verschiebungen und Beschleunigungen im Pkt. 27 aus Flugzeugabsturz.

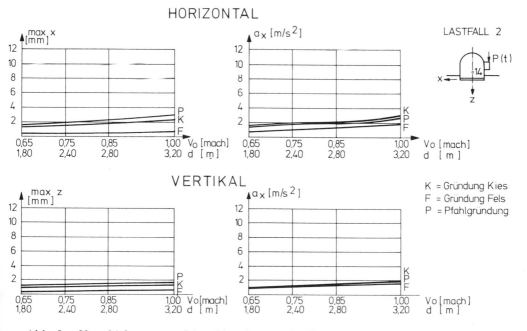

Abb. 5. Verschiebungen und Beschleunigungen im Pkt. 14 aus Flugzeugabsturz.

Aufprallstelle selbst auftretende Energieverzehr infolge Bauteilplastifizierung unter-
drückt. Das heißt, die gezeigten Absolutwerte sind konservativ. Die Beziehungen der
Werte zueinander dürften durch diese Vereinfachung in den Rechenannahmen aber
genügend genau erhalten bleiben.

Die Abb. 4 zeigt den Verlauf der Maximalverschiebungen und Maximalbeschleuni-
gungen aus Flugzeugaufprall senkrecht auf die äußere Kante der Armaturenkammer
für einen Punkt auf OK Trümmerschutzzylinder im Inneren des Reaktorgebäudes.
Dieser Auftreffpunkt ist für die Auslegung der Reaktor-Komponenten wohl der unan-
genehmste, denn er verursacht verschiedentlich die größten Vertikal- und Horizontalbeschleunigungen sowohl in OK Trümmerschutzzylinder als auch in Höhe der DE-
Decke, wie Abb. 5 zeigt. Die Auswirkungen dieses Aufpralls auf die Innenstrukturen
des Reaktorgebäudes lassen sich jedoch wesentlich vermindern, wenn man die Neigung
der bislang horizontal ausgeführten Dachdecke des Armaturen-Anbaues gegen die
Horizontale geneigt ausbilden würde, wie auf der Abb. 6 dargestellt.

Vertikal – Schnitt

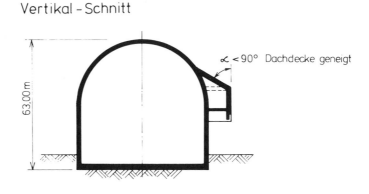

Grundriß

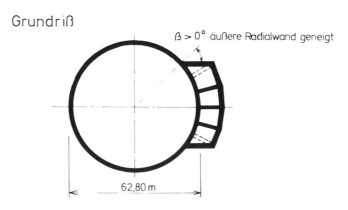

Schalenstärke 1,80 m

Abb. 6.   Reaktorgebäude mit Armaturenkammer (Variante).

Bei diesem Entwurf sind auch die Seitenwände der Armaturenkammer gegen die Hüllennormale geneigt vorgeschlagen. Dadurch werden zusätzlich die Auswirkungen eines horizontalen Flugkörperanpralls auf die Armaturenkammer etwas gemildert.

3.2 Einwirkungen aus inneren Störfällen

Neben diesen erhöhten Lastansätzen aus den Einwirkungen von außen, wurde in parallelen Rechengängen untersucht, wie weit die Grundstruktur einer Sekundärabschirmung auch für den Einschluß von Störfallfolgen ausgelegt werden kann, die ihre Ursache in einem schweren inneren Störfall − z.B. einem Kernschmelz-Unfall − haben könnten, in dessen Verlauf auch die − derzeit als letzte drucktragende Barriere vorgesehene − stählerne Sicherheitshülle versagen möge.

Untersucht wurde hier die Auslegungsfähigkeit der Grundstruktur gegen einen sich quasistatisch aufbauenden Druckanstieg in der Sekundärabschirmung zwischen 6 und 24 bar Innendruck bei gleichzeitigem Wirksamwerden einer Temperaturgradiente in der Hüllenwand zwischen 50 °C und 200 °C. Abb. 7 zeigt den Verlauf der für die Bemessung am Übergang vom Zylinder zur Kugelschale maßgebenden Schnittlasten $(N_\rho, N_\vartheta, M_\rho, Q_\rho)$ in Abhängigkeit von Innendruck und Innentemperatur. Abb. 8 zeigt in der gleichen Abhängigkeit den Verlauf der zur Abtragung dieser Schnittlasten erforderlichen Bewehrungs-Prozentsätze μ_0 bei Verwendung des Sonderbeton-Stabstahles BST 1100 zur Armierung der Abschirmhülle.

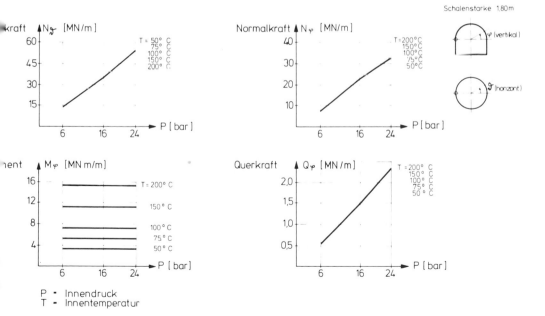

SCHNITTGRÖSSEN AM ÜBERGANG ZYLINDER − KUPPEL

P - Innendruck
T - Innentemperatur

Abb. 7. Schnittgrößen am Übergang vom Zylinder zur Kuppel aus den Lastfällen Innendruck und Temperatur.

BEWEHRUNGSPROZENTSATZ AM ÜBERGANG ZYLINDER-KUPPEL

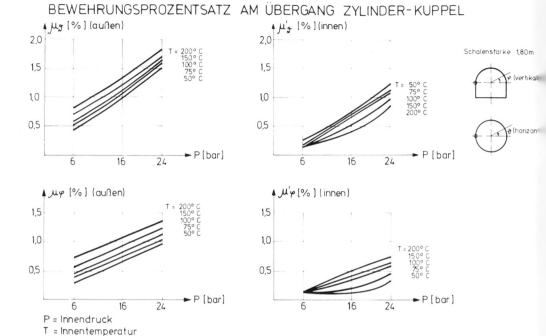

P = Innendruck
T = Innentemperatur

Abb. 8.   Erforderliche Bewehrungsprozentsätze am Übergang vom Zylinder zur Kuppel aus den Lastfällen Innendruck und Temperatur für den Sonderbetonstahl BSt 1100.

Zusätzlich zu diesen Auslegungsberechnungen wurden auch Überlegungen darüber angestellt, welche Auswirkungen eine mit ca. 2000 °C Schmelztemperatur in die Reaktorgrube eingedrungene Kernschmelze auf die Standsicherheit des Reaktorgebäudes insgesamt haben würde.

4. Diskussion der Ergebnisse

Wie stellen sich nun die bislang vorliegenden Ergebnisse der Untersuchungen dar?

4.1 Einwirkungen von außen

Zunächst zu den betrachteten erhöhten Einwirkungen von außen: Die Untersuchungen der lokalen Auftreffstellen selbst — in diesem Falle unter Berücksichtigung des plastischen Formänderungsvermögens des Stahlbetons — zeigen, daß eine Sekundärabschirmung von ca. 3,20 m Wandstärke mit einem Bewehrungsprozentsatz im Zylinder vertikal von $\mu_0 = 0,20\%$, innen wie außen, auch bei einem „Phantom"-Absturz mit 1 mach (1200 km/h) Auftreffgeschwindigkeit noch „Vollschutz" bieten dürfte. D.h. es treten keine nennenswerten rückseitigen Abplatzungen unter dem Impakt auf.

Die maximalen kurzzeitigen Pressungen auf Baugrund und Abdichtung des Bauwerkes sind unter diesem Anprall je nach vorhandenem Baugrund zwischen $\delta_p = 1,8$ N/mm² (Kies) und $\delta_p = 2,4$ N/mm² (Fels) zu erwarten.

Zum Vergleich: Beim KKW-Grohnde wurden für derzeitige Auslegungsverhältnisse maximale Pressungen von δ_p = 1,5 N/mm² errechnet.
Die größte Pressung auf die Abdichtungswanne würde jedoch gemäß Abb. 3 das Erdbeben mit δ_p = 2,4 N/mm² (Kies) bzw. δ_p = 3,8 N/mm² (Fels) erzeugen.
Da die derzeit bei den Kernkraftwerken verwendeten bituminösen Bauwerks-Abdichtungen relativ unempfindlich gegen schlagartige Belastungen sind, dürften Abdichtungsprobleme selbst mit diesen Materialien lösbar sein.
Die durch die erhöhten EVA-Lasten im Reaktorgebäude induzierten Erschütterungen steigen gegenüber der bisherigen Auslegungspraxis natürlich an:
Die größten horizontalen Beschleunigungen, z.B. auf OK Trümmerschutzzylinder, werden bei Gründung auf Fels durch das postulierte Sicherheitserdbeben, bei Gründungen auf Kies oder Pfählen durch den erhöhten Flugkörperanprall bewirkt. Die Werte aus erhöhter Druckwellen-Belastung liegen dazwischen.
In Höhe der Dampferzeuger-Decke gilt für Felsgründung das gleiche, bei Gründungen auf Kies oder Pfählen zeigen die 3 untersuchten Einwirkungen hinsichtlich der Horizontalbeschleunigungen kaum Unterschiede.
Sämtliche Werte — Beschleunigungen und Verschiebungen — bleiben jedoch in Größenordnungen, welche vom Bauwerk in der bisherigen, in Abb. 1 gezeigten Geometrie durchaus abgetragen werden könnten!

4.2 Einwirkungen aus inneren Störfällen

Was die Beanspruchungen der Sekundärabschirmung aus den untersuchten Störfall-Belastungen, bei gleichzeitig unterstelltem Versagen der stählernen Sicherheitshülle betrifft, so kann man die Ergebnisse zunächst wie folgt zusammenfassen:
Die aufgehende Grundstruktur der Sekundärabschirmung, also Kuppel und Zylinder, scheinen durchaus noch auslegungsfähig auch für Innendrücke von etwa 20 atü zu sein; wenn auch mit einem erheblichen Aufwand an Bewehrung aus hochfestem Betonstahl! Die Dichtfunktion wäre, der zu erwartenden Rißbildungen wegen, einem stählernen Liner zuzuweisen!
Bei der derzeitigen Geometrie des Reaktorgebäudes mit ebener Fundamentplatte ergeben sich jedoch bald Probleme im Bereich des Zusammenschlusses dieser Platte mit dem aufgehenden Zylinder der Abschirmhülle: Die Randbereiche der Platte, wie auch das Aufgehende der Abschirmhülle, geraten spätestens bei Überdrücken von mehr als 4 bar unter Zugspannungen, die schnell die Betonzugfestigkeit überschreiten. Durch den fehlenden Betonkontakt in den dann durchgehenden Rissen wird im Bereich des Zusammenschlusses dieser beiden Bauteile die Abtragung von Schubspannungen fraglich!
Je nach Größe des Innendruckes erscheinen jedoch 3 konstruktive Lösungen dieses Problems machbar:
— Bei Innendrücken unter ca. 10 atü ist es denkbar, die unteren 2/3 der Zylinderschale sowie den Randbereich der Fundamentplatte in Richtung ihrer Erzeugenden vorzuspannen. Dadurch werden durchgehende Risse aus Innendruck verhindert und der schubfeste Zusammenschluß von Zylinder und Sohlplatte bleibt erhalten.
— Bei höheren Innendrücken könnte von dem Umstand Gebrauch gemacht werden, daß für die rotations-symmetrische Sekundärabschirmung unter ebensolcher Belastung auf einen schubfesten Zusammenschluß mit der Sohlplatte von vornherein verzichtet werden kann! Das horizontale Gleichgewicht am unteren Rand der Zylinderschale würde durch erhöhte Membrankräfte in diesem Bereich aufrecht erhalten.

Es wäre daher denkbar, das Gleichgewicht in vertikaler Richtung lediglich dadurch zu gewährleisten, daß Sekundärabschirmung und Sohlplatte allein über Zugpendel aus hochfesten Stählen zusammengeschlossen werden!

Eine solche konstruktive Lösung stellt allerdings einige Ansprüche an die Liner-Verformbarkeit am Übergang von Sohlplatte zum Zylinder!

– Spätestens bei Überdrücken im letzten Drittel des von uns untersuchten Druck-bereiches dürfte es aber notwendig werden, bei dem Reaktorgebäude das Gründungs-konzept einer ebenen Fundamentplatte zu verlassen und statt ihrer auch für die Bauwerksfundierung eine Schalenkonstruktion vorzusehen, wie es die Abb. 9 an-deutet.

Diese Gründungsform ist dem Kraftfluß aus höheren Störfall-Überdrücken dann ähnlich gut angepaßt wie es der aufgehende Teil der Sekundärabschirmung ohnehin schon ist. An den Innenstrukturen des Gebäudes ab Oberkante Sohlplatte derzeiti-ger Bauweise bräuchten sich dabei keine wesentlichen Änderungen zu ergeben.

Für den zusätzlich gewonnenen Raum unter Gelände dürfte sich aller Erfahrung nach ebenfalls Verwendung finden; er würde zudem die möglichen Störfall-Innen-drücke reduzieren helfen!

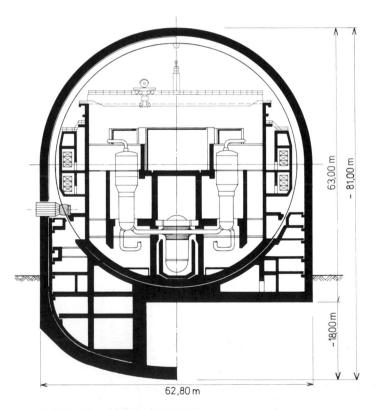

Variante für erhöhten Innendruck
Schalenstärke 1,80 m

Abb. 9.   Reaktorgebäude für einen Druckwasser-Reaktor (Variante).

5. Zweischalen-Modell

Bisher ist nur von Untersuchungen an den Modellen einer einschaligen Sekundär-Abschirmung berichtet:

Parallel dazu wurde aber auch der Frage nachgegangen, ob es im Hinblick auf eine Ertüchtigung — insbesondere gegen Einwirkungen von außen — vorteilhaft ist, die Hülle zweischalig auszuführen.

Betrachtet haben wir unter diesen Aspekten zunächst eine Variante mit gemeinsamer Sohlplatte (Abb. 10), deren Außenschale gegen Flugzeugaufprall nur noch Penetrationsschutz bietet! Größere rückseitige Abplatzungen werden also in Kauf genommen. Die Anlagen und Komponenten in den Ringräumen bleiben durch die Innenschale gegen Beschädigungen geschützt!

An dieser Modell-Variante wurden dann im Prinzip die gleichen Lastfälle aus den postulierten Einwirkungen von außen durchgerechnet wie an dem Einschalen-Modell. Nur auf eine Variation der Baugrundkennwerte wurde fürs erste verzichtet.

Soweit die noch nicht ganz abgeschlossenen Auswertungen dieser Rechnungen hier bereits eine Aussage erlauben, zeichnen sich nachfolgende Ergebnisse dieser Untersuchungen ab:

— Eine wesentliche Reduzierung des Eingangsimpulses aus Flugzeugaufprall durch erhöhte Plastizierung im Aufprallbereich der dünneren Außenschale scheint nicht mehr einzutreten. Dadurch ist auch aus diesem Effekt keine wesentliche zusätzliche Verminderung der in das Gebäude induzierten Erschütterungen zu erwarten.

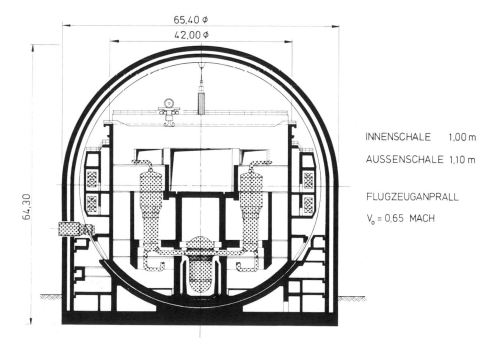

INNENSCHALE 1,00 m

AUSSENSCHALE 1,10 m

FLUGZEUGANPRALL

$V_0 = 0,65$ MACH

Abb. 10.   Zweischaliges Reaktorgebäude für einen Druckwasser-Reaktor (Variante).

— Auch die Hoffnung auf eine „Verstimmung" des Gebäudes durch die Auflösung der Sekundärabschirmung in 2 Einzelschalen hat sich im Hinblick auf eine Verminderung der induzierten Erschütterungen bei der Variante mit gemeinsamer Bodenplatte nicht spürbar erfüllt.

Dieser Effekt dürfte erst durchschlagen, wenn man die Gründung der Außenschale von der Fundamentplatte der Innenschale und des übrigen Bauwerks abtrennt, so daß nur noch eine Rückkoppelung über den Baugrund erfolgen kann.

— So bliebe als Vorteil bei der gegenwärtigen Auslegungspraxis zunächst nur der, daß eine eingetretene Beschädigung der Außenschale ohne Beeinträchtigung oder Gefährdung des Reaktorbetriebes behoben werden könnte, da Anlageneinschluß und Strahlenabschirmung durch die Innenschale weiter sichergestellt würden; ob dieser Vorteil aber den baulichen Mehraufwand einer 2schaligen Sekundärabschirmung rechtfertigen kann, sei dahingestellt.

— Weit interessanter würde das 2-Schalen-Modell erst, wenn man gezwungen würde, einen durch Flugzeugabsturz verursachten schweren Folgestörfall im Inneren zu postulieren, bei dem ebenfalls ein Versagen der stählernen Sicherheitshülle zu unterstellen wäre: In diesem Falle würde dann die durch den Flugzeugaufprall unbeeinflußt gebliebenen Innenschale weiterhin als zweite Barriere für einen Einschluß der Störfallfolgen zur Verfügung stehen können.

Diskussion

Frage von Herrn Kröger, KFA Jülich, an die Herren Bindseil und Klang:

Bei den unterirdischen Anlagenkonzepten wurde das Schutzpotential für andere Gebäude mitbetrachtet. Ist daran auch bei den alternativen oberirdischen Konzepten gedacht?

Antwort von Herrn Klang:

Das wird davon abhängen, welche Schutzziele für die anderen Kraftwerksgebäude als erforderlich angesehen werden.

Die beschriebenen Untersuchungen waren jedoch nur auf die äußere Abschirmhülle (Sekundärabschirmung) eines Reaktorgebäudes für einen DWR beschränkt.

Alternative bauliche Ertüchtigungsmaßnahmen oberirdischer Reaktorgebäude im Vergleich zur unterirdischen Bauweise

von

G. Schnellenbach und P. Bindseil

Mit 16 Abbildungen im Text

1. Einleitung

Seit einigen Jahren findet die unterirdische Bauweise von Kernkraftwerken zunehmendes Interesse. Dies nicht zuletzt deshalb, weil man sich besonders in Deutschland von ihr ein zusätzliches Schutzpotential, auch gegenüber extrem unwahrscheinlichen Lastfällen verspricht.

Diese Fragestellung wurde deshalb in den letzten Jahren im Rahmen mehrerer Studien im Auftrage des Bundesministeriums des Inneren (BMI) untersucht. Auch zu Fragen der Bautechnik wurden bereits bei verschiedenen Anlässen Teilergebnisse veröffentlicht (Zerna et al. 1977). Die Ergebnisse der Studien, die mittlerweile vorliegen, geben gewisse Aufschlüsse über die Möglichkeiten der unterirdischen Bauweise. Eine umfassende Beurteilung im Vergleich zur oberirdischen Bauweise ist jedoch noch nicht möglich. Hierzu bedarf es zusätzlicher Untersuchungen des Schutzpotentials oberirdischer Anlagen.

Deshalb führen die Verfasser derzeit im Auftrage des BMI eine Studie über alternative bauliche Ertüchtigungsmaßnahmen oberirdischer Reaktorgebäude im Vergleich zur unterirdischen Bauweise durch.

2. Zielsetzung

Ziel dieser neuen Studie ist es, die durch gezielte Ertüchtigung oberirdischer Anlagen erreichbaren Schutzpotentiale gegenüber extremen inneren und äußeren Einwirkungen anzugeben und den Schutzpotentialen unterirdischer Anlagen gegenüberzustellen. Es ist zu betonen, daß dabei vorhandene Schutzpotentiale verschiedener Bauweisen aufgedeckt und nach Möglichkeit quantifiziert werden sollen. Es geht jedoch nicht darum, Kernkraftwerke im Sinne heutiger Sicherheitsanforderungen gegen diese hypothetischen Lasten auszulegen.

Die Ergebnisse der Studie sollen aus bautechnischer Sicht Kriterien für einen Vergleich zwischen unterirdischer und oberirdischer Bauweise zur Verfügung stellen. Basis der Studie ist ebenso wie bei der unterirdischen Bauweise ein Standard-DWR-Kernkraftwerk.

3. Voraussetzungen und Randbedingungen

Ausgangspunkt dieser neuen Arbeiten sind unter anderem die im Auftrage des BMI durchgeführten Untersuchungen zur bautechnischen Beurteilung der unterirdischen

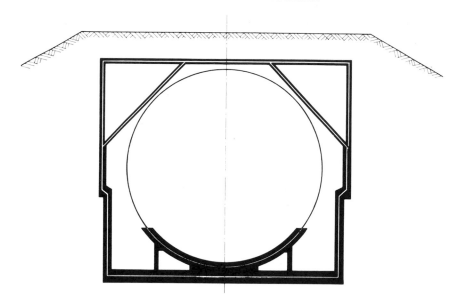

Abb. 1.   Voll eingebettetes Reaktorgebäude (schematisch).

Bauweise von Kernkraftwerken im Lockergestein (Zerna & Schnellenbach 1977) (s. Abb. 1).

Ein wesentliches Ziel der damaligen Untersuchungen war es, festzustellen, welches Potential die unterirdische Bauweise des Reaktorgebäudes zur Aufnahme außergewöhnlicher innerer Einwirkungen infolge anlageninterner Störfälle bietet. Dabei wurde der Bruch des stählernen Sicherheitsbehälters angenommen. Weiterhin umfaßte die Aufgabenstellung die Untersuchung des Reaktorgebäudes im Hinblick auf (gegenüber dem heutigen Sicherheitsstandard) erhöhte außergewöhnliche äußere Einwirkungen sowie Waffenwirkung. Dabei zeigte sich, daß im wesentlichen die durch die unterirdische Bauweise bedingten ständigen Lasten (Erd- und Wasserdruck) und nicht mehr die Einwirkungen von außen für die Auslegung des Reaktorgebäudes maßgebend werden. Insbesondere verliert der Lastfall Flugzeugabsturz weitgehend seine bemessungsbestimmende Bedeutung. Im folgenden wird dieser durch den Lastfall Projektilanprall erweitert.

Die zur Zeit von den Verfassern durchgeführten Untersuchungen zur oberirdischen Bauweise beziehen sich hauptsächlich auf das Reaktorgebäude. Es werden insbesondere das Verhalten und die Tragfähigkeit der tragenden Außenstruktur und der Gründung des Reaktorgebäudes unter den erhöhten Belastungen beurteilt. Zusätzlich sind für ausgewählte Punkte der Innenstruktur Angaben über das Schwingungsverhalten zur Beurteilung der Beanspruchung von Einbauten und Komponenten zu machen.

Aus einer größeren Anzahl möglicher Standorte in der Bundesrepublik Deutschland wird für die Berechnungen eine mittlere Bodenbeschaffenheit mit zugeordneten statischen und dynamischen Bodenkennwerten ausgewählt und eine Bandbreite zur Erfassung abweichender Bodeneigenschaften festgelegt.

Als Belastungen werden Einwirkungen von außen sowie Lasten infolge anlageninterner Störfälle angesetzt. Die Art der Belastungen – nicht aber ihre absolute Größe

– ist vom Auftraggeber vorgegeben bzw. mit ihm abgestimmt. Ständige Lasten aus Gebrauchszuständen spielen im Gegensatz zur unterirdischen Bauweise nur eine untergeordnete Rolle.

Die anlageninternen Störfälle werden aus den Untersuchungen zur unterirdischen Bauweise sinngemäß übernommen. Es sind dies:

– Störfall mit maximalem Innendruck von 6 bar und Temperatur bis zu 150 °C als Folge des Kernschmelzens
– Störfall infolge Dampfexplosion im RDB mit lokaler Belastung des Reaktorgebäudedaches und Innendruck kleiner als 3 bar.

Die Innendrücke sollten auftragsgemäß entsprechend den aktuellen geometrischen Verhältnissen des oberirdischen Reaktorgebäudes umgerechnet werden. Dabei kann durch Vergrößerung des Innenraumvolumens eine beträchtliche Verringerung des anzusetzenden Innendruckes erreicht werden. Der bisherige Stand der Studie zeigt, daß für diese Drücke und Temperaturen eine der unterirdischen Bauweise äquivalente Ertüchtigung der oberirdischen Bauweise möglich ist, gegebenenfalls durch Anordnung eines Liners und/oder durch Vorspannung der Betonkonstruktion. Hierdurch kann eine direkte Freisetzung der Störfallatmosphäre durch Risse in der Tragstruktur verhindert werden. Dies erscheint notwendig, weil im Falle der oberirdischen Bauweise keine rückhaltende Erdüberdeckung vorhanden ist.

Zur Zeit werden von :nderer Seite ergänzende Untersuchungen (Kraftwerkunion, Hassmann 1979) zu dem zuerst genannten Störfallablauf durchgeführt. Diese Untersuchungen deuten darauf hin, daß noch höhere Innendrücke anzusetzen sind. Eine gegebenenfalls erforderliche Berücksichtigung dieser Ergebnisse in unserer Studie ist zu einem späteren Zeitpunkt beabsichtigt.

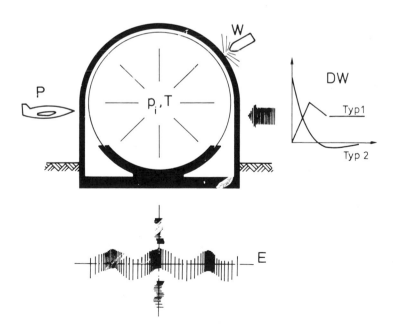

Abb. 2. Symbolische Darstellung der inneren und äußeren Belastungen.

Folgende Arten der Einwirkung von außen werden berücksichtigt (s. Abb. 2):
— Erdbeben (E)
— Projektilanprall (P)
— Druckwellen aus chemischen Reaktionen (DW)
— Waffen (W).

Die Berechnungen zum Erdbeben werden auf der Basis des USNRC-Spektrums zunächst mit einer horizontalen Einheitsbeschleunigung von 1 m/s^2 durchgeführt.

Für die Untersuchungen zum Projektilanprall (ohne Sprengwirkung des Projektils) wird ein Flugkörper mit den gleichen Eigenschaften wie bei der unterirdischen Bauweise angesetzt, d.h. Masse und Steifigkeit entsprechen der heutigen Genehmigungspraxis. Für die Anprallgeschwindigkeiten wird ein Geschwindigkeitsbereich von 215 m/s bis 500 m/s untersucht.

Die Berechnungen decken dadurch auch den Flugzeugabsturz des heutigen Genehmigungsstandards ab.

Zur Erfassung der Wirkung von Druckwellen aus chemischen Reaktionen werden die auf Abb. 2 angedeuteten zwei unterschiedlichen Typen von Druck-Zeit-Verläufen untersucht. Beim Typ 1 werden unterschiedliche Lastanstiegszeiten berücksichtigt. Er stellt eine Variation der in der heutigen Genehmigungspraxis in der Bundesrepublik Deutschland angesetzten Druckwellenbelastungen dar. Typ 2 ist ein Dreiecksimpuls mit 0,6 s. Dauer.

Mit dem Infrastrukturstab der Bundeswehr wurde im Sinne der Aufgabenstellung ein Satz von drei verschiedenen Sprengbomben ausgewählt, um das heute verfügbare Spektrum von konventioneller Abwurfmunition, Geschützgranaten und taktischen Raketen abzudecken. Gezielter Beschuß mit Spezial- oder Nuklearwaffen wird nicht unterstellt.

Folgende Konstruktionsvarianten werden grundsätzlich als Ertüchtigungsmöglichkeiten untersucht (s. Abb. 3):
— einschalige Bauweise, Variante 1 (mit und ohne Vorspannung, mit und ohne Liner);
— zweischalige Bauweise (Variante 2 mit gemeinsamer Bodenplatte beider Schalen, und Variante 3 mit getrennter Gründung beider Schalen);
— Mehrschichtenbauweise; d.h. mehrere aneinanderliegende Schichten unterschiedlicher Dichte (die Arbeiten an dieser Variante sind noch nicht soweit fortgeschritten, daß sie eine Vorstellung im Rahmen dieses Beitrages rechtfertigen).

4. Erläuterungen zu den durchgeführten Berechnungen

In den bisher durchgeführten Arbeiten wurden die in den einzelnen Varianten vorhandenen Schutzpotentiale in Abhängigkeit von der Art der unterschiedlichen Belastungen ermittelt. Darauf aufbauend soll dann im noch zu erstellenden Teil der Studie versucht werden, für die jeweiligen Schutzpotentiale bzw. Schutzkategorien (Zerna & Schnellenbach 1977) optimale Varianten zusammenzustellen und im Vergleich zur unterirdischen Bauweise zu bewerten.

Bei den Untersuchungen kann zwischen globalen und lokalen Auswirkungen der anzusetzenden Belastungen unterschieden werden:
— Der Innendruck ist eine global wirkende Belastung, die als stationär angenommen wird. Sie beeinflußt die Bemessung der Außenwandungen des Reaktorgebäudes und der Bodenplatte.

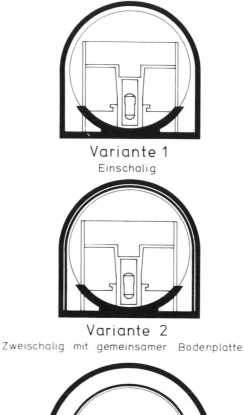

Variante 1
Einschalig

Variante 2
Zweischalig mit gemeinsamer Bodenplatte

Variante 3
Zweischalig mit getrennter Gründung

Abb. 3. Prinzipielle Darstellung
der Geometrievarianten.

— Die dynamisch wirkenden Belastungen der Lastfälle Erdbeben und Druckwelle haben überwiegend globale Auswirkungen, die für die Bemessung der Außenwandung,
  sofern diese für Flugzeug- bzw. Projektilanprall ausgelegt ist, in der Regel nicht
  maßgebend sind. Sie beeinflussen im wesentlichen die Gründung (Bodenpressungen
  und Bemessung der Bodenplatte) und über die induzierten Erschütterungen die
  inneren Einbauten.
— Der Lastfall Projektilanprall hat neben globalen Auswirkungen (insbesondere induzierten Erschütterungen) eine für die Bemessung der Außenwandungen wesentliche

lokale Wirkung. Das lokale Tragverhalten kann jedoch mit ausreichender Genauigkeit vom globalen entkoppelt untersucht werden.

— Die hier zu behandelnden Waffen erzeugen außer induzierten Erschütterungen erhebliche lokale Belastungen des Reaktorgebäudes, die im Auftreffbereich die Dimensionierung der Außenwandungen beeinflussen können.

Die Berechnungen zum globalen Tragverhalten erfolgen an zwei unterschiedlichen Rechenmodellen. Für die dynamisch wirkenden Lasten aus Einwirkungen von außen wird ein Stabmodell benutzt, das auf der Basis finiter Elemente die Einbauten, das Stahlcontainment und die Betonschalen als miteinander gekoppelte Balken abbildet. Der Baugrund wird entsprechend seinen Eigenschaften als Feder mit mehreren Freiheitsgraden idealisiert. Die Lösung der Schwingungsgleichungen erfolgt nach dem Verfahren der modalen Analyse.

Für die Untersuchungen der Innendruckbelastung wird das Reaktorgebäude mit einem Teil der die Bodenplatte aussteifenden Innenstrukturen als rotationssymmetri-

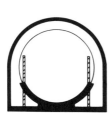

Variation	r [m]	d [m]	D [%]	G_s [MN/m²]
1. 1. 1	31,4	1,8	5	160
1. 1. 2	31,4	1,8	5	260
1. 1. 3	31,4	1,8	5	100
1. 1. 4	31,4	1,8	7	160
1. 2. 1	31,4	3,0	5	160
1. 2. 2	31,4	3,0	5	260
1. 3. 1	41,4	1,8	5	160
1. 3. 2	41,4	-3,0	5	160

Parametrische Variationen zur Berechnung der Konstruktionsvariante 1

Variation	r_i [m]	d_i [m]	e [m]	d_a [m]	D [%]	G_s [MN/m²]
2. 1. 1	29,6	0,5	1	2	5	160
2. 1. 2	29,6	2	1	2	5	160
2. 1. 3	29,6	2	1	3	5	160
2. 2. 1	39,6	2	1	2	5	160

Parametrische Variationen zur Berechnung der Konstruktionsvariante 2

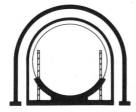

Variation	r_i [m]	d_i [m]	e [m]	d_a [m]	D [%]	G_s [MN/m²]
3. 1. 1	29,6	0,5	10	1,8	5	160
3. 1. 2	29,6	0,5	10	3	5	160
3. 1. 3	29,6	1,8	10	3	5	160

Parametrische Variationen zur Berechnung der Konstruktionsvariante 3

Abb. 4—6. Parametrische Variationen zur Berechnung der Konstruktionsvarianten.

sches räumliches Finite-Element-Modell abgebildet. Die Bodenplatte wird auf Federn gelagert. Das Entstehen von Klaffungen zwischen Boden und Bodenplatte wird berücksichtigt.

Im Rahmen der durchgeführten globalen dynamischen Berechnungen werden folgende Parameter variiert:
- Bodenkennwerte (vorzugsweise der dynamische Schubmodel G_s),
- Durchmesser des Reaktorgebäudes,
- Wanddicke des Reaktorgebäudes,
- Dämpfungseigenschaften der abgebildeten Konstruktion,
- Zwischenraum der beiden Schalen bei zweischaliger Bauweise mit getrennter Bodenplatte (Variante 3).

Die Bandbreite der Variationen ist zahlenmäßig den Abb. 4, 5 und 6 zu entnehmen.

5. Ergebnisse

Dieser Beitrag gibt nach dem derzeitigen Bearbeitungsstand ausgewählte Ergebnisse der globalen Berechnungen zu den dynamisch wirkenden Belastungen aus Erdbeben, Projektilanprall und Druckwelle Typ 1 wieder.

Um die Vielzahl der Informationen zusammenzufassen, wird versucht, die wesentlichen Einflüsse der parametrischen Variation durch Gegenüberstellung charakteristischer Ergebnisse in vereinfachter linearisierter Darstellung zu verdeutlichen.

In dieser Weise ausgewertet werden die Ergebnisse für das globale Biegemoment M an Oberkante Bodenplatte in Abhängigkeit von Bodenkennwerten und geometrischen Variationen sowie die maximalen Beschleunigungen der Antwortspektren eines Punktes der Innenstrukturen auf Höhenkote 22,9 m (BE-Beckenflur, gekennzeichnet in Abb. 8 oben rechts).

Das Moment M beinhaltet das zeitliche Maximum infolge der an der Platte angreifenden aufgehenden Strukturen. Es wurde hier beispielhaft gewählt, weil seine Größe ein Maß für die Beanspruchung der Gründung darstellt. Zusätzlich wurde für Variante 2 (zweischalige Bauweise mit gemeinsamer Bodenplatte) der Anteil M_i der neu hinzugekommenen Innenschale angegeben.

Die Querkräfte sind nicht angegeben, sie entsprechen von der Tendenz her den Biegemomenten.

Abb. 7 zeigt für Variante 1 die relative Abhängigkeit der globalen Momente $\overline{M}$ von der Variation des Bodenkennwertes G_s, der standortabhängig und somit in der Regel unveränderbar vorgegeben ist. ($\overline{M}$ ist das absolute globale Moment M dividiert durch den Wert für die Parameter G_s = 160 MN/m² und d_a = 1,8 m).

Für alle untersuchten Lastfälle (d.h. Erdbeben, Druckwelle Typ 1, Projektilanprall) ergibt sich eine Zunahme der Momente mit höher werdender Bodensteifigkeit.

Des weiteren gibt Abb. 7 die Abhängigkeit von $\overline{M}$ von der konstruktiven, standortunabhängig möglichen Variation der Wandstärke der Außenschale. Die höhere Wandstärke führt bei den hier angegebenen Randbedingungen bei der Druckwelle zu geringer Änderung, beim Projektilanprall jedoch zu deutlicher Verringerung und beim Erdbeben zu erheblicher Vergrößerung des Momentes. Die entsprechende Auftragung (siehe Abb. 8) für die maximalen relativen Beschleunigungen $\overline{b}$ des Antwortspektrums auf 22,9 m zeigt ähnliche Tendenzen wie für $\overline{M}$, jedoch ist hier auch für Erdbeben eine Abnahme zu verzeichnen. Die Bandbreite der Änderung ist jedoch generell kleiner als bei den Momenten.

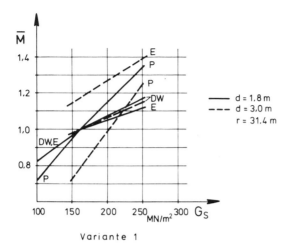

Variante 1

Moment an OK-Bodenplatte
Gesamtmoment
$$\overline{M} = M/M\,[G_s = 160;\ d = 1{,}8\,m]$$

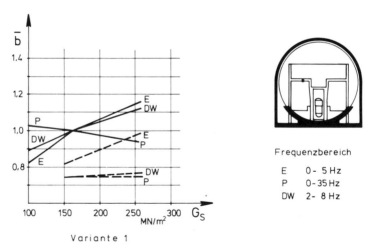

Frequenzbereich

E	0 - 5 Hz
P	0 - 35 Hz
DW	2 - 8 Hz

Variante 1

Maximale Beschleunigung der Innenstruktur   H = 22,9 m
$$\overline{b} = b/b\,[G_s = 160;\ d = 1{,}8\,m]$$

Abb. 7, 8. Variationen des dynamischen Bodenkennwertes.

Auf Abb. 9 und 10 ist der Einfluß einer weiteren konstruktiven Änderung aufgetragen. Die zur Verringerung des Störfallinnendruckes wünschenswerte Vergrößerung
des Innendurchmessers hat auf die Momente und Beschleunigungen der Lastfälle Erdbeben und Projektilanprall geringen Einfluß. Die Werte für Druckwelle sind jedoch

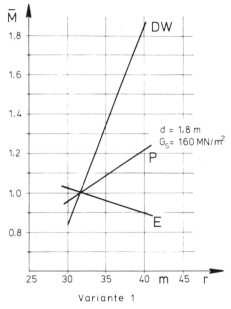

Variante 1

Momente an OK-Bodenplatte
Gesamtmoment
$\overline{M} = M/M\,[\,r = 31,4\,m\,]$

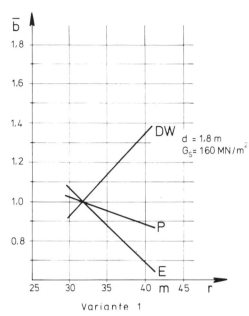

Variante 1

Maximale Beschleunigung der Innenstruktur   H = 22,9 m
$\overline{b} = b/b\,[\,r = 31,4\,m\,]$

Abb. 9, 10.   Variation des Gebäuderadius'.

deutlich erhöht, weil die Gesamtbelastung des Gebäudes mit zunehmendem Durchmesser steigt.

Auf Abb. 11 ist der Einfluß unterschiedlicher Lastanstiegszeiten beim Lastfall Druckwelle Typ 1 (numerische Parameter entsprechend heutiger Genehmigungspraxis) auf die Antwortspektren stellvertretend für die Höhenkote +22,9 m dargestellt (angesetzte Dämpfung 2%).

Es sei darauf hingewiesen, daß bei der Druckwelle Typ 2 (Dreiecksimpuls mit 0,6 s Dauer) bei gleicher Auswirkung auf das Gebäude höhere Amplitudenwerte aufnehmbar sind als beim Typ 1.

Für die Variante 1 der oberirdischen Bauweise kann aus diesen Ergebnissen geschlossen werden:
— Die zur Innendruckverminderung führende Vergrößerung des Gebäuderadius führt zu keiner signifikanten Änderung der Beanspruchung des Gebäudes und der Komponenten bei Einwirkungen von außen, solange die Beanspruchung aus Druckwellen deutlich unter der aus Erdbeben liegt.
— Die unter Umständen zur Aufnahme höherer Projektilanprallgeschwindigkeiten und bei Waffeneinwirkung erforderliche Vergrößerung der Wandstärke wirkt sich auf die Beschleunigungen in allen Lastfällen sowie auf die globalen Momente bei Druckwelle und Projektil günstig aus. Die Momente aus Erdbeben und damit die Bean-

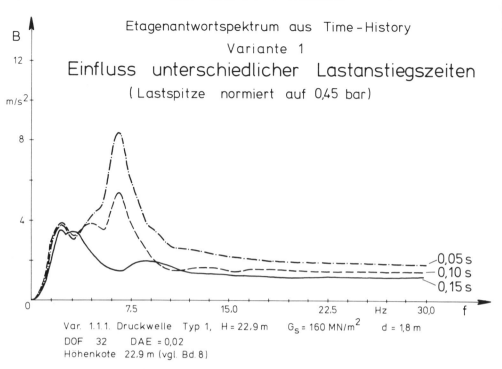

Abb. 11. Etagenantwortspektrum aus Time-History für Druckwelle Typ 1.

spruchung der Gründung werden durch diese konstruktive Maßnahme allerdings erhöht.

Für die Beurteilung der zweischaligen Bauweise mit gemeinsamer Bodenplatte seien hier der Einfluß der untersuchten konstruktiven Variationen bei konstant gehaltenem Boden auszugsweise wiedergegeben:

Die Abb. 12—14 zeigen den Einfluß einer Variation der Wandstärke der Innenschale d_i bei einer konstanten Wandstärke der Außenschale von $d_a = 2{,}0$ m.

Abb. 12 zeigt den — relativ geringen — Einfluß auf das globale Moment M an OK-Bodenplatte, Abb. 13 den Einfluß auf das Moment M_i der Innenschale selbst. Dieses nimmt mit zunehmender Wandstärke d_i erheblich zu, während (s. Abb. 14) die Beschleunigungen der Innenstrukturen abnehmen. Es ist zu betonen, daß es sich hier um elastische Rechnungen handelt ohne Berücksichtigung lokaler plastischer Energieaufnahme beim Lastfall Projektilanprall. Eine Berücksichtigung derartiger Effekte würde zu deutlich günstigeren Ergebnissen führen. Dies ist auf Abb. 15 stellvertretend für die Schnittgrößen dargestellt.

Eine Verstärkung der Außenschale bei konstanter Wandstärke $d_i = 2{,}0$ m zeigt eine starke Abnahme der Beanspruchung der Innenschale für alle betrachteten Einwirkungen von außen. Die Momente der Außenschale sowie die Beschleunigung im Inneren ändern sich dabei wenig.

Die Vergrößerung des Innenradius erzeugt bei allen betrachteten Kenngrößen Zuwächse, die relativ größer sind als bei der einschaligen Bauweise. Auf eine bildliche Wiedergabe wird hier verzichtet.

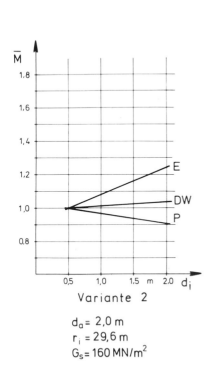

Variante 2

$d_a = 2,0$ m
$r_i = 29,6$ m
$G_s = 160$ MN/m^2

Momente an OK-Bodenplatte
Gesamtmoment

$\overline{M} = M / M [d_i = 0,5$ m$]$

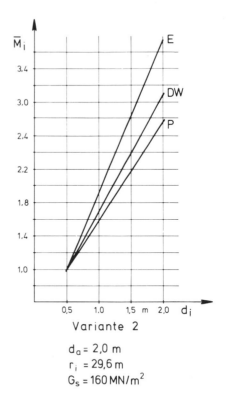

Variante 2

$d_a = 2,0$ m
$r_i = 29,6$ m
$G_s = 160$ MN/m^2

Momente an OK-Bodenplatte
Anteil der Innenschale

$\overline{M}_i = M_i / M_i [d_i = 0,5$ m$]$

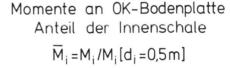

Abb. 12, 13.   Variation der Wandstärke der Innenschale, Momente an OK-Bodenplatte.

Eine Beurteilung der zweischaligen Bauweise ist nur in Verbindung mit der ein-schaligen Grundvariante sinnvoll.

Auf Abb. 16 sind für die Parameter G_s = 160 MN/m^2, r_i = 30 m und d_a = 2,0 m (bzw. 1,8 m bei Variante 1) die Ergebnisse der globalen Momente an Ok-Bodenplatte sowie der maximalen Beschleunigungen des Etagenantwortspektrums auf Kote 22,9 m infolge der Einwirkungen von außen gegenübergestellt.

Daraus kann für die der Abb. 16 zugrundeliegenden Parameter eine günstige Wir-kung der zweischaligen Bauweise (bei unveränderter Dicke der Außenschale von 2,0 m) auf die Beanspruchung des Bauwerkes und insbesondere der Einbauten abgelesen werden, wobei in diesem Fall ein besonders günstiger Einfluß im Lastfall Erdbeben festzustellen ist. Für den Lastfall Druckwelle ist der Einfluß jedoch relativ gering.

Für den Lastfall Projektilanprall ist hier nur die elastische Rechnung angegeben. Eine weitere Verringerung der Auswirkungen des Projektilpralles wird jedoch durch die hier noch nicht angesetzte lokale Dimensionierung der Außenschale unter Aus-

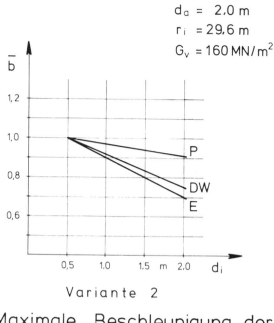

$$d_a = 2,0 \text{ m}$$
$$r_i = 29,6 \text{ m}$$
$$G_v = 160 \text{ MN}/\text{m}^2$$

Variante 2

Maximale Beschleunigung der Innenstruktur   H = 22,9 m

$$\bar{b} = b/b\,[d_i = 0,5 \text{ m}]$$

Abb. 14.   Variation der Wandstärke der Innenschale, maximale Beschleunigung der Innenschale.

nutzung plastischer Verformungen erreicht werden, so daß eine dem jeweiligen Belastungsniveau angepaßte möglichst dünne Außenschale erstrebenswert ist.

Die zweischalige Bauweise mit getrennter Gründung (Variante 3) wurde zunächst unter Vernachlässigung der Bauwerk-Boden-Bauwerk-Wechselwirkung parametrisch untersucht. In einem späteren Schritt ist geplant, diese Wechselwirkung in einer für relative Tendenzaussagen ausreichenden möglichst einfachen Weise zu erfassen. Ergebnisse werden hier noch nicht vorgestellt, es zeigt sich jedoch als Tendenz eine deutliche Verringerung der induzierten Erschütterungen bei Projektilanprall und Druckwelle.

6. Zusammenfassende Beurteilung der Ergebnisse

Abschließend läßt sich aufgrund der bisherigen Untersuchungen folgendes feststellen:
— Das oberirdische Reaktorgebäude läßt sich so ertüchtigen, daß es den gleichen bzw. vergleichbaren Innendrücken, Temperaturen und Einzelbelastungen aus inneren Störfällen widerstehen kann, wie sie bei der unterirdischen Bauweise untersucht worden sind (Zerna & Schnellenbach 1977).

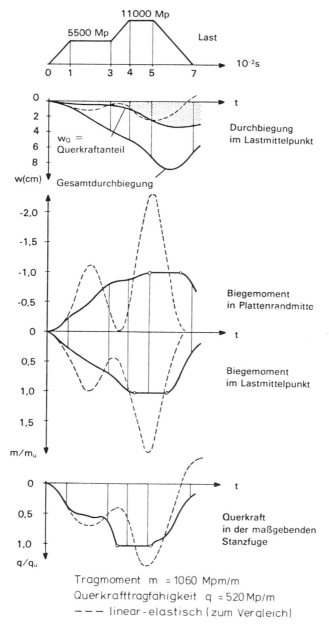

Abb. 15. Zeitliche Verläufe der Schnittgrößen und Verformungen im Auftreffbereich bei Projektilanprall.

— Für die Lastfälle Erdbeben, Druckwelle und Projektilanprall sind die Grenzen der Aufnahmefähigkeit heutiger Anlagenkonzepte nicht erreicht. Dies gilt sowohl hin-

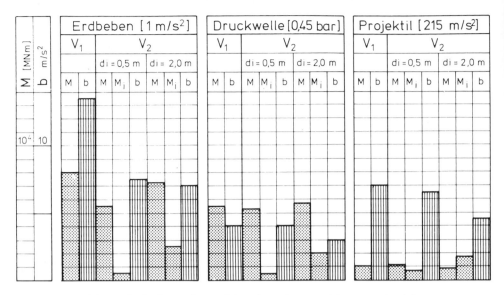

Vergleich der Varianten V_1 und V_2

$$(G_s = 160 \, MN/m^2; \quad r_i \approx 30 \, m; \quad d_a \approx 2,0 \, m)$$

Abb. 16.   Vergleich der Varianten V_1 und V_2.

sichtlich der Standsicherheit als auch hinsichtlich der Erschütterungen. Es wird in dieser Studie festzustellen sein, wo die sinnvollen Grenzen liegen.

Schriftenverzeichnis

Zerna, W., Bindseil, P., Altes J. & Kröger, W. (1977): The Behaviour of Underground Sited Reactor Containment Structures under Extreme External and Internal Load Conditions. − 4th int. Conf. Structural Mechanics in Reactor Technology.

Zerna, W. & Schnellenbach, G. (1977): Studie für den Bundesminister des Innern, Bautechnische Beurteilung der Grubenbauweise unterirdischer Kernkraftwerke im Lockergestein, SR 74.

Kraftwerk Union, Hassmann, K. (1979): Studienprojekt Unterirdische Bauweise von Kernkraftwerken, Analyse des hypothetischen Kernschmelzunfalls für die unterirdische Bauweise, SR 167.

Diskussion

Frage von Herrn Kröger, KFA Jülich, an die Herren Bindseil, Klang:

Bei den unterirdischen Anlagenkonzepten wurde das Schutzpotential für andere Gebäude mitbetrachtet. Ist daran auch bei den alternativen oberirdischen Konzepten gedacht?

Antwort von Herrn Bindseil:

Die oberirdischen Konzepte unserer Studie behandeln schwerpunktmäßig das Reaktorgebäude. Andere Gebäude werden nur qualitativ angesprochen.

Methodische Überlegungen zur wirtschaftlichen Bewertung der unterirdischen Bauweise von Kernkraftwerken

von

Wolfgang Schneider, Michael Dipper und Dieter Flothmann

Mit 1 Abbildung und 4 Tabellen im Text

I. Aufgabenstellung

Es wird schon seit längerem diskutiert, ob durch unterirdische Anordnung von Kernkraftwerken (UKKW) ein erhöhter Schutz der Umgebung von radioaktiver Strahlung nach Kernschmelz-Unfällen (= hypothetische Störfälle) erreicht werden kann. Dieser zusätzliche Schutz gegenüber konventionellen, oberirdischen Bauweisen (OKKW) soll durch ein zweites Containment und durch eine Bodenüberdeckung erreicht werden. Durch beide Barrieren könnte

— bei einem größeren KKW-Unfall die Freisetzung von radioaktivem Material in die Atmosphäre weitgehend verhindert bzw. so lange verzögert werden, daß ausreichend Zeit für vorbeugende Notfallschutzmaßnahmen gewonnen wird und

— ein noch größerer passiver Schutz gegen Einwirkungen von außen, z.B. durch Flugzeugabsturz, Explosionsdruckwelle, Waffenwirkungen usw., erzielt werden.

Jedoch ist dieser potentielle „Sicherheitsgewinn" durch die Untergrundbauweise mit einem erheblichen Mehraufwand verbunden.

Die Vorteilhaftigkeit einer Bauweise ist allerdings ein mehrdimensionaler Begriff, d.h. sie kann unter sicherheitstechnischen, wirtschaftlichen, ökologischen und anderen Zielsetzungen beurteilt werden. Im folgenden soll ausschließlich eine von uns entwickelte Methode zum ö k o n o m i s c h e n   V e r g l e i c h der Bauweisen dargestellt werden.

Im Rahmen dieser Kosten-Nutzen-Untersuchung soll eine durch U-Bauweise möglicherweise erzielbare Reduktion der volkswirtschaftlichen Folgeschäden nach schweren hypothetischen Störfällen den zu erwartenden Kostenerhöhungen bei Bau und Betrieb von unterirdischen Kernkraftwerken gegenübergestellt werden.

Während die Ermittlung der Unterschiede bei den Investitions-, Betriebs- und Stilllegungskosten zwischen beiden Bauweisen methodisch keine besonderen Probleme aufwirft, ist die Ermittlung von Unfallfolgeschäden schwierig. Diese hängen von mehreren Einflußfaktoren ab:

— dem anzunehmenden Quellterm (= Freisetzungskategorien)

— den herrschenden Ausbreitungsbedingungen (Windgeschwindigkeit, Wetterablauf)

— den Gegebenheiten am Standort (Flächennutzung).

Wegen der Fülle möglicher Kombinationen dieser Faktoren wurde die Untersuchung als Fallstudie angelegt. Die Fälle wurden so ausgewählt, daß das mögliche Spektrum der zu erwartenden Folgeschäden vollständig abgedeckt wird. Es wird also nicht nur eine worst-case-Betrachtung angestellt.

Zur Herstellung der Vergleichbarkeit der beiden Bauweisen wird ein technisch möglichst gleichartiges Kraftwerk gewählt, nämlich ein modernes 1300 MW-Kernkraftwerk als Ein-Block-Anlage. Dieses soll einmal in konventioneller oberirdischer und einmal in unterirdischer Anordnung am gleichen Standort stehen. Auf diese Weise sollen Einflüsse, die aus unterschiedlicher Anlagentechnologie, abgegebener Leistung und unterschiedlichen Standortgegebenheiten resultieren, aus der Analyse ausgeschaltet werden.

Es wird gemäß Aufgabenstellung zunächst nur die vollversenkte Grubenbauweise im Lockergestein untersucht, die am ehesten entlang der großen Flußtäler im Bundesgebiet wegen der dort herrschenden bodenmechanischen und hydrogeologischen Situation baubar ist. Da vor allem die Flächennutzung von wesentlichem Einfluß auf die zu erwartenden Schäden ist, soll der Bauweisenvergleich für zwei extrem unterschiedlich strukturierte Standorte durchgeführt werden: für einen küstennahen Standort mit starker landwirtschaftlicher Prägung und geringer Bevölkerungsdichte und für einen im süddeutschen Raum mit relativ starker Besiedlung und Arbeitsplatzdichte.

II. Methodischer Ansatz

Nach Darstellung der Zielsetzung unserer Untersuchung sollen nun die methodischen Ansätze
1) zum Unfallfolgenmodell und
2) zur ökonomischen Bewertung
   von Schäden dargestellt werden.

1) Zunächst zum Unfallfolgenmodell:
Das Unfallfolgenmodell entspricht in seiner Konzeption dem in der Deutschen Reaktorsicherheitsstudie (DRS) benutzten Unfallfolgenmodell, das ausführlicher von Dr. Hofmann, Battelle-Institut behandelt wurde. Auf den Ergebnissen des Unfallfolgenmodells baut das Modell der „Schutz- und Gegenmaßnahmen" auf, das aus zwei Teilen besteht:
a) einem Modell der Maßnahmen zum Schutz von Personen, dem sogenannten Notfallschutzmaßnahmenmodell,
b) einem Maßnahmenmodell zur Beseitigung von Sachschäden (Sanierungsmodell).

Zu a) Notfallschutzmaßnahmenmodell

Da die Grundlage und die Struktur dieses Modells demjenigen der DRS sehr ähnlich ist, kann hier auf eine ausführliche Darstellung verzichtet werden. Im Hinblick auf die spätere ökonomische Bewertung wurde der Maßnahmenkatalog erweitert.
Die in Betracht kommenden Nofallschutzmaßnahmen zeigt Tabelle 1.

Zu b) Sanierungsmodell

In diesem Modell werden Art und Umfang der Maßnahmen zur Minderung bzw. zur nachhaltigen Beseitigung von eingetretenen Sachschäden in der Standortumgebung beschrieben. Diese Maßnahmen sind von der Absicht bestimmt, für die betroffene Bevölkerung nach dem Unfall zumutbare Lebens- und Arbeitsbedingungen wiederherzustellen.
Zum Zweck der Erfassung und Bewertung möglicher Folgeschäden werden folgende S a c h w e r t k a t e g o r i e n unterschieden:

Tabelle 1. Katalog möglicher Notfallschutzmaßnahmen.

— Alarmierung der zuständigen Behörden durch Betreiber
— Bildung von Einsatzstäben
— Durchführung von Immissionsmessungen zum Zweck der Einteilung der Umgebung
  in (sektorale) Aktionsräume
— Alarmierung der Bevölkerung (Aufforderung zum Aufsuchen von Häusern)
— Bereitstellung von Transportmitteln
— Evakuierung bzw. Umsiedlung
— Sperrung stark kontaminierter Flächen und Wassergewinnungsstellen
— Verkehrsumleitungen
— Verbot des Verzehrs lokal erzeugter Lebensmittel und Versorgung der Bevölkerung
  mit nicht kontaminierten Lebensmitteln und Trinkwasser
— Einrichtung von Personendekontaminations- und Schnelldiagnosestellen (Erste Hilfe)
— Unterbringung geschädigter Personen in Krankenhäusern und deren medizinische
  Versorgung
— Unterbringung der evakuierten Bevölkerung in Notquartieren und Versorgung mit
  notwendigen Gebrauchsgütern

1. Produktiv genutzte Kapitalgüter
Es handelt sich dabei um Realkapitalgüter, die der volkswirtschaftlichen Produktion
dienen, mit denen also bei Nutzung Einkommen geschaffen werden.

2. Öffentliche Einrichtungen
   Im betroffenen kontaminierten Gebiet werden auch öffentliche Einrichtungen, wie
z.B. staatliche Krankenhäuser, Schulen, Theater oder Verwaltungsstellen und Einrichtungen der öffentlichen Infrastruktur, liegen.

3. Vermögen der privaten Haushalte
   Hierbei handelt es sich um Vermögenswerte der privaten Haushalte, die konsumtiv
genutzt werden, also um langlebige Konsumgüter.

4. Wohnungsvermögen
   Hierzu zählen alle Wohngebäude im kontaminierten Gebiet.

   Wirtschaftliche Schäden entstehen durch Verluste und Nichtnutzung dieser Vermögenswerte. Die möglichen Schäden werden bestimmt durch Art, Intensität und
räumliche Ausdehnung der Kontamination sowie durch den möglichen Erfolg von
Dekontaminationsmaßnahmen. Gelingt es nicht innerhalb von 1—3 Jahren nach dem
Unfall den unbeschränkten Zutritt in ein Gebiet wiederherzustellen, muß man davon
ausgehen, daß die Eigentümer die nicht mehr nutzbaren Sachgüter wie Produktions-
anlagen, Wohnungen, Infrastruktureinrichtungen an einem anderen Standort wieder
aufbauen. Nach Abschluß des Wiederaufbaus treten volkswirtschaftlich gesehen keine
weiteren Schäden mehr ein.
   Das Modell zur Beseitigung von Sachschäden umfaßt die Maßnahmen gemäß
Tabelle 2.

2) Zur Methode der ökonomischen Bewertung der Unfallfolgen:
   Der Nutzen der U-Bauweise, so wurde eingangs gesagt, kann nur darin bestehen, daß
die nach einem eingetretenen KKW-Unfall entstehenden möglichen Schäden durch

Tabelle 2.   Katalog möglicher Sanierungsmaßnahmen.

— Dekontamination radioaktiv verseuchter Gebäude und Flächen
— Herausholen und Dekontamination von mobilen produktiv und konsumtiv genutz-
  ten Vermögenswerten
— Ersatzbeschaffung von nicht mehr nutzbaren, konsumtiven Vermögensbeständen
  (private Vermögen)
— Neubau nicht nutzbarer Kapitalgüter (Produktionseinrichtungen, Wohnungen) und
  öffentlicher Einrichtungen außerhalb des kontaminierten Gebietes differenziert
  nach Wirtschaftszweigen

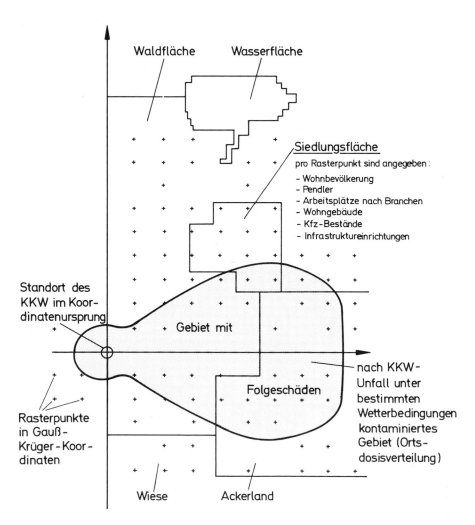

Abb. 1.   Aufbau und Inhalt der „Datenbank" zur Ermittlung der physischen Schäden.

radioaktive Kontamination der Umgebung des Kraftwerks geringer sind als bei der O-Bauweise oder daß solche Ereignisse seltener eintreten. Der potentielle Nutzen der U-Bauweise von Kernkraftwerken besteht also in vermiedenen Schäden, die volkswirtschaftlich in Einkommenseinbußen, d.h. an einer Verminderung des Sozialprodukts gemessen werden.

Worin bestehen nun die wirtschaftlichen Schäden?

1. Unmittelbar nach dem unterstellten schweren KKW-Unfall werden zur Reduzierung der Folgen Schutzmaßnahmen ergriffen, die Produktionsfaktoren aus ihrer normalen Verwendung abziehen. Der mit den Notfallschutzmaßnahmen verbundene Aufwand an Personal- und Sachmitteln dient als Maßstab für die volkswirtschaftlichen Nutzeneinbußen.
2. Durch das Verbot des Zutritts zu dem kontaminierten Gebiet können Kapitalgüter zumindest zweitweise nicht genutzt werden. Dadurch entstehen Einkommensverluste oder mit Einkommenseinbußen bewertbare Nutzeneinbußen. Bei längerfristigem Zutrittsverbot müßten darüber hinaus Produktionsfaktoren zu deren Wiederaufbau gebunden werden.
3. Die Maßnahmen zur Beseitigung der Schäden, z.B. die Dekontaminationsmaßnahmen, binden ebenfalls Produktionsfaktoren, die anderweitig hätten eingesetzt werden können.
4. Durch Sperrung des kontaminierten Gebietes entstehen auch bei mittelbar Betroffenen Schäden, weil sie Umwegfahrten in Kauf nehmen müssen.

Tabelle 3. Für 1980 ermittelte Nettowertschöpfung je Beschäftigten zu Faktorkosten in der Bundesrepublik Deutschland.

Wirtschaftszweig	DM/a
Land- und Forstwirtschaft, Fischereiwesen	18 000
Energie- und Wasserversorgung	46 000
Bergbau und Öl	89 000
Chemie	58 000
Kunststoff, Gummi, Asbest	53 000
Steine, Erde, Keramik, Glas	41 000
Eisen, Stahl, NE-Gießereien	39 000
Maschinen- und Fahrzeugbau	77 000
Elektrotechnik, Feinmechanik, Optik, EBM	39 000
Holz, Papier, Druck	58 000
Leder, Textil, Bekleidung	19 000
Nahrungs- und Genußmittel	22 000
Gesamtes Baugewerbe	49 000
Handel	33 000
Verkehr	52 000
Kredit- und Versicherungsgewerbe	79 000
Sonstige Dienstleistungen	37 000
Staat	62 000
Handwerk	34 000
Post	56 000

Wie werden diese Schadenskategorien nun in Geldgrößen überführt?

Grundlage der Bewertung bildet ein sehr differenziertes Datengerüst, das Auskunft über Bevölkerungsverteilung und Sachwertbestände in der Umgebung des Standortes gibt. Dazu wurden etwa 50 Merkmale aus den amtlichen Großzählungen, Arbeitsstättenzählung, Volkszählung, Gebäude- und Wohnungszählung, Flächennutzungsstatistik kleinräumig in einer Datenbank zusammengetragen. Abb. 1 gibt einen Einblick in die räumliche Datenstruktur der Datenbank.

III. Erzielbare Ergebnisse und ihre kritische Würdigung

Zur volkswirtschaftlichen Bewertung der U-Bauweise können verschiedene Ergebnisse der Untersuchung herangezogen werden.

Durch die Vielzahl der durchgerechneten Fälle im Unfallfolgenmodell erhält man als Ergebnis eine entsprechende Anzahl von S c h a d e n s a u s m a ß d i f f e r e n z e n (S) als „Nutzen" und mehrere Kostendifferenzen (K) als „Kosten der U-Bauweise" in Abhängigkeit von der Zahl der ausgewählten Standorte. Man kann daraus in Verbindung mit Eintrittswahrscheinlichkeiten die mathematischen Ausdrücke gemäß Tabelle 4 bilden.

1. Der erste Ausdruck setzt die prozentualen Kostenerhöhungen durch U-Bauweise in Beziehung zu den dadurch möglichen prozentualen Schadensminderungen für mehrere Standorte und Sektoren.

Tabelle 4.   Formale Darstellungsmöglichkeiten der Untersuchungsergebnisse.

1. Zum mittleren Schadensausmaß bzw. mittleren absoluten Nutzen

$$\frac{\left[\, i\,(\overline{K}_o - \overline{K}_u)\right] \times 100}{i\,\overline{K}_o} \quad zu \quad \frac{(\overline{S}_o - \overline{S}_u) \times 100}{\overline{S}_o}$$

mit:

$$\overline{S} = \frac{\sum\limits_{ij} S_{ij} \cdot P_{ij}}{\sum\limits_{ij} P_{ij}} \quad und \quad \overline{K} = \frac{\sum\limits_{i} K}{i}$$

u = Index für U-Bauweise
o = Index für O-Bauweise
i = Index für Standort(-sektor)
j = Index für durchgerechneten „Fall" (abhängig von gewählten Freisetzungskategorien und Wettersituationen)
p = Häufigkeit eines Schadenseintritts bei U- bzw. O-Bauweise pro Betriebsjahr
K = Kosten des Referenzkraftwerks am betrachteten Standort
S = Schadensausmaß am Standort für den durchgerechneten Fall

2. Zum Schadens- bzw. Nutzenrisiko

$$\frac{\sum\limits_{ij} S_{o_{ij}} \times P_{o_{ij}}}{i} - \frac{\sum\limits_{ij} S_{u_{ij}} \times P_{u_{ij}}}{i}$$

minus bzw. dividiert durch

$$\sum (K_{o_i} - K_{u_i}) : (i \times Lebensdauer des Kraftwerks in Jahren)$$

2. Weiter sind durch Multiplikation der Schadensausmaße mit ihren Eintrittswahrscheinlichkeiten Werte für „Schadens-" bzw. „Nutzenrisiken" zu bilden, die unmittelbar miteinander in Beziehung gesetzt werden können. Tabelle 4 zeigt auch diesen Ausdruck.

Beide Ausdrücke als mittlere Werte und als maximale Einzelwerte für einen Fall je Standort stellen geeignete wirtschaftliche Bewertungsmaßstäbe dar.

Sie können selbstverständlich keine endgültige Antwort auf die wirtschaftliche Vorteilhaftigkeit der U-Bauweise von Kernkraftwerken geben. Dazu müßten in analoger Weise alle übrigen technisch realisierbaren und genehmigungsfähigen Ertüchtigungsmaßnahmen für oberirdische Kraftwerke durchgerechnet werden. Deren Ergebnisse müßten dann mit den entsprechenden Kosten/Nutzen-Relationen für die U-Bauweise verglichen werden. Das von uns entwickelte Instrumentarium ist dafür geeignet.

Die technischen, wirtschaftlichen und rechtlichen Aspekte der unterirdischen Bauweise von Kernkraftwerken aus der Sicht eines Betreibers

von

K. Stäbler und U. Mutschler

Mit 2 Abbildungen im Text

In meinem Referat kann ich Ihnen nicht die Ergebnisse einer sicherheitstechnischen Expertise über eine der vielen zum Thema gehörenden Fachfragen mit dem Gewicht von einigen Mannjahren vortragen. Ich möchte vielmehr versuchen, Ihnen qualitativ die Gedankengänge vorzustellen, die sich zu dem Thema dieser Tagung bei einem von denen einstellen, die in der Energiewirtschaft als Projektträger und Betreiber von Kernkraftwerken die Entwicklung der Kernenergie in diesem Land in der Vergangenheit mitgetragen haben. Da dieser Gruppe wohl auch in Zukunft eine bedeutsame Rolle beim Ausbau der Kernenergie zukommt, meine ich, daß es für die Befürworter eines neuen Konzeptes von erheblicher Bedeutung ist, diese Gruppe vom Nutzen des neuen Konzeptes zu überzeugen. Dazu gehört aber, daß Sie die einzelnen Gründe der in dieser Gruppe der Fachwelt heute überwiegend abwehrenden Haltung zur unterirdischen Bauweise (u.i.B.) von Kernkraftwerken kennenlernen. Ich will dies in nachfolgendem versuchen. Eines sei zur Vermeidung von Mißverständnissen jedoch vorausgeschickt:

Die EVU als Projektträger waren in den letzten 10 Jahren häufig die eigentlich Leidtragenden und ihre Vertreter häufig vor Ort im wahrsten Sinne des Wortes die Prügelknaben der im ganzen unerfreulichen Auseinandersetzung um die Kernenergie in diesem Land.

Sie können deshalb davon ausgehen, daß gerade in dieser Gruppe das Bedürfnis, ihre Tätigkeit im breiten Konsens mit dieser Gesellschaft durchzuführen, in außerordentlichem Maße vorhanden ist und daß jede L ö s u n g, die dieses Ziel erreichen läßt, gerade von dieser Gruppe als E r l ö s u n g angesehen wird. Allerdings darf sie auch keine Scheinlösung sein und damit im Konflikt zur ehrlichen, fachlichen Überzeugung stehen.

Meine Darlegungen sind also nicht apodiktische Feststellungen, sondern die Erläuterung einer Haltung dieser Gruppe, die beim heutigen Erkenntnisstand aus ihrer Erfahrung die unterirdische Bauweise ablehnt. Dabei muß daran erinnert werden, daß zu Beginn der friedlichen Nutzung der Kernenergie die Betreiber den Gedanken der unterirdischen Bauweise von Kernkraftwerken durchaus hatten und ihn in den Kernkraftwerken Lucens und Chooz realisierten.

1. Technische Aspekte

1.1 Phasen der sicherheitstechnischen Entwicklung und Diskussion in der BRD

Die Folien 1 und 2 zeigen Ihnen einen Überblick über die sicherheitstechnische Entwicklung der Kernkraftwerkstechnik und der Fachdiskussion in den letzten 15 Jahren.

Ich will nicht im einzelnen auf diese Darstellung eingehen, lediglich festhalten, daß wir in den letzten 3–4 Jahren ohne neue Auslegungsstörfälle und neue Bruchannahmen eine sehr fruchtbare und effiziente ingenieurmäßige Fortentwicklung der Sicherheit durch primäre Maßnahmen z.B. der Basissicherheit und im Gefolge von TMI hatten.

Unsere Sorge ist, erneut in eine Phase zu kommen, in der die Erfüllung entfernt liegender Schutzziele die eigentliche Ingenieurkapazität in Beschlag nimmt und die begrenzt vorhandene Kapazität an h o h e m Sachverstand von der Reduktion wesentlicher Risikobeiträge abhält. Lassen Sie mich dies sehr allgemein vorausschicken und damit zur eigentlichen sicherheitstechnischen Betrachtung der unterirdischen Bauweise kommen.

1.2 Sicherheitstechnische Einordnung der unterirdischen Bauweise

Zur Erläuterung möchte ich aus meinem Vortrag im letzten Jahr in Dortmund über „Einführung in die Basissicherheit" hier nochmals die wesentlichen Gründe — ohne die dort gegebenen Beispiele und Erläuterungen — für den aus unserer Sicht notwendigen Vorzug primärer vor sekundären Maßnahmen beim erreichten Stand der Technik vortragen:

1) Sekundäre Maßnahmen, also Einrichtungen zur Unfallf o l g e n b e g r e n z u n g (Schadenseindämmung) behindern häufig die optimale Nutzung einer technischen Einrichtung und erhöhen nicht selten die Gefahr des Unfalle i n t r i t t s und der Unfalla u s w e i t u n g.
Angewandt auf die u.i.Bauweise:
Durch die u.i.B. sind Erschwernisse des Normalbetriebes während des jährlichen BE-Wechsels und der damit verbundenen Wartungs- und Instandhaltungs- und Reparaturarbeiten durch längere und schwierige Transportwege gegeben. Zu beachten ist dabei, daß in diesem Zeitraum nahezu 500–1000 Personen zusätzlich in das Kraftwerk kommen. Mag man diese Erschwernisse, so unangenehm sie sind, als überwindbar ansehen, so dürften sich doch z.B. gravierende Probleme gegenüber der oberirdischen Bauweise bei größeren Umrüstarbeiten ergeben, wie sie derzeit bei den Siedewasserreaktoren durchgeführt werden. Bei unterirdischer Anordnung würden erhebliche zusätzliche Probleme aufgeworfen. Bestimmte vorteilhafte technische Lösungen, z.B. Anbauten oder wesentliche Veränderungen der räumlichen Anordnung der Systeme könnten nicht realisiert werden.

2) Sekundäre Maßnahmen sind schwierig zu planen und ihre Wirksamkeit schwierig nachzuweisen, da häufig Annahmen über einen z.T. schwer prognostizierbaren Unfallablauf zu treffen sind. Der Ereignisablauf und damit die Schutzwirkung können oft nur unzulänglich im Versuchsstand simuliert werden.
Angewandt auf die u.i.Bauweise:
Die Wirkung der Erdüberschüttung als zusätzliche Barriere im extremen Störfall ist integral in ihrer Schutzwirkung nicht nachzuweisen. Gegenüber dem SHB[*], dessen Dichtheit und auch Abschlußwirkung selbst in der Wiederholungsprüfung exakt zu ermitteln ist, könnte die Filterwirkung der Erdüberschüttung und ihre Homogenität nur im integralen Test mit Störfall-Atmosphäre verläßlich ermittelt werden.

---

[*] Sicherheitsbehälter

3) Sekundäre Maßnahmen lassen definitionsgemäß einen Schaden — zumindest einen begrenzten Sach- bzw. Personenschaden zu.

Angewandt auf die u.i.Bauweise:

Die zusätzliche Barriere einer Erdüberschüttung hat keine Schutzwirkung bezüglich des in der Anlage auftretenden Sach- bzw. Personenschadens. Die Schadensbegrenzung beginnt an der Peripherie der Anlage. Das Schadensausmaß in der Anlage wird bei u.i.B. durch z.T. schwierigere und längere Fluchtwege sowie durch die Behinderung störfallbegrenzender Maßnahmen eher vergrößert. Ich werde darauf noch näher im Kapitel Sabotage eingehen. Auch sanierende Maßnahmen nach dem Unfall, wie sie z.B. im Kernkraftwerk TMI in den nächsten Jahren durchgeführt werden müssen, sind mit Sicherheit bei u.i.B. sehr viel schwieriger und aufwendiger.

1.3. Bewertung ober- und unterirdischer Bauweise im Spektrum von Störfallannahmen

Eine Änderung des Konzeptes wäre dann notwendig, wenn die Betriebs- im besonderen die Unfallerfahrung bzw. neue theoretische Erkenntnisse das bisherige Konzept als nicht ausreichend erkennen lassen. Wir sehen solchen Anlaß nicht.

1.3.1 Anlageninterne Störfälle

Die anlageninterne Störfälle liefern nach der Deutschen Reaktorsicherheitsstudie den weitaus größten Risikobeitrag zum Kernschmelzen und auch zur Freisetzung von Spaltprodukten. Der Risikobeitrag äußerer Einwirkungen tritt demgegenüber zurück. Betrachtet man die einzelnen Freisetzungskategorien der Deutschen Reaktorsicherheitsstudie und den dazu vorgestellten Ereignisablauf und untersucht man in dieser Perspektive den Nutzen einer unterirdischen Bauweise, so ergibt sich für uns folgendes Bild:

Zur Freisetzungskategorie 1:

Die wissenschaftlichen Erkenntnisse zu diesem Thema liefern mehr und mehr die Überzeugung, daß es sich hier um ein Scheinthema handelt und die wissenschaftlichen Untersuchungen wohl mit dem Ergebnis abgeschlossen werden, daß die bei zivilen Reaktoren vorstellbaren Ereignisse nicht zu einer Wasserdampf-Explosion führen werden. Gerade weil die Wasserdampf-Explosion wegen ihrer möglichen s c h n e l l e n Freisetzung von g r o ß e n Spaltproduktmengen eine Sonderstellung unter den hypothetischen Störfällen einnimmt, ist die hier zu erwartende Klärung von hoher Bedeutung. In dieser Situation wäre allerdings die Ausrichtung von Maßnahmen auf die Beherrschung dieses Störfalles verfehlt. Daraus kann sich also keine Begründung für die unterirdische Bauweise ergeben. Ähnliches gilt für die unter Freisetzungskategorie 1 fallende Wasserstoffexplosion.

Zur Freisetzungskategorie 2:

Bei diesen Kernschmelzunfällen werden Leckagen im Sicherheitsbehälter mit abnehmender Größe unterstellt, wobei das Versagen der Abschlußfunktion des SHB wohl dominant ist. Die technische Antwort darauf ist folgerichtig allein die Verbesserung der Abschlußfunktion durch eine Erhöhung der Funktionssicherheit, auch der Auslösesignale bzw. u.U. der Redundanz der Abschlußorgane und keineswegs die Errichtung einer zusätzlichen Barriere. Das Problem des sicheren Abschlusses der Lüftungsleitungen besteht ja auch für jede weitere Barriere.

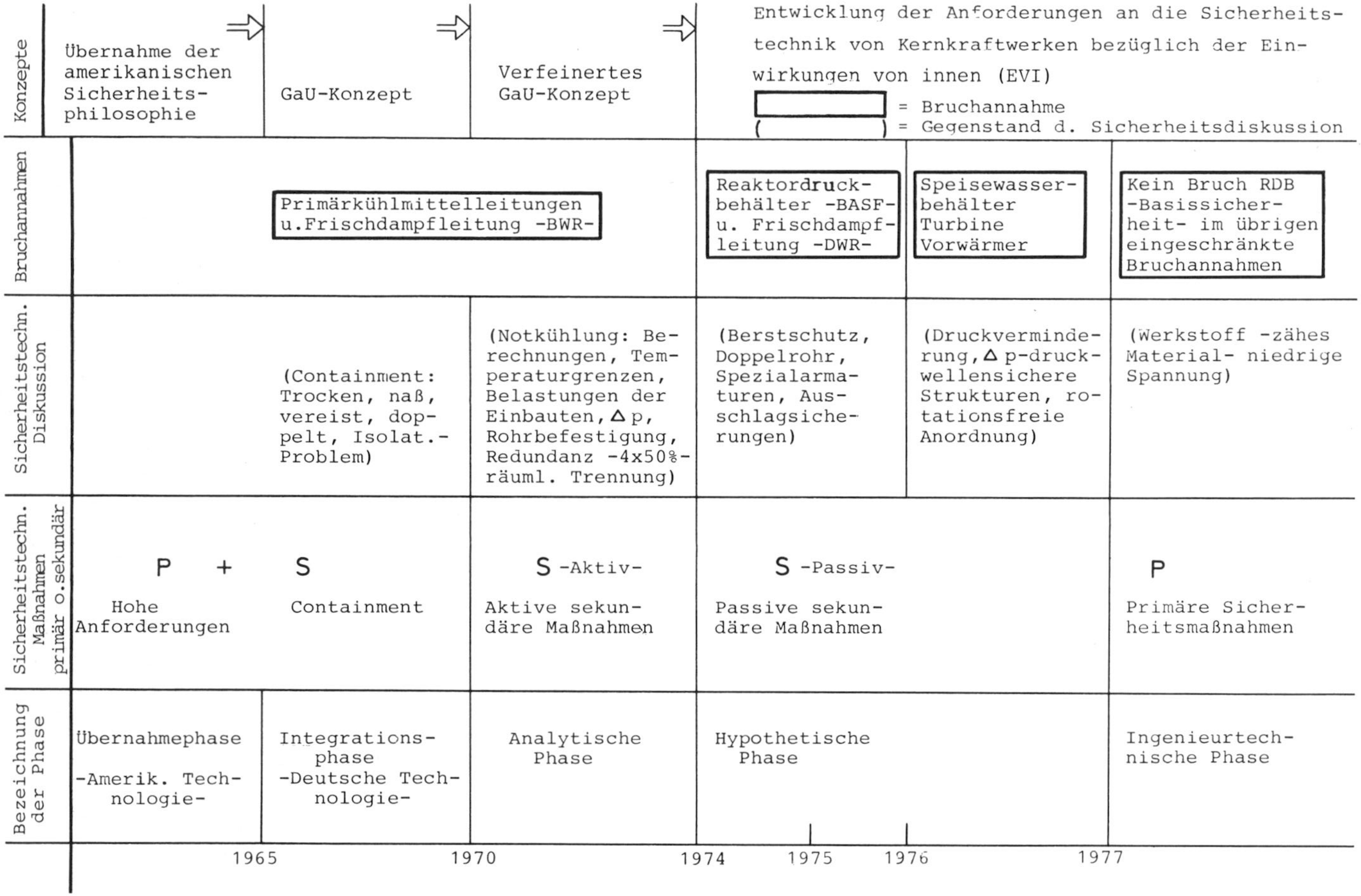

Entwicklung der Anforderungen an die Sicherheitstechnik von Kernkraftwerken bezüglich der Einwirkungen von innen (EVI)

□ = Bruchannahme
(□) = Gegenstand d. Sicherheitsdiskussion

Phase	1965	1970	1974	1975	1976	1977
Konzepte	Übernahme der amerikanischen Sicherheitsphilosophie	GaU-Konzept ⇑	Verfeinertes GaU-Konzept ⇑ ⇑			
Bruchannahmen		Primärkühlmittelleitungen u.Frischdampfleitung –BWR–		Reaktordruck-behälter –BASF- u. Frischdampf-leitung –DWR–	Speisewasser-behälter, Turbine, Vorwärmer	Kein Bruch RDB –Basissicher-heit– im übrigen eingeschränkte Bruchannahmen
Sicherheitstechn. Diskussion	(Containment: Trocken, naß, vereist, doppelt, Isolat.-Problem)	(Notkühlung: Berechnungen, Temperaturgrenzen, Belastungen der Einbauten, Δp, Rohrbefestigung, Redundanz –4x50%– räuml. Trennung)		(Berstschutz, Doppelrohr, Spezialarmaturen, Aus-schlagsicherungen)	(Druckverminderung, Δp-druck-wellensichere Strukturen, rotationsfreie Anordnung)	(Werkstoff –zähes Material– niedrige Spannung)
Sicherheitstechn. Maßnahmen primär o.sekundär	P + S, Hohe Anforderungen	P + S, Containment	S -Aktiv-, Aktive sekundäre Maßnahmen	S -Passiv-, Passive sekundäre Maßnahmen		P, Primäre Sicherheitsmaßnahmen
Bezeichnung der Phase	Übernahmephase –Amerik. Technologie–	Integrationsphase –Deutsche Technologie–	Analytische Phase	Hypothetische Phase		Ingenieurtechnische Phase

Abb. 1.   Einwirkungen von innen.

Zur Freisetzungskategorie 5 und 6:

Bei diesen Freisetzungskategorien öffnet nicht das Versagen des Sicherheitsbehälterabschlusses, sondern das Versagen der d r u c k f ü h r e n d e n Wandung des Sicherheitsbehälters den Freisetzungspfad. Dieses Versagen stellt beim Kernschmelzunfall ohne erfolgreiche Gegenmaßnahme eine zwangsläufige Folge der verschiedenen Arten der E n e r g i e f r e i s e t z u n g im Gefolge des Kernschmelzens dar.

Hier bieten sich jedoch bei einer Forderung nach Gegenmaßnahmen allenfalls zusätzliche Wärmeabfuhr durch eine Sprüheinrichtung außen am SHB an. Ein Versagen der druckführenden Wandung aus Überdruck kann damit verhindert werden. Sollte im Vordergrund der Befürwortung einer u.i.B. die Filterwirkung der Erdüberschüttung sein, so scheinen mir die auch auf diesem Symposium vorgetragenen Überlegungen eines „Vented Containment" — trotz grundsätzlicher Vorbehalte gegenüber einer solchen Lösung — wohl näher zu liegen. Auch könnte die Filterwirkung einer Erdüberschüttung dadurch erreicht werden, daß über ein Rohrleitungssystem die Störfallatmosphäre aus dem SHB oder aus dem Ringraum unter Erde gepumpt wird. Es ist eigentlich schwer verständlich, daß zur Erreichung dieses Zieles das g e s a m t e Kraftwerk unter Erde versenkt werden muß.

Freisetzungskategorie 7 und 8:

Hier handelt es sich um beherrschte Kühlmittelverluststörfälle, die lange Freisetzungszeiten und geringe Freisetzungsraten beinhalten.

Die Einschlußfunktion ist im wesentlichen sichergestellt. Eine zusätzliche Barriere ist überflüssig oder von nur geringem Wert.

1.4 Einwirkungen von außen

1.4.1 E r d b e b e n , F l u g z e u g a b s t u r z , G a s w o l k e

Aus diesem Bereich (Erdbeben, Flugzeugabsturz, Gaswolke, Versagen von Komponenten im Maschinenhaus) ergeben sich wegen des geringen Risikobeitrages gemäß der Deutschen Risikostudie keine Argumente für eine u.i.B. Zudem scheint das seismische Verhalten der u.i.B. bei geschichteten Böden sehr problematisch zu sein und ist noch keineswegs ausreichend untersucht.

Die oberirdische Bauweise bietet hingegen gegen Erdbeben ausreichenden Schutz. Es bleiben also kriegerische Einwirkungen und Sabotage.

1.4.2 S a b o t a g e

Über Sabotage läßt sich öffentlich schlecht diskutieren. Das uns von den Sabotageexperten mitgeteilte Pauschalergebnis lautet, daß die u.i.B. als vorteilhaft angesehen wird. Für uns ist es schwierig zu verstehen, daß gerade bei der u.i.B., wo die in der Störfallsituation wichtigen Nervenstränge eines Kernkraftwerkes wie die Versorgungswege für Wasser und Elektrizität, einen deutlich erkennbaren Ansatzpunkt für terroristische Handlungen geben, der Schutz vor Sabotage sehr hoch sein soll, zudem die Wärmesenken auch bei u.i.B. oberirdisch sind. Auch ist zu vermuten, daß von diesen Experten nur eine einseitige Betrachtung der Schutzwirkung gegen die E i n l e i t u n g t e r r o r i s t i s c h e r M a ß n a h m e n angestellt wurde, ohne dagegen die Nachteile zu bilanzieren, die die u.i.B. für die E i n l e i t u n g v o n G e g e n m a ß n a h m e n zur Sabotagefolgenbegrenzung aufweist. Die Flexibilität zur Einleitung von vernünftigen Gegenmaßnahmen, z.B. Zuführung von Wasser oder Elektrizität auf impro-

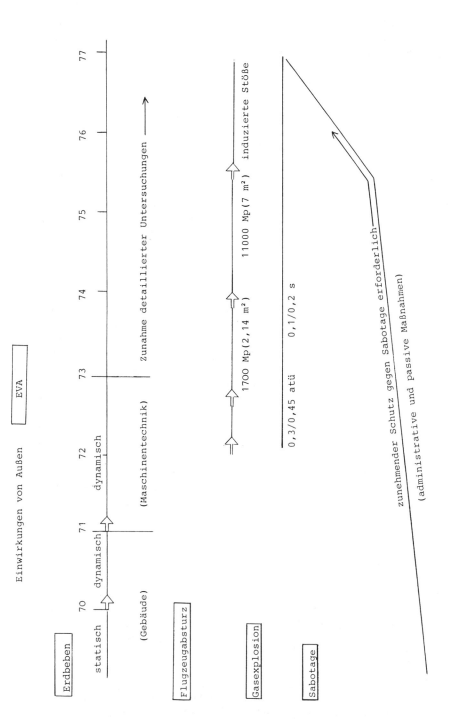

Abb. 2.   Einwirkungen von außen.

visierten Versorgungswegen, ist aufgrund der größeren Mobilität im freien Gelände und vor allem der besseren Zugänglichkeit der Anlage bei oberirdischer Bauweise wesentlich günstiger. TMI hat wohl hierfür auch Lehrreiches beigesteuert.

1.4.3 Kriegerische Einwirkungen

Hier sei vorausgeschickt, daß mit Sicherheit, wenn es um den Schutz der Bevölkerung im Kriegsfall geht, der Bau eines Atombunkers bzw. bombensicherer Luftschutzräume unvergleichlich viel wichtiger und dringender wäre als die Beseitigung des zusätzlichen Restrisikos der Kernkraftwerke im Kriegsfall.

Wendet man sich aber trotzdem diesem Gedanken zu, so wird man sicherlich einige Formen kriegerischer Auseinandersetzung eliminieren müssen.

Die Betrachtung von Einwirkungen auf KKW bei einer kriegerischen Auseinandersetzung mit A t o m b o m b e n wäre ein Widerspruch in sich, da hier die zusätzliche Gefährdung aus der Zerstörung von Kernkraftwerken irrelevant ist. Es wäre also nur an konventionelle kriegerische Auseinandersetzungen zu denken, und zwar nur an diejenigen, bei denen das anti-nukleare Tabu durch Zerstörung von Kernkraftwerken zu irgendeinem Zeitpunkt verletzt würde.

Nun läßt sich im besonderen Konfliktfeld der Auseinandersetzung zwischen Ost und West in Mitteleuropa und damit im Bereich einer der großen Massierungen des Industriepotentials von West und Ost heute und in absehbarer Zukunft eine beschränkte konventionelle Auseinandersetzung nur schwer vorstellen. Bei der Bedeutung dieses Raumes würde beim Unterliegen die Versuchung zur nuklearen Eskalation sehr hoch sein. Eine Verletzung des anti-nuklearen Tabus aber allein durch einen konventionellen Angriff auf Kernkraftwerke stellte einen sehr schwer kalkulierbaren Akt der Kriegsführung dar — sowohl was den Erfolg wie auch die daraus mögliche Eskalation betrifft.

Unterstellt man aber dennoch eine konventionelle Auseinandersetzung die Zerstörung von Kernkraftwerken im mitteleuropäischen Raum irgendwann in den nächsten 50 Jahren, so sind bei diesem Szenario einige Aspekte zu bedenken. Unter der Annahme einer Bedrohung aus dem Osten wäre in einer konventionellen Auseinandersetzung die Zerstörung von Kernkraftwerken bei den vorherrschenden Westwinden gerade für einen Angreifer aus dem Osten von höchst ungünstiger Auswirkung. Auch muß davon ausgegangen werden, daß bei dem jetzt schon und in Zukunft noch stärker im Gang befindlichen Ausbau von Kernkraftwerken in den Comeconländern mit einem solchen Angriff auch die eigene Verletzlichkeit eines Angreifers aus dem Osten sich erheblich steigern würde.

1.5 Genehmigungstechnische Schwierigkeiten

Erlauben Sie mir die saloppe Bemerkung:

Jeden in der Praxis stehenden Projektleiter, der ohnehin angesichts der Aufgabe, ein Kernkraftwerk bauen zu müssen, täglich mehrmals über seine Frustrationsschwelle springt, würde angesichts der Aufgabe, ein unterirdisches Kraftwerk abzuwickeln, das blanke Entsetzen befallen. Sein einziger Trost würde darin bestehen, daß er in diesem Fall wohl mit Sicherheit vor Vollendung des Kraftwerks die Ruhestandsgrenze erreichen würde.

Der beruhigende Hinweis, man könne dieses Schutzziel deterministisch vorgeben, wird ihn nicht beruhigen. Er hat es in den letzten Jahren immer wieder erlebt, wie eine grobstrukturierte und auch so gewollte Schutzvorgabe z. B. durch die RSK im

Begutachtungs- und Genehmigungsprozeß dann immer perfekter bis in die absurdesten Ereignisverästelungen hinein durchdacht und mit Hinweis auf das Schutzziel als beherrscht nachgewiesen werden mußte. Bereits beim heutigen vielfach gebauten Konzept haben wir eine Situation erreicht, die durch Akkumulation und Eskalation und Dokumentationsanforderungen den Ausbau der Kernenergie entscheidend hemmt.

1.6 Technische Beurteilung durch die Öffentlichkeit

Sekundäre Maßnahmen wie die u.i.B. sind Außenstehenden in ihrer Schutzwirkung verständlicher als primäre Maßnahmen zur Unfallverhinderung. Diese verlangen zum Verständnis hohe technologische Kenntnisse und ein Eindenken in komplexe Ereignisablaufketten und Zuverlässigkeitsanalysen. Mit dem Vorschlag auf u.i.B. wird deshalb häufig die Hoffnung auf erhöhte Akzeptanz durch die u.i.B. verknüpft. Dem Praktiker, der aus vielen Diskussionen mit der Bevölkerung die Sorge in der Bevölkerung z.B. gerade um das Grundwasser kennt, kommen hier allerdings Zweifel. Die These „aus den Augen aus dem Sinn" wird sich hier mit Sicherheit nicht bewahrheiten. Das Mißtrauen, Probleme oder Auswirkungen würden einfach „verdeckt", könnte gerade bei der u.i.B. in der Öffentlichkeit stark vorhanden sein, stärker als bei einer offen daliegenden Anlage, die auch dem Laien eine bestimmte sichtbare Kontrolle gestattet.

Ein letztlich beherrschender Kühlmittelstörfall wie in TMI hätte mit Sicherheit bei unterirdischer Anordnung die Unruhe in der Bevölkerung nicht vermindert. Ich glaube eher verstärkt. Zumindest hätten es die Medien auch bei u.i.B. verstanden, ebenso große Unruhe zu verbreiten. Ein Indiz für diese Befürchtungen sind auch die starken Bedenken, die gegenüber der unterirdischen Endlagerung radioaktiver Abfälle bestehen, obwohl diese unter Abschluß von der Biosphäre unter Erde erfolgt. Die Annahmen einer geringeren Sensibilität der Öffentlichkeit bei unterirdischen Lösungen ist mit Sicherheit nicht gegeben. Auch dem Laien leuchtet ein, daß das Potential gezielter, auf den tatsächlichen Unfallablauf abgestimmter Maßnahmen bei oberirdischer Bauweise wegen der dann gegebenen größeren Mobilität und Flexibilität mit Sicherheit größer ist als bei der u.i.B.

2. Wirtschaftliche Aspekte

Ein 1300 MW DWR-Kraftwerk hat heute einen Sollerrichtungszeitraum von mindestens 75 Monaten. Die Praxis der letzten Projekte zeigt jedoch, daß eher mit einem Errichtungszeitraum von ca. 90 Monaten – also $7\frac{1}{2}$ Jahren – zu rechnen ist – die ersten kommerziellen Kraftwerke in der BRD hatten bei einer durchaus respektablen Leistung von ca. 300 MW als Erstausführung eine Bauzeit von ca. 4 Jahren, also etwa die Hälfte. Die Kosten belaufen sich heute auf ca. 4,5 Mrd. DM, wovon allein ca. 1,5 Mrd. zu Lasten von Bauzinsen und Bausteuern gehen. Die sicherheitstechnischen Aufwendungen für ein 1300 MW-Kraftwerk steigerten sich inflationsbereinigt in den letzten 5 oder 10 Jahren um ca. 12–13 Mio DM/pro Monat.

Diese Kostenentwicklung wird offensichtlich auch angesichts der gesamtwirtschaftlichen Situation nicht sehr ernst genommen. Man beruhigt sich mit dem Hinweis, Atomstrom sei immer noch 3–5 Pfennig/kWh billiger als z.B. Kohlestrom. Man vergißt jedoch dabei, daß durch diese Entwicklung sich die Risiken des Investors beim Bau der Anlagen drastisch verändert haben. Die nahezu doppelt so langen Bauzeiten, im wesentlichen verursacht durch das sogenannte „dynamische Vorsorgegebot" erzeugen eine immer stärkere Divergenz zwischen der geplanten Ausführung des Kraftwerks und dem Ausführungszustand am Ende der Bauzeit. Hinzu kommt die Gefahr, daß die Anlagen selbst kurz bzw. nach der Inbetriebnahme zur Anpassung an den Stand von Wissenschaft und Technik für längere Zeit stillgelegt werden müssen. Die zu diesem Zeitpunkt v o l l getätigten Investitionen belasten dann die Unternehmen mit dem gesamten Kapitaldienst der außerordentlich hohen Investition.

Überlagert besteht das Risiko der sich langjährig hinziehenden verwaltungsgerichtlichen Überprüfung, die die Rechtssicherheit für die Investition erst mit Rechtskraft der letztinstanzlichen Entscheidung bringt — in der Regel erst lang nach dem die Investition voll erbracht ist.

Die aus diesen Risiken entstehenden betriebs- und volkswirtschaftlichen Verluste sind letzten Endes allein vom Endverbraucher zu tragen. Die höheren Preise für deutsche Kernkraftwerke gefährden den Absatz auf dem Weltmarkt und damit Arbeitsplätze in dieser Branche; die hohen Stromerzeugungskosten inländischer Kernkraftwerke verteuern die gesamte Produktion von Industriegütern und damit alle Arbeitsplätze. Eine u.i.B. von Kernkraftwerken in der BRD würde diese Risiken mit einem Kostensprung von weiteren 700—800 Mio DM noch weiter verschärfen, wobei die längere Bauzeit von mindestens zusätzlichen 1—2 Jahren den Errichtungszeitraum für ein Kernkraftwerk auf ca. 10 Jahre erhöhen würde. Dabei sind Verzögerungen aus dem Genehmigungsverfahren bei u.i.B. nicht berücksichtigt.

Die zusätzlichen Aufwendungen für eine u.i.B. in der Größenordnung von 700—800 Mio DM sind auch unter dem Gesichtspunkt einer Kosten-Nutzenbetrachtung zu überprüfen. Die in der Zwischenzeit vorliegende Deutsche Risikostudie eröffnet neue Möglichkeiten, derartige Bewertungen durchzuführen.

Die Deutsche Risikostudie bestätigt die in der Fachwelt bereits früher vermuteten quantitativen Zusammenhänge der Risikoverteilung und die von uns früher bereits vorgenommene Bewertung verschiedener Forderungen im deutschen Genehmigungsverfahren. Z.B. ergibt sich, daß Maßnahmen, die geeignet sind, das Kernschmelzen aus den dominanten Störfällen wie „kleines Leck/Notstromfall" um den Faktor 10 zu vermindern, eine Verringerung des Gesamtrisikos ebenfalls um einen Faktor in der Größenordnung 10 mit sich bringen. Maßnahmen dagegen, die auf eine weitere Senkung der 10^{-6} und 10^{-7}/a Risiken abzielen, können auch bei angenommenen völligem Ausschluß dieser Risiken im Vergleich zu den oben angeführten Fällen nur zur Verminderung des Gesamtrisikos im Bereich von 1 % führen. Nimmt man nun noch die Betrachtung der Kostenseite hinzu und stellt fest, daß bestimmte Maßnahmen, die zu einer Risikoreduktion um den Faktor 10 führen, in die Größenordnung von 10er Millionen und bestimmte Maßnahmen im Risikofeld 10^{-6}/10^{-7} in die 100er Millionen gehen, dann zeigt sich, daß das Kosten-Nutzen-Verhältnis der Maßnahmen im hypothetischen Bereich um das 1000fache schlechter zu bewerten ist. Bewertet man noch zusätzlich die u. U. bauzeitverlängernden Effekte, so verschlechtert sich dieses Verhältnis noch weiter. Eine vernünftige Sicherheitspolitik sollte sich aber primär am Kosten-Nutzen-Verhältnis orientieren und daraus die Rangfolge gerodeter Maßnahmen ableiten. Verstöße gegen dieses Prinzip — allerdings bei noch unzulänglichem Instrumentarium — sind in diesem Land in der Vergangenheit geschehen — vor allem dann, wenn ohne probabelistische Abschätzung Auslegungspostulate gesetzt wurden. Allerdings ist zu vermuten, daß manche dieser Entscheidungen auf dem Hintergrund nicht offengelegter Schutzziele getroffen wurden.

Nutzen- und Kostenbetrachtungen können die R a n g f o l g e von Maßnahmen sehr gut bestimmen, da sich die gegebenen vorhandenen absoluten Unsicherheiten in relativer Betrachtung wenig auswirken. Mit der Definition einer vernünftigen Rangfolge von Maßnahmen erschöpft sich aber nicht die Aufgabe der Sicherheitspolitik. Sicherheitspolitik ist auch ständig gefordert, die Grenzen a u s r e i c h e n d e r Sicherheit zu bestimmen. Der Vergleich mit den Schutzvorkehrungen im Bereich anderer ziviler Risiken läßt bereits heute erkennen, daß die Schutzvorkehrungen bei Kernkraftwerken im Vergleich zu hoch angesetzt sind. Kein Volk kann aber sich, vor allem aber nicht unser Volk in den nächsten Jahren, erlauben, unausgewogene und einseitig ausgerichtete Aufwendungen im zivilen Risikofeld zu tätigen. Auch die Dynamik des Vorsorgegebotes des Atomgesetzes hat nicht Gültigkeit bis zum Risiko Null.

Doch damit leiten Sie meine Gedanken über zur rechtlichen Betrachtung.

3. Rechtliche Aspekte

3.1 Rechtliche Prioritäten für primäre oder sekundäre Gegenmaßnahmen?

Auszugehen ist von der Tatsache, daß § 7 Abs. 2 AtG in seiner Ziffer 3 einerseits die erforderliche Vorsorge nach dem Stand von Wissenschaft und Technik verlangt, andererseits aber darin sich das sicherheitstechnische Anforderungsprofil nicht erschöpft, da auch bei Nachweis der entsprechenden Vorsorge sowie der übrigen Genehmigungsvoraussetzungen ein Genehmigungsanspruch nicht besteht. Vielmehr wird die Genehmigung nur erteilt, wenn die Behörde das ihr eingeräumte Ermessen entsprechend ausübt. Maßstab für diese Ermessensausübung sind die in § 1 AtG ausformulierten gesetzlichen Zwecke. Die Restrisikovorsorge hat hier ihren legitimen Platz.

Bei der Vorsorge gegen Schäden nach § 7 Abs. 2, Ziff. 3, hat sich die nukleare Sicherheitstechnik von Anfang an darum bemüht, die Vorsorge bereits auf der Ebene der Störfallauslösung zu gewährleisten. Diese Vorgehensweise wird in den Sicherheitskriterien des BMI vorgegeben.

Ergibt sich sonach zwar nicht bereits aufgrund des Gesetzeswortlauts, wohl aber aufgrund der den Gesetzeswortlaut verbindlich interpretierenden Sicherheitskriterien, daß primären Maßnahmen rechtliche Priorität zukommen soll, so gilt dies erst recht in denjenigen gesetzlichen Anwendungsbereichen, wo nicht die Vorsorge gegen Schäden im Sinne des § 7 betroffen ist, sondern die Reduzierung des Restrisikos. Durch die Entscheidung des Bundesverwaltungsgerichts vom 22.12.1980 ist klargestellt, daß die auslegungsüberschreitenden Störfälle (Unfälle) wegen ihrer geringen Wahrscheinlichkeit zulässigerweise dem Restrisiko zugeordnet werden dürfen und daß dieses Restrisiko von allen Bürgern als eine sozialadäquate Last getragen werden muß.

Ob in diesem Bereich der Restrisikovorsorge bei der Ermessensausübung die primäre oder sekundäre Maßnahme rechtliche Priorität verdienen, ist anhand des Wortlautes § 7 Abs. 2 Ziffer 3 AtG einerseits und § 1 Ziff. 2 AtG andererseits zu untersuchen. Anders als in § 7 Abs. 2 Ziffer 3 AtG, wo es sich um die Vorsorge gegen S c h ä d e n handelt, spricht § 1 Ziff. 2 AtG in seiner hier einschlägigen Passage einleuchtenderweise vom ,,Schutz vor den G e f a h r e n der Kernenergie". Aus den Gesetzesmaterialien läßt sich entnehmen, daß mit den hier angesprochenen Gefahren die Unfallgefahren gemeint sind, also jene Ereignisse, die bei ungehindertem Ablauf mit hinreichender Wahrscheinlichkeit zu einer Rechtsgutverletzung führen.

Damit ergibt sich als wesentliche Differenz zwischen den Bedeutungsinhalten beider Vorschriften, daß in einem Fall (§ 7 Abs. 2 Ziffer 3 AtG) vor dem S c h a d e n , im anderen Fall dagegen bereits vor der G e f a h r geschützt werden soll.

Dieses allein aus der Rechtslage abgeleitete Bild bedarf einer Absicherung im Hinblick auf die bisherige Praxis der rechtlichen Einordnung restrisikovermindernder Maßnahmen.

Die Betrachtung zeigt, daß Maßnahmen zur Verminderung des Restrisikos in der Vergangenheit nicht über die Ermessensermächtigung in § 7 Abs. 2 i.V.m. § 1 Nr. 2 AtG verwirklicht worden sind, sondern durch eine Erweiterung und Vertiefung des Auslegungsstörfallspektrums. Postulate wie Flugzeugabsturz und Gaswolkenexplosion weisen dies aus. Die entgegenstehenden Erklärungen der politischen Entscheidungsträger, es handele sich bei der Auslegung von Anlagen gegen diese Lastfälle zwar um Maßnahmen, die der Restrisikominimierung dienten, doch bilde die Auslegung zugleich einen Bestandteil der erforderlichen Vorsorge gegen Schäden, führen in einen juristischen Irrgarten.

Für die Minimierung des Restrisikos ist richtigerweise auf die Möglichkeiten abzustellen, die der Ermessensrahmen nach § 1 Ziffer 2 AtG einräumt. In diesem Rahmen kommt den primären Schutzmaßnahmen gegenüber sekundären Schutzmaßnahmen nicht nur Priorität, sondern nach dem Inhalt des Gesetzes sogar Exklusivität zu, da die gesetzliche Regelung hier gerade nicht auf die Vermeidung von S c h ä d e n , sondern bereits auf die Vermeidung von G e f a h r e n gerichtet ist.

Dieser gesetzliche Befund erscheint insbesondere deshalb sachgerecht, weil Restrisiken sich nur auf der Ebene des Ereigniseintritts, nicht aber auf der Ebene des Folgenausmaßes vernünftig angehen lassen.

3.2 Rechtliche Aspekte zur Koexistenz zwischen oberirdischer und unterirdischer Bauweise von Kernkraftwerken

Das rechtliche Gebot zur weiteren Vorsorge gegenüber dem Schutzzustand bisheriger Anlagen kommt prinzipiell über zwei unterschiedliche Denkansätze in Betracht. Zum einen könnte angenommen werden, daß die erweiterte Auslegung gegen Einwirkungen von außen sowie gegen schwerste Störfälle die e r f o r d e r l i c h e Vorsorge gegen Schäden im Sinne des § 7 Abs. 2 Ziffer 3 AtG darstellt. Dies würde es bedingen, daß die Lastfälle, gegen die die unterirdische Bauweise Vorsorge bietet, in den Kreis der A u s l e g u n g s s t ö r f ä l l e einbezogen werden. Denkbar wäre aber auch, daß die u.i.B. lediglich zum Zwecke der Restrisikokominimierung gefordert wird und deshalb ihre rechtliche Grundlage in dem Ermessensrahmen des § 7 Abs. 2 i.V.m. § 1 Nr. 2 AtG findet.

Hält man das Auslegungsstörfallspektrum wegen § 7 Abs. 2 Ziffer 3 AtG für erweiterungsbedürftig in Richtung auf die zusätzlichen Lastfälle, gegen die die u.i.B. vermeintlichen verstärkten Schutz zu bieten vermag, so ist mit einer derartigen rechtlichen Einordnung die Konsequenz verbunden, daß künftig nur noch Anlagen gebaut werden dürfen, deren Auslegung dem erweiterten Störfallspektrum genügt, gleichgültig ob diese künftigen Anlagen oberirdisch oder unterirdisch errichtet werden.

Dies erfordert für die künftigen Anlagen den Nachweis, daß bei u.i.B. das gesamte, neu definierte Störfallspektrum tatsächlich abgedeckt wird, bei oberirdischen Anlagen zunächst eine technische Weiterentwicklung der bisherigen Konzepte mit dem Ziel, den Nachweis der Abdeckung des neu definierten Störfallspektrums führen zu können.

Dieser aus Rechtsgründen methodisch unverzichtbare Weg macht die Fehlerhaftigkeit bisheriger Denkansätze deutlich: Während bislang in der Vergangenheit ausgehend von einem bestimmten Anforderungsprofil nach technischen Lösungen gesucht worden ist, steht bei der u.i.B. eine technische Lösung im Vordergrund, von der gegenwärtig noch gar nicht im einzelnen bekannt ist, welchen zusätzlichen sicherheitstechnischen Anforderungen sie zu genügen vermag. Da die Rechtsordnung keine Grundlage dafür bietet, aus der unterirdischen Bauweise, nur weil sie technisch möglich erscheint, ein neues Auslegungsstörfallspektrum „abzulesen", erscheint es methodisch unverzichtbar, die zusätzlichen Anforderungen, denen künftige Anlagen genügen sollen, genau zu definieren, bevor der Schluß rechtlich erlaubt ist, die unterirdische oder eine sonstwie weiterentwickelte oberirdische Bauweise sei rechtlich geboten. Im folgenden wird auf die unterschiedlichen Rückwirkungen auf vorhandene Anlagen eingegangen, je nach dem, ob man nach § 7 oder § 1 vorgeht.

3.3 Gesichtspunkte für eine Beurteilung der unterirdischen Bauweise anhand genereller rechtlicher Abwägungsmaßstäbe

Gleichgültig, wie man die u.i.B. vom dogmatischen Ansatz her begründet, in jedem Fall muß sie den rechtlichen Maßstäben der E r f o r d e r l i c h k e i t und der V e r - h ä l t n i s m ä ß i g k e i t entsprechen.

Der Maßstab der Erforderlichkeit gibt Antwort auf die Frage, o b überhaupt die u.i.B. gefordert werden darf, etwa weil der mit ihr verfolgte sicherheitstechnische Zweck auf andere Weise nicht erreichbar ist.

Die bloße Erwartung im Sinne einer Wahrscheinlichkeit, daß unterirdische Kraftwerke zusätzlichen Lastanforderungen genügen, reicht nicht aus, um die u.i.B. zu fordern. Vielmehr muß diese Bauweise zunächst einmal geeignet sein, die Zwecke zu erfüllen, deretwegen sie gefordert wird. Dies setzt voraus, daß die Sachgründe in qualitativer und quantitativer Hinsicht identifiziert sind, die die u.i.B. rechtfertigen sollen.

Wäre solchermaßen von der Geeignetheit der u.i.B. auszugehen, so würde sich erst die Frage stellen, ob unterirdische Kraftwerke die einzige Variante im Kraftwerksbau darstellen, mit der die besonderen Anforderungen erfüllt werden können, deretwegen unterirdisch gebaut werden soll. Stellt sich hier heraus, daß alternative Lösungen zum gleichen Erfolg führen, so fehlt es an der Erforderlichkeit, unterirdisch zu bauen. Vielmehr besteht in solchen Fällen ein Wahlrecht des Projektträgers, ob er das geforderte sicherheitstechnische Ziel im Wege der u.i.B. oder durch eine oberirdische Variante verwirklichen will.

Wäre dagegen nachweisbar, daß allein die u.i.B. den sicherheitstechnischen Anforderungen genügt, so stellt sich die Frage nach deren Verhältnismäßigkeit, und zwar in dreierlei Hinsicht:

Die sicherheitstechnischen Vorteile, die eine u.i.B. bietet, müssen gegen die in Kauf zu nehmenden Nachteile, die gerade nur mit der u.i.B. verbunden sind, abgewogen werden. Hier fallen insbesondere Gesichtspunkte des Arbeitsschutzes, der Fluchtwege, aber auch Risiken im Hinblick auf grundwasserdichte Bauausführungen und deren Gewährleistung für die gesamte Betriebszeit, Erschwerung von Manipulationsvorgängen bei Brennelementen und Schwerkomponenten bei größeren Umrüstungen und bei störfallbegrenzenden Maßnahmen ins Gewicht. Weiterhin muß die u.i.B. einer Kosten-Nutzen-Analyse unterzogen werden. Hier sind die Mehraufwendungen für Errichtung und Betrieb unterirdischer Anlagen durch Vergleich mit den entsprechenden Aufwendungen bei einer oberirdischen Anlage zu ermitteln und mit dem „Nutzen", d.h. eines noch nachzuweisenden Sicherheitsgewinns ins Verhältnis zu setzen. Eine solche Kosten-Nutzen-Analyse fällt im konkreten Fall deshalb besonders schwer, weil sie zum Vergleich inkommensurabler Größen nötigt. Ob die aus den USA bekannten Rechenmodelle für die Kosten-Nutzen-Analyse hier weiterführen könnten, erscheint zum einen deshalb fraglich, weil dem deutschen Recht quantitative Ansätze, die ein Mann-Rem zu einem bestimmten Kostenvolumen ins Verhältnis setzen, fremd sind.

Sollte es dennoch gelingen, den Kosten-Nutzen-Vergleich mit einem Ergebnis anzustellen, welches zugunsten der u.i.B. ausfällt, so ist schließlich eine Überprüfung nach dem Maßstab der sachlichen S y s t e m g e r e c h t i g k e i t erforderlich. Hierunter ist zu verstehen, daß eine bestimmte Eingriffsmaßnahme nur dann zulässig ist, wenn sie dazu dient, einen Lastfall zu beherrschen, der im Rahmen der Abarbeitung der Restrisikofrage „an der Reihe ist".

Gibt es nämlich innerhalb des Restrisikos Ereignisbilder, die bei sicherheitstechnischer Würdigung eher eine Abdeckung im Rahmen der technischen Auslegung naheliegend erscheinen lassen, so darf die Behörde — auch im Rahmen ihres Ermessens — nicht auf einen Lastfall zugreifen, der weniger wahrscheinlich und/oder mit geringeren Konsequenzen verbunden ist.

Wenn das Gesetz es den Behörden im Rahmen ihres Ermessens einräumt, das Restrisiko zu minimieren, d.h. Vorsorge über das Anforderungsniveau des § 7 II Ziffer 3 AtG hinaus zu verlangen, so darf dies nur in der Weise geschehen, daß sicherheitstechnisch vorgreifliche Probleme vor nachrangigen angegangen werden. Der rechtliche Gesichtspunkt der Verhältnismäßigkeit verbietet insoweit, für das Gesamtrisiko beliebig unbedeutende Ereignisabläufe herauszugreifen, für das Risiko relevantere Ereignisabläufe dagegen unberücksichtigt zu lassen. Konkret bei der Betrachtung der u.i.B. stellt sich erst an dieser Stelle die Frage, ob es sachgerecht ist, gegen die Lastfälle Schutzmaßnahmen zu ergreifen, mit der zur Zeit die unterirdische Errichtung propagiert wird. Systematisch handelt es sich indessen um die Schlüsselfrage.

Safety Issues and Alternatives to Underground Nuclear Power Plants

by

Saul Levine and Peter Lam

With 3 tables in the text

Abstract

Considerations pertaining to the underground siting of nuclear power plants are closly related to the perceptions that it is necessary to reduce public risks associated with reactor accidents and that undergrounding would reduce such risks. These perceptions must be a necessary part of any discussion on undergrounding nuclear power plants. A discussion of these two issues should also include consideration of how safe reactors should be, the effectiveness of underground nuclear power plants in reducing the reactor accident risks, and alternatives to undergrounding that can also reduce risks. These significant issues are addressed in some detail in this paper.

1. Introduction

It is clear that considerations pertaining to the underground siting of nuclear power plants are closely related to the perceptions that it is necessary to reduce public risks associated with reactor accidents and that undergrounding would reduce such risks. These perceptions must be a necessary part of any discussion on undergrounding nuclear power plants. A discussion of these two issues should also include consideration of how safe reactors should be, the effectiveness of underground nuclear power plants in reducing reactor accident risks, and alternatives to undergrounding.

2. Impact of Undergrounding on Public Risk

Two recently completed U.S. studies [3, 10] conducted analyses of various selected issues related to underground siting of nuclear power plants. The first study was performed by Sandia Laboratories for the U.S. Nuclear Regulatory Commission (NRC), starting in early 1975 and completed in August, 1977. The second study was a multi-contractor study, completed in December, 1977, led by Aerospace Corporation for the California Energy Resource Conservation and Development Commission.

The Sandia Study, as shown in Table 1, determined that undergrounding of nuclear power plants could achieve significant reduction in reactor accident risks to the public only if the isolation of large accessways for personnel and equipment could be maintained. It also found that the questionable capability of such isolation systems to withstand significant overpressure raised serious questions about the effectiveness of underground nuclear power plants in reducing reactor accident risks to the public.

The California Study accepted the Sandia Study's conclusions and went on to assess the risk reduction capability of nuclear power plants with consequence mitiga-

Table 1.   Consequences due to atmospheric releases (Sandia study).

Accident Sequences	1 or 2		1a or 2a		3		4	
	Surface	Under-ground	Surface	Under-ground	Surface	Under-ground	Surface	Under-ground
Early Fatalities	35	0	35	35	0	0	0	0
Early Illnesses	1100	0	1100	1100	0	0	0	0
Total Latent Cancer Fatalities	5300	3	5300	5300	0	0	0	0
Property Damage (10^9 Dollars)	3	0.1	3	3	0.02	0	0.001	0

tion systems such as an expansion volume or a filtered, vented containment. As shown in Table 2, these features were found to be effective in significantly reducing reactor accident risks in terms of health impact and economic consequences due to core-melt accidents. However, these consequence mitigation systems were found to be equally applicable in reducing accident risks from surface plants.

An additional argument that weakens the utility of underground nuclear power plants is the better understanding of steam explosion phenomena. This knowledge indicates that the likelihood of vessel steam explosions which could rupture the containment is significantly lower than that previously assessed in WASH-1400 [18]. This suggests that the need for a massive overburden to protect containment against potentially large missiles generated by steam explosions is no longer present. At the

Table 2.   Comparison of release characteristics (California Study).

Radionuclides	PWR 1	PWR 2	PWR 3	California Study*
Xe, Kr	0.9	0.9	0.8	0.8
I	0.7	0.7	0.2	0.7
ORg. I	0.006	0.007	0.006	0.007
CS-Rb	0.4	0.5	0.2	0.4
Te, Sb	0.4	0.3	0.3	0.3
Ba, Sr	0.05	0.06	0.02	0.05
Ru, Mo, Rh, Tc, Co	0.4	0.02	0.03	0.4
La, Nd, Y, Ce, Pr, Nb, Am, Cm, Pu, Np, Zr	0.003	0.004	0.003	0.002

* Releases from containment into an underground expansion volume or into a filtered vent.

time the WASH-1400 work was done, in the absence of directly relevant data, a combination of available data and judgement were used to estimate that potential steam explosions which might cause the rupture of the containment would be a relatively unlikely event (approximately 10^{-2}). With this estimate, and with the use of smoothing among PWR release category probabilities, WASH-1400 indicated that vessel steam explosion could be a significant contributor to risk.

However, significant additional work has been done at ISPRA [7, 11] and Sandia [17] to enhance the understanding of molten UO_2 water interactions. It is now known the likelihood of a steam explosion due to molten UO_2 falling into water is essentially 1 if the pressure in the vessel is less than about 150 psia. On the other hand, available data indicates very low efficiencies of conversion of the thermal energy stored in the fuel to kinetic energy that would be needed to rupture the reactor vessel. While a consensus on the probability of such steam explosions has not been fully achieved in the U.S., what is of great interest is that all estimates are lower than those in WASH-1400. In fact, the Swedish Steam Explosion Committee [20] has stated that in-vessel steam explosions need not be considered in the design of nuclear power plants. The net effect of these considerations is that, with smoothing among accident sequences eliminated as recommended in the Lewis Report [16], and with a steam explosion probability of 10^{-3} to 10^{-4}, as some are now estimating, it would not be a significant contributor to reactor accident risks.

Thus, it can be concluded at this time that, in spite of the uncertainties surrounding estimates of the probability of occurrence of steam explosions that could rupture the reactor vessel and the containment, there is a high degree of confidence that such an event would not contribute significantly to overall reactor accident risks.

3. Safety Goals

There are activities underway in the U.S. by the NRC related to various rulemakings (i.e., degraded cores, siting, and minimum sets of engineered safety features) which are questioning whether the existing safety design bases for nuclear power plants should be changed in the direction of reducing risks. Certainly considerations pertaining to the undergrounding of nuclear power plants fit into this category. The real question we must ask to settle such questions is what level of safety is considered acceptable for nuclear power plants. To answer this question, it is necessary to establish quantitative criteria for acceptable levels of risk (i.e., safety goals) for nuclear power plants.

There have been many such criteria proposed over the years but general use has not been made of them probably because the quantitative techniques needed to predict levels of risk achieved in reactors had not been fully developed. Today, even with WASH-1400 having been completed six years ago and the German Risk Study [21] about four years ago, more remains to be done in the development of these techniques. The many risk assessments going on in the U.S. and other countries as well as research activities in this area will surely improve the techniques and broaden their application in the nuclear community and elsewhere. Almost independently of increased activity in this area, there have been many recent proposals for safety goals by various organizations and individuals [4, 6, 9, 12, 13, 14, 19, 22] in order to improve the utility of risk assessments.

While these goals differ greatly in the way they are stated, it appears that many of them can be met either by existing designs or by small modifications to existing designs. Some of the goals would, however, pose some difficulties in certain areas. However, it is not clear that such stringent goals need be met by existing reactor designs because they already present very low risks to the public as portrayed both in WASH-1400 and the German Risk Study. Further, preliminary results from ongoing risk assessments in the U.S. indicate that some plants will have estimated risks significantly lower than those shown in WASH-1400.

The ANS [5] and AIF [2] have commented to the NRC on its Advanced Notice of Rulemaking [1] on degraded cores indicating that the various rulemakings noted above should be deferred pending the establishment of quantitative safety goals. These recommendations were based on the observations that nuclear power plants already present low risks to the public as compared to other risks in society, an adequate basis already exists to continue the licensing of nuclear plants, there is no urgency to change current licensing practices, and it is likely that any safety goals that might be set will be established at levels such that a general reduction in the public risk from potential accidents would not be considered an urgent matter. Surely this type of logic should also apply to the need for undergrounding nuclear power plants. In other words, decisions regarding the need for underground nuclear power plants should be deferred until such time as quantitative criteria for acceptable levels of reactor accident risks have been developed.

4. Alternatives to Undergrounding

In the past, most of the emphasis on reactor safety has been traditionally devoted to changing the physical design of plants. The roles of human error and the man-machine interface on the safety of reactors have not yet been as fully addressed as design measures. Clearly, both the WASH-1400 study and Three Mile Island (TMI) experience have shown that human factors contribute significantly to the total of reactor accident risks. Furthermore, it is now clear that more attention should be paid to higher probability low consequence events than to end of spectrum accidents. It would seem prudent at this time to place more emphasis on such matters as upgrading operator training, operator response to plant accidents, and other associated activities than on further design changes.

It should be noted that, even if it were to be decided at some future time that reactor accident risks should be reduced via design changes, there are many alternatives to underground siting that would be more cost beneficial. These alternatives would involve measures to prevent accidents from progressing into core-melt accidents and to prevent containment failure due to overpressure after core-melt. These approaches have been the cornerstones of reactor safety and licensing practices around the world. The consideration of such features as filtered, vented containments and core catchers would place heavier emphasis on mitigating end of spectrum accidents as opposed to preventing their occurrence.

In a recent paper Levine [15] has suggested ways in which risks might be reduced if needed by use of preventive techniques as opposed to mitigating techniques. Table 3 indicates some risk reductions that could be achieved for the PWR reactor analyzed in WASH-1400. There are three sequences listed; the first two need not be discussed in detail here except to say that they are significant contributors to the risk in WASH-1400

Table 3. Risk reduction potential.

PWR WASH-1400	Risk Reduction measures	Cost
S$_2$C	Design change	0
V	Testing change	0
TMLB'	TMLB'X	10 M
	TMLB'Y	25 M
	TMLB'Z	50 M*

* Basic questions about feasibility of a filtered vented containment.

and simple design or testing changes at essentially no cost can reduce their probability by about one to two orders of magnitude so their contributions to risk would not be important. This would leave the accident sequence TMLB' as the principal contributor to risk. TMLB' is a sequence in which main feedwater is lost and not recovered, followed by the failure of auxiliary feedwater to start as required, and the corresponding loss of all AC power for more than three hours. If electrical power were to be recovered in less than three hours, the reactor could recover from the accident.

The next column of Table 3 shows this accident sequence modified by the addition of each of three systems arbitrarily labelled X, Y, or Z and costing about $ 10 million, $ 25 million and $ 50 million, respectively. System X, for instance, could be a self powered auxiliary feedwater system that would perform the same function as the normal auxiliary feedwater system, L, but be self powered with its own electric power supply independent of normal AC power systems. Thus system X would reduce the likelihood of a core melt accident. System Y could be a self powered containment spray system such that, given a core melt accident, its operation would prevent containment failure due to overpressure. This would significantly reduce the likelihood of a large release of radioactivity. System Z is a filtered, vented containment system that would prevent containment rupture by venting the pressure to the atmosphere. This last system would result in releasing all the noble gases to the environment but would filter out the bulk of the most dangerous radioactivity, resulting in essentially no health effects. However, there are basic questions about the use of a filtered, vented containment in a PWR because the vent size would have to be of the order of 18 feet in diameter and this raises significant questions of engineering feasibility.

Comparing the three systems, X is a system which prevents the core from melting and costs the least. Y is a system which, if a core melt accident were to occur, would prevent any significant release of radioactivity to the environment. Z is a system which, if the core were to melt would prevent an uncontrolled release of radioactivity but would release noble gases which have almost no health effects. With all three systems having about the same risk reduction potential and marked difference in cost, the choice of which direction to follow is very clear.

5. Conclusion

The world's nuclear community has for many years had the goal of providing nuclear power plants that have very low risks to public health and safety. This has been done principally within a determinisitic framework of requirements which were established on the basis of qualitative judgments made by highly competent scientists and engineers. How well this goal was achieved has now been quantitatively estimated, although with some uncertainty, by the application of probabilistic risk assessment (PRA) techniques in assessing the public risks from potential nuclear power plant accidents. These estimates were made principally by WASH-1400 and the German Risk Study, both of which found that risks to the public from potential nuclear power plant accidents are very low. Furthermore, the many risk assessments currently being conducted in the United States are, in a preliminary way, providing further confirmation of these findings.

In spite of this growing quantitative evidence that risks from potential reactor accidents are very low, there is a result of the accident at TMI, considerable discussion about plant design features that could reduce the public risk from end of spectrum (i.e., low probability, high consequence) accidents. In my view most of this activity is not a proper response to TMI. One of the most valuable lessons of TMI is the understanding that the nuclear community should have been placing greater emphasis on higher probability, lower consequence accidents than on end of spectrum accidents. Another element of that lesson was that more effort is needed in regard to the human contributions to accident risks as opposed to equipment contributions.

In fact, the response by the NRC and the industry in the U.S. in the several months following TMI were precisely attuned to this objective. However, the current NRC pursuit of various rulemakings, especially that on degraded cores, are once again being directed toward hardware changes such as exploring the need for and utility of core catchers and filtered, vented containments in the context of end of spectrum accidents. The discussion here of underground siting fits into the same category. It is interesting to note that there currently appears to be little interest in the undergrounding of reactors in the U.S.

A major problem now facing the nuclear community is whether or not conventional design basis accidents (DBA's) whose use has achieved such excellent results in reactor safety should be drastically changed to include more severe, or Class 9, accidents. Certainly it has been established that existing plant designs and engineered safety features (ESF) have significant capability to deal with accidents more severe than currently defined DBA's. It would seem that the only justification for a radical departure from existing DBA's would be to require a substantial reduction in existing levels of public risks. The ACRS [8] in discussing research related to degraded cores stated "Such research need not, and probably should not, lead to new design basis accidents. However, the results obtained should lead to new approaches in the design and licensing of nuclear power plants." Thus research on degraded cores and the application of PRA techniques can be used to refine the design of existing engineered safety features and to give even greater confidence in their capabilities to deal with severe accidents.

To help settle such fundamental questions as the adequacy of the safety design basis for reactors it appears necessary to establish safety goals. In the past few years, I have suggested that there was little need to establish such safety goals in the near future. It appeared that PRA techniques could be used effectively to re-examine the fabric of U.S. NRC's regulatory processes to help make them more rational, as is strongly recommended in the Lewis Report. This approach would involve a screening of existing regulatory requirements to determine their effect on risk and eliminate, weaken, strengthen, or add various requirements to achieve a more rational balance then had been previously achieved quantitatively.

What has happened, however, as a result of strong political pressure during the Carter administration, is that the NRC is responding by seriously considering the abandonment of existing DBA's. Concurrently, there has been recent activity by many in suggesting the adoption of various quantitative safety goals. I see this effort as the only apparent way to establish a rational design basis for determining whether existing DBA's should be radically modified. It also appears, from an examination of many of the safety goals that have been proposed, that these goals can largely be met by most existing reactor designs. The ANS [5] has stated that "based on existing risk studies that have been performed for various technologies, including those associated with electrical energy production, we believe that safety goals for nuclear power plants will be established at levels such that a general reduction in the risks of potential accidents would not be considered an urgent matter." I share this view and believe that extensive changes to reactor design bases such as the use of filtered, vented containments, core catchers and undergrounding of reactors cannot be shown to be cost beneficial.

References

[1] Advance notice of Proposed Rulemaking (45 FR 65474), October 2, 1980.

[2] AIF letter to the Secretary of the Commission, U.S. NRC, comments on "Advance Notice of the Proposed Rulemaking: Domestic Licensing of Production and Utilization Facilities; Consideration of Degraded or Melted Cores in Safety Regulation", December 31, 1980.

[3] Allensworth, J.A. et al. (1977): Underground Siting of Nuclear Power Plants — Potential Benefits and Penalties — SAND 76-0412/NUREC-0255.

[4] An Approach to Quantitative Safety Goals for Nuclear Power Plants — NUREC-0739, USNRC, 1980.

[5] ANS letter to the Secretary of the Commission, U.S. NRC, comments on "Advance Notice of Proposed Rulemaking: Domestic Licensing of Production and Utilization Facilities; Consideration of Degraded or Melted Cores in Safety Regulation," December 17, 1980.

[6] Atomic Industrial Forum Presentation before the ACRS, USNRC, July 1, 1980.

[7] Benz, R. et al. (1977): Theoretische und Experimentelle Undersuchunger zur Dampfexplosion. — Report EUR/C-IS/116/77d, Euratom; Ispra.

[8] Comments on the NRC Safety Research Budget. — NUREG-0603, ACRS, July 1979.

[9] Corkerton, P.A. et al. (1980): The Application of Risk Criteria to Reactor Design. — AIF Workship on Reactor Licensing and Safety, Washington, D.C.

[10] Finlayson, F.C. et al. (1978): Evaluation of the Feasibility, Economic Impact, and Effectiveness of Underground Nuclear Power Plants. — Final Technical Report, ATR-78 (7652-14).

[11] Hohmann, H. et al. (1977): Experimentelle Undersuchung Zur Dampfexplosion. — Technical note 161/293/77, Euratom; Ispra.

[12] Joksimovic, V. (1980): Statement on Quantitative Safety Goals before the ACRS Subcommittee on Reliability and Probabilistic Assessment. — General Atomic Company, July 1.

[13] Kinchin, G.H. (1979): Design Criteria, Concepts and Features Important to Safety and Licensing. — Proc. of Inter. Meeting on Fast Reactor Safety Technology, Seattle, Washington.

[14] Levine, S. (1980): TMI and the Future of Reactor Safety. — An International Public Affairs Workshop, AIF, Stockholm, Sweden, June 16, 1980.

[15] — (1980): Various Applications of Probabilistic Risk Assessment Techniques

Related to Nuclear Power Plants. – Annual Meeting of the National Safety Council, Chicago, October 1980.

[16] Lewis, H.W. et al. (1978): Risk Assessment Review Group Report to the U.S. Nuclear Regulatory Commission. – NUREG/CR-0400, September.

[17] Murfin, W.B. (1980): Summary of the Zion/Indian Point Study. – NUREG/CR-1409.

[18] Reactor Safety Study – An Assessment of Accident Risks in U.S. Commercial Reactor Power Plants. – U.S. Nuclear Regulatory Commission, WASH-1400 (NUREG-75/014), October 1975.

[19] Starr, C. (1980): Risk Criteria for Nuclear Plants: A Pragmatic Proposal. – ANS/ENS International Conference, Nov. 16–21.

[20] Steam Explosions in Light Water Reactors. – Swedish Committee on Steam Explosion, 1980.

[21] The German Risk Study summary. – Gesellschaft zur Reaktorsicherheit (GRS) mbH, August 15, 1979.

[22] Zebroski, E.L. (1980): A Proposed National Nuclear Safety Goal. – 7'th Energy Technology Conference, Washington, D.C., March 24–26.

Discussion

Frage an Herrn Levine:

Sie haben empfohlen, „Risiko" als Kriterium zur Beantwortung der Frage „Was ist sicher genug?" heranzuziehen. Wie ist dabei das Risiko definiert, als l i n e a r e s Produkt aus Häufigkeit und Schaden über alle Unfälle oder anders? Wie wird dabei der Schaden gemessen, in Gesundheitsschäden oder Flächenkontamination oder in finanziellem Schaden etc.?

Response from Mr. Levine:

Risk can have many definitions. As you suggest, the product of frequency times the consequences of accidents (such as those displayed on CCDF curves) is one definition. This definition would yield the area under each of the CCDF curves (that are typically used to present the results of risk assessment studies) as the expected value of the specific risk portrayed on a particular CCDF curve. This definition is somewhat limited in that it eliminates information on the size of consequences versus their frequency.

Another definition for risk is the frequency and consequences of accidents (not their product) as displayed in CCDF curves. Actually, it is convenient in thinking about risks and their comparisons to use CCDF curves as well as the expected values derived from them.

Question from W. Braun, KWU, to Mr. Levin:

There is new evidence about depletion of aerosols in containments and iodine release into environments containing water or steam.

Together with more realistic probability analyses on best-estimate core melt conditions, these factors may well drastically change the picture on class-9 accident probability and consequences.

Would you, please, comment this.

Response to Mr. Braun:

There is new evidence that iodine could be released from damaged fuel in the form of cesium iodide as opposed to elemental iodine; this should help to reduce the size of iodine releases predicted in some accident sequences. Of more importance is the fact that previous risk assessments have neglected the formation and depletion of high density aerosols from damaged fuel within the primary coolant system. This factor as well as a number of other previously neglected factors indicate a good likelihood that the consequences of reactor accidents that have been previously predicted could be reduced significantly.

Auswertung des Symposiums
„Unterirdische Bauweise von Kernkraftwerken"

von

Wolfgang Otto und Klaus Kollath

Gliederung

Abstract

The Symposium gave the opportunity for an international exchange of views on the concepts of underground nuclear power plants, which are presently world wide under consideration. The results of investigations into the advantages and disadvantages with regard to the technical safety aspects of the underground plants in comparison to plants on the surface led to open and sometimes controversial discussions.

As a result of the Symposium a general agreement can be stated on the judgement concerning the advantages and the disadvantages of underground nuclear power plants (npp).

The advantages are
— increased protection against external events;
— delayed release of fission products in accident situations, if the closures operate properly.

The disadvantages are
— increased costs of the construction of underground npp;

— restrictions to such sites where either large caverns or deep pits can be constructed, which also requires that certain technical problems must be solved beforehand. Also, additional safety certificates related to the site will be required within the licensing procedures.

The importance of these advantages and disadvantages was in some cases assessed very differently.

The discussions also showed, that there are a number of topics where some questions have not been finally answered yet.

Such questions are
— a quantitative description of the capability of the rock or soil covering the npp to delay or absorb fission products in accident situations;
— in the case of seismic events, the consequences of the fact that the components are subjected to stresses of higher frequencies and the influence of different layers in the surrounding soil on the forces affecting the building;
— the danger, that the probability of occurance for minor accidents might be increased, and the restrictions put on the initiation and conduction of counter measures in accident situations.
— a quantitative analysis of the proper function and the reliability of closures;
— a collection of data of detailed investigations of the soil or rock properties which can provide a basis for selecting a particular site suitable for the type of plant intended.

In conclusion, it can be said that a final quantitative evaluation of the concept of underground nuclear plants does not seem possible at present since a number of questions are still open.

Zusammenfassung

Das Symposium ermöglichte einen internationalen Meinungsaustausch über die zur Zeit weltweit diskutierten Konzepte für die unterirdische Bauweise von Kernkraftwerken. Dabei wurden die Ergebnisse von Untersuchungen über die sicherheitstechnischen Vor- und Nachteile der unterirdischen im Vergleich zur oberirdischen Bauweise offen und teilweise kontrovers diskutiert. Als Ergebnis des Symposiums kann festgehalten werden, daß bei der Beurteilung der U-Bauweise weitgehende Übereinstimmung darin bestand, daß die U-Bauweise mit folgenden Vor- und Nachteilen behaftet ist.

Als Vorteile sind zu nennen:
— größerer Schutz gegen äußere Einwirkungen,
— verzögerte Freisetzung von Spaltprodukten bei Störfällen in die Umgebung, falls Abschlüsse funktionieren;

als Nachteile werden angeführt:
— Mehrkosten für den Bau von UKKW,
— Standortrestriktionen im Hinblick auf die Machbarkeit von großen Kavernen und tiefen Gruben, bei deren Bau technische Einzelprobleme noch zu überwinden sind und für die zusätzliche standortbezogene Sicherheitsnachweise im Genehmigungsverfahren erforderlich werden.

Die Bedeutung dieser Vor- und Nachteile wurde teilweise sehr unterschiedlich bewertet.

Die Diskussionen zeigten auch, daß es zu einer Reihe von Themen noch Fragen gibt, die bisher nicht endgültig geklärt werden konnten. Dazu gehören:
— das quantitative Spaltprodukt-Rückhaltevermögen des überdeckenden Felses und des Bodens bei Störfallbedingungen,

- die Auswirkungen der höherfrequenten Beanspruchung von Komponenten und der Einfluß von Schichtwechseln im Boden auf die Gebäudebeanspruchung bei Erdbebenauswirkungen,
- Gefahr einer Erhöhung der Eintrittswahrscheinlichkeit kleiner Störfälle und Erschwernisse bei der Einleitung und Durchführung von Gegenmaßnahmen im Falle eines Unfalles,
- Quantifizierung der Funktionstüchtigkeit und Zuverlässigkeit von Abschlüssen im Anforderungsfall.
- Daten aus vertieften Baugrunduntersuchungen, auf deren Basis im Einzelfall entschieden werden kann, ob ein Standort für eine vorgegebene Bauweise geeignet ist.

Zusammenfassend läßt sich sagen, daß eine abschließende quantitative Gesamtbewertung der U-Bauweise wegen einer Reihe noch ungeklärter Fragen z.Z. nicht möglich erscheint.

1. Einleitung

Ziel des Symposiums „Unterirdische Bauweise von Kernkraftwerken" war es, einen objektiven internationalen Meinungsaustausch über in- und ausländische Ergebnisse aus Untersuchungen zur U-Bauweise durchzuführen und sicherheitstechnische Vor- und Nachteile der U-Bauweise im Vergleich zur oberirdischen Bauweise aufzuzeigen und damit zu einer Gesamtbewertung der Unterirdischen Bauweise beizutragen.

In dem vorliegenden Papier werden zu den einzelnen Themenkreisen die Vortrags- und Diskussionsbeiträge des Symposiums zusammengefaßt dargestellt und im Hinblick auf offene Fragen ausgewertet.

Die in Klammern gegebenen Hinweise bezeichnen die Autoren der ausgewerteten Vorträge.

2. Motivation und Stand der in- und ausländischen Untersuchungen zur U-Bauweise

Die Vorträge zeigten, daß die Motivation für die Durchführung von Untersuchungen zur U-Bauweise in den verschiedenen Ländern unterschiedlich war und ist.

Im Vordergrund der inzwischen abgeschlossenen k a n a d i s c h e n Studien (Oberth, R.C.) stand die Frage nach der Machbarkeit einer unterirdischen Anlage an einem Standort nahe Toronto. Fragen zu einer möglichen Verbesserung der Sicherheit von Kernkraftwerken in U-Bauweise bei Unterstellung schwerwiegender Einwirkungen von außen oder schwerer hypothetischer Störfälle wurden nur am Rande behandelt.

Die Studien kamen zu dem Ergebnis, daß die Kavernenbauweise mit Schachtzugang in großer Tiefe von ca. 400 m für eine CANDU-Anlage realisierbar ist und daß sie im Hinblick auf äußere Einwirkungen und auch innere Störfälle ein erhöhtes Sicherheitspotential bietet, das jedoch nicht quantifiziert wurde. Diesen Vorteilen stehen jedoch nach kanadischen Aussagen im Vergleich zur oberirdischen Anlage wesentliche Baukostenerhöhungen, die ca. 31 %—36 % der oberirdischen Baukosten betragen, gegenüber. Aus diesem Grunde und auch wegen der befürchteten zusätzlichen betrieblichen Probleme wird in Kanada kein Anlaß gesehen, eine unterirdische Prototyp-Anlage zu bauen.

Anlaß für die k a l i f o r n i s c h e n Untersuchungen zur U-Bauweise (Finlayson, F.C.) war ein kalifornisches Gesetz, das vorschreibt zu untersuchen, inwieweit die U-Bauweise einen einfachen passiven Schutz gegen die Folgen von Kernschmelzstörfällen bietet.

Die Studien kommen zu dem Ergebnis, daß die U-Bauweise prinzipiell realisierbar ist, die größte Risikoreduzierung im Vergleich zu allen denkbaren technischen Maßnahmen zur Folge hat, jedoch auch die höchsten Kosten beinhaltet. Im Gegensatz zum deutschen Konzept, das einen möglichst vollständigen, wenn auch nicht zeitlich unbegrenzten, Einschluß von Störfallatmosphäre vorsieht, spielen bei den kalifornischen Konzepten Druckentlastungsmaßnahmen (filtered venting) eine entscheidende Rolle, so daß Überdruckversagen des äußeren unterirdischen Einschlusses ausgeschlossen ist.

Nach Durchführung der Studie beschloß die kalifornische Energiebehörde (CEC), die U-Bauweise nicht gesetzlich zu verlangen. Eine bedeutende Aktivität im Hinblick auf den Bau einer unterirdischen Anlage in den USA existiert zur Zeit nicht.

Die primäre Motivation für die j a p a n i s c h e n Untersuchungen ist das dortige knappe Standortangebot aufgrund des wenigen für den KKW-Bau verfügbaren Geländes (Ishikawa, Y.).

Die bisherigen japanischen Untersuchungen betonen ebenso wie die kanadischen und amerikanischen Studien die Machbarkeit insbesondere der Kavernenbauweise. Bevor jedoch der Bau eines Prototyps in Angriff genommen werden soll, sind noch eine Vielzahl von Konzeptstudien geplant.

Im Gegensatz zur japanischen und zur kanadischen Motivation steht im Vordergrund der d e u t s c h e n Untersuchungen die Fragestellung nach dem sicherheitstechnischen Potential unterirdischer Bauweisen (Bachus, K.P.). In Übereinstimmung mit allen genannten ausländischen Untersuchungen ist das Resümee der bisherigen Studien, daß die U-Bauweise ein erhöhtes sicherheitstechnisches Potential im Vergleich zur bisherigen oberirdischen Bauweise bietet und prinzipiell technisch realisierbar ist, daß jedoch die quantitative Gesamtbewertung dieses Potentials und der möglichen Nachteile im Sinne einer Kosten-Nutzen-Risiko-Untersuchung in keinem Land durchgeführt wurde und auch in der Bundesrepublik noch aussteht. Es bestehen eine Reihe von noch nicht befriedigt beantworteten Einzelfragen, genereller und bauweisenspezifischer Art, die teilweise in laufenden Untersuchungen behandelt werden. Im folgenden wird unter Berücksichtigung in- und ausländischer Vortrags- und Diskussionsbeiträge auf diese Einzelfragen eingegangen.

3. Bautechnische Machbarkeit

Die im Rahmen des deutschen Studienprojektes U-Bauweise betrachteten Anlagenkonzepte beziehen sich auf eine unterirdische Anordnung lediglich der sicherheitstechnisch relevanten Teile des Kernkraftwerkes.

Als Referenzanlage wird ein KKW mit Druckwasserreaktor der 1300 MW-Klasse Typ Grohnde (SR 44) vorgegeben. Systemänderungen bzgl. der Referenzanlage werden weitgehend vermieden, um neue bauweisenspezifische Störfälle zu vermeiden und die Vergleichbarkeit des Sicherheitspotentials des unterirdischen KKWs mit dem des oberirdischen Referenzkraftwerkes zu ermöglichen. Allerdings führt die unterirdische Anordnung eines heute üblichen Reaktorsystems zu sehr großen Baugruben und Hohlräumen von ca. 65 m Durchmesser.

Obwohl entsprechende Baugruben und Felskavernen bisher nicht realisiert wurden, kommen die deutschen Studien insgesamt gesehen zu dem Ergebnis, daß prinzipiell sowohl die für die unterirdische Anordnung der Referenzanlage notwendige 60 m tiefe Baugrube als auch Kavernen mit einer Spannweite von 65 m realisierbar sind. Jedoch zeigen die Untersuchungen auch, daß es noch eine Reihe von Einzelfragen und Problemen gibt, die vor oder während der Realisierung eines Prototyps zu lösen sind. Diese Probleme wurden auch extensiv auf dem Symposium diskutiert.

3.1 Grubenbauweise

Das größte Problem bei der Herstellung einer tiefen Baugrube ist das Risiko eines hydraulischen Grundbruchs, dessen Auswirkungen so schwerwiegend sein können, daß es zum vollständigen Einsturz der Baugrube kommt. Zur Vermeidung des hydraulischen Grundbruchs kommen prinzipiell zwei Möglichkeiten in Frage

— allgemeine Grundwasserabsenkung und Verzicht auf alle Abdichtungen der Baugrube,
— tiefreichende vertikale Abdichtung der Bodenschichten, die die Baugrube umschließen.

Eine weiträumige Grundwasserabsenkung ist für deutsche Verhältnisse im allgemeinen nicht möglich wegen der Beeinträchtigung Dritter (Wasserwerke, Landwirtschaft).

Eine Dichtungswand muß, um Sicherheit gegen einen hydraulischen Grundbruch zu gewährleisten, nach Übereinstimmung aller Fachleute, entweder in dichte Bodenschichten unterhalb der Baugrubensohle einbinden oder bis in eine Tiefe reichen, die etwa der doppelten Baugrubentiefe entspricht (d.h. ca. 120 m). Dabei ist dann das Grundwasser innerhalb der Baugrube abzusenken. Für günstige Untergrundverhältnisse ist dies z.B. mit Brunnen machbar.

Besonders geeignet für die Herstellung entsprechender Dichtungswände ist die Schlitzwandbauweise. Übereinstimmung besteht darin, daß diese Schlitzwände bis zu Tiefen von ca. 90 m herstellbar sind.

Dagegen bestehen Meinungsunterschiede im Hinblick auf die Machbarkeit von Schlitzwänden in Tiefen zwischen 100 und 120 m, die insbesondere an Standorten mit Böden geringer Festigkeit notwendig sind.

Nach Aussagen der Philipp Holzmann AG sind Umschließungsdichtwände bis zu einer Tiefe von 120 m mit neuen erprobten Schlitzwandgeräten herstellbar (Loers, G.).

Dagegen wird in dem Vortrag von Breth, Romberg und Partner bezweifelt, daß entsprechend tiefe Schlitzwände herstellbar sind. Insbesondere werden von Breth folgende Probleme gesehen (Breth, H. & Rohberg, W.):
— die Standfestigkeit eines betonit-gestützten Schlitzes ist in der angestrebten Tiefe nicht gewährleistet;
— die Aushebung eines 120 m tiefen Schlitzes ohne unzulässige Abweichungen vom Lot ist zweifelhaft;
— die Nachprüfung der Dichtigkeit ist problematisch.

Zur Klärung der Probleme schlägt Breth einen Großversuch mit definierten Randbedingungen vor. (Ein entsprechendes Prototypvorhaben wurde auch an anderer Stelle von Philipp Holzmann vorgeschlagen.)

Es besteht jedoch sowohl bei den deutschen als auch bei den ausländischen Symposiumsteilnehmern Übereinstimmung, daß die genannten Probleme prinzipiell nicht gegen die Machbarkeit der U-Bauweise sprechen. Insbesondere wird auch im Rahmen eines Schweizer (Pinto, S.) und eines kalifornischen Vortrages (Finlayson, F.C.) die Realisierbarkeit der Grubenbauweise positiv bewertet, wobei jedoch anzumerken ist, daß diese Vorträge auf die Herstellbarkeit von Dichtungswänden nicht vertieft eingegangen sind.

Eine Möglichkeit, wie das Problem der Herstellbarkeit tiefer Schlitzwände umgangen werden könnte, scheint in der Auswahl eines Standortes zu liegen, dessen Bodenverhältnisse und hydrologischen Gegebenheiten es erlauben würden, eine Schlitzwand von lediglich 90 m Tiefe zu bauen.

3.2 Kavernenbauweise

Bisher wurden lediglich Kavernen bis zu Spannweiten von ca. 33 m realisiert.

Trotzdem wird die Realisierbarkeit von Kavernen bis zu 65 m Spannweite prinzipiell positiv bewertet. Diese Auffassung wird gestützt von den kalifornischen Studien zur U-Bauweise (Finlayson, F.C.). Auch von schweizer Untersuchungen (Pinto, S.) wird die Realisierbarkeit von großen Kavernen (bis zu 46 m Spannweite) für möglich gehalten.

Insbesondere aus Parameteruntersuchungen von Prof. Wittke (Wittke, W.) folgt, daß der Durchmesser und die Höhe des Hohlraumes bei elastischem Gebirgsverhalten und überwiegend vertikal gerichteten Primärspannungen kaum einen Einfluß auf die Standsicherheit haben und somit Kavernen mit großen Abmessungen in solchen Gebirgsverhältnissen ausführbar sein sollten. In Gebirge mit ausgebildetem Trennflächengefüge sowie in geschiefertem Fels, bei dem die Festigkeit parallel zur Schieferung deutlich abgemindert ist, kann es nach vorgetragenen Untersuchungsergebnissen zu deutlichen Überschreitungen der Gebirgsfestigkeit kommen. Diese plastischen Zonen werden mit zunehmenden Abmessungen des Hohlraumes wachsen. Dementsprechend wächst auch der Umfang an Sicherungsmaßnahmen zur Unterstützung der Tragwirkung des Gebirges. Schneidet die Kaverne Störungszonen oder Großklüfte an, können diese mit dem Kavernendach und den -wänden Keile bilden, die gewöhnlich mit Vorspannankern gesichert werden können. Den mit der Ankerung verbundenen Kostenaufwand umgeht man jedoch nach Möglichkeit durch entsprechende Wahl der Kavernenlage. Die Vorspannanker sind dabei jederzeit nachprüfbar und es ist möglich, die Anker auszuwechseln, so daß über die gesamte Lebensdauer die Standsicherheit der Kaverne gewährleistet ist.

Mit wachsenden Abmessungen der Hohlräume wird es jedoch zunehmend schwieriger, eine Lage zu finden, die frei von Störungen und Großklüften ist. Ein weiteres Problem ergibt sich daraus, daß in Fällen hoher Horizontalspannungen die horizontalen Wandverschiebungen und die plastischen Zonen seitlich der Ulmen mit wachsender Kavernenhöhe größer werden.

Prinzipiell lassen sich jedoch auch diese Schwierigkeiten nach Aussagen von Prof. Wittke durch zusätzliche Sicherungsmaßnahmen (Vorspannanker, Spritzbetonauskleidung) beherrschen oder durch begleitende und vorausschauende Erkundungsmaßnahmen zur Feststellung von Störungen, Großklüften, Primärspannungen und der Festigkeit des Trennflächengefüges vermeiden.

Eine Möglichkeit, den Bau großer Kavernen zu umgehen, liegt darin, die Anordnung der Systeme so zu verändern, daß diese jeweils in kleineren Kavernen untergebracht werden können. Eine entsprechende Vorgehensweise wurde den japanischen Untersuchungen zur Kavernenbauweise zugrunde gelegt (Yahada, S.). Betrachtungen hierzu wurden auch im Rahmen des BMI-Studienprojektes bereits 1975 angestellt.

4. Standortauswahl

Wie in Abschnitt 3 erläutert, sind sowohl für die Gruben- als auch für die Kavernenbauweise fels- und bodenmechanische Kenngrößen von entscheidender Relevanz für die Eignung eines Standortes für U-Bauweise. Entsprechend den Ergebnissen des Studienprojektes findet man sowohl für die Gruben- als auch für die Kavernenbauweise geeignete Standorte in Deutschland.

4.1 Grubenbauweise

Nach Untersuchungen von Breth und Romberg im Rahmen des deutschen Studienprojektes, deren Ergebnisse auch auf dem Symposium diskutiert wurden (Breth, H. & Romberg, W.), findet man für folgende Fluß- und Stromtäler mächtige Überlagerungen mit Lockergestein, die prinzipiell für die Grubenbauweise infrage kommen.
— Donau mit den Unterläufen von Iller, Lech, Isar und Inn.
— Rhein, unterteilt in Oberrheingraben, Mainzer Becken, Mittelrhein mit den Neuwieder Becken und die Niederrheinische Bucht.
— Norddeutsche Küstengebiete mit dem Unterlauf von Ems, Weser und Elbe.

Für diese potentiellen Standorte treten sehr unterschiedliche Bodenschichtfolgen aus z.B. Kies- und Feinsanden, Ton- und Schluffhorizonten auf.

Nach von Breth und Romberg vorgetragenen Untersuchungsergebnissen fehlt an vielen Standorten wie z.B. am Rheinoberlauf und in Teilen des Küstengebietes, wo bis in große Tiefen Sande anstehen, eine abdichtende Tonschicht, in die eine Dichtwand eingebunden werden könnte. Für den Fall eine homogenen und isotrop durchlässigen Bodens bis in größere Tiefen wäre zur Gewährleistung der Sicherheit gegen hydraulischen Grundbruch eine 120 m tiefe Schlitzwand erforderlich, wobei jedoch selbst dann noch mindestens 40.000 m³ Wasser pro Tag aus der Baugrube abgepumpt werden müßten. Diese Ergebnisse erwecken insbesondere im Hinblick auf den Standortbereich Rheinoberlauf einen pessimistischeren Eindruck als die von Breth und Romberg im Bericht zu SR 123 dargestellten Ergebnisse. Nach den dortigen Ergebnissen erscheint der Rheinoberlauf als Standort für die Grubenbauweise geeignet, wenn man Dichtwände von 65—90 m Tiefe und innerhalb der Baugruben Entspannungsbrunnen vorsieht. Auf die Probleme im Hinblick auf die abzupumpenden Wassermengen wird im Bericht nicht hingewiesen.

Dagegen erscheint nach Untersuchungen von Philipp Holzmann der Oberrhein bei Biblis durchaus als geeigneter Standort. Mehrere Bohrungen bis in Tiefen von 100 m bis 120 m zeigen, daß der Baugrund eine starke Schichtung verschiedenster rolliger Schichten aufweist, z.B. Feinsand, Mittelsand, Grobsand bis hin zu Kiesen. Zwischen diesen wasserführenden Schichten liegen meterdicke reine Tonschichten, die hier als untere Grenzschicht für eine Schlitzwand dienen könnte (Loers, G.).

Zur eindeutigen Klärung, welche speziellen standortspezifischen Schwierigkeiten zu erwarten sind, wären standortspezifische Baugrunduntersuchungen notwendig.

Prinzipiell erscheinen alle Standorte geeignet mit hochreichenden dichten Bodenschichten.

4.2 Kavernenbauweise

Entsprechend den Untersuchungen von Prof. Wittke lassen sich Kavernen mit großen Abmessungen in der Regel nur in Gebirgsarten bauen, die sich bei den auftretenden Beanspruchungen überwiegend elastisch verhalten bzw. bei denen es nur in begrenzten Bereichen zur Überschreitung der Festigkeit entlang einzelner Trennflächenscharen kommt (vgl. Abschnitt 3.2) (Wittke, W.).

Als besonders geeignet für die Kavernenbauweise erscheinen Quarzit-Gebirge, die nach BGR-Ergebnissen eine sehr gute Standfestigkeit besitzen. Für sie gibt es jedoch nur wenige Standortmöglichkeiten. Ebenfalls gute Standfestigkeit besitzen Schiefer-Gebirge. Obwohl sie oft gefaltet und örtlich auch gestört erscheinen, sind auch hier Großkavernen realisierbar. Buntsandsteingebirge schließlich erreichen ebenfalls oft beachtliche Gebirgsfestigkeiten. Durch zwischengelagerte Tone kann jedoch die Gebirgsfestigkeit reduziert werden. Geeignete Standorte für diese Gebirgsart sind im Weser-, Main- und Neckargebiet anzutreffen (Pahl, A.).

Insgesamt erscheinen nach diesen Untersuchungen der BGR 50 Standorte für die Kavernenbauweise mit Stollenzugang und über 20 Standorte für die Hangbauweise geeignet.

Zur endgültigen Auswahl eines Standortes sind jedoch umfangreiche standortspezifische Untersuchungen notwendig. Diese müssen darauf gerichtet sein, die Lage und die Raumstellung von Hängen und Großklüften, die Primärspannungen und die Festigkeit des Trennflächengefüges zuverlässig zu ermitteln. Auf der Basis dieser Ergebnisse wird jeweils im Einzelfall eine Entscheidung über die Ausführbarkeit einer Großkaverne an dem entsprechenden Standort zu fällen sein.

5. Betrieb

In bisherigen Konzeptstudien zur U-Bauweise wird übereinstimmend festgestellt, daß mit gewissen Behinderungen beim Betrieb von UKKW zu rechnen ist, jedoch die Meinung vertreten, daß diese Behinderungen als gering einzuschätzen sind. Dagegen wurde von Seiten der Betreiber und der reaktorbauenden Industrie in der Bundesrepublik schon früh darauf hingewiesen, daß sie die Erschwernisse bei Betrieb, Inspektion, Wartung und Reparatur für beträchtlich halten. In seinem Beitrag zum Symposium wies Stäbler, EVS-Stuttgart, darauf hin, daß die längeren Transportwege normale Reparaturarbeiten und mehr noch eventuell geforderte größere Umrüstarbeiten behindern, ohne allerdings quantitative Angaben für die Behinderung zu machen. Zudem verbessere die zusätzliche Barriere nicht die Sicherheit innerhalb der Anlage, sondern verlängere die Fluchtwege für das Personal. Ähnlich argumentiert Ontario Hydro, Canada, die höhere Betriebs- und Instandhaltungskosten und eventuell geringere Verfügbarkeit der Anlage wegen längerer Reparaturzeiten für die U-Bauweise erwartet. Diese Frage wird zur Zeit in einer Studie von Lahmeyer International bearbeitet, die auf dem Symposium diskutiert wurde (Bruchhausen, J. V. & May, M.).

Danach ergeben sich durch andere Gebäudeanordnung und vor allem durch die Niveauunterschiede bei der U-Bauweise längere Wege und durch zusätzliche Schleusen auch längere Wartezeiten, deren Ausmaß jedoch als vernachlässigbar abgeschätzt wurde. Die Erhöhung des Instandhaltungsaufwandes für die Komponenten des zusätzlichen Sicherheitseinschlusses wurde mit 1000 Mannstunden/Jahr angegeben, die hauptsächlich in der Revisionsperiode anfallen und etwa 5 Mann in dieser Zeit zusätzlich erfordern. Für die Gestaltung der Arbeitsplätze und für Personalbeschaffung werden keine wesentlichen Auswirkungen erwartet. Für eine Beurteilung der Arbeitssicherheit (Brandschutz, Fluchtwege) reichen die vorliegenden Konzeptunterlagen nicht aus. Es wurde gefolgert, daß die Grubenbauweise keine unüberwindlichen Betriebserschwernisse oder nennenswerte Mehrkosten für den Betrieb mit sich bringt.

Als Ergebnis der Studie kann gesagt werden, daß bisher keine erheblichen Betriebserschwernisse oder -mehrkosten quantifiziert worden sind. Allerdings wurden noch nicht alle Fragen bearbeitet. Insbesondere bleiben Fragen zur Arbeitsplatzsicherung und zur Abschätzung der Erschwernisse größerer Umrüstungsarbeiten offen.

6. Sicherheitstechnische Eigenschaften

Im folgenden werden Vortrags- und Diskussionsergebnisse zu den sicherheitstechnischen Eigenschaften der U-Bauweise dargestellt.

6.1 Äußere Einwirkungen

Ein wesentlicher Gesichtspunkt bei den Untersuchungen zur U-Bauweise ist deren weitgehende Schutzwirkung gegen extreme Einwirkungen von außen, wie auch in mehreren Vorträgen auf dem Symposium hervorgehoben wurde. Von seiten der deutschen Hersteller und Betreiber wurde dem gegenüber argumentiert, daß wegen des geringen Beitrages zum Gesamtrisiko (laut DRS) aus einem verbesserten Schutz gegen äußere Einwirkungen keine Argumente für die U-Bauweise gezogen werden können.

6.1.1 Flugzeugabsturz und andere Projektile, Druckwellen

Nach bisherigen Studien bietet die Kavernenbauweise vollen Schutz gegen alle bekannten serienmäßig hergestellten konventionellen Waffen und die Grubenbauweise, vor allem mit Schildplatte, wesentlich verbesserten Schutz. Die Belastbarkeit von UKKW in Gruben- und Kavernenbauweise wurde bereits von Battelle und KFA Jülich für verschiedene Luftstoßkonfigurationen untersucht, wobei als kritische Belastung die Druckbelastung der Abschlüsse und die Schockbelastung der Einbauten berücksichtigt wurden. Dabei wurde festgestellt, daß für Druckwellenbelastung bei UKKW mindestens die gleiche Sicherheit gewährleistet ist wie für OKKW.

Auf dem Symposium wurde vom Ingenieurbüro Heierli vorgetragen (Heierli, W. & Kessler, E.), daß die Gruben- und Kavernenbauweise nicht nur für die heute im Genehmigungsverfahren angewendete Belastungsfunktion für den Lastfall Flugzeugabsturz Schutz bietet, sondern sogar im Fall eines absichtlichen Absturzes mit Überschallgeschwindigkeit. Weiterhin ist ein Schutz gegen konventionelle Waffen und Bomben schon bei 10 m Felsüberdeckung bzw. 20 m Kies/Sand mit Schildplatte gegeben. Ähnlich wurde auch in der California Studie (Finlayson, F.C.) der zusätzliche Schutz gegen Stoßbelastungen der Bauwerke, auch durch Wirbelstürme und von ihnen mitgetragene Trümmer, hervorgehoben.

Es herrschte überwiegend die Meinung vor, daß ein zusätzliches erhebliches Schutzpotential der U-Bauweise gegen Projektile aller Art besteht.

6.1.2 Erdbeben

Die bisherigen Studien ergaben, daß die Erdbebenbelastung von UKKW nicht höher ist als für OKKW. Die Frage, inwieweit Schichtwechsel im Boden zu erheblichen Scherbeanspruchungen des Gebäudes führt, ist bisher noch nicht quantitativ untersucht worden. Für die Belastung der Einbauten wird für UKKW eine Verschiebung des maximalen Responses zu höheren Frequenzen hin erwartet. In der Studie SR 44 der KFA wird für das eingebettete Gebäude eine geringere Erdbebenbelastung berechnet als für oberirdische KKW. Dieses Resultat wurde auf dem Symposium durch die Ergebnisse der California Studie bestätigt, die ebenfalls feststellte, daß erdbebeninduzierte Bodenbewegungen im allgemeinen für ein unterirdisches Bauwerk geringer sind als für ein oberirdisches in gleicher Entfernung vom Erdbebenherd (Finlayson, F.C.).

In der Studie zur bautechnischen Beurteilung der U-Bauweise, SR 74, wurde festgestellt, daß die ständigen Lasten durch Erd- und Wasserdruck auslegungsbestimmend werden. Zu dem gleichen Schluß kommt eine Studie des Lawrence Livermore National

Laboratory (LLNL), über die auf dem Symposium vorgetragen wurde. In dieser Studie wurde die Belastung des Gebäudes durch die Erdüberdeckung und durch die Horizontalbeschleunigung eines ausgewählten Erdbebens (San Fernando 1971, Amplitude ca. 0,2 g mit Spitzen bis 1,2 g) gemeinsam berücksichtigt. Dabei erwiesen sich die statischen Spannungen als deutlich größer im Vergleich zu den erdbebeninduzierten.

Zur K a v e r n e n b a u w e i s e wurden seismologische Messungen an japanischen unterirdischen Wasserkraftwerken vorgetragen. Als Ergebnisse wurden vorgestellt:
— Die maximalen Beschleunigungen des Kavernenbodens aller drei Raumrichtungen sind kleiner oder gleich den oberirdischen Beschleunigungswerten.
— Die maximalen Beschleunigungen in halber Höhe der Kaverne sind etwas größer als am Kavernenboden (Faktor 2, maximal 3).
— Die Amplituden der Antwortspektren sind oberirdisch größer als unterirdisch, mit deutlichen Überhöhungen für bestimmte Frequenzbereiche.

Eine Interpretation dieser Ergebnisse ist erschwert durch unzureichende Angaben über die Bodenverhältnisse. So ist z.B. die deutliche Überhöhung der Antwortspektren in bestimmten Frequenzbereichen vermutlich auf den weichen Boden an der Oberfläche zurückzuführen. Insgesamt deuten die Messungen aber auf eine Verringerung der Beschleunigungen in der Kaverne im Vergleich zur Erdoberfläche hin.

In die gleiche Richtung weisen Rechnungen von Ontario Hydro, die eine Abschwächung der maximalen Beschleunigungen in 300—400 m Tiefe um einen Faktor 1.5 bis 2.0 angeben (Oberth, R.C.). Auch von Hitachi, Japan, werden geringere Erdbebenlasten, insbesondere für die Einbauten errechnet (Hiei, S.).

Die Standsicherheiten von Kavernen bei Erdbeben wurde generell positiv beurteilt. Z.B. hatte die Electric Power Development Co., Japan, die Standsicherheit einer ganzen Gruppe allerdings kleinerer Kavernen analysiert und festgestellt, daß sie sogar ohne zusätzliche Felsanker stabil seien.

Auf dem Symposium kam überwiegend die Meinung zum Ausdruck, daß die vorgetragenen Ergebnisse die Ansicht bestätigen, daß für die U-Bauweise keine zusätzlichen Belastungen durch Erdbeben auftreten. Die Fragen der höherfrequenten Beanspruchung von Komponenten und des Einflusses von Schichtwechseln im Boden sollten jedoch weiter verfolgt werden.

6.1.3 Einwirkungen Dritter

Nach den Ergebnissen des Studienprojektes ergibt sich, insbesondere für Sabotageangriffe von außen ein größeres Schutzpotential im Vergleich zu oberirdischen KKW, während für die Sabotagemöglichkeiten im Innern keine Unterschiede resultieren.

Ingenieurbüro Heierli (Heierli, W. & Kessler, E.) führte zu diesem Thema aus, daß die weltweite Zunahme von Terroraktionen gezielte Sabotageakte als schwer quantifizierbares, jedoch reales Risiko für KKW erscheinen läßt. Die U-Bauweise bietet robusten Schutz gegen Angriffe mit konventionellen Waffen, so daß zusätzliche Schutzmaßnahmen auf die Zugänge konzentriert werden können. Als mögliche Verbesserungen wurden doppelte Panzertore für Personenschleusen und Geröllfilter für Kühlwasserzufuhr und Lufteinlaß genannt, die ausreichende Widerstandszeit bieten. Die geringen Erfolgschancen würden potentielle Saboteure abschrecken, eine Ansicht, die z.B. auch in der California Studie geäußert wird (Finlayson, F.C.).

Ein zusätzlicher Schutzzuwachs bei Sabotageangriffen von außen wird auch durch die Schweizer Studie bestätigt (Pinto, S.).

Dem hält KWU gegenüber, daß die für Deutschland infrage kommende Grubenbauweise nur eine graduelle Verbesserung des Schutzes gegen Einwirkungen Dritter bedeutet (Braun, W.).

Von seiten der deutschen Betreiber wurde betont, daß die Versorgungswege Ansatzpunkte für terroristische Handlungen bleiben und daß die Begrenzung von Sabotagefolgen bei U-Bauweise schwieriger sei als für OKKW, die besser zugänglich sind. Der Schutz gegen konventionelle Waffen sei gering einzuschätzen, da ein Angriff auf KKW wegen der Verletzung des nuklearen Tabus und der damit verbundenen Eskalationsgefahr schwer kalkulierbar und daher unwahrscheinlich sei. Ein Angreifer müßte zudem die vorherrschende Windrichtung (Westwinde) und die Verwundbarkeit eigener KKW berücksichtigen (Stäbler, K.).

Die Mehrzahl der auf dem Symposium geäußerten Meinungen spricht der U-Bauweise eine bessere Schutzwirkung gegen Einwirkungen Dritter zu, soweit es sich um konventionelle Waffen bzw. Handlungen kleinerer Terroristengruppen handelt. Über die Bewertung der zusätzlichen Schutzwirkung bestehen unterschiedliche Auffassungen. Eine Untersuchung anhand von konkreten Szenarien insbesondere zu der Frage, wie weit zusätzliche Schutzmaßnahmen für die Zugänge wirksam sind, würde die Bewertung erleichtern.

6.2 Innere Störfälle

Bisherige Untersuchungsergebnisse zum Studienprojekt zeigen, daß ein unterirdisches Reaktorgebäude infolge der Erd- bzw. Felsüberdeckung höhere Kräfte aus Druck, Temperatur oder infolge Aufprall von Bruchstücken aufnehmen kann. Die radioaktiven Auswirkungen von Unfällen auf die Umgebung werden reduziert, falls die Abschlüsse des zusätzlichen Einschlusses so ausgelegt werden, daß sie unter den Belastungen aus den Störfällen ihre Abschluß- und Dichtigkeitseigenschaften ausreichend beibehalten. In diesem Fall kann eine Freisetzung radioaktiver Stoffe nur über den Boden und damit nur mit zeitlicher Verzögerung erfolgen. Im Hinblick auf die quantitative Bewertung einer möglichen Erhöhung des Sicherheitspotentials gegenüber inneren Störfällen bestehen jedoch noch teilweise erhebliche Meinungsverschiedenheiten, die auch auf dem Symposium diskutiert wurden und auf die im folgenden unter Verwendung der Symposiumsergebnisse eingegangen werden soll.

6.2.1 Abschlüsse

Das wesentliche Problem für die Containmentintegrität und die Höhe des Sicherheitspotentials bei Unterirdischer Bauweise wie auch für alternative Containmentkonzepte, die einen sicheren Einschluß von Unfall-Atmosphäre gewährleisten sollen, ist die Frage, inwieweit es möglich ist, Abschlüsse zu konstruieren, die bei den Belastungen von schweren inneren Störfällen zuverlässig und hinreichend lange ihre Dichtfunktion erfüllen.

Nach Untersuchungen, die im Rahmen des Studienprojektes durchgeführt wurden und deren Ergebnisse auf dem Symposium diskutiert wurden (Freund, H.U.), besteht eine Möglichkeit, Öffnungen und Zugänge abzusichern, im Einbau von Schnellverschlüssen, die bei unterirdischen amerikanischen Kernwaffenexplosionen eingesetzt wurden, um Freisetzungen an die Oberfläche zu verhindern. Diese Verschlüsse haben sich bei den Kernwaffenexplosionen als zuverlässig funktionierend erwiesen.

Dabei werden folgende Abschlüsse kettenartig hintereinander eingesetzt:

— Sprengstoffgetriebene Manschettenverschlüsse mit einer Verschlußzeit von wenigen Millisekunden zum Abblocken fliegender Bruchstücke und einer hochkomprimierten Gasströmung;

— mit Druckfeder oder mittels Hydraulik (Gasdruckflaschen) oder Treibladungen angetriebene Torverschlüsse. Zur Auslösung der Antriebskraft werden Rückhaltebolzen sprengtechnisch gebrochen. Die Torverschlüsse sind Drucken zwischen 10 und 100 bar ausgesetzt. Die Verschlußzeiten liegen bei 100 ms. Bei geringeren Schachtquerschnitten werden statt der Torverschlüsse Kugelventile geringer Massenträgheit mit Hydraulikbetrieb eingesetzt;

— Falltüren, die nach Freigabe der Sperriegel durch Gravitationskraft ins Schloß fallen.

Gasdichtigkeit wird nur für die Torverschlüsse verlangt.

Nach den Battelle-Ergebnissen (Freund, H.U.), ebenso wie nach Untersuchungen des Lawrence Livermore National Laboratory, stellt der Einbau solcher Schnellverschlüsse in Kombination oder in Kombination mit konventionellen Ventilen eine Möglichkeit dar, bei Störfällen mit raschem Druckaufbau im Containment das Entweichen von Radioaktivität in die Atmosphäre zu vermeiden.

In der Diskussion wurden diese Untersuchungsergebnisse jedoch im Hinblick auf folgende Punkte kritisiert:

— die Funktion insbesondere der beschriebenen Tor-Schnellverschlüsse führt zu erheblichen Nebenwirkungen, da sie infolge ihrer hohen Schließgeschwindigkeit und der beträchtlichen Masse der Tore zu Erschütterungen der umgebenden Baustrukturen führen können;

— für durch Sprengstoffladungen angetriebene Ventile sind ähnliche Nebenwirkungen wahrscheinlich nicht zu vermeiden;

— eine ungewollte Funktion der Abschlüsse, die nicht auszuschließen ist, könnte daher wegen der Nebenwirkungen zu neuen bauweisenspezifischen Störfällen führen;

— ein detaillierter Konstruktionsvorschlag, wie die Schnellventile in einem KKW eingebaut werden sollten, liegt nicht vor. Bisher gibt es auch keine Erfahrungen über den Einsatz von Schnellventilen in einem KKW;

— kurze Schließzeiten, wie sie für Kernwaffenexplosionen unabdingbar sind, sind für KKW-Störfälle nicht notwendig.

Die Diskussion ergab, daß die Frage prüfenswert erscheint, welche weiteren Möglichkeiten für den Abschluß von UKKW geeignet sind. Dabei sollte insbesondere geprüft werden, inwieweit durch „Notfalldichtungselemente", deren Funktion nachträglich nach Eintritt von Störfällen als Notfallschutzmaßnahmen angefordert werden kann, der Austritt von Störfallatmosphäre verhindert werden kann.

6.2.2 Rückhaltung in Boden und Fels

Entsprechend früheren Ergebnissen des Studienprojektes läßt sich der zeitliche Ablauf eines internen Störfalls im Hinblick auf die Spaltproduktausbreitung im Erdreich in zwei Phasen einteilen, wenn man Undichtigkeit des Reaktorgebäudes unterstellt:

— solange ein erhöhter Druck an den Rissen des Reaktorgebäudes ansteht, ist der Druckgradient zwischen Störfallatmosphäre und der Atmosphäre in den Erdschichten die ausbreitungsbestimmende Kraft;

— nach dem Abbau des Druckgradienten erfolgt die Ausbreitung der radioaktiven

Spaltprodukte im Boden im wesentlichen durch molekulare Diffusion aufgrund von Konzentrationsgradienten und durch den Transport mit der Grundwasserströmung.

Die für die Ausbreitung entscheidenden Spaltprodukte sind die Edelgase Kr und Xe, da man davon ausgehen kann, daß von der aus Wasserdampf, Luft und Aerosolen und gasförmigen Spaltprodukten bestehenden Störfallatmosphäre der Wasserdampf und der Anteil der kondensierbaren Spaltprodukte weitgehend beim Austritt vom Reaktorgebäude ins Erdreich kondensieren kann und sich im Vergleich zu den nicht kondensierbaren Anteilen wesentlich langsamer ausbreitet.

Die Antwort auf die Frage, nach welchen Zeitpunkten mit einer Edelgasfreisetzung zu rechnen ist, hängt dabei insbesondere von der gewählten Überdeckung ab.

Die KFA kommt in früheren Untersuchungen bei einer Überdeckung von 8 m, die schichtweise mit ausgewählten Materialien aufgebaut ist, auf Freisetzungszeiten von 15–20 d.

Nach auf dem Symposium vorgetragenen Rechnungen mit einem von IKE entwickelten Rechenprogramm (Bernnat, W. & Dinkelacker, A.) kommt es nach ca. 2 Stunden zu einer Freisetzung von Edelgasen, wenn man die Erdüberdeckung als porös interpretiert und keine speziellen Materialschichten zwischen Erdoberfläche und Containmentdecke einbaut. Als Störfalldruck wird von 3,5 bar ausgegangen.

Ebenfalls auf dem Symposium vorgetragene Ergebnisse der Defense Nuclear Agency, Albuquerque (Keller, C.) besagen, daß es unter folgender Voraussetzung nach ca. 1 d zu nennenswerten Freisetzungen von Edelgasen kommt,
– poröse Bodenbedeckung von 20 m,
– Einbettung des Containments in einer 10 m dicken Kiesschicht,
– Störfalldruck 3,5 bar.

Die Verzögerung der Freisetzung im Vergleich zu den IKE-Ergebnissen ist außer durch die größere Überdeckungsschicht im wesentlichen darauf zurückzuführen, daß das Kiesbett eine schnellere Kondensation des ausströmenden Dampfes und damit einen Abbau des treibenden Druckes bewirkt.

Die Ergebnisse insbesondere der amerikanischen und der KFA-Rechnungen sind deutlich unterschiedlich. Es sollten daher die Detail-Annahmen beider Rechnungen überprüft werden, um zu möglichst optimalen Berechnungsmethoden für die Edelgas-Freisetzung zu kommen.

Relativ unsicher ist aufgrund von bisherigen BGR-Ergebnissen die Rückhaltewirkung von verschiedenartigen Gebirgsarten einzuschätzen (Schneider, H.J.). Experimentelle Untersuchungen mit Salzlösungen haben für Granit und Buntsandsteinarten sehr schnelle Durchströmungszeiten ergeben. Aus diesen Untersuchungen wäre zu folgern, daß im Falle eines Kernschmelzunfalles und Versagen des Sicherheitsbehälters bei klüftigem Fels nach ca. 1 Stunde mit Freisetzungen aus der ,,n a c k t e n'' Kaverne an der Oberfläche zu rechnen ist. Jedoch läßt sich nach BGR-Aussagen (Schneider, H.J.) der Schutzgrad insbesondere durch Abdichtungsmaßnahmen der für die Durchlässigkeit verantwortlichen Klüfte und durch Innenausbau der Kaverne mit Spritzbeton wesentlich erhöhen.

Zu auf den ersten Blick anderen Ergebnissen kommen japanische Untersuchungen des Institute of Atomic Energy (Takahashi, K.). Nach diesen Untersuchungen kommt es zu einer erheblichen Reduzierung der Freisetzung durch den Fels. Im Gegensatz zu den deutschen Studien werden dabei jedoch sehr geringe Durchlässigkeitswerte des

Gebirges und keine Klüftungen betrachtet. Beide Annahmen erscheinen vor dem Hintergrund des BGR-Experiments wenig realistisch zu sein.

Die Auswirkungen eines Kernschmelzstörfalls auf das Grundwasser im porösen Medium wurden von der Bundesanstalt für Gewässerkunde betrachtet (Schwille, F.). Dabei wurde Spaltproduktfreisetzung aus einem geborstenen Sicherheitsbehälter über dessen gesamte Höhe hinweg oder das Durchdringen des Betonfundaments durch die Kernschmelze mit Abtransport von Spaltprodukten aus dem Schmelzkörper angenommen.

Nach den von der Bundesanstalt für Gewässerkunde vorgetragenen Ergebnissen (Schwille, F.) gelangt so kontaminiertes Grundwasser an die Oberfläche, wobei die Fließzeiten, nach denen das Grundwasser die Oberflächengewässer erreicht, je nach Distanz des Standorts vom Ufer und den hydrologischen Gegebenheiten in der Größenordnung von Monaten und Jahren liegen.

Trotzdem sollte jedoch damit gerechnet werden, daß über das so kontaminierte Grundwasser in gewissem Umfang nicht mehr tolerierbare Aktivitäten in die Oberflächengewässer gelangen.

Dieser Übertritt von Radionukliden in Oberflächengewässer im Falle eines Kernschmelzunfalls läßt sich jedoch verhindern, wenn innerhalb der für die Grubenbauweise vorgesehenen Dichtwände der Grundwasserspiegel geringfügig abgesenkt wird. Die erforderlichen Fördermengen betragen dabei nach Aussage der Bundesanstalt für Gewässerkunde weniger als 100 m^3/d.

Außerdem wurde darauf hingewiesen, daß das kontaminierte Wasser durch Abwehrbrunnen aufgefangen werden kann.

Zusammenfassend läßt sich sagen, daß durch das Symposium bestätigt wurde, daß Boden und Fels bei Störfällen zu einer verzögerten Freisetzung in die Atmosphäre führen, daß jedoch teilweise diese Verzögerungen nicht eindeutig quantifiziert werden konnten.

6.2.3 Systemtechnische Maßnahmen zur Reduzierung von Unfallfolgen

Eine systemtechnische Möglichkeit zur Reduzierung von Störfallauswirkungen liegt nach Aussagen von Bonnenberg und Drescher in einem Containmentssprühsystem, mit dessen Hilfe die Stahlhülle von außen gekühlt wird und das sowohl unterirdisch als auch oberirdisch einsetzbar sein soll. Im Falle eines Kernschmelzunfalles wird dabei die Containmenttemperatur auf 70 °C und der Druck auf 1,5 bar reduziert.

Die Frage jedoch, inwieweit ein solches System zu einer tatsächlichen Risikoreduzierung führt, wurde in der Diskussion teilweise kritisch bewertet, da die Wahrscheinlichkeit einer Wasserstoffexplosion im Containment ansteigen würde, infolge der Tatsache, daß Wasserstoff in trockener Atmosphäre bei geringeren Konzentrationen zündet als in relativ feuchter Wasserdampfatmosphäre.

Schwedische Untersuchungen schlagen ein Filtersystem vor, mit dessen Hilfe nach ersten Ergebnissen ca. 90 % des freigesetzten Jods und Aerosols zurückgehalten werden können. Nicht kondensierbare Gase werden jedoch freigesetzt. Untersuchungen, inwieweit der Einbau für die unterirdische Bauweise relevant ist, liegen nicht vor.

6.3 Bauweisenspezifische Störfälle

Aufgrund der bisherigen Untersuchungen zum Studienprojekt scheinen bauweisenspezifische Störfälle das Sicherheitspotential unterirdischer Kernkraftwerke nur gering zu beeinflussen und sind durch Auslegungsmaßnahmen weitgehend vermeidbar.

Das Thema wurde auf dem Symposium nicht vertieft diskutiert. Im Rahmen einzelner Vorträge wurden jedoch folgende Störfälle erwähnt:
- konzeptbedingte Störfälle durch Überflutungsgefahr oder Druckdifferenzen in Rohrleitungssystemen bei unterschiedlichen Anordnungshöhen der verschiedenen Bauwerke.

Diese Gefahr erscheint nach Aussagen des Ingenieurbüros Bung durch geeignet angeordnete Absperrorgane weitgehend reduzierbar (Obenauer, P.W.).
- Aufprall von aus der Kavernendecke sich lösenden Felsteilen auf das Containment.

Dies kann, wie in der kanadischen Untersuchung vorgeschlagen wird, durch ein Stahlnetz vermieden werden (Oberth, R.C.).

Ein Diskussionspunkt betraf das Kavernenverhalten unter hypothetischen Störfallbedingungen, nach Versagen des Containments. Prof. Duddeck wies darauf hin, daß die Tragfähigkeit der Kaverne durch den dabei auftretenden Druck- und Temperaturaufbau beeinträchtigt werden könnte, wenn nicht von vornherein entsprechende Vorsorgemaßnahmen beim Bau der Kaverne ergriffen werden. Diese Fälle können nicht wie die Tragfähigkeit im Betriebszustand durch in situ-Messungen erfaßt werden. Daher sind nach Prof. Duddeck gezielte Simulationsversuche u.a. für Temperaturwirkungen im gleichen Gebirge z.B. in einer Nebenkaverne erforderlich.

7. Stillegung

Probleme der Stillegung, insbesondere zur Stillegungsstufe „endgültige Beseitigung", wurden nicht detailliert diskutiert.

Von kanadischer Seite wurde jedoch die Ansicht vertreten, daß die Probleme der Stillegung von Kernkraftwerken leicht lösbar sind. Insbesondere durch die Möglichkeit, eine stillzulegende unterirdische Anlage durch Verschließen der Öffnungen und Zugänge von der Umwelt einfach und wirksam zu trennen, verringere sich der Aufwand bei der Stillegung gegenüber dem Stillegungskonzept „Gesicherter Einschluß" für oberirdische Anlagen. Da zu diesem Punkt jedoch keine vertiefte Diskussion stattfand, wurden auch Fragen, inwieweit die Stillegungsstufe „Gesicherter Einschluß" unter Berücksichtigung genehmigungspolitischer Aspekte realisierbar ist und inwieweit nicht auch für die Untergrundbauweise die Beseitigung radioaktiver Komponenten zu fordern ist, nicht diskutiert.

8. Oberirdische baulich ertüchtigte Reaktorgebäude

Auch für verbesserte baulich ertüchtigte oberirdische Reaktorgebäude wird ein zusätzliches Schutzpotential gegenüber extremen Belastungen erwartet. Um dieses zusätzliche Schutzpotential mit dem der U-Bauweise vergleichen zu können, werden im Auftrag des BMI Untersuchungen durchgeführt, die alternative bauliche Ertüchtigungsmaßnahmen oberirdischer Reaktorgebäude zum Thema haben.

Dazu wird das Verhalten folgender Konstruktionsvarianten gegenüber äußeren Einwirkungen und inneren Störfällen untersucht
- einschalige Bauweise,
- zweischalige Bauweise,
- Mehrschichtenbauweise.

Im folgenden werden die auf dem Symposium von Zerna, Schnellenbach und Partner (ZSP) (Schnellenbach, G. & Bindseil, P.) und Dyckerhoff und Widmann (Klang, K.B.) vorgestellten Ergebnisse zur ein- und zweischaligen Bauweise diskutiert. Die bisherigen Rechnungen von Zerna, Schnellenbach und Partner untersuchen die vorhandenen Schutzpotentiale verschiedener Bauvarianten gegenüber inneren Störfällen und äußeren Einwirkungen mit Lastannahmen, die denjenigen der Studie SR 74 zur U-Bauweise im Lockergestein entsprechen. Bei den Rechnungen von Dyckerhoff und Widmann handelt es sich im wesentlichen um Auslegungsrechnungen für drei unterschiedliche Gründungen mit Lastannahmen, die gegenüber der heutigen Auslegungspraxis deutlich höher vorgegeben wurden.

Einschalige Bauweise

Von ZSP werden das globale Biegemoment als Maß für die Belastung der Gründung und die maximalen Beschleunigungen im Antwortspektrum eines Punktes im Gebäude als Maß für Gebäude- und Komponentenbelastung berechnet, wobei eine Anzahl von Parametern wie Bodenkennwerte, Wanddicke usw. variiert wurden.

Dabei wird gezeigt, daß eine Erhöhung der Wandstärke, die zur Aufnahme höherer Projektilgeschwindigkeiten und bei Waffeneinwirkung erforderlich sein kann, die Beschleunigungen für alle Lastfälle und die globalen Momente für Druckwellen und Projektilaufprall verringert, jedoch im Erdbebenfall zu höheren Belastungen der Gründung führt. Zu ähnlichen Ergebnissen kommt auch Dyckerhoff und Widmann (Klang, K.B.), die für den Flugzeugabsturz mit voller Schallgeschwindigkeit eine Wanddicke von 3,20 m mit 0,2 % Bewehrung angeben.

ZSP berechnet weiterhin, daß eine Vergrößerung des Gebäuderadius, die zur Verringerung des Störfallinnendruckes wünschenswert wäre, für die Lastfälle Erdbeben und Projektilanprall nur geringen Einfluß hat, für die Belastung durch Druckwellen jedoch zu einem deutlichen Anstieg führt.

Aufgrund dieser Parameterstudien sollen im weiteren Verlauf des ZSP-Vorhabens optimale Varianten zusammengestellt und mit der U-Bauweise verglichen werden.

Dyckerhoff und Widmann stellt fest, daß auch für die erhöhten Lastannahmen Beschleunigungen und Verschiebungen im Gebäude in Größenordnungen bleiben, die vom Bauwerk abgetragen werden können. Bei Gründung auf Kies oder Pfählen ist für die induzierten Erschütterungen der erhöhte Flugzeugabsturzlastfall maßgeblich, bei Gründung auf Fels die postulierte Erdbebenbelastung.

D & W betrachten außerdem die Störfallbelastungen bei gleichzeitigem Versagen des Sicherheitsbehälters, weisen auf Probleme hin, die bei der jetzigen Geometrie am Zusammenschluß von Fundamentplatte und Zylinder der Abschirmhülle bei hohen Innendrücken bestehen und machen Vorschläge zu deren Lösung. Wenn auch der untere Teil des Containments schalenförmig ausgeführt wird, wird bei hohen Bewehrungsgraden unter Verwendung eines Liners eine Auslegung bis zu 20 atü Innendruck als möglich angesehen.

Zweischalige Bauweise

In den Rechnungen von ZSP werden die Dicke von Innenwand, von Außenwand und der Innenradius variiert. Für die vorgestellten Parameterkombinationen wird festgestellt, daß die zweischalige Bauweise gegenüber der einschaligen Bauweise bei gleicher Außenwanddicke deutliche Vorteile, insbesondere bei den Beschleunigungen im Innern, aufweist.

Für den Lastfall Projektilaufprall erwartet ZSP eine weitere Verringerung der Auswirkungen bei Dimensionierung der Außenschale unter Ausnutzung plastischer Verformungen. Diese Hoffnung auf eine wesentliche Reduzierung des Eingangsimpulses durch erhöhte Plastifizierung der dünneren Außenschale teilt Dyckerhoff & Widmann aufgrund vorläufiger Ergebnisse nicht.

Dyckerhoff & Widmann hob weiter hervor, daß die induzierten Erschütterungen nur dann spürbar vermindert werden, wenn die Außenschale von der Fundamentplatte der Innenschale und des Bauwerks abgetrennt wird.

Als Vorteile für die zweischalige Bauweise wurden genannt:
— Die innere Schale bleibt als Sekundärabschirmung auch bei Beschädigung der Außenschale erhalten, die dann ohne Gefährdung des Reaktorbetriebes behoben werden könnte.
— Bei einem durch Flugzeugabsturz induzierten schweren Störfall im Innern steht die Innenschale weiterhin als zweite Barriere zur Verfügung.

Insgesamt bestand Übereinstimmung darin, daß zur Frage des Schutzpotentials oberirdischer baulich ertüchtigter Reaktorgebäude bisher nur Teilergebnisse vorliegen. Sowohl die einschalige wie auch die zweischalige Bauweise scheinen Möglichkeiten zu bieten, das Schutzpotential zu vergrößern. Allerdings machen gegenläufige Parameterabhängigkeiten (z.B. größerer Gebäuderadius verringert den Innendruck bei Störfall, aber erhöht die Gebäudebelastung bei Druckwellen) eine Optimierung der Auslegung für bestimmte Lastkombinationen erforderlich. Eine abschließende Wertung sollte erst nach Ablauf der beiden Vorhaben SR 198 A und B erfolgen.

9. Gesamtbewertung der U-Bauweise

Im folgenden wird die Diskussion des Symposiums wiedergegeben, die zum Problem der Gesamtbewertung der U-Bauweise geführt wurde.

Aus den bisherigen Studienergebnissen zur U-Bauweise haben sich eine Reihe von Vor- und Nachteilen ergeben, zu denen auch auf dem Symposium weitgehend Übereinstimmung herrschte.

Vorteile der U-Bauweise sind danach:
— größerer Schutz gegen äußere Einwirkungen,
— verzögerte Freisetzung von Spaltprodukten bei Störfällen in die Umgebung, falls Abschlüsse funktionieren.

Als Nachteile werden angeführt:
— Mehrkosten für den Bau von UKKW,
— notwendige Überwindung von technischen Problemen bei Bau eines Prototyps (wie z.B. Herstellung von sehr tiefen Schlitzwänden bzw. sehr großen Kavernen),
— Erstellung zusätzlicher Sicherheitsnachweise im Rahmen des Genehmigungsverfahrens (standortbezogene Sicherheitsnachweise von Gruben und Kavernen),
— Standortrestriktionen im Hinblick auf die Machbarkeit von großen Kavernen und tiefen Gruben (Bodeneigenschaften).

Ein möglicher weiterer Vorteil, der sich aus den bisherigen Studien ableiten läßt und sich auf Standortvorteile durch den genehmigungsfähigen stadtnahen Bau von UKKW und die Nutzungsmöglichkeit der Abwärme durch ein Fernwärmenetz bezieht, wird insbesondere von Betreiberseite nicht bestätigt. Von Betreiberseite wird die Ansicht vertreten, daß der Bau oberirdischer Anlagen in einem Umkreis von 30—50 km von stadtnahen Zentren genehmigungsfähig ist und damit die Abwärme auch aus oberirdischen Anlagen genutzt werden kann.

Umgekehrt werden von Kritikern weitere Nachteile der U-Bauweise genannt, die aus den Studienergebnissen bisher nicht hervorgehen. Dies sind
— die Eintrittswahrscheinlichkeit kleiner Störfälle wird durch U-Bauweise erhöht;
— die Einleitung von Gegenmaßnahmen im Falle eines Störfalles wird bei U-Bauweise erschwert (Schnellenbach, G. & Bindseil, P.).

Diese Nachteile erscheinen den Kritikern insbesondere vor dem Hintergrund des TMI-Störfalles relevant, der gezeigt hat, daß die Schwerpunkte der Aktivität auf der Vermeidung kleiner Störfälle, die sich zu schweren Störfällen entwickeln können, liegen müsse und nicht auf der Beherrschung hypothetischer schwerer Störfälle, wie es mit der U-Bauweise vorgesehen ist (Stäbler, K.).

Keine Übereinstimmung konnte zu der Frage erzielt werden, inwieweit durch die U-Bauweise als integraler Maßnahme die Freisetzung von Spaltprodukten sowohl als Folge von inneren Störfällen als auch als Folge äußerer Einwirkungen verhindert werden kann und welche einzelnen alternativen Sicherheitsmaßnahmen, wie z.B. Einbau eines Containmentsprühsystems oder bauliche Ertüchtigung des Reaktorgebäudes, in einem vergleichbaren Sicherheitspotential von OKKW resultieren könnten.

Auch in der quantitativen Bewertung der anderen Vor- und Nachteile gingen die Meinungen auf dem Symposium auseinander.

Um eine solche Bewertung objektiver durchführen zu können, wird zur Zeit eine Kosten-Nutzen-Analyse durchgeführt, über die von Battelle berichtet wurde (Schneider, W.; Schneider, W., Dippel, M. & Flothmann, D.). Im Rahmen dieser Untersuchung werden anhand von repräsentativen Fallstudien Kosten- und Schadensdifferenzen zwischen der oberirdischen und unterirdischen Bauweise abgeschätzt. Zur Ermittlung der Schadensdifferenzen werden dazu die Auswirkungen der Störfallabläufe der deutschen Risikostudie zu den Freisetzungskategorien 1, 5 und 6 betrachtet, wobei für die U-Bauweise (Grubenbauweise) die zusätzlichen Barrieren Äußerer Ringraum und Erdüberschüttung berücksichtigt werden. In der Diskussion wurde kritisch angemerkt, daß eine vollständige Risikoanalyse bisher nicht vorliege. Eine solche Risikoanalyse wurde durch den BMFT angeregt.

Kritisch gefragt wurde weiterhin, inwieweit es sinnvoll ist, die U-Bauweise als Maßnahme zur Vermeidung von Störfallrisiken zu untersuchen, solange generelle Aussagen zu Störfallrisiken, die auch in der deutschen Risikostudie angenommen wurden, mit teilweise erheblichen Unsicherheiten behaftet sind, die zur Folge haben, daß das Risiko oberirdischer Anlagen zu hoch bewertet wird. So wurde insbesondere darauf hingewiesen, daß
— die Eintrittswahrscheinlichkeit von Dampfexplosionen (FK 1 der Risikostudie) nach neueren Untersuchungen im Vergleich zu den Werten der Risikostudie erheblich reduziert werden muß;
— die in der Risikostudie verwendeten Jodfreisetzungsraten konservativ zu bewerten und weitere Untersuchungen zur realistischen Abschätzung der Jodfreisetzung notwendig sind.

Unter Berücksichtigung der Gesamtdiskussion wies der BMI in seinem Schlußwort u.a. darauf hin, daß
— die Realisierung des Potentials der unterirdischen Bauweise eine ingenieurtechnische

Aufgabe ist, die nicht im Rahmen von Einzeluntersuchungen ohne wesentliche Beteiligung eines Kernkraftwerk-Herstellers zufriedenstellend zu lösen sein wird und die vor allem im Bereich der Bautechnik von prototypischer Entwicklung begleitet sein müßte;

— die genehmigungspolitischen Fragen, die sich aus der Einführung von Maßnahmen zur Bewältigung hypothetischer Unfälle ergeben, eindeutig in dem Sinne gelöst werden sollten, daß fortgeschrittene Konzeptüberlegungen und Prototypentwicklungen neben den bewährten Anlagentypen möglich sind, um Diskontinuitäten in der technischen Entwicklung, mit unakzeptablen Konsequenzen im Bereich der Energieversorgung, zu vermeiden.

Schlußwort

von

Josef Pfaffelhuber

Meine Damen und Herren,

wir stehen am Ende dieses Symposiums. Es war wohl das bisher einzige Symposium über unterirdische Bauweise von Kernkraftwerken dieses Umfangs.

In den Vorträgen wurde über alle wesentlichen Aktivitäten zu diesem Thema, die in den letzten Jahren abgeschlossen wurden, berichtet. Dank einer großzügig bemessenen Diskussionszeit kam es darüber hinaus zu einem erfreulich offenen Meinungsaustausch.

Es herrschte keineswegs Einhelligkeit bei der Beurteilung der Probleme und Schlußfolgerungen. Das ist verständlich, wenn man bedenkt, daß die vorgetragenen Konzepte auf unterschiedliche Motivationen und sicherheitstechnische Anforderungen zurückgehen und somit natürlich zu unterschiedlichen technischen Lösungen kommen. Trotzdem herrscht zwischen den deutschen und ausländischen Untersuchungen ein bemerkenswerter Konsens in der Beurteilung der technischen und sicherheitstechnischen Fragestellungen.

Ich habe mit Interesse bemerkt, daß keines der hier vorgestellten Konzepte die Folge einer behördlich vorgegebenen sicherheitstechnischen Anforderung gewesen ist, die dann zu einem angemessenen Lösungsvorschlag geführt hätte. Allen Untersuchungen ging die Fragestellung nach den Möglichkeiten und Problemen der Errichtung von unterirdischen Kernkraftwerken und die Frage nach deren Potential an sicherheitstechnischem Zugewinn voran. Auch in der Bundesrepublik Deutschland wurde dieser Weg beschritten. Ich halte ihn da, wo wir über die Möglichkeiten zur weiteren Verringerung des Restrisikos aus Unfällen nachdenken, für angemessen.

Wir haben insbesondere bei der Erörterung der deutschen Konzepte die Schwierigkeiten gesehen, die sich hinsichtlich der Größe der erforderlichen unterirdischen Hohlräume und Baugruben ergeben, wenn bereits anlagen- und sicherheitstechnisch optimierte Konzepte ohne wesentliche Änderungen unterirdisch angeordnet werden sollen. Aber wir haben hier nicht gelernt, daß dies nicht oder nur an einigen wenigen Standorten möglich wäre. Die Optimierung der Barrieren Boden und Fels zur Rückhaltung radioaktiver Stoffe erscheint zur Anwendung bei unterirdischen Kernkraftwerken eine technisch lösbare Aufgabe zu sein. Die Güte dieser Barrieren wird auch durch die Leistungsfähigkeit und Zuverlässigkeit der Abschlüsse bestimmt.

Insgesamt kann trotz massiv vorgetragener Bedenken ein Potential von unterirdischen Bauweisen zur Vermeidung auch sehr unwahrscheinlicher aber eben katastrophaler Schadensfolgen aus Core-Schmelz-Unfällen nicht geleugnet werden. Die Realisierung dieses Potentials ist aber eine ingenieurtechnische Aufgabe, von der ich nie unterstellt habe, daß sie im Rahmen von Einzeluntersuchungen ohne wesentliche Beteiligung eines Kernkraftwerkherstellers zufriedenstellend zu lösen sein wird und die sicherlich vor allem im Bereich der Bautechnik von prototypischer Entwicklung begleitet sein müßte. Die genehmigungspolitischen Fragen, die sich aus der Einführung von Maßnahmen zur Bewältigung hypothetischer Unfälle ergeben, sind stark durch die nationale Gesetzgebung und Rechtsprechung geprägt. Sie sollten eindeutig in dem Sinn gelöst werden, daß fortgeschrittene Konzeptüberlegungen und Prototypentwicklungen neben den bewährten Anlagentypen möglich sind, um Diskontinuitäten in der technischen Entwicklung, insbesondere mit unakzeptablen Konsequenzen im Bereich der Energieversorgung zu vermeiden.

Was die Weiterbehandlung des Projekts der unterirdischen Bauweise in der Bundesrepublik Deutschland betrifft, wird der BMI im Verlauf dieses Jahres dem Deutschen Bundestag berichten. Ob es zu einer projektmäßigen Weiterbehandlung kommt, ist offen.

Wir sind Ihnen für Ihre Teilnahme und Unterstützung bei der Meinungsbildung in diesem Symposium dankbar. Wir hoffen, daß auch Sie zusätzliche Erkenntnisse mitnehmen, und daß das Symposium in gleicher Weise für die Weiterbehandlung der unterirdischen Bauweise in Ihren Ländern nützlich war.

Wir werden mit Interesse die Weiterbehandlung dieses Themas in Ihren Ländern beobachten.

Dem Präsidenten und den Mitarbeitern der Bundesanstalt für Geowissenschaften und Rohstoffe, insbesondere Herrn Dr. Weber, danke ich für die hervorragende wissenschaftliche Betreuung und technische Ausrichtung dieser Veranstaltung. Wir haben uns hier gut betreut gefühlt.